FRONT OFFICE MANAGEMENT——
OPERATION and PRACTICE

旅館客務

管理與實務

——客務經理養成計畫——

龔聖雄 編著

全華圖書股份有限公司

自序
PREFACE

給準備投入旅宿服務業的你

大家好，我是龔聖雄！擁有五年的旅行社專業領隊經驗、十年的旅館客務部籌備和實務營運歷練，以及十五年該領域的教學資歷。現在，我想要和即將投入旅宿服務業的你分享一些營運知識與實務應用。你可能會問「旅館客務部門在做些什麼呢？」或是問「管理知識眞的能轉化爲實務應用嗎？」別擔心，我也會在本書中爲你解答這些問題。

事實上，旅館客務管理與實務相關課程，是一門結合服務技能、管理知識及實務經驗的專業課程，也是晉升旅宿產業高階經理人所必備的知識。但是市面上關於旅館客務管理的書籍太少了，加上旅宿產業的變化快速，而相關圖書的資訊更新速度有限，以致相關專業教學資訊傳遞緩慢，而這也是令我深感遺憾與擔憂之處。因此，我撰寫這本書的原因，就是希望能夠消除大家對旅館客務部門的刻板印象，並學會思考與應用的方法。

如果你對客務服務工作感到恐懼，或是對客務管理感到厭惡，我想對你說：「這不必要！」我會在本書中詳細地解說旅館客務相關的管理與實務，讓你掌握客務服務的技能與營運知識的應用，並且獲得明顯的進步。此外，我也會毫無保留地分享管理者應該具備的經驗與能力。

所以，讓我們一起開心地進入「旅館客務管理與實務」的課程吧！這是一門不難理解的學問，相信我，你會學到很多實用的知識和技能。

教學經驗分享

教授旅館客務部的營運與管理相關課程時，我會運用以下幾個方法，以提高學生的學習興趣：

首先，我會將旅館營運、客務實務、管理者職能等相關實務的專業知識，整合成系統性的旅館客務部營運與管理課程。此外，我也會透過豐富的教材、精彩的網路影片與有趣的角色扮演等方式，幫助學生全面了解旅館客務部的營運與管理。

其次，我會讓學生踏入旅館場景，透過實際觀察與思考練習題等方式，深入了解旅館客務部的營運與管理，從而提高他們的實踐能力。同時，我也會運用課堂引導、小常識與習題等，讓學生更加輕鬆地學習和理解。

第三，我會注重團隊合作精神的培養，透過團隊項目與合作學習等方式，讓學生養成良好的團隊合作精神，這不僅有助於學生未來的就業和職場發展，也是生活中必要、不可少的重要能力。最後，再強調職業倫理的觀念，讓學生了解職業道德與責任感等重要概念，從而培養出具有高度道德素養的旅館客務部管理人才。

總之，我相信教授旅館客務部營運與管理相關課程時，我們不僅要注重課程整合、實踐經驗與團隊合作等方面的教學，同時也要強調學生的職業倫理觀念，這樣才能培養出優秀的旅館客務部管理人才。

龔聖雄 謹誌

2022.3.25

目次
CONTENTS

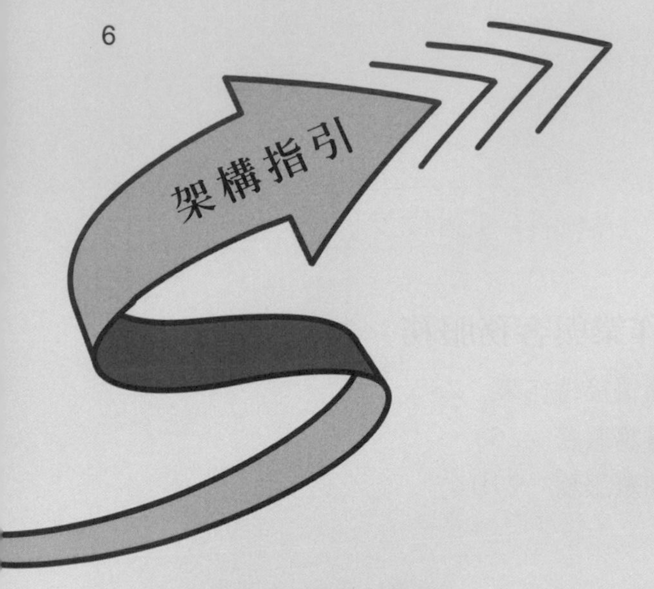

客務管理新觀念

AI 讓服務變得更靈活？抑或讓服務降了溫度？

人工智慧（Artificial Intelligence, AI）指的是能模擬人類思考模式、邏輯與行為能力執行任務的系統或電腦設備，且還能自行透過數據分析的過程，不斷地自我校正與進化，是非常有價值的商業資產。旅宿業提供的服務中，部分工作具有持續性、標準化、重複性與技術性低等特徵，與人工智慧基礎應用相吻合。所以，導入科技應用與服務創新的智慧化系統或智慧型機器人，不僅為旅館增添新亮點，也帶來新奇的服務體驗，及時彌補服務的不足，提高服務的效率，更為整個旅館產業的發展帶來了轉機。導入人工智慧對旅館產業發展的影響，包括：

有利旅館提升服務品質，突破人力服務的局限

智慧型機器人能準確無誤地登錄旅客資料、辦理入住登記、建立旅客歷史檔案等，降低人為紀錄的失誤；智慧型機器人精準的運算能力，可適時推播旅館活動資訊與促銷專案，面對較大人流時，也可提供高效與便捷的服務；通過人工智慧的分析可以為旅客提供個性化、精緻化與專業化的服務，例如禮貌問候、物品運送、旅客引導、餐飲服務等。可見，人工智慧於旅館產業的應用，不僅突破人力服務的局限，能有效地提升服務品質，同時帶來新的情感體驗與感官刺激。

有利旅館降低營運成本，節約人力資源的調配

人工智慧的運用涵蓋網際網路（Internet）、物聯網（IoT）、大數據（Big Data）等技術，所形成的智慧操控系統，例如：智慧客房控制系統、安全預警系統、智慧停車場管理系統及智慧電梯等應用。通過人工智慧的分析，管控旅館的燈光、空調、電梯、旅客流量及停車位等，進行科學化管理，以達到節約調配人力資源、節能降耗，以提高管理效率。

12

客務管理新觀點

每章章首一則新觀點，透過跨域知識的導入，拓展讀者多元思考與學習視野。

課堂引導

「因事設人」？還是「因人設事」？

過去，旅館內部同仁或外部顧客常會抱怨組織僵化、
重、遇事互踢皮球等問題，導致資源虛耗，作業效率不佳的
調，但跨部門合作、互動也僅限於資訊分享，難以深入討論

旅館組織架構是「因事設人」？還是「因人設事」？
企業理念、成立的宗旨與目標制訂。從「事」的角度來看
使命與任務，需要透過工作的設計、人力的規劃與運作，
營策略。從「人」的角度，則著眼於未來長遠的價值，透
為旅館中堅支柱，進而協助旅館事業版圖擴展，即「事」

實務上，組織的設計與運作彼此會相互影響，設計時
分多細？職務與職責關係是否對應？工作組合的根據為何
幹部直接督導的員工人數有多少？管理幹部督導員工的程
釐清前述問題，即可確立組織架構，並明確定義單位間的
位職責與工作分派。再依部門設置的原則，即依層級（例
揮單位間稽核、管控及分工的原則；之後針對組織與職等
級設計參考。接著，確立職稱與部門工作範疇、職務、職
隨意晉升或安插，例如：客務部底下應有服務中心、總機
制；房務部轄下有樓層、公清、洗衣房、布巾管理等組別
關係，例如：某些旅館的特助不具指揮調度功能，但某些
明確定義，也可避免直屬人員不必要的困擾。

組織設計及管理運作的方式，視產業別、領導與管理
異，無絕對的運作模式，組織須定期檢視且彈性調整結構
當旅館經營績效下降、員工士氣低落、組織運作不順暢或
調整與變革，使每位成員、每種職務與每個單位都能適時
運作模式的有效性提升。

資料來源：江純怡，打造一個全新的企業，讓組織不再卡卡——淺談組織

14

課堂引導

引導各章探討方向與學習重點，提供讀者掌握學習脈絡。

（一）預付款（Advance Payment）

預付款是一種提前付款的方式。旅館通常會要求旅客在訂房或抵達旅館辦理住宿登記時，預先支付全部或者一部分的客房租金，有時也稱「訂金」或「押金」（Advance Deposits）。預付款也可視為一種保險形式，向旅客保證如果旅館未能履行訂房的約定，預付款金額將退還給旅客，以保護旅客在旅館未能履行合約的情況下合約是無效的，重申旅客對已支付初始金額的權利。客務部收到旅客的預付款後會開立預付款憑證（Advance Payment Voucher），並將該筆帳項登錄在對應的住客帳戶內，待旅客退房結帳時再自帳戶內扣減。

範例三　透過預付款（Advance Payment）作業

骨幹教師研修班預定於 108 年 7 月 16 日～7 月 19 日住宿台糖長榮酒店，並以信用卡預付住宿款項，旅館的處理步驟：

步驟 1：確認要預付的訂房代號，再次確認姓名、日期、房型及房價。

步驟 2：開立預付款憑證，並於旅客帳務系統完成入帳，再將預付款憑證的旅客聯交付給付款人。圖 7-3 為旅客簽署旅館開立之信用卡付款同意書，支付該次住宿的預付款，並於旅客帳務系統完成入帳，再將預付款憑證的旅客聯交付給付款人。

步驟 3：付款人要先取得發票，則需以手開發票方式處理。

步驟 4：於旅客帳務系統內清楚備註已收取訂金的金額與預付款憑證號碼。

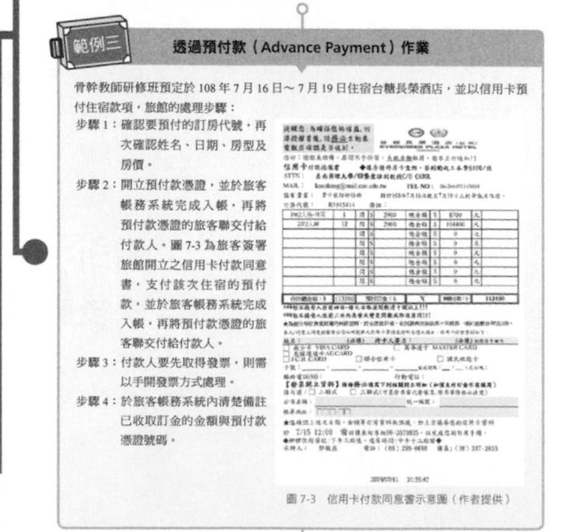

圖 7-3　信用卡付款同意書示意圖（作者提供）

Chapter 7

293

案例學習

國內外案例，用以輔助理論，學習無障礙。

思考練習

彙整各章內容設計練習題，透過思考的步驟與對話，開啟讀者發展出旅館客務管理更多的可能性。

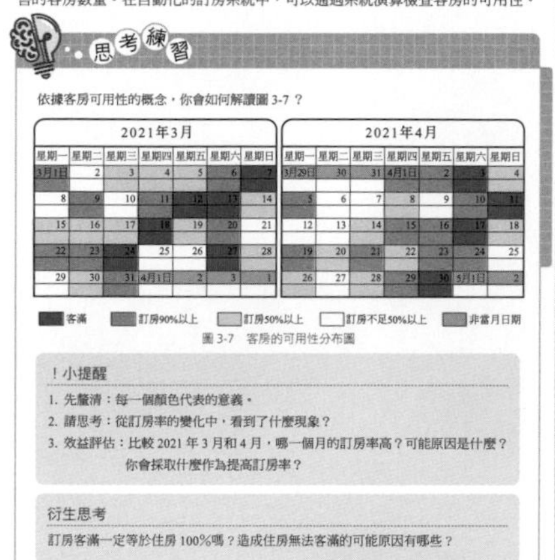

（一）提供訂房諮詢（Reservation Enquiry）

接受旅客訂房的第一步驟，為提供旅客訂房諮詢。訂房過程從旅客致電預訂房的詢問開始，訂房部（組）須從與旅客簡短的問候及詢答中，獲取旅客想要預訂客房的各種訊息。詢問要點包括：旅客姓名、抵達日期、離開日期、需求的客房類型、所需的客房數量、期望的客房價格、特殊客房要求等。

（二）確定客房的可用性（Determining the Room Availability）

接受旅客訂房前，最重要的步驟是確認預訂房日期、是否有足夠的客房數量。須依旅客抵達與離開日期、需求客房類型與數量，參照客房庫存預測，確認可供租售的客房數量。在自動化的訂房系統中，可以通過系統演算檢查客房的可用性。

思考練習

依據客房可用性的概念，你會如何解讀圖 3-7？

2021年3月

星期一	星期二	星期三	星期四	星期五	星期六	星期日
3月1日	2	3	4	5	6	7
8	9	10	11	12	13	14
15	16	17	18	19	20	21
22	23	24	25	26	27	28
29	30	31	4月1日	2	3	1

2021年4月

星期一	星期二	星期三	星期四	星期五	星期六	星期日
3月29日	30	31	4月1日	2	3	4
5	6	7	8	9	10	11
12	13	14	15	16	17	18
19	20	21	22	23	24	25
26	27	28	29	30	5月1日	2

客滿　訂房90%以上　訂房50%以上　訂房不足50%以上　非當月日期

圖 3-7　客房的可用性分布圖

！小提醒

1. 先釐清：每一個顏色代表的意義。
2. 請思考：從訂房率的變化中，看到了什麼現象？
3. 效益評估：比較 2021 年 3 月和 4 月，哪一個月的訂房率高？可能原因是什麼？你會採取什麼作為提高訂房率？

衍生思考

訂房客滿一定等於住房 100%嗎？造成住房無法客滿的可能原因有哪些？

流程結構圖輔文

圖解、表解重要資訊 方便讀者快速理解，輕鬆應用。

客務部經理 Front Office Manager
客務部副理 Assistant Front Office Manager
大廳／值班／夜間經理 Lobby / Duty / Night Manager
總機（話務）Operators　行李服務 Bell Service　詢詢中心 Concierge　櫃檯接待 Reception　出納/夜間稽核 Cashier/ Night Audit　訂房 Reservation　顧客關係 Guest Relations

▲大型旅館客務部組織架構

客務部經理 Front Office Manager
夜間經理 Night Manager
櫃檯接待 Reception　訂房 Reservation　諮詢（服務）中心 Concierge　總機（話務）Operators　大廳／值班經理 Lobby / Duty Manager
出納 Cashier　櫃檯接待 Reception　門衛 Door Man　行李服務 Bell Service　機場代表 Airport Representative　調度室 Transportation & Parking Representative

▲中型旅館（Middle Size）客務部組織架構

圖 1-2　大型與中型旅館客務部組織架構

旅館組織架構主要隨著投資金額的多少、房間與附屬設施的多寡，以及提供顧客服務的細緻度而有所變動，工作崗位的設置沒有一體適用的標準，通常每年要做檢視和調整。大型或是國際等級服務（World-class Service）旅館的客務部，通常設有許多職務，每個職務有著不同的職責，須依據功能將員工分配安排至不同的崗位，執行不同的工作任務。

客務部成員包括：話務員（Operator / Telephone Agent）、訂房員（Reservationist）、行李服務員（Bell Attendants）、門衛（Door Man）、駕駛（Driver）、機場代表

21

TIPS

即時補充呼應內文的重要資訊，知識與技能應用即時解鎖。

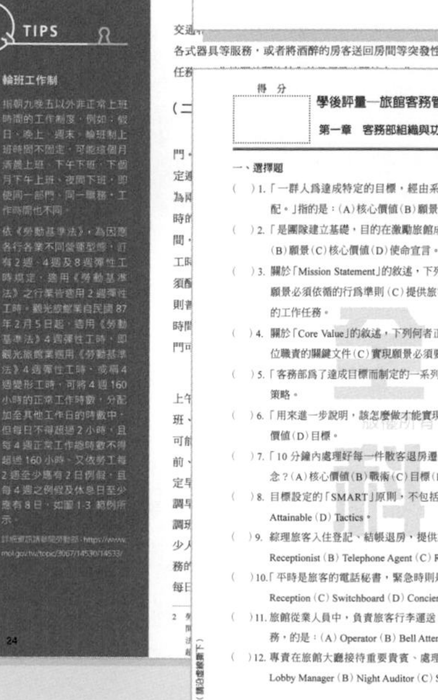

TIPS

輪班工作制

指朝九晚五以外非正常上班時間的工作制度，例如：假日、晚上、週末。輪班制上班時間不固定，可能這個月清晨上班、下午下班，下個月下午上班、夜間下班，即使同一部門、同一職務，工作時間也不同。

依《勞動基準法》，為因應各行各業不同營運型態，訂有 2 週、4 週及 8 週彈性工時規定，適用《勞動基準法》之行業皆適用 2 週彈性工時。觀光旅館業自民國 87 年 2 月 5 日起，適用《勞動基準法》4 週彈性工時，即觀光旅館業適用《勞動基準法》4 週彈性工時，或稱 4 週變形工時，可將 4 週 160 小時的正常工作時數，分配加至其他工作日的時數中，但每日不得超過 2 小時，且每 4 週正常工作總時數不得超過 160 小時。又依勞工每 2 週至少應有 2 日例假，且每 4 週之例假及休息日至少應有 8 日，如圖 1-3 範例所示。

詳細資訊請參閱勞動部：https://www.mol.gov.tw/topic/3067/14530/14533/

24

學後評量

包含選擇題與問答題2大題型，讀者可自我檢測，並可自行撕取，提供老師批閱使用。

得分

學後評量—旅館客務管理理論與實務

第一章　客務部組織與功能

班級：　　學號：
姓名：

（選擇題每題2分，問答題每題10分，共100分）

一、選擇題

（　）1.「一群人爲達成特定的目標，經由系統化程序所組成的團體，以對工作進行資源的分配。」指的是：(A)核心價值 (B)願景 (C)使命宣言 (D)組織。

（　）2.「是團隊建立基礎，目的在激勵旅館成員產生未來情景的意象描繪。」指的是：(A)組織 (B)願景 (C)核心價值 (D)使命宣言。

（　）3. 關於「Mission Statement」的敘述，下列何者正確？(A)表現旅館對未來的美好想像 (B)實現願景必須依循的行爲準則 (C)提供旅客住宿期間的事務性服務 (D)實現願景必須要執行的工作任務。

（　）4. 關於「Core Value」的敘述，下列何者正確？(A)實現願景必須依循的行爲準則 (B)描述崗位職責的關鍵文件 (C)實現願景必須要執行的工作任務 (D)是旅館對未來的美好想像。

（　）5.「客務部爲了達成目標而制定的一系列行動方案。」稱爲：(A)目標 (B)願景 (C)戰術 (D)策略。

（　）6.「用來進一步說明，該怎麼做才能實現目標的方法。」稱爲：(A)策略 (B)戰術 (C)核心價值 (D)目標。

（　）7.「10 分鐘內處理好每一件散客退房遷出的行李服務。」這一句話比較接近以下哪一個概念？(A)核心價值 (B)戰術 (C)目標 (D)願景。

（　）8. 目標設定的「SMART」原則，不包括以下哪一項？(A) Specific (B) Measurable (C) Attainable (D) Tactics。

（　）9. 辦理旅客入住登記、結帳退房，提供旅客住宿期間秘書與事務性服務的人員，是：(A) Receptionist (B) Telephone Agent (C) Reservationist (D) Bell Attendants。

（　）10.「平時是旅客的電話秘書，緊急時則是通信指揮中心。」指的是：(A) Reservation (B) Reception (C) Switchboard (D) Concierge。

（　）11. 旅館從業人員中，負責旅客行李運送、客房介紹、書信／報紙／物品及留言的傳遞等業務，的是：(A) Operator (B) Bell Attendants (C) Reservationist (D) Night Manager。

（　）12. 專責在旅館大廳接待重要貴賓、處理顧客抱怨及解決旅客各類問題等業務，是：(A) Lobby Manager (B) Night Auditor (C) Switchboard Supervisor (D) Bell Captain。

【背面尚有試題，請翻面繼續作答】

CHAPTER 1

客務部的組織與功能

你知道旅館如何訂立自己的願景、使命宣言和核心價值嗎？這一章將帶你了解旅館組織的基本概念與如何制定旅館的目標、戰略和戰術。你還能學習到客務部的組織架構、客務經理及其他主要人員的職責和規範。此外，我們還會介紹跨部門溝通的挑戰和提高效率的方法。

學習重點

1. 組織的概念願景、使命宣言與核心價值
2. 客務部的組織架構
3. 客務部人員的職責與規範
4. 客務部與其他部門的協調與溝通

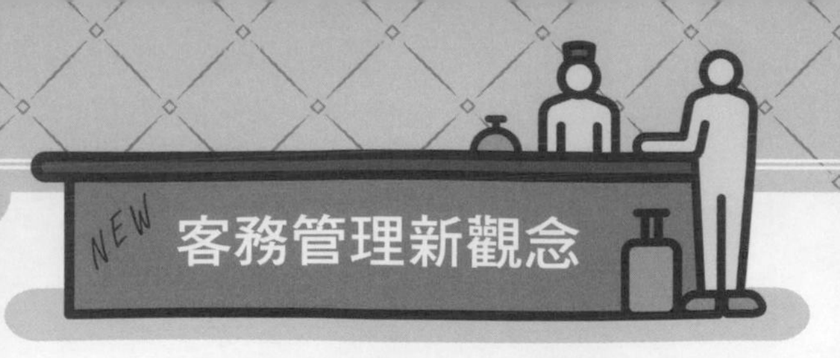

AI 讓服務變得更靈活？抑或讓服務降了溫度？

人工智慧（Artificial Intelligence, AI）指的是能模擬人類思考模式、邏輯與行為能力執行任務的系統或電腦設備，且還能自行透過數據分析的過程，不斷地自我校正與進化，是非常有價值的商業資產。旅宿業提供的服務中，部分工作具有持續性、標準化、重複性與技術性低等特徵，與人工智慧基礎應用相吻合。所以，導入科技應用與服務創新的智慧化系統或智慧型機器人，不僅為旅館增添新亮點，也帶來新奇的服務體驗，及時彌補服務的不足，提高服務的效率，更為整個旅館產業的發展帶來了轉機。導入人工智慧對旅館產業發展的影響，包括：

有利旅館提升服務品質，突破人力服務的局限

智慧型機器人能準確無誤地登錄旅客資料、辦理入住登記、建立旅客歷史檔案等，降低人為紀錄的失誤；智慧型機器人精準的運算能力，可適時推播旅館活動資訊與促銷專案，面對較大人流時，也可提供高效與便捷的服務；通過人工智慧的分析可以為旅客提供個性化、精緻化與專業化的服務，例如禮貌問候、物品運送、旅客引導、餐飲服務等。可見，人工智慧於旅館產業的應用，不僅突破人力服務的局限，能有效地提升服務品質，同時帶來新的情感體驗與感官刺激。

有利旅館降低營運成本，節約人力資源的調配

人工智慧的運用涵蓋網際網路（Internet）、物聯網（IoT）、大數據（Big Data）等技術，所形成的智慧操控系統，例如：智慧客房控制系統、安全預警系統、智慧停車場管理系統及智慧電梯等應用。通過人工智慧的分析，管控旅館的燈光、空調、電梯、旅客流量及停車位等，進行科學化管理，以達到節約調配人力資源、節能降耗，以提高管理效率。

有利旅館優化人力結構，提升人員技能和素質

智慧機器人的運用，使傳統人力服務，轉變成人機互補的複合式服務，服務人員不僅要掌握基本服務技能，熟練各種智慧系統的操作、運用，以及排除簡易常見的問題，從而引導賓客體驗智慧、高效率、便捷的住宿服務與體驗。此外，服務人員還能將人工智慧融入商品設計、內容介紹、資訊發布、商品促銷、會員服務、經費編列等專案中，使客房商品更人性化與個性化，以滿足不同市場需求。所以，旅館從業人員須不斷學習以提升技能和素質，為適應日新月異的工作環境做足準備。

有利旅館促進升級轉型，加速跨產業融合發展

人工智慧的技術開發與運用，不僅驅動旅館產業智慧化產品的新穎化、個性化、永續化，也加速傳統旅館升級與轉型為智慧旅館。當旅館產業與人工智慧資訊產業有效融合，也可使旅宿產業創新力能持續不斷有深度與廣度的發展。

人工智慧雖然優化了旅館的服務流程、創造新奇體驗，但也使重視服務細節的溫度感被弱化，一定程度地削弱旅館社交功能。所以，旅館升級與智慧化的同時，會透過空間設計、功能打造及主題活動，為旅客提供更富涵人情味的公共空間，使旅客願意走出智能客房，體驗真實的社交樂趣。另外，旅館產業經過長久的人工智慧發展，也可能造成人力資源結構性過剩、部分工作崗位被取代，但提供有溫度感、創意力較強或流程複雜的人力資源，還是能突顯「人」的重要性而不易被取代。所以，卓越的旅館產業，能將人工智慧與人力資源完美結合，並在兼顧智慧體驗的基礎上，展現對人文的關懷。

1. 客務部應如何將人員特質與人工智慧結合，以創造雙贏局面？
2. 客務部人員該具備什麼條件才能不被人工智慧取代？

「因事設人」？還是「因人設事」？

過去，旅館內部同仁或外部顧客常會抱怨組織僵化、權責劃分不明確、本位主義過重、遇事互踢皮球等問題，導致資源虛耗，作業效率不佳的印象，即使加強跨部門溝通協調，但跨部門合作、互動也僅限於資訊分享，難以深入討論跨部門整合的問題。

旅館組織架構是「因事設人」？還是「因人設事」？一般來說，組織架構的設計是依企業理念、成立的宗旨與目標制訂。從「事」的角度來看，要設計旅館組織架構，並賦予使命與任務，需要透過工作的設計、人力的規劃與運作，才能發揮組織功效，確實執行經營策略。從「人」的角度，則著眼於未來長遠的價值，透過訓練或學習培養潛力人才，作為旅館中堅支柱，進而協助旅館事業版圖擴展，即「事」得其人，「人」得其所。

實務上，組織的設計與運作彼此會相互影響，設計時須多著墨，例如：部門職務需劃分多細？職務與職責關係是否對應？工作組合的根據為何？職務直接主管是誰？一位管理幹部直接督導的員工人數有多少？管理幹部督導員工的程度為何？決策權在誰的身上？當釐清前述問題，即可確立組織架構，並明確定義單位間的工作範疇，使人員能清楚掌握單位職責與工作分派。再依部門設置的原則，即依層級（例如：課、科、室、組）、功能，發揮單位間稽核、管控及分工的原則；之後針對組織與職等劃分，作為未來晉升、薪等及薪級設計參考。接著，確立職稱與部門工作範疇、職務、職等的設置原則相符，避免人員被隨意晉升或安插，例如：客務部底下應有服務中心、總機話務、訂房、櫃檯接待等主任編制；房務部轄下有樓層、公清、洗衣房、布巾管理等組別。最後，確立管理職與幕僚職的關係，例如：某些旅館的特助不具指揮調度功能，但某些旅館的安排類似高階主管。權責明確定義，也可避免直屬人員不必要的困擾。

組織設計及管理運作的方式，視產業別、領導與管理型態、經營策略等不同而有所差異，無絕對的運作模式。組織須定期檢視且彈性調整結構，以因應快速變遷的產業環境。當旅館經營績效下降、員工士氣低落、組織運作不順暢或僵化時，需要調整組織與變革，使各成員、職務與單位都能適時發揮成效與價值，使組織設計與運作模式的有效性提升。

第一節
旅館組織的形成

在學習本節後，能進一步認識並了解：

1. 旅館組織的概念
2. 旅館組織的形成
3. 旅館組織的目標
4. 旅館組織的戰略與戰術

一 組織的概念

組織（Organizing）是指一群人為達成特定目標，依系統化程序組成，再進行工作資源分配與安排的團體，例如：企業組織（小型企業、大型企業）、文化與社會組織（博物館、展覽館）、旅館組織（客務部、餐飲部）等。不同組織的規模大小、組成分子與業務性質各不相同，但都具有人員、目標及結構等特徵。組織須建置組織架構，並經由任務與責任的分派、協調人員與資源，執行與達成組織目標。組織人數少則 2 ～ 3 人，多可達數百、數千或數萬人（圖 1-1），若無「人員」，則無法形成組織。

圖 1-1　萬豪國際公司（Marriott International）是一間國際旅館組織，管理全球約 7,600 間旅館，2019 年員工人數已達 174,000 人。

每個組織都須具有一個願景（Vision）、一個或多個獨特使命宣言（Mission Statement）及核心價值（Core Value），並能代表組織所追求的境界或努力的方向，是組織存在的理由與結合組織成員的主要力量。因此，所有的組織必須發展出一套系統化的結構，可釐清並限制成員的行爲，例如：工作程序、制度規章、政策等。

二 旅館的願景、使命宣言與核心價值

願景、使命宣言與核心價值，對於旅館而言，是三個不同的概念：

1. 願景是旅館業者對未來發展的美好想像，指明了未來發展方向；是團隊建立基礎，目的在激勵旅館成員產生未來情景的意象描繪。願景應著眼於：
   （1）旅館業者的希望和夢想。
   （2）旅館業者更大更長遠的利益。
   （3）激勵旅館成員改變工作心態、提升向心力。
2. 使命宣言是旅館業者為實現願景，也是必須要執行的工作任務；是旅館業存在的目的，著重團隊當下的共同努力。
   （1）旅館業者要做什麼？
   （2）旅館業者為誰服務？
   （3）旅館業者如何為利害關係人服務？
3. 核心價值是旅館業者最基本且持久的信念，也是旅館業者實現願景與使命宣言必須依循的標準或行為準則，不是華麗與不切實際的名詞。

以下是組織願景、使命宣言與核心價值的範例：

Marriott International Organization

Vision Statement：" To be the World's Favorite Travel Company."

Mission Statement：" To enhance the lives of our customers by creating and enabling unsurpassed vacation and leisure experience."

Core Values：" Putting people first, Pursuing excellence, Embracing change, Acting with Integrity, Serving the World."

王品集團

願　　景：成為全球最優質的連鎖餐飲集團。

使命宣言：以卓越的經營團隊，提供顧客優質的餐飲文化體驗，善盡企業公民責任。

核心價值：誠實（誠以待人，實以律己）、群力（群起攜手、同心協力）、敏捷（敏而好學，捷足先登）、創新（創意創業，擘畫新局）。

希爾頓全球酒店集團（Hilton Worldwide Holdings Inc.）

願　　景：讓誠摯待客的熱情服務和溫暖遍及全球。

使命宣言：成為世界最誠摯待客和體恤員工的企業。

核心價值：Hospitality（誠摯待客）、Integrity（誠信經營）、Leadership（領導地位）、Teamwork（團隊合作）、Ownership（凡事負責）、Now（即時行動）。

旅館業的願景與使命宣言是遠大的，需要付出極大的努力與長時間的積累，追求明年的住房率要成長5%，或降低顧客抱怨10%，這不是願景，是目標（Goals）。願景常涉及到員工、投資人（股東）、顧客（消費者）、商場租戶、合作夥伴（供應商、承包商）、媒體、政府機關與社區等八類利害關係人，其中員工和顧客為最主要的利益群體。旅館業的願景與使命宣言往往是在滿足顧客的期望與需求，並能反映出長遠的經營理念，由於旅館的規模大小不一、服務等級的訴求不同，願景與使命宣言也各不相同，應寫入員工手冊和訓練教材，以期在長遠的日常營運中得以實現。

三 客務部的目標

目標比願景和使命宣言更為具體明確，與目的（Objectives）不同，目的是目標、使命宣言或願景的實現。目標是組織或部門在未來一段時間內想要達到的預期狀態，組織或部門會為此計畫且設法達成，通常是短期的，也可是長遠的。一個好的目標設定須具體的（Specific）、可衡量的（Measurable）、可實現的（Attainable）、相關的（Relevant），及有時間限制的（Time-based），稱為「SMART」原則。

以客務部的理想目標設定為例，訂出：

S － Specific － 3 個月內達成「顧客抱怨降低 10%」。

M － Measurable － 6 個月內達成「辦理入住登記及與退房結帳的平均時間減少 2 分鐘」。

A － Attainable －達成「每個月蒐集住客名片並完整建檔至少 100 筆」。

R － Relevant －達成「所有來電須在 3 響或 10 秒內接起，並使用標準用語回覆」。

T － Time-based －達成「明年度的客房營收提升 8%」。

目標達成必須是跨單位、跨部門間的密切合作。部門的目標具有引導、激勵與整合的功能，可培養部門合作精神且更為緊密的團結感。目標的設定若輕易達成或難如登天，這樣的目標都不具任何意義，應具有一定的挑戰性。

一個好的「目標」設定必須是 Specific、Measurable、Attainable、Relevant 及 Time-based。請依據「SMART」原則，為自己訂下 3 個本課程的學習目標。

！小提醒

1. 先釐清：「SMART」的具體內涵是什麼？
2. 請思考：3 個學習目標是否符合「SMART」的定義？
3. 效益評估：當自己設定的學習目標達成時，會帶來哪些利益？若無法達成又會造成什麼損失？
4. 衍生思考：一學期 18 週，你如何訂定學習計畫以確保學習目標順利達成？

四 客務部的策略與戰術

1. 策略（Strategies）：是部門為達成目標，而制定的一系列行動方案與計畫。當客務部設定了一個符合「SMART」原則的有效目標後，管理幹部和員工便可以擬定達成目標的策略。
2. 戰術（Tactics）：是客務部達成目標的手段，用來進一步說明實現目標的方法。

範例四以客務部常見作業實務的戰略與戰術為例：

入住登記實務

目標：提升櫃檯接待員的禮貌與服務效率，櫃檯接待員必須在所有第一次住宿旅客抵達旅館後的 5 分鐘內，完成入住登記手續。

策略：依據空房報表（Vacancy Report）與旅客抵達報表（Arrival Report），在住宿日的前一晚或至遲住宿日當天上午，須為已訂房的旅客安排房間，並做好住宿登記的準備工作。

戰術：為已訂房的旅客製作入住登記卡、安排客房、確定房價、建立住客帳戶和其他交辦事項。

總機話務實務

目標：無論館內或外線來電，必須在鈴響 3 聲或 10 秒內接聽，並使用標準用語。

策略：制定電話接聽標準用語與流程，不定期測試電話接聽與轉接業務，及確保電話線路足夠因應日常話務量。

戰術：列印總機話務每日流量報表，紀錄並分析各時段之話務流量，作為人力安排與作業檢討的依據。

行李服務實務

職務描述

目標：10 分鐘內處理好每一件散客退房遷出的行李服務。

策略：確實紀錄房客電話通知的各項要求，以及分派行李員前往客房執行行李服務的全程時間。

戰術：前往客房與房客確認並清點行李數量，於行李吊牌寫上正確房號。返回服務中心後，依作業規定於行李運送本紀錄交辦的行李員、房號、行李數量、來回時間等。

第二節
客務部的組織架構

在學習本節後，能進一步認識並了解：

1. 客務部的重要性。
2. 客務部的作業環境。
3. 認識客務部組織的功能與責任劃分。
4. 客務部的輪班排休。

一 客務部的重要性

無論旅館的規模大小或營運類型為何，旅館都會設有一個最為明顯的客務部門，以提供款待旅客的各項服務。

客務部（Front Office）位於旅館門廳區域，又稱為櫃檯部、前檯（廳）部、大堂部，是旅館的神經中樞，與房務部（Housekeeping）共同組成客房部（Room Division）。客務部很高比例的收入來自於客房租售，並涉及顧客服務循環過程中（抵達前、抵達時、住宿期間、結帳退房時、離開後一段時間內）所提供的服務價值，是旅館主要運營和創造收益的部門之一。客務部也是旅館的門面和作業的協調中心，對旅客來說，是客房服務的起點（接受電話諮詢），也是客房銷售的終點（結帳退房遷出），比起其他單位或部門，客務部人員與顧客接觸的機會更多、更頻繁。

二 按客務部的功能與責任劃分

為了完成電話接聽、客房預訂、行李運送、入住登記、結帳退房、帳務稽核、抱怨處理、諮詢服務等各項工作職責，以實現旅館的使命宣言與達成總體營運目標，客務部會依據職權、職責、工作內容、目標、工作關係等要素，設立數個功能獨立、作業相輔相成的單位，並以組織架構圖（圖 1-2）顯示客務部彼此的職權關係、管理範疇、權限，以及工作職責的劃分。

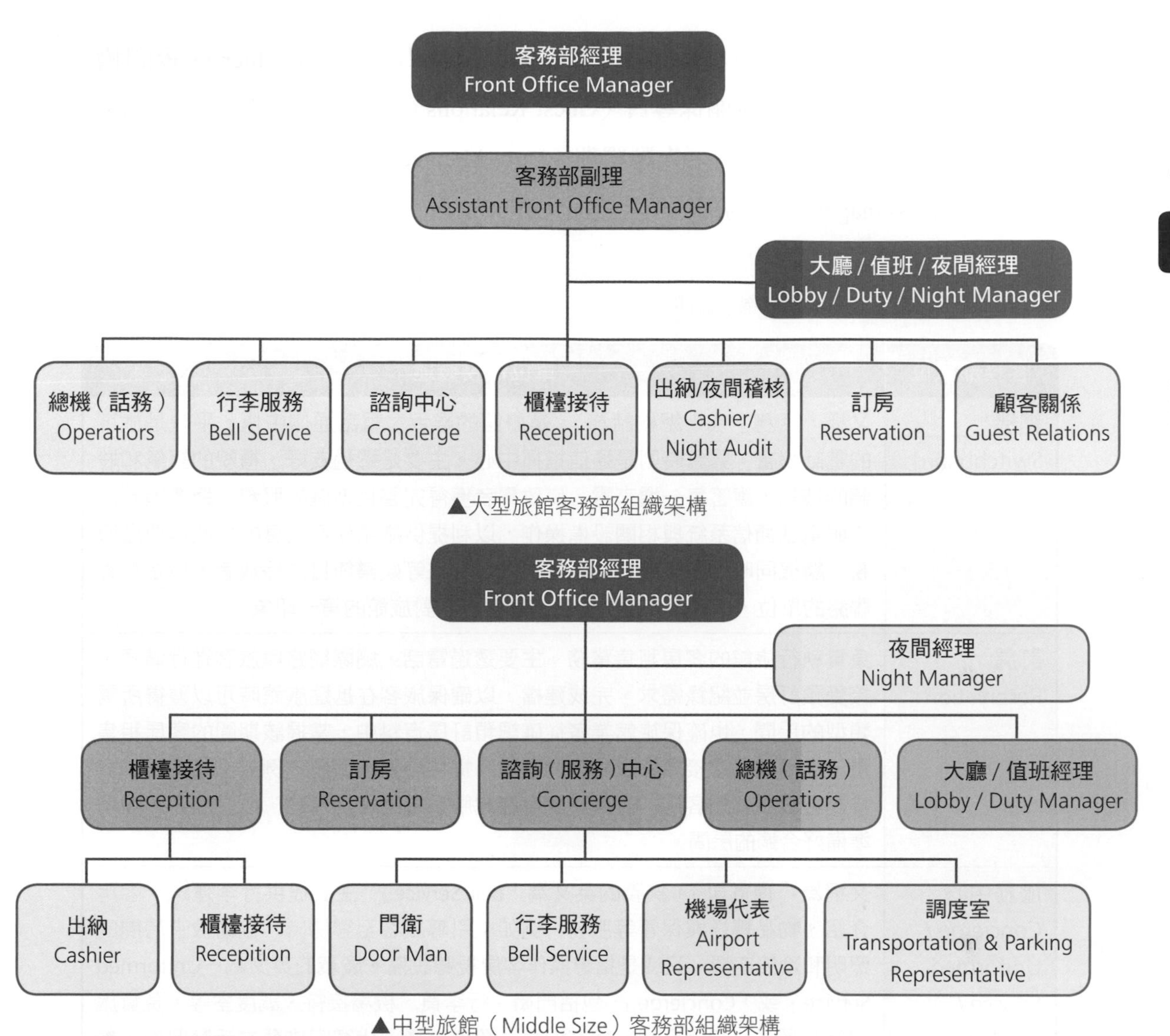

圖 1-2　大型與中型旅館客務部組織架構

旅館組織架構主要隨著投資金額的多少、房間與附屬設施的多寡，以及提供顧客服務的細緻度而有所變動，工作崗位的設置沒有一體適用的標準，通常每年要做檢視和調整。大型或是國際等級服務（World-class Service）旅館的客務部，通常設有許多職務，每個職務有著不同的職責，須依據功能將員工分配安排至不同的崗位，執行不同的工作任務。

客務部成員包括：話務員（Operator / Telephone Agent）、訂房員（Reservationist）、行李服務員（Bell Attendants）、門衛（Door Man）、駕駛（Driver）、機場代表

（Airport Representative）、客務接待員（Receptionist）、出納員（Cashier）、夜間稽核員（Night Auditor）、顧客關係專員（Guest Relations Officer）、領班（Captain）、主任（Supervisor）、值班經理／大廳經理（Duty Manager / Lobby Manager）、夜間經理（Night Manager）、客務部經理（Front Office Manager）等。（表 1-1）

表 1-1　大型旅館客務部組織各職位說明

客務部單位	單位任務概述
總機 Switchboard	又稱「話務」或「總機話務」，是旅館的喉舌、電話通信中樞。平時是旅客的電話秘書，緊急時則是通信指揮中心。主要是透過友好、禮貌的語氣和聆聽的技巧，應答每一通來電，使致電者獲得完整且準確的服務。總機須熟悉旅館電話通信系統與相關設備操作，以利提供旅館住客信息的接收與傳送服務。總機同時也是旅館公共區域視訊、音樂等娛樂節目的播放者，也是對外聯絡的單位，所以服務優劣會直接影響旅客對旅館的第一印象。
訂房 Reservation	負責執行旅館的客房租售業務。主要透過電話、網際網路與旅客進行溝通，接受預訂房並紀錄需求、完成建檔，以確保旅客在抵達旅館時可以獲得所需類型的房間，也確保旅館業者從確認預訂房資料中，掌握該期間的客房租售量，從而做好迎接預訂房旅客的準備，提供必要的服務，例如：旅客要求安排高樓層雙號的客房，訂房員就會在電腦系統上特別備註，以便旅客到達前準備好合適的房間。
服務中心 Concierge / Uniformed Service / Bell Service	又稱為「禮賓司」。狹義的英文為「Bell Service」，主要提供行李運送、客房介紹、物品轉送與保管等服務，例如：引導旅客至客房時，協助檢查房間的照明和冷氣空調，又或是指導操作客房視聽設備。廣義的英文為「Uniformed Service」或「Concierge」，包括門衛、行李員、機場接待、調度室等，負責旅客行李運送、客房介紹、代客泊車、疏導交通、代客安排藝文活動票券、餐館訂位、旅遊諮詢、鄰近地區與設施資訊提供、在機場與旅館間轉運旅客、協助櫃檯接待處理其他附帶事務，以及書信、報紙、物品及留言的傳遞等，是客務部服務的連接站，也是年輕朋友投入旅館客務部工作的起點。
櫃檯接待 Front Desk / Reception	旅客抵達旅館時，綜理客房分配與安排、旅客入住等一切事宜，提供旅客住宿期間的諮詢與事務性服務，負責客務部所有準備工作，也是客務服務中心。例如：旅客可以致電櫃檯接待處，反映浴室水龍頭漏水，櫃檯接待員會立即與工程部門聯繫，以即時提供適當的維修。
出納、夜間稽核 Cashier / Night Audit	出納必須非常清楚旅客帳務系統紀錄的帳目資料。旅客退房前，執行應收未收的帳款，使借貸雙方餘額為零，為旅客辦理退房結帳事宜。夜間稽核負責查核住客與非住客的帳戶紀錄，著重旅客帳戶內每一筆交易資訊的正確性與真實性，檢查加總是否錯誤，是否確實入帳，有無適當憑證等。[1]

表1-1（續）

客務部單位	單位任務概述
值班經理、 大廳經理 Duty Manager / Lobby Manager	又稱「話務」或「總機話務」，是旅館的喉舌、電話通信中樞。平時是旅客的電話秘書，緊急時則是通信指揮中心。主要是透過友好、禮貌的語氣和聆聽的技巧，應答每一通來電，使致電者獲得完整且準確的服務。總機須熟悉旅館電話通信系統與相關設備操作，以利提供旅館住客信息的接收與傳送服務。總機同時也是旅館公共區域視訊、音樂等娛樂節目的播放者，也是對外聯絡的單位，所以服務優劣會直接影響旅客對旅館的第一印象。
夜間經理 Night Manager	必須具備客務部營運管理的經驗和領導能力。執行夜間勤務是代表總經理督導與指揮旅館所有的作業，並確保旅客住宿安全，於事故時指示授權處理。實務上，有些旅館的夜間經理比客務部經理有經驗且更專業，在大型（Large Scale）或分工更為明確的旅館，組織上直屬總經理辦公室，或將值班經理、大廳經理、夜間經理獨立編制為一專責單位。

不過，不是每間旅館都具備以上所有職務，端視旅館規模大小與業務量多寡彈性運用，加上職務分工明確對小型旅館而言，可能並不適用。例如：中小型旅館在某些情況下，櫃檯接待員要身兼數職，除接待旅客外，尚兼任出納、話務與訂房，僅大型國際觀光旅館才需要清楚細分各個職務與崗位。再者，不少職種已少見，例如：協助旅客操作電梯的電梯操作員（Elevator Operator），已被行李服務員或客務接待員取代，實務上也只是指引旅客搭乘電梯的方向。

三 客務部的作業環境與輪班排休

（一）作業環境

客務部的工作場所，其實非大眾想像的只侷限於旅館內，而是涵蓋了旅館內、旅館外與機場等，例如：訂房、總機（話務）兩單位，須長時間待在旅館辦公室的小房間內，使用電話及交換機等相關設備，作業地點須兼顧溫度、空氣品質及安全；機場代表、駕駛須配合旅客抵達及班機起降時間，工作範圍往返於機場和旅館之間，作業環境易受天候影響，不易獲得立即支援；門衛、行李員、櫃檯接待與顧客共處於大廳，除了住宿登記（Check In, C/I）、退房結帳（Check Out, C/O）、提供

1 出納、夜間稽核編制上隸屬財務或會計部門，一般作息與工作規範由客務部經理或營運現場的主管督導與管理，但也不乏由客務部門管轄，並常與櫃檯接待合而為一，僅大型或分工較明確的旅館，才會獨立設置，或隸屬財務或會計部門。

輪班工作制

指朝九晚五以外非正常上班時間的工作制度，例如：假日、晚上、週末。輪班制上班時間不固定，可能這個月清晨上班、下午下班，下個月下午上班、夜間下班，即使同一部門、同一職務，工作時間也不同。

依《勞動基準法》因應各行各業不同營運型態，訂有2週、4週及8週彈性工時規定。觀光旅館業自民國87年2月5日起，適用《勞動基準法》4週彈性工時，或稱4週變形工時，可將4週160小時的正常工作時數，分配加至其他工作日的時數中，但每日不得超過2小時，且每4週正常工作總時數不得超過160小時。另外，還須符合勞工每2週至少應有2日例假，且每4週之例假及休息日至少應有8日之規範，如圖1-3所示。

詳細資訊請參閱勞動部：https://www.mol.gov.tw/topic/3067/14530/14533/

交通和旅遊資訊外，還提供代客叫車、預訂機位、借用各式器具等服務，或者將酒醉的房客送回房間等突發性任務，工作範圍兼顧旅館內外且須長時間站立工作。

（二）輪班排休

客務部好比便利商店，是全年無休提供服務的部門。一般人休假的時間常是旅館旺季或旺日，例如：國定連假、跨年前後等。客務部從業人員的工作時間，分為兩類：第一類為固定上班制，每天上午8時至下午5時的正常班別，中午約有30分鐘至1個小時的休息時間，例如：經理、副理、訂房組等；第二類採4週彈性工時制，即輪班（Shift Work），例如：機場代表與駕駛須配合航班起降輪值，平常少有加班的情況，其他人員則普遍採4週彈性工時，再搭配全天輪班工作制，上班時間和休假依單位運作需求安排，人員按班表工作，部門可彈性調整人力配置。

客務部輪班工作制通常將1天分3個時段，例如：上午7時至下午3時為早班、下午3時至晚上11時為晚班、晚上11時至上午7時為大夜班，各約8小時，亦可能是8.5或9小時，前後各拉長15或30分鐘作為和前、後一班人員交接工作的時間，例如：第一季A組固定早班、B組固定晚班、C組固定大夜班；第二季B組調早班、C組調晚班、A組調大夜班；第三季依此類推調班。又或是清晨一早或夜間旅客較少的時段，安排較少人員值班，讓人力發揮最大效用，並同時避免無人服務的情況。此外，旅館通常會給予大夜班夜間津貼，以每日或月計算，但普遍仍不符《勞動基準法》之規定[2]。

Chapter 1 客務部的組織與功能

工時 8 hr／天

週次＼星期	一	二	三	四	五	六	日
第 1 週	例假	例假	工作日 8hr	工作日 8hr	工作日 8hr	工作日 8hr	工作日 8hr
第 2 週	工作日 8hr	工作日 8hr	工作日 8hr	工作日 8hr	工作日 8hr	休息日	休息日
第 3 週	例假	例假	工作日 8hr	工作日 8hr	工作日 8hr	工作日 8hr	工作日 8hr
第 4 週	工作日 8hr	工作日 8hr	工作日 8hr	工作日 8hr	工作日 8hr	休息日	休息日

實施彈性工時，將正常工作時間分配至其他工作日，衍生出無須出勤日「空班」。如工作時間增加為 10hr，4 週工作總時數不可大於 160hr，所以只需工作 16 天，每天 10hr，且會有 4 天空班。

工時 10 hr／天

週次＼星期	一	二	三	四	五	六	日
第 1 週	例假	例假	空班	工作日 10hr	工作日 10hr	工作日 10hr	工作日 10hr
第 2 週	工作日 10hr	工作日 10hr	工作日 10hr	工作日 10hr	工作日 10hr	休息日	休息日
第 3 週	例假	例假	空班	空班	空班	工作日 10hr	工作日 10hr
第 4 週	工作日 10hr	工作日 10hr	工作日 10hr	工作日 10hr	工作日 10hr	休息日	休息日

圖 1-3　增加工時之輪班調整

2　勞動部發布自 111 年 1 月 1 日起，勞工從事值日 (夜) 一律計入工作時間，超時並應發給加班費。意即勞工值日（夜）工作，須回歸《勞動基準法》工作時間之相關規定，除應符合正常工時及延長工時之上限規定外，超過正常工作時間的部分，應計入延長工時時數並給付加班費。

客務部櫃檯接待員排班

假設平均每位員工每天上班 8 小時，每周休假 2 天，在一天的上班時間中，分為 A 早班、B 晚班、C 大夜班、D 休假等 4 組，排班方式如表 1-2：

表 1-2　客務部櫃檯接待員排班範例

星期 / 4人輪班	一	二	三	四	五	六	日	一	二	三	四	五	六
員工甲	▲	▲	▲	■	■	■	●	●	●	◆	◆	◆	▲
員工乙	■	■	●	●	●	◆	◆	◆	▲	▲	▲	■	■
員工丙	●	◆	◆	◆	▲	▲	▲	■	■	■	●	●	●
員工丁	◆	●	■	▲	◆	●	■	▲	◆	●	■	▲	◆

附註 ▲ A 組：早班，上午 7 時～下午 3 時　■ B 組：晚班，下午 7 時～晚上 11 時
● C 組：大夜班，晚上 11 時～上午 7 時　◆ D 組：休假

經理和主任的其中一項重要職能，就是規劃員工的輪班排休。客務部營業時間長、年節假日無休，在高強度營運下，合理輪班排休規劃就顯得格外重要，會影響員工工作適應狀況，所以是客務部維持正常運作的基礎。輪班排休的方式各旅館因地制宜、各有標準，須依員工人數和營運情況適當合宜的分配與安排。

輪班排休有兩個原則，第一，要維護員工的權益，輪班排休關乎員工的工作、生活節奏和經濟效益，是員工對公司、部門及管理幹部滿意度的重要指標；第二，要顧及旅館的利益，合理有效的輪班排休，有助於整體客房租售績效與服務品質提升。輪排休技巧包括：

1. 次月輪班排休表，應提前 10 ～ 15 天公告。在順利完成各項任務的基礎上，對有特殊情況的員工主動予以休假安排，並在排班前給予員工一定的休假支配空間，以便員工提前安排好自己的工作、學習和生活。
2. 輪班排休須考慮每天每組值班的人員人數、工作能力、體能狀況等因素，並注意最忙碌時段、旺日和連續假期的人力安排，避免人力、能力與忙閒不均。

3. 依員工能力混合搭配輪班排休。例如：可由資深員工帶領新進人員一起值班，除了提供新進人員鍛鍊的機會，還可以避免發生差錯；安排積極細心的員工和粗枝大葉的員工一起工作，前者可以影響後者，起到榜樣的作用，提高工作積極性。但不宜將能力不足和態度不積極的員工安排在一起，以免影響整體的營運績效，造成部門隱患；更不宜安排有親密關係的員工長期一起值班，因為容易出現不誠實行為，且出現非正常事件時，無人監管、提醒或防範。
4. 對輪班排休與實際營運不符所造成的偏差，採取糾正措施，例如：遇突發事件時，需要臨時增加人力；遇業務量不足時，須調休組與組之間的分工與協作，以確保工作任務的完成。
5. 輪班排休管理須透明。隨時查核值班人員的出缺勤與休假情況，對違反制度的員工予以告誡與懲處。

假設你是五星級旅館的櫃檯接待副理，旅館擁有 600 間客房，櫃檯接待員每天上班 8 小時，在一天 24 小時的上班時間中，分為 A 早班、B 晚班、C 大夜班、D 休假等 4 組，每人每月平均休假為 10 天，除休假組外，每一個班期都需要安排 1 位大廳副理值班，櫃檯共有 6 個接待窗口（6 台電腦可以使用）。請問，你認為櫃檯接待（含大廳副理）大約需要聘僱多少人，才能因應每月的工作量？為什麼？

！小提醒

1. 先釐清：客務部的組織架構與責任劃分？客務部的作業環境與輪班排休？
2. 請思考：櫃檯接待的人力安排，除了需考慮客房數、輪班制度、平均月休假、接待窗口外，還需考慮哪些影響因素？為什麼？
3. 效益評估：僅考慮客房數、輪班制度、平均月休假、接待窗口等可以帶來哪些利益？會造成什麼損失？

衍生思考

若以質和量作為績效評估指標，你會如何訂定櫃檯接待員的量化指標和品質指標，請各列舉 4 項。

量化指標：服務水準的判定，依 5 分鐘內可完成旅客住房登記手續的百分比。

品質指標：客房產品知識。

第三節
客務部人員的職責與規範

在學習本節後，能進一步認識並了解：

1. 職務與職責的關係
2. 客務部的任職規範與職務
3. 客務部經理職務說明書
4. 櫃檯接待員、訂房員職務說明書
5. 總機話務員、行李服務員職務說明書
6. 客務部人員需要具備的人格特質

一 職務與職責的關係

職務（Job）是指在某一職位上，必須完成的工作任務及所應具備的任職規範。職責（Responsibilities）則是指任職者完成部門的工作使命，所負責的範圍和承擔的工作任務，以及完成這些工作任務所需承擔的相應責任。在制度化管理的旅館中，客務部每一個職務的設定，都是經由職務分析（Job Analysis）後產出的結果，並以職務說明書的形式記載和界定。職務說明書的內容，包括：任職規範與職務描述兩個部分，是指導旅館管理者進行招募、甄選、評估績效和分析培訓需求的關鍵文件，也是應聘者與任職者執行工作任務的重要依據。

二 客務部的任職規範及職務描述

（一）任職規範（Job Specification）

是任職者任用條件的具體說明，應包括：職位名稱、職位所屬部門、直接主管、督導對象、編制人數、工作時間、教育程度、工作經驗、職務資格、須具備的技能、職務範疇等聲明。明確的任職規範，有助於管理者與應聘者分析是否具備申請特定職務的資格。

（二）職務描述（Job Description）

詳細敘述職務的基本功能與應承擔的責任，例如：客務部經理的職務描述，必須涵蓋人力資源管理、財務預算、教育訓練、營運策略、業務行銷、資產設備、行政庶務等面向應負的職責。櫃檯接待員的職務描述，則強調具體職責、行政庶務、操作技能等。具體的職務描述有助於應聘者與任職者明瞭職務的工作任務，以及績效標準等。對於客務部人員來說，進入工作崗位的首要工作，就是先學會解讀以職務分析為基礎所建構的職務說明書，範例六～十以中大型星級旅館客務部為例。

客務部經理

任職規範

直接主管：總經理、副總經理

督導對象：大廳、櫃檯接待、總機話務、訂房、服務中心各級幹部及員工

編制人數：1 人

工作時間：責任制

休　　假：依公司規定

性　　別：不拘

年　　齡：30～50 歲

教育程度：國內外大專相關科系以上畢業最佳

相關經驗：8 年以上星級旅館工作經歷，且曾任客務部大廳經理 3 年以上。

職務資格：
1. 精通客房管理業務及財務分析能力，有旅館籌備經驗者尤佳。
2. 具旺盛的企圖心、善於學習，思想敏銳超前，有開拓創新意識。
3. 講求效率，處事果斷，敢於競爭，勇於負責；作風正派，辦事公道不循私。
4. 決策能力強，具艱苦奮鬥的精神，抗壓性強。
5. 具一流的組織協調管理能力及良好之溝通、交際、應對技巧。
6. 英語或日語會話流利，還諳其他語言者尤佳。
7. 對顧客抱怨、旅館意外，或特殊事件之處理，有相當純熟之經驗及手腕。
8. 客務設備與軟體的操作能力：
   （1）熟悉個人電腦及商用套裝軟體之操作。
   （2）熟悉前檯資訊操作系統。
   （3）熟悉客房電子房門鎖系統之操作。
   （4）熟悉辦公室之事務機器之操作。
   （5）熟悉旅館客務管理系統之操作。

職務描述

職務範疇：

1. 帶領部門員工完成上級交辦之各項經營管理指示，全面提高旅館服務品質和管理水準。
2. 根據工作需要合理調配部門人員，確保客務部工作正常運轉。
3. 根據總體營運管理目標，制定部門營運政策、行銷計畫，最大限度地提高客房收入和客房出租率。
4. 組織部門會議，參加每月經營管理會議、年度經營預算及決算會議，傳達會議精神，督導並落實。
5. 做好與旅館各部門的溝通協調，調整及完善部門的組織架構、規章制度。
6. 審查每日客房營運報表，提供有利客房銷售的情資。控制經營成本，落實各項開源節流計畫，增收節支。
7. 巡視所轄區域，進行現場督導，即時處理下屬工作中遇到的問題。
8. 負責對部門員工進行職業道德教育、業務培訓，制定各時段的部門培訓計畫、用人計畫等，再提交人力資源部執行。
9. 檢查落實 VIP 的接待工作，處理顧客抱怨。走訪了解住店旅客需求，提供人性化之尊榮服務。

人力資源：

1. 建立部門各單位人員與職務編制，並培養及強化第二專長技能，安排至不同單位輪調見習。
2. 擬定部門或各單位相關遵守之工作規章與制度，並落實督導。
3. 因應各單位作業現場所需，安排適當的值勤人數，以提高員工工作產值及發揮工作職能。
4. 建立與部屬間的良性溝通、協調關係，鼓勵部屬隨時都可提出改善部門或單位營運之建議或創見。
5. 協助部屬解決工作上的困難，安撫情緒上的不安或困擾，維繫同仁間之融洽氣氛，以達成營造員工愉悅的工作環境之目標。

財務預算：

1. 進行部門各項成本費用預測、計畫、控制、分析，督促部門單位降低損耗、節約費用、提高經濟效益。
2. 編列部門年度各項設備、(非）營業用品、能源等預算，及營業用印刷品、表單、各項生財器具之需求規劃。
3. 評估與協力廠商之合約洽談及續約簽擬，例如：有線電視、付費電視、網際網路、交換機設備、電信需求、音樂公播授權等。
4. 進行住房率、平均房價及營收之預測與分析比較，提供權責部門擬定各項住房專案之風險、費用及產值評估。

財務預算：5. 在不影響顧客服務品質前提下，有效管控各項請領、採購，及異動物品費用與進貨日期。

6. 擬定各單位週期性之營運發展目標、銷售目標，並於執行期間隨時提出改善之修正。

7. 配合餐飲部門主題商品促銷，如銷售月餅、粽子、年菜等例行性商品。依據公司制定之部門目標，擬定單位與個人的銷售目標，並於執行期間追蹤與督導。

8. 督導部門各單位零用金之使用與保管，防範人員舞弊或偷竊等情節發生。

教育訓練：1. 規劃顧客服務品質提升之各項訓諫課程，及擬定定期性行政、組織、督導、管理等方面之訓練課程。

2. 擬定部門新進人員共通訓練課程（General Core），及督導各單位執行定期性之技能訓練課程，以達到一致化的標準品質。

3. 督導各單位擬定主要作業程序與統一話術，作為員工遵照執行之準則。

4. 配合安全部門規劃、舉辦之訓練課程，消防安全編組與處理程序訓練。

5. 擬定顧客或員工發生緊急意外事件之處理程序相關課程，以避免發生危及人身安全之後果。

營運策略：1. 確立客房營運計畫（月、季、年）、發展規劃及經營方針，制定客房營運管理目標，並指揮實施。

2. 維護與顧客良好互動關係，針對有潛力之公司或顧客提供業務部門相關資訊，進行追蹤及拜訪。

3. 執行上級交辦之相關提升營運計畫，並於執行期隨時指導及改善修正。

4. 配合其他營業部門擬定各項住房或餐飲優惠專案，以達到預期目標。

5. 致力於創造迎合顧客需求之貼心舉動，主動關懷，處處關心，並建立完整之資料檔案，以提供顧客超乎期望之服務。

業務行銷：1. 研究並掌握市場的變化和發展情況，制定市場拓展計畫和價格體系，適時提出階段性工作重點並指揮實施。

2. 評估地區同業市場、經濟景氣狀況，提出促進住房率與顧客回流之住房專案建議。

3. 收集時勢新聞與旅館促銷活動剪報，提供設計專案之權責部門，作為設計參考資訊。

4. 瀏覽與參考網路平台公司或其他旅館業者包裝之網路促銷產品。

5. 熟悉媒體公關事務的處理，並具備文稿撰寫的能力。

資產設備： 1. 監督、檢查、控制客務部各種物品與用品的消耗，及各種設備、設施的使用情況。

2. 各類報表的管理與檔案資料的存儲。

3. 負責督促、檢查客務部管理區域的安全防火工作，加強相關培訓，確保部門內每位員工熟悉消防應急措施，積極配合安全室，保持消防通道暢通無阻，消防器具完好無缺，以確保賓客生命和財產的安全。

4. 前檯作業區、辦公作業區的電腦軟體與部門設備、設施管理維護。

5. 查核部門學習追蹤表與 SOP 檔案之管理。

6. 查核部門營運目標與工作分析檔案之管理。

7. 查核客房門鎖系統、設備之維護與管理。

8. 保管旅館製作的個人識別名牌、員工手冊及員工刷卡。

行政庶務： 1. 制定和完善客務部各項規章制度，建立健全內部組織系統與合理有效的運行機制。

2. 負責重要貴賓的接待工作，保持與同業的廣泛聯繫，塑造旅館良好的內、外部形象。

3. 每天巡視抽查客務部權責區域，並確實登錄相關紀錄，蒐集賓客的各項意見與要求，以便及時發現、修正問題，提高服務水準。

4. 定期性召開部門內各單位會議，並執行各項員工面談（績效、應徵、試滿、離職、職務異動）。

5. 負責督促、指導客務部員工嚴格遵守旅館和部門的各項規章制度，並按照崗位工作流程與服務標準實施服務。定期提報幹部任免和員工獎懲的意見與建議，以確保能取得最佳的工作效果。

6. 不斷提高部門員工的素質，鼓勵員工發揮工作主動性與積極性，積極參與各類培訓，並提拔有潛質的員工。

7. 負責檢查貴賓房、迎送貴賓、探望患病的賓客和長期住客，並接受賓客的投訴，消除可能產生的不良影響，在賓客心中樹立旅館的良好形象。

8. 關心員工生活、改善員工工作條件、督導員工出缺勤狀況。

9. 部門各項簽呈、書函之擬定與核簽。

操作技能： 部門各單位之各項「標準作業流程」。

櫃檯接待員

任職規範

部門單位：客務部櫃檯接待組
直接主管：櫃檯接待主任、副主任
工作時間：8 小時／天
休　　假：依營運部門之規定
編制人數：依單位運作需求而定
性　　別：不拘
年　　齡：21～35 歲
教育程度：國內外大專以上畢業
相關經驗：具星級旅館客務部相關工作經驗最佳，無經驗亦可。
職務資格：
1. 具英語會話能力，諳其他語言者尤佳。
2. 配合公司輪班、輪休制度。
3. 個性外向活潑、品格端正、主動積極、認真負責及具溝通協調能力。
4. 客務設備與軟體的操作能力：
   （1）熟悉個人電腦及商用套裝軟體之操作。
   （2）熟悉辦公室之傳真機、影印機等事務機之操作。
   （3）熟悉簡易網路故障排除之操作。
   （4）熟悉旅館客務管理系統之操作。

職務範疇：
1. 執行上級指示或旅館行政規章，與其他部門或單位維持良好互動。
2. 遵守旅館及部門制定之規章與工作規範。
3. 旅客住宿期間，代表旅館與旅客互動。
4. 遵照制定的標準作業流程，提供旅客專業之住宿接待服務。
5. 落實旅客訂房要求，並盡可能滿足旅客特殊需求。
6. 熟悉旅館住宿專案與客房特色，適時推介與協助旅客做出選擇。
7. 瞭解旅館內各項活動與服務內容，提供旅客多元資訊與服務。
8. 積極協助解決旅客之困難與疑惑，建立良好之顧客互動關係。

職務描述

具體職責：
1. 為旅客辦理住宿登記和退房結帳，以及於住宿期間提供諮詢服務。
2. 與當日預計抵達之團體領隊確認抵達時間及相關內容。
3. VIP 前置準備作業，例如：印製迎賓卡、準備貴賓資料夾（VIP Folder）。
4. 檢查當日訂房之特殊需求事項，例如：提早入住（Early C / I）、加床等。
5. 檢查當日抵達旅客預訂資料，及確認當日預定退房（Due Out）之數量及房號。

具體職責： 6. 處理房客續住或換房事項，確認並追蹤當日預定退房的數量及房號。
7. 檢查當天所有已排房之訂房，列印排房等相關報表給房務部。
8. 檢查喚醒服務清單（Wake Up Call List）。
9. 辦理散客（Foreign Independent Tourist, FIT）及團客（Group Inclusive Tour, GIT）住宿登記手續。
10. 檢查團體資料、租約內容、付款方式及分帳作業。
11. 處理房務部之房況表異常情形。
12. 列印旅客住宿報表（In House Report），並交付安全部門。
13. 辦理顧客住宿登記及結帳退房手續。
14. 列印換日（Day Close）前、後，客務部各單位相關報表，及製作大夜各項營運數據資料表。
15. 已訂房隔日抵達的客房預排，及其房客住宿登記卡列印。
16. 執行房租稽核作業。
17. 執行當日應到未到旅客（No Show）作業。
18. 執行夜間稽核（Night Audit）作業。

行政庶務： 1. 與其他相關部門進行聯繫與協調事宜。
2. 維持櫃檯接待之環境清潔。
3. 檢查並開立領料單、請購單，確保各項備品充足。
4. 清點與管理零用金，並備妥各類交易貨幣。
5. 檢核各類財務信用交易是否相符，包括：現金、外幣、信用卡、憑證等。
6. 檢查已入帳的帳單及發票是否完整。
7. 整理所有經手之帳單、單據、發票等，並繳交當班應繳之營收現金。
8. 檢查商務中心設備及陳列的物品。
9. 確認房客文件與書信，追蹤處理房客交辦事項。
10. 核對郵件箱（Mail Box）與置物櫃內的顧客物品。
11. 處理房客交辦事項，例如：留言、包裹、機票（機位）等。
12. 執行館內引導服務。
13. 生財器具的管理與維護，例如：電腦設備及週邊硬體、客務管理系統、電子門鎖系統、刷卡機、電話機、打卡鐘、印表機、電子匯率板、櫃檯保險箱等。
14. 員工手冊、公司制服、個人名牌及員工刷卡等保管。

操作技能： 制定單位之各項「標準作業程序」。

訂房員

任職規範

部門單位：客務部訂房組

直接主管：訂房主任、副主任

工作時間：8 小時／天

休　　假：依營運部門之規定

編制人數：依單位運作需求而定

性　　別：不拘

年　　齡：21 ～ 35 歲

教育程度：國內外大專以上畢業

相關經驗：具星級旅館客務部相關工作經驗最佳，無經驗亦可。

職務資格：
1. 具英語會話能力，諳其他語言者尤佳。
2. 配合公司輪班、輪休制度。
3. 個性外向活潑、品格端正、主動積極、認真負責，及具備溝通協調能力。
4. 客務設備與軟體的操作能力：
   （1）熟悉個人電腦及商用套裝軟體之操作。
   （2）熟悉辦公室的傳真機、影印機等事務機之操作。
   （3）熟悉簡易網路故障排除之操作。
   （4）熟悉旅館客務管理系統之操作。

職務範疇：
1. 遵守旅館及部門制定之規章與工作規範。
2. 遵照制定的訂房標準作業流程，提供旅客訂房之各項服務。
3. 妥善建立旅客預付訂金資料，編製預付款報表並交付相關部門。
4. 確保訂房資料與紀錄之正確性，編制客房租售相關報表。
5. 根據客房租售狀況，預估客房未來營收及住房率。
6. 與簽約公司、旅行社等聯繫人員建立緊密互動關係。
7. 與行銷業務部門保持良好溝通協調。

職務描述

具體職責：
1. 使用郵件、傳真、電話、網路等方式，與各網路訂房平台或旅客就預訂房事宜進行溝通。
2. 規劃符合旅客期望之住宿優惠方案，適時推介及協助旅客做出選擇。
3. 熟悉旅館客房類型、位置、格局及套裝組合產品，提供旅客多元的住宿選擇。
4. 根據預訂房報表，印製當日臨時新增抵達旅客名單、訂房單、住宿登記卡等資料，交付櫃檯接待執行旅客住宿服務。

具體職責： 5. 擬定訂房確認與保證信函等相關文件。

6. 遵照標準訂房作業系統操作流程執行訂房作業，準確地受理各類訂房異動紀錄。
7. 處理訂房待辦事項及訂房資料分類歸檔。
8. 執行訂房確認及訂房保證政策，落實高訂房率下的保證作業。
9. 受理旅客預付訂金繳款及信用卡付款之徵信授權。
10. 檢查隔日訂房資料並追蹤訂房單附件。
11. 電話聯繫前一日訂房未到旅客，了解原因並紀錄結果。
12. 整理隔日預定抵達客人之訂單資料及列印訂房單。
13. 核對隔日預定抵達之團體訂房單內容，並確保與要求一致。
14. 印製明後兩天接送機報表，提供服務中心準備因應。
15. 印製當日新增訂房報表，提供櫃檯接待準備因應。
16. 處理行銷業務部、企業行號、旅行社、散客等訂房事宜。
17. 了解當日可租售之客房類型、數量等資訊，以回應旅客訂房諮詢。
18. 受理訂房異動，包括：取消、提早抵達、延期住宿、延長住宿等，並正確執行系統操作。

行政庶務： 1. 與櫃檯接待溝通訂房資訊，即時更新訂房資料，並協助做好當日預訂房之準備工作。

2. 維持櫃檯接待之環境清潔。
3. 檢查並開立領料單、請購單，確保各項備品充足。
4. 預測短期住房率，有效管控客房的租售。
5. 訂房合約、簽呈、書函資料之保存。
6. 未來訂房之相關附件資料保管。
7. 生財器具的管理與維護，例如：電腦及週邊硬體設備、客務管理系統。
8. 員工手冊、公司制服、個人名牌及員工刷卡之保管。

操作技能： 制定單位之各項「標準作業程序」。

總機話務

任職規範

部門單位：客務部總機話務組
直接主管：總機話務主任、副主任
工作時間：8 小時／天
休　　假：依營運部門之規定
編制人數：依單位運作需求而定
性　　別：不拘
年　　齡：21 ～ 35 歲
教育程度：國內外大專以上畢業
相關經驗：具星級旅館客務部相關工作經驗最佳，無經驗亦可。
職務資格：
1. 具英語會話能力，諳其他語言者尤佳。
2. 配合公司輪班、輪休制度。
3. 個性外向活潑、品格端正、主動積極、認真負責及具溝通協調能力。
4. 客務設備與軟體的操作能力：
　（1）熟悉個人電腦及商用套裝軟體之操作。
　（2）熟悉辦公室之傳真機、影印機等事務機之操作。
　（3）熟悉簡易網路故障排除之操作。
　（4）熟悉旅館交換機系統之操作。
　（5）熟悉廣播視聽及監控設備之操作。

職務範疇：
1. 遵守旅館及部門制定之規章與工作規範。
2. 遵照制定的總機話務標準作業流程，執行電話接聽及轉接服務。
3. 使用交換機設備轉接客房、館內各部門及個人電話。
4. 接受並處理房客留言、通話明細查詢，及提供喚醒服務等。
5. 執行旅館各項例行之廣播與視聽服務。
6. 運用聆聽技巧與清晰、明確、友善、禮貌的語氣，執行電話接聽與諮詢服務。

職務描述

具體職責：
1. 遵照標準使用交換機與電話機設備，接受及處理旅客來電之各類諮詢。
2. 提供旅客專業的電話接聽及轉接服務。
3. 落實檢核當班客房電話明細報表。
4. 定時播放館內介紹與消防安全影片。
5. 監看客房電視頻道畫面品質，提供住客最佳的收訊享受。
6. 彙整及製作旅館各部門電話支出之帳務表，送陳主管核閱。
7. 熟記旅館客房房型、位置、格局，及套裝組合產品，提供旅客正確之資訊。
8. 熟記旅館各類餐飲促銷方案及當日宴席活動，提供旅客正確之資訊。

具體職責：9. 確實紀錄對旅館各類服務提出建議事項之來電，並向主管報告。
10. 確實紀錄所有房客之喚醒服務要求，並準時提供電話喚醒服務。
11. 依標準作業流程，執行旅客或員工遭遇各類事件之通報程序，例如：緊急事件、重大事故。
12. 以清晰及專業的語調，執行館內廣播服務，例如：地震、消防演習、停電等狀況發生時。
13. 支援訂房組各項作業。

行政庶務：1. 與訂房組維持順暢溝通管道，隨時做好支援訂房服務相關作業。
2. 維持總機話務之環境清潔。
3. 檢查並開立領料單、請購單，確保各項備品充足。
4. 製作電話費用支出傳票及繳款憑單。
5. 生財器具的管理與維護，例如：電話計費系統、付費電影頻道、交換機、影音視聽、電話機，以及客務管理系統等設備。
6. 追蹤並確實執行全館分機表的每月更新作業。
7. 檢視與供應商之契約期限，並紀錄續約或換約申請之期限。
8. 員工手冊、公司制服、個人名牌及員工刷卡之保管。

操作技能：制定單位之各項「標準作業程序」。

行李服務員

任職規範

部門單位：客務部服務中心組

直接主管：服務中心主任、副主任

工作時間：8 小時／天

休　　假：依營運部門之規定

編制人數：依單位運作需求而定

性　　別：不拘

年　　齡：21 ～ 35 歲

教育程度：國內外大專以上畢業

相關經驗：具星級旅館客務部相關工作經驗最佳，無經驗亦可。

職務資格：1. 具基本英語會話能力。
2. 配合公司輪班、輪休制度。
3. 個性外向活潑、品格端正、主動積極、認真負責。

職務資格：4. 具汽車駕駛執照，備小客車職業駕駛執照尤佳。
5. 須具備反覆提舉行李、走動、站立之體能。
6. 客務設備與軟體的操作能力：
(1) 熟悉個人電腦及商用套裝軟體之操作。
(2) 熟悉行李車之運送操作。
(3) 駕駛與保養維護公務車。

職務描述

職務範疇：1. 遵守旅館與部門制定之規章及工作規範。
2. 遵照制定的行李服務標準作業流程，正確執行行李的運送、保管、寄存等各項服務。
3. 提供觀光旅遊、景點介紹及交通服務等資訊。
4. 提供旅館客房、餐飲、休閒育樂等各類活動資訊。
5. 旅館門廊車輛引導、車道疏通，以及旅客方向指引等。

具體職責：1. 負責旅館大廳的迎賓與送客，及提供旅客必要的協助。
2. 熟悉旅館客房房型、位置、格局，及套裝組合產品，適時推介給到訪旅客。
3. 熟記旅館各類餐飲促銷方案及當日宴席活動，提供旅客正確之資訊。
4. 核對旅客預訂之車輛接送服務，並提醒駕駛提前至少 15 分鐘抵達。
5. 代客安排計程車、紀錄定時與定點的交通接送服務需求。
6. 協助旅客行李運送、寄存、上下車裝卸等服務。
7. 處理櫃檯接待交辦工作事項，例如：換房服務與遞送住客的傳真、留言、包裹、報紙等。
8. 執行旅館門廊車輛的指揮與引導，保持車道暢通。
9. 視旅館需求支援駕駛執行旅客接送服務。
10. 維持旅館大廳及門廊處環境整潔，人員進出管理與安全管制。
11. 旅客退房提領行李前，向櫃檯接待確認所有消費皆已結清。

行政庶務：1. 確認當日抵達貴賓、宴席活動、交通接送等資訊，做好迎賓服務之準備工作。
2. 維持服務中心之環境清潔，包括：服務中心櫃檯、行李寄存庫房。
3. 檢查並開立領料單、請購單，確保各項備品充足。
4. 妥善管理與維護公務車輛。
5. 核對行李庫房內寄存之物品是否與紀錄相符。
6. 生財器具的管理與維護，例如：客務管理系統、行李車、人群圍欄、旗桿旗座、雨傘架、寵物籠等。
7. 文件資料分類及歸檔。
8. 員工手冊、公司制服、個人名牌及員工刷卡之保管。

操作技能：制定單位之各項「標準作業程序」。

客務服務工作涵蓋許多不同的層面，從業人員的任職規範也多層次。對從業人員的教育背景需求，依旅館等級而有所不同，普遍來自大專至研究所程度的青年，除工作場域與性質的限制，例如：櫃檯接待代表旅館門面，特別注重個人清新形象與應對進退。另外，客務部從業人員大部分時間是站立協助旅客辦理入住登記、退房結帳及進行其他活動，須具長時間站立的耐力和較強的人際互動能力；行李服務員因運送行李或包裹需負重，有體能與肢體健全的要求；駕駛與門衛一般應具備職業小客車駕照外，最重要的是親和力外語能力，而因為接待的對象來自世界各地，外語能力除了國際共通的英語，每年來臺旅客人次僅次於中國的日本，及近年亦有成長的韓國與東南亞、歐洲各國，其語言也愈來愈受重視，儘管大多數旅館客務部職能不需具備多語系，但星級旅館客務部人員因應需求的提升，多語能力已成為任職的必備條件之一。

三 客務部人員需要具備的人格特質

旅館經營成功的關鍵要素，已由地點、位置與設備設施的考量，轉換成服務品質的要求，而「人」也已經成為旅館持續生存與發展的一種競爭優勢。由於客務部的職責，就是要為旅客創造價值，並將價值傳遞給旅客。因此，具有穩定的思維方式、樂於與人接觸的外向性格，及具有語文溝通能力與強烈的學習意願，在面對人、事、物及環境適應時，所顯現的獨特行為模式或性格，對客務部人員來說尤其重要。客務部人員需要具備的重要人格特質，包括：

（一）專業的行為舉止

1. 對工作抱持積極、重視細節的態度。
2. 在判斷事件的過程展現成熟度。
3. 遇到難題可以冷靜應對且控制局面。

（二）合群友善的性格

1. 能與同事保持良好的關係。
2. 展現真誠、具幽默感。
3. 為人處事能自然應對。

（三）助人為樂的態度

1. 善於體察旅客需求，並儘量滿足。
2. 渴望與旅客或同事建立良好關係。
3. 喜歡傾聽。

（四）靈活與可接受改變

1. 遇到工作需要，願意接受工作變動、調整班次的安排。
2. 能理解他人不同的觀點。
3. 願意接受不同的做事方法，具創新精神。

（五）注重儀表儀態

1. 穿著要得體，儀容儀表乾淨整齊。
2. 飾品配戴與服裝搭配須合宜。

第四節
客務部與其他部門的溝通協調

在學習本節後，能進一步認識並了解：

1. 跨部門溝通的目的和障礙
2. 客務部與其他部門的溝通協作
3. 提高跨部門溝通效率的建議

一 跨部門溝通的目的和障礙

每一間旅館都是一個有機的運作體，每一個部門都會與其他部門有交流和協作，在完成工作的過程中，常會涉及跨部門的事務。跨部門溝通是指在同一旅館內，不同的部門間為達到一定的管理目標（客房營收最大化），而藉著分享訊息與事實，建立一致的態度與共同的行動。跨部門溝通是一種思考程序、往返式的連續歷程，目的不是說服或是控制其他部門，而是讓雙方達成共識，建立認同，從而讓部門間關係的連結進一步加深。

在跨部門溝通中，出現的障礙主要來自個人的認知偏誤、語言障礙、情緒變化，以及部門間的職能和權責劃分不明確、旅館架構不合理、旅館氣氛不和諧或旅館信息系統不完善等。例如：「住客抱怨房間浴室無法排水」這等十萬火急的事，到了房務部和工程部手中，竟然成了「芝麻綠豆大的事」；又如「住宿抱怨的問題」，原本業務部和客務部應該合作解決，到了跨部門會議上，又淪「各彈各的調」，找不到共識。許多旅館經常出現各部門不協調的現象，每周的例會成了爭論，甚至爭吵的場所，其中一個重要原因，就是職責中未針對協作制定規範。無可諱言，旅館各部門間一定同時存在合作與競爭關係，部門間若想進行建設性的溝通，則要強調彼此的合作關係，都是以創造客房收益最大化為共同目標，並使競爭感愈淡愈好。

二 客務部與其他部門的溝通協作

事實上，有些工作在旅館的部門內，彼此溝通完全沒有問題，但是只要跨部門溝通就問題不斷。可能分配好由客務部主導、房務部協助，卻因彼此配合不當，遲遲無法交付，若客房維修工作因溝通協調、協作配合不當而出現問題，房務部、工程部、財務部就可能相互推卸責任，影響整個旅館的工作效率。旅館是一個整體，客務部在旅客住宿期間，扮演著中樞神經般的角色，與旅客住宿感驗愉快與否有相當密切的關係，為滿足住宿旅客需求，客務部必定與相關部門協作與訊息互通，包括：

1. 房務部：客房使用狀況、故障房（Out of Order）檢修、客房備品需求、異常住客動態、簡易醫療協助、花果贈送需求等的提報。
2. 行銷業務部：合約客戶的資料建檔、開發與維繫，客房促銷專案推廣，完整且精確的客房訂單資訊等。
3. 餐飲部：客房餐飲服務（Room Service）支援與消費帳單的傳遞、餐券（Coupon）與招待券（Complimentary）的使用規範、團體旅客用餐時間的協調、餐飲宴會活動訊息公告等。
4. 財務（會計）部：零用金（週轉金）準備、報表製作與核對、應收付帳款檢核、薪津支付、績效目標管控等。
5. 工程部：公共區域設備，例如：廣播系統、交換機系統維護與保養、客房設施故障之維修等。
6. 安全部：安全系統（如監視錄影）設置、門禁管理、緊急意外事故處理、可疑人物通報與預防等。
7. 採購部：生財器具設備之採購、各類用品緊急採購、員工制服訂製等。
8. 資訊部：客房資訊系統維護、電腦設備及通訊系統維護等。

客務部因位處旅館中樞位置，和房務、行銷業務、餐飲、財務、工程、安全及採購等部門形成服務旅客的溝通聯絡網。當旅館員工溝通良好且合作無間，就能做好服務工作；反之，部門間彼此意見沒有交集，溝通不順暢，服務品質就可想而知了。跨部門的溝通問題很多時候是「語言不通」所引起，因為只清楚同部門的績效目標與規章，但想要溝通順暢就需「聽懂對方的語言」，並能「換位思考」。

「不知開了多少次跨部門及單位的會議，溝通也不下數十次，怎麼出來的結果差這麼多？」、「我看不出來有什麼困難的，為什麼他們就是做不到？」、「客務部批評行銷業務部亂開支票給合約公司，連高住房率的日子都答應給予客房升等」、「房務部很官僚，通知補個客房備品都要等上 20 分鐘」、「人力資源部不事生產，人手都不足還不加人」、「櫃檯接待員抱怨總機話務員不專業」……部門與部門之間，似乎有一個打不破的隔閡。假設你是客務部經理，到底該怎麼做，才能順利將工作完成，又不會傷了彼此的和氣？

！小提醒

1. 先釐清：跨部門溝通障礙的來源，跨部門合作的重要性。
2. 請思考：如何建立跨部門的共識？建立跨部門合作的方法？
3. 效益評估：跨部門合作可以帶來哪些利益？跨部門溝通產生障礙會造成什麼損失？

三 提高跨部門溝通效率的建議

跨部門溝通是一種橫向整合與協調的能力，除了傳遞訊息、交換意見，也促成資訊及時且適當地產生、蒐集、發布、儲存、擷取，並確保能按部就班的執行工作任務，視達成績效目標為其最重要成效。

會發生跨部門衝突的主要原因，是因為部門本位主義、自身利益所引起。每個部門都有自己需要完成的目標與運作上的困難及問題。再加上整體旅館資源的限制性，要部門完全放棄本位主義，以團隊為重，以公司整體利益為重，實在有困難。有效的跨部門溝通，可以營造一個良好的工作氣氛，提高營運績效，更有助於組建與傳承優秀的團隊。如何提高旅館組織跨部門的溝通效率，大致有以下 7 點建議：

1. 培訓與指導：提高員工溝通技能。
2. 部門輪調：瞭解各部門運作。
3. 制訂明確的職責說明書：明瞭部門職責。
4. 調整組織架構：減少不合理層級。

5. 優化流程管理：提高溝通效能。
6. 倡導旅館內部民主開放的溝通氛圍：提供溝通環境。
7. 建立信息化溝通系統：提高溝通效率。

結語

客務部與房務部組成客房部，兩者間的關係類似於餐飲部的外場與廚房內場。大型旅館的客務部，一般包含總機話務、訂房、服務中心、櫃檯接待、大廳經理等單位。不同的旅館從營運成本、服務品質與效率的觀點思考，訂房組亦有編制在行銷業務部中，而大廳經理併入櫃檯接待或不設櫃檯接待，統稱大廳副理者皆有之，在客務部組織架構上仍無一定論，端視各旅館營運需求而定。在講求效率及專業化的今日，諸如清潔保養、餐廳經營，甚至警衛勤務皆有外包作業，唯獨客務部沒有。客務部作業也是所有部門中複雜度最高的，相對的也有許多不同的職位，適合不同程度專長的年輕人發展。

隨著知識經濟的發展與科技的進步，旅館業的服務內涵與領域也隨之變化與轉型。由於客務部需與旅客頻繁互動，較不容易因自動化而被機器取代，且客務部為提供旅客服務的第一線人員，無論談吐或舉止都是影響旅館形象的重要關鍵。現今，客務部是負責維護旅館安全的第一道防線，人員多被賦予過濾訪客與直接處理緊急狀況的權力，以求第一時間處理旅客事宜，工作地位也因任務與權力的擴大而提升。此外，網際網路、電子商務的蓬勃發展，大幅提升工作效率，但卻相對地壓縮旅館工作機會。所以，客務部人員的工作內容，需提供更多元的服務，執行更多人際溝通協調或是非結構性的任務，才能創造出更多的工作需求。

參考資料來源

1. Jatashankar, Tewari.(2016). ***Hotel Front Office: Operations and Management***. Oxford University Press.
2. Kasavan, M. L. & Brooks, R. M. (2007)。林漢明、龐麗琴、郭欣易譯。**旅館客務部營運與管理**。臺中市：鼎茂圖書出版股份有限公司。（原著出版於 2004）
3. 江純怡 (2015)。**打造一個全新的企業，讓組織不再卡卡－淺談組織設計**。管理知識中心。檢自 https://mymkc.com/article/content/22065。
4. 孫嫘 (2019)。**淺析人工智慧對酒店業發展的影響**。科技資訊，第 5 期，Page:109-110+112。
5. 龔聖雄 (2020)。**旅館客務實務（上）**。新北市：翰英文化事業有限公司。

NOTE

CHAPTER 2

客務部的營運

客務部需直接與顧客互動，是旅館最重要的部門之一。這一章，我們將深入了解客務部的營運、顧客服務循環和傳統服務循環的差異、旅館營運過程與顧客互動的關鍵時刻、旅館資產管理系統的概念、旅館客務管理系統應具備的功能介面，以及客務部主要商品「旅館客房類型」與「房價」。透過這一章，無論是學習客務部的運作，或了解經營旅宿產業的客房業務，都有非常實用的分析介紹。

學習重點

1. 客務部的顧客服務循環與關鍵時刻
2. 旅館客務管理系統
3. 旅館客房的分類與計價

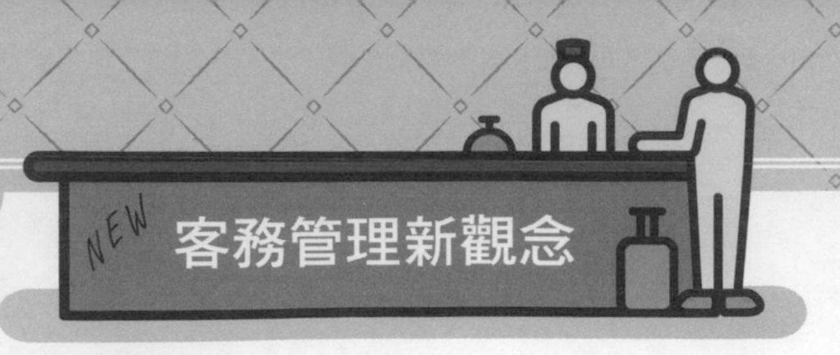

迎接旅館產業的物聯網時代

物聯網（Internet of Things, IoT）是一套彼此關聯、互動的系統，透過計算裝置、數位機器等設備，與網際網路存取與傳遞資訊。存取技術是透過感應器（Sensor）完成，無需經由人與人或人與裝置的互動。物聯網的發展趨勢，大致分為個人物聯網、家庭物聯網及城市物聯網。

1. 個人物聯網：智慧型的手機、手錶、手環、耳機、眼鏡等穿戴配備。
2. 家庭物聯網：智慧型的電視、音箱、燈光、冰箱、溫控設備、安全防護等裝置。
3. 城市物聯網：智慧型的辦公室、商場、交通、電網等場域。

物聯網在旅館產業的應用，主要針對旅客消費使用的資訊提供儲存、分析及再利用，以提升旅館營運管理的效益與永續發展性，或為旅客創造更多優質服務與高度個性化體驗，也減少不必要的人力和資源浪費。目前常見的應用方式，包括：

自動化的營運監測

透過物聯網監測的目的，提供安全性、舒適感最佳化的現代化客房，使旅館從競爭中脫穎而出，例如：檢測客房自然光線狀況或客房使用狀態，自動調節客房電力、照明、空調系統及啟動節能或低功耗模式；提供火災、意外事故、惡意行為等客房異常偵測，並即時向住客或旅館發出訊號；監測櫃檯接待作業狀況，排除異常，協助入住或退房高峰時段的人員調度。

個性化的服務體驗

物聯網產出的旅客歷史記錄，可用於提供個性化的服務體驗。例如：物聯網可以根據旅客的年齡、消費習慣、飲食要求等調整產品；記住旅客的舒適偏好，提供回頭客客房溫度、照明、電視頻道及背景音樂等貼心服務，甚至能推想旅客的喜好，而提供書籍、音樂、餐飲、休閒遊樂產品推薦等。

行動化的差異服務

隨著物聯網技術與行動裝置的融合，行動登記（Mobile Check-in）已成為創造旅館差異化的一個重要工具。旅客只要在旅館的應用程式（Application, App）註冊登錄，系統即會發送憑證到旅客的行動裝置。辦理入住登記當天，旅客即可利用憑證直接搭乘電梯到客房所在樓層、開啟客房門鎖，並利用行動裝置控制客房的燈光、空調、窗簾及電視等設備，使用旅館餐廳、游泳池及健身房等其他營業場所，也能以使用記錄向旅館請款。

預測性的維修保養

物聯網具有自我的診斷能力。經由旅館各類裝置收集到的數據，能作為分析、預測及改善的參考，從而識別潛在的危險因子、預測故障，並在問題惡化前通知工程部，減少故障維修所造成的影響。例如：透過客房門鎖電池使用頻率，預測使用上限，再自動提醒更換；透過感應器檢測冷凍冷藏、給排水、廚房設備、鍋爐及熱泵熱水等系統的運作，判斷設備使用壽命是否即將到期。

物聯網具備多元裝置資訊存取與傳遞的能力，不僅提升電子設備的訊息鏈結，也提高旅館服務品質與人員生產力。此外，透過物聯網監控旅館的整體營運流程，還能改善旅客的服務體驗，提供管理者做出更好的商業決策。但導入物聯網技術時，安全性仍舊是最大的考量，例如：客戶資料被竊取、旅館基礎的電力系統與電信設備等遭駭客入侵，且安全防範建置的系統成本高、須符合國際標準要求等，也讓旅館產業對物聯網的建置望之卻步。

旅館「客務管理系統」應如何導入物聯網技術，並與「客務部關鍵服務」連結？

「以人為本」的核心價值

客務部營運的順暢與否，涉及人員對顧客服務的認知、人員對系統應用的熟悉，以及人員對客房產品的掌握等多個面向的知識，稍有不慎，就會直接影響整體服務的評價與客房的收益。因此，客務部營運的核心價值須以「以人為本」，重視人才的培育與人員營運知識的成長。由於客務部的營運知識，需要經由時間的累積才能獲得，但是從業人員通常沒有足夠時間尋求所需的知識和經驗，加上人員的異動頻繁，使得日常營運的知識易隨著人員離職而流失。所以，留住營運所需的知識是客務部當務之急。具體作法建議如下：

營運知識的取得與傳遞

客務部營運知識可以透過旅館外部與內部途徑取得。旅館外部知識指的是旅館以外，與營運有關的各種知識，包括：國家政策法規、生活習慣、市場需求、消費結構、競爭者資訊、旅館營運管理研討會、外部教育訓練與課程講座等。旅館內部知識指的是未對外揭露，對營運產生影響的知識，例如：客房營運預測與統計分析、部門決策會議記錄、業務彙報等。目前營運知識傳遞常運用的管道有：佈告欄、對內及對外的文件刊物、教育訓練、課程講座等。

營運知識的發展、應用與更新

不論是外部取得、蒐集或內部自行發展的營運知識，皆須靈活加以應用在營運管理上。例如：建立標準作業流程審查委員會、籌組服務品質提升專案小組、設置創意服務提案制度、辦理創意服務與品質提升活動等。透過營運知識交流，舉辦發表活動、驗收成果及評估成效，進行適當的調整或修改，使客務部能處在持續創造與運用新知的優質環境，並經由週而復始的分享，使營運知識得以應用與實踐。

營運知識的數位學習化

過去的營運知識多以紙本為儲存媒體，但在知識管理中，大部分的知識都需要數位化，且必須透過各種科技工具達到學習或訓練的目的。其中，網際網路的發展與應用，提供了更多、更新且更便捷的知識學習機會，從中獲取的資訊量絕非過去所能比擬，再加上科技的進步，遠距學習已成趨勢，功能與效用也愈顯重要。

營運知識的建構與管理必須以「人」為主體，對客務部來說，是無法在短期之內看到成果，但如果不善用資訊科技，使部門成員、知識與資訊科技有效整合，過去的寶貴經驗將無法傳承，經驗也會隨著人員的異動而無法保留與共享，意味著客務部的競爭力將會逐漸衰退。

第一節
顧客服務循環與客務部的關鍵時刻

在學習本節後，能進一步認識並了解：

1. 顧客服務的概念
2. 客務部的顧客服務循環過程
3. 客務服務的關鍵時刻

一 顧客服務的概念

就客務部而言，顧客服務（Customer Service）是旅客決定購買旅館產品或服務之前、中、後，客務部向旅客提供服務所採取的一連串措施。顧客服務的重要程度，依旅館的產品類型與顧客群而不同，例如：第一次住宿的旅客相較於常客，客務部可能需要提供住宿房型、交通接駁服務、旅館促銷方案…等較多住宿前服務的建議。顧客服務可以由客務部的訂房或總機話務人員提供，也提供旅客自助服務，例如：網路訂房、官方網頁留言等。

顧客服務通常是一間旅館旅客價值體系不可或缺的一部分，在顧客服務的過程中，客務部依照旅館標準提供服務，並得到旅客的認同，或是旅客滿意度超出期望時，就可以稱之為「好的顧客服務」（Good Customer Service）或「優質的顧客服務」（High Quality Customer Service）。優質的顧客服務，是一系列提升旅客好感體驗的措施，通常意味著客務部必須提供旅客及時、周到、樂觀開朗的服務，且唯一目的是滿足旅客的期望，確保他們對結果感到滿意。而從旅客來電諮詢，到踏進旅館大門的住宿體驗，最後退房走出旅館，都與客務部顧客服務有關，進而形成優質的顧客服務循環。反之，糟糕的顧客服務將可能會導致旅客的不滿意，甚至是抱怨，進而形成劣質的顧客服務循環。

請回憶最棒的（被）服務經驗，或是最糟糕的（被）服務經驗，為什麼覺得很棒？或是很糟糕？對於該次服務經驗產生什麼結果？

！小提醒

1. 體驗分享：與親朋好友分享體驗、FB 發文記錄自己的經驗…等。
2. 積極作為：不再光臨或持續購買、向企業投訴或稱讚、網路或媒體宣傳…等。

二 客務部顧客服務的循環過程

顧客服務的循環過程之所以為旅館所重視，主因在於客務部人員之於旅客，是旅客住宿期間的行政助理、秘書、門房和通譯；之於旅館，是館內（In House）各項商品的推銷員、旅客與旅館溝通的橋樑、服務優劣的反應窗口。所以，客務部所呈現給旅客的不只是服務，還包括旅館的企業文化。

過去，顧客服務的循環過程在旅館產業，包括：抵達旅館前、抵達旅館時、停留住宿期間、退房結帳時四個階段。然而，顧客服務循環過程並不是一成不變的模式，因為各個階段的活動和功能是相互關聯的，而可能產生變化，所以根據客務部的營運現況，修正調整為抵達旅館前、抵達旅館時、住宿停留期間、退房結帳時及退房後一段時間內等五個階段（圖 2-1），分別說明如下：

服務循環過程
抵達旅館前
抵達旅館時
住宿停留期間
退房結帳時
退房後一段時間內

圖 2-1　客務部顧客服務循環過程

關鍵時刻

Moments of Truth, MOT

北歐航空公司前總裁 Jam Carlzon 提出。

定義為「與顧客接觸的每一個時間點」，是從：

- A－Appearance－外表－關鍵影響力 52%、
- B－Behavior e－行為－關鍵影響力 33%、
- C－Communication e－溝通－關鍵影響力 15%

等三方面帶給旅客的第一印象為出發點，是影響顧客滿意度與忠誠度的重要因素。應用在旅館業時，因為每位旅客在接受旅館服務的過程中，平均會與 5 位服務人員接觸。所以，可能在短短 15 秒內的接觸，就決定了整間旅館在旅客心目中的印象。

（一）抵達旅館前

住宿的選擇發生在抵達旅館前，旅客或潛在顧客會通過電話或電子郵件，詢問旅館客房資訊與其他設施，也會透過旅館網站了解旅館的訊息。此時，總機話務員親切、有禮，並正確轉接電話；訂房員迅速準確處理訂房資訊、回答訂房要求，並透過電腦訂房系統精確控制可租售房數量與預測客房收入，能將客房租售提到最高程度，所以對旅館而言是至關重要的。

旅客選擇旅館時，有時可能是自身的迫切需要，但更多時候是因為外部的刺激，例如過去入住的感受、網路評論、企業的政策（是否為合作夥伴）、收到推薦（旅行社、親朋好友、同事）、旅館地理位置或口碑、設備設施、廣告宣傳、優惠促銷、客房價格，以及旅客對旅館品牌的期望、訂房的便利性及訂房員的介紹等。

（二）抵達旅館時

櫃檯接待依據電腦訂房記錄，安排一間旅客期待的客房，是客務部展現有效管理的重要結果之一。

旅客抵達旅館時，提供的顧客服務包括：門衛的代客泊車、大廳指引；行李員的行李運送、客房引導和介紹；櫃檯接待的入住登記、安排客房、詢問退房結帳方式（如轉公司帳、現金或信用卡付款）、住宿天數、其他需求（如加床或嬰兒床、無障礙客房）等。

（三）住宿停留期間

客務部人員代表旅館的形象，行為舉止是旅客對旅館的第一印象，因此客務人員的形象具有重要的意義。

旅客住宿停留期間，櫃檯接待員擔負著協調顧客服務、建立良好顧客關係及關注旅客住宿安全的責任，透過及時且正確地提供資訊，回應並滿足住客需求，從而獲得住客的最高滿意度。住客住宿停留期間的消費帳務記錄，會通過旅館客務管理系統自動登錄在住客帳單上，櫃檯接待員的稽核作業必須定期檢查住客帳務記錄資料的準確性和完整性，以及監控住客信用額度是否超出旅館的信用授權。

（四）退房結帳時

此階段客務部提供的顧客服務，是為住客辦理退房結帳，使借貸雙方的餘額為0，以及建立旅客歷史資料檔案。

在辦理退房結帳的過程，櫃檯接待員要詢問旅客住宿期間的滿意度，並提供住客準確的帳單，住客確認帳單無誤、交還客房鑰匙後方可離開旅館。住客一旦完成退房結帳，旅館客務管理系統會自動將使用中的客房資訊更新為「可租售，待整理」的狀態，也會將訂房、入住登記與住宿期間、退房結帳時的所有資訊，彙整製作成一份旅客歷史資料檔案。退房結帳時，旅館還能透過問卷調查深入了解住客的習性和需求。

（五）退房後一段時間內

過去，旅館顧客服務循環過程未曾就此階段加以討論，亦即大多數的顧客服務在退房結帳完成後就告一段落，並直接進入下一次的循環中。試想，若結帳遷出後對帳款有疑義，未獲得釋疑或更改補正；遺留在客房的物品未獲得妥善保管或處置；住客問卷調查上的建議或滿意度評比，未及時回覆或表示感謝…等，這些旅客歷史資料檔案的持續建置與因應未落實，下一次的顧客服務循環還有可能到來嗎？因此，退房後一段時間內，仍將持續提供顧客服務，直到顧客滿意才會進入下一次的循環，否則服務循環就可能會終止。

無人應答跟隨功能

電話轉接後無人接聽時，約20～30秒，電話會自動跳回總機，由總機接手後續留言服務。若轉接電話無人接聽又無設定跟隨，電話會持續響聲直到來電者掛斷。

三 客務服務的關鍵時刻

「關鍵時刻」是客務部不容忽視的管理「關鍵」。由於旅館的硬體設施、產品和行銷策略等都很容易被同業抄襲模仿或超越，唯有人員提供的軟性服務最能體現差異化競爭手段。因此，在顧客服務循環的五個階段中，客務部須將人員與服務視為不可分割的整體，若要在旅客心目中樹立優質服務的形象，就必須確實扮演好職務所賦予的角色，並抓住與旅客接觸的每一個時間點。

旅館唯一真正有價值的資產，是獲得滿意服務的旅客與能為旅客創造價值的員工。無論何時，旅客與客務部任何單位產生聯繫，不管聯繫點多麼微小，都是一個形成印象的機會。例如：當旅客打電話詢問旅館的位置；預訂一次的住宿；旅客的機場接送；當旅客走進大廳櫃檯，將住宿券放在櫃檯上；當旅客在門廳受到迎賓；入住時得到行李員的協助；退房遷出時受到歡送等，這些都是產生印象的關鍵時刻，在這一刻，旅客對旅館的感受，不再是冰冷的旅館大廳或客房，而是「人」！

四 客務服務的關鍵時刻

以客務部人員服務與旅客接觸溝通為主體的關鍵時刻，概略敘述如下：

（一）總機話務服務

1. 必須在電話響鈴3聲或10秒內接聽，以標準用語問候來電者，同時報出旅館全名；根據旅客要求轉接電話，並致謝來電，結束通話。

2. 值班室內視需要播放柔和背景音樂，並確保接聽電話時吵雜或其他干擾聲。
3. 接聽電話時應口齒清晰、態度親切，杜絕嘴裡吃東西，或趴著、慵懶、無精打采、後仰等，不端正的坐姿影響通話品質，亦不可在言談中表露不耐煩口氣。
4. 應具備職務所需之英、日語應對能力以提供服務。
5. 轉接電話的對象通話中，應回覆來電者：「您撥接的電話正在通話中，您方便稍後再撥嗎？」如要求等候，則應尊重選擇並播放等待音樂，約 20 秒後再次轉接，直至接通。
6. 轉接電話無人接聽時，應設置「無人應答跟隨功能」，告知來電者：「該電話暫時無人接聽，請問是否需要轉接其他分機或留言？」如需要留言，則應快速、耐心、準確記錄來電時間、留言人與被留言人姓名、房號、留言。
7. 外線電話要求轉接至客房時，應先徵得住客同意方可轉接。
8. 應根據話務值機臺系統來電顯示的旅客姓名等資訊，在第一時間以適當的稱謂稱呼來電旅客，給予親切與歸屬感。
9. 應熟記與旅館服務有關的資訊，例如：旅館的地址、交通資訊、旅館的產品、行銷資訊⋯等，以便及時提供旅客諮詢服務。對於暫時無法回答的問題，應熱情協助查詢，必要時可留下聯絡電話號碼，並儘速查詢與回覆。
10. 房客傍晚以後或夜間要求喚醒服務時，應詢問房號、姓名、喚醒時間及是否需要第二次喚醒，並複述以確保資訊準確，最後祝福晚安，等房客掛斷電話後方可結束通話。
11. 喚醒時間應登記在喚醒服務記錄總表以備核對，並在話務值機臺系統中為房客設定喚醒時間。大夜班人員應根據總表的內容，逐一核對設定是否正確無遺漏，如房客要求變更，應準確修正並做成記錄。
12. 喚醒服務無人接聽或房客要求第二次喚醒時，應於初次喚醒服務後 5 分鐘，實施人工喚醒。
13. 人工喚醒時語氣應和藹親切，用住客姓氏稱呼並問候「您好，張先生，現在是時間早上 7：00 整，您的喚醒時間已到，祝您心情愉快！」遇天候異常，應溫馨提醒「今天天氣預報會有午後雷陣雨，出門請帶好雨具」或「天氣預報會降溫，請注意防寒保暖」等。

14. 遇重要節慶假日時，宜用應景的口吻問候，如「新年快樂！」、「感謝您的來電，祝您聖誕快樂！」等。
15. 來電者撥錯號碼時，應禮貌提醒：「您好，這裡是○○○旅館，我們的號碼是○○○，請您再確認一次好嗎？請問是否還需要其他服務？」如無，則等來電者掛斷電話後方可結束通話。

（二）訂房服務

1. 接聽電話時，應以標準用語正確問候來電者，並報出單位名稱與接聽者姓氏。
2. 接受旅客訂房時，應備妥訂房表單和紙筆，以便提供客房預訂服務與及時記錄，並回應來電者的服務要求。
3. 應詢問來電者姓名，並在服務中用其姓氏稱呼。

   例如：您好，張先生，請問有什麼可以為您服務的地方……。
4. 應熟練訂房服務的程序與訂房系統，並能正確填寫訂房表單。
5. 應熟悉旅館客房的類型與特色、房價與行銷方案，並能準確描述不同房型間的差異，以便根據旅客的需求提供合適的客房。若該日已無所需房型，應推薦相似的客房類型。
6. 應詳細詢問與記錄訂房資訊，包括：實際入住的旅客姓名與拼寫方式、抵達日期與時間、預訂的房型、房價、訂房數量、住宿天數、是否需安排交通接送，以及聯繫電話等。
7. 主動說明旅館保留訂房的相關規定。若旅客逾時未到，應主動致電確認，以免造成旅館損失。

   例如：您好，張先生，我們為您保留訂房至18：00，如果抵達的時間超過18：00，請及時與我們聯繫。
8. 複述與確認訂房所有細節，提供訂房者訂房號碼，以便抵達旅館時，櫃檯接待員能根據訂房號碼，快速查詢、核對訂房單。
9. 通話結束前，應向來電者致謝，待對房掛斷電話方可結束通話。

   例如：張先生，感謝您選擇○○旅館，如果您的行程有變動，請及時聯繫我們做更動，我們恭候您的到來！」
10. 追蹤透過旅館官網或其他網路訂房中心的訂房狀況，應及時確認並予以回覆。

（三）行李及門衛服務（服務中心）

1. 抵達崗位前自主檢查

（1）著裝符合規範，以面帶微笑、站姿挺拔、精神飽滿的姿態，保持旅館門廊入口處整潔與暢通有序。

（2）旅客乘車抵達，應快步向前迎接；旅客準備下車時，或乘坐計程車付款、找零後準備下車，為旅客開啟車門，以手護其頭部，並熱情歡迎光臨。

（3）主動協助搬運行李與確認件數；於乘車卡記錄計程車牌號，再交付旅客。

2. 以五指併攏掌心向上的手勢引領旅客，主動開啟大廳門扇並帶領進入。雨天時，須提供雨傘寄存服務，並交付旅客寄存卡以為收執憑證，或提供雨傘套。
3. 引領旅客至櫃檯接待辦理入住登記時，應站在旅客身後約 1 公尺處等候。
4. 入住登記結束後，引領旅客搭乘電梯；到達客房時，輕輕敲擊房門；開門後，請旅客先進房，並將行李放置行李架上；離開客房時，面朝旅客退出客房，並祝住宿愉快。
5. 旅客退房需下行李服務時，應及時到達並輕輕敲擊客房房門，問候與說明來意，獲得同意方可進入客房。下行李前須先清點行李與確認件數，無誤後再搬運，並主動詢問是否需要協助聯繫交通。
6. 旅客離開旅館時，應服務旅客將行李搬運至交通工具上，並再次確認行李數量；準備上車時，為旅客開啟車門，以手護其頭部，並祝願旅途愉快。

（四）諮詢服務（服務中心或諮詢中心）

1. 旅客走到服務中心時，應熱情禮貌問候，並在 30 秒內回應其需求。
2. 服務中心應備有旅館宣傳摺頁、當地旅遊地圖、景點資訊等，供旅客查詢備用。
3. 禮賓員應熟悉旅館的餐飲、客房、娛樂等產品與活動，以及旅館周邊環境、當地特色小吃與商品、旅遊景點、購物中心、文化活動、餐飲設施等相關資訊，能準確提供旅客諮詢服務。
4. 受理留言服務時，應清楚留言的需求，以易懂的陳述記錄在旅館專用留言單，並能及時將需求傳達給負責單位執行，例如：客房開啟客房門的「請勿打擾」燈、客房門外掛出「請勿打擾」告示牌，禮賓員可填寫「請勿打擾房聯繫卡」

再將要告知旅客的相關訊息從客房門下方塞入，請房客方便時與之聯繫。有時效性的留言，可通過電話與旅客取得聯繫，或請示主管尋求協助。

5. 對旅客委託的代辦業務須有效率且準確無差錯地完成。

（五）入住登記服務（櫃檯接待）

1. 抵達崗位前須自主檢查，須著裝符合規範並面帶微笑，站姿挺拔且精神飽滿；各類工作表單準備充足，旅客用筆書寫流暢。
2. 旅客臨櫃時，應問候致意。正為其他旅客辦理入住登記，應用目光與之交流，示意稍候。因業務繁忙造成旅客等待，應主動致歉「對不起，讓您久等了。」
3. 辦理入住登記前，應先確認旅客是否有訂房。

（1）有預訂：須迅速查找出訂房資料，並用姓氏稱呼；協助填寫住宿登記卡所需資料，確認停留天數、付款方式與聯繫電話，以利旅館提供後續服務能及時聯繫，例如：遺留物品歸還、欠款催收與查核外宿房等。請旅客於住宿登記卡指定位置簽名與確認資料無誤。

（2）未訂房：應根據住宿需求推薦客房類型、介紹客房特色，包括：座向、樓層、設施和價位等，取得旅客同意後，請其出示身分證件，後續服務即以姓氏禮貌稱呼。

4. 根據住宿停留天數製作客房鑰匙卡，連同身分證或護照證件、預付款單、信用卡、早餐券等，一併交付旅客。遞交物品時，須用雙手遞上以示尊重。因 VIP 房卡製作時間比一般房卡多一天，為避免出現 VIP 退房當天中午 12：00 後，發生回房無法打開門鎖的窘境。
5. 櫃檯接待員協助完成住宿登記手續後，須以手勢（五指併攏、掌心向上，切勿單手指指示）為旅客指示客房或電梯方向，或請行李員提供服務「張先生，電梯請往這邊走，祝您住宿愉快！」
6. 預訂房為超額訂房，可能發生旅客抵達旅館卻無法安排原訂房型的問題，應提前針對此類訂房請示主管，授權調整免費客房升等，並向旅客說明情況與致歉取得諒解。
7. 因超額訂房或客滿，導致無法安排旅客入住時，應立即報告主管與聯繫其他旅館同業，為旅客重新預訂一間同等級或升級的客房，並安排前往另一旅館的交通往返。

（六）退房結帳服務（櫃檯接待或櫃檯出納）

1. 櫃檯接待（出納）員應熱情友好問候旅客，確認房號後應以姓氏稱呼。
2. 列印出詳細帳單，條目清晰、正確完整，請旅客確認所有消費，例如：Mini Bar、電話費、洗衣費等，確認無誤後，請其在帳單上簽名。如房客對帳單有異議，應耐心說明。
3. 遇客房物品的損壞賠償時，應向旅客出示旅館物品賠償價目表，請其核對。
4. 房務部查房發現遺留物品時，應立即聯繫旅客本人。旅客前來領取時，須在相關表單上簽名註記。若無法聯繫上旅客本人，則須記錄於旅客歷史檔案，待下次訂房時系統會自動提醒，以便入住後歸還遺留物品。
5. 房客對客房內非贈品有疑義，應委婉告知整房時未見該客房物品，請客協助回憶放在何處，並請房務部根據旅客提供的線索，再次查找、確認；或委婉提醒，是否可能在親友來訪時，無意帶走該客房物品；或請房客回房協助查找該客房物品，房客進入客房時，房務員停留在客房外面。必要時，尋求大廳經理協助處理，避免事態擴大。
6. 退房結帳作業須有效率，且各類應收帳款應做到準確無差錯。
7. 退房結帳時，須詢問入住期間的感受，對房客提出的意見或建議，應認真聽取並回饋給相關部門，最後向旅客致謝並邀請再次光臨。

「關鍵時刻」無處不在。無論旅館的規模大小、等級高低，客務部都有很多服務的機會，能讓旅客留下深刻好印象或失望。客務部在關鍵時刻失敗會付出的代價，包括：負面體驗會使旅客對價格更敏感；負面體驗會降低旅客的再宿意願與忠誠度，且超過80%的旅客永遠不會再回到旅館消費；負面的口碑會快速傳播給其他潛在的旅客。反之，擁有正面體驗的旅客，更願意接受建議，而不太關心價格。因此，在每一個關鍵時刻，客務部須思考：應如何服務才能超出旅客的期望；對旅客影響最大的服務人員是誰；需要進行哪些項目的培訓，才能確保為旅客帶來正面的住宿體驗。

假設你（妳）是五星級旅館的大廳副理，當房客來到大廳向您抱怨隔壁房的住客太吵時，請列舉 5 項顧客抱怨處理的關鍵時刻。

！小提醒

1. 先釐清：顧客抱怨的定義、關鍵時刻的意涵。
2. 請思考：關鍵時刻的關鍵服務。
3. 效益評估：顧客抱怨處理得宜，可以帶來哪些利益？反之，處理不當又會造成什麼損失？

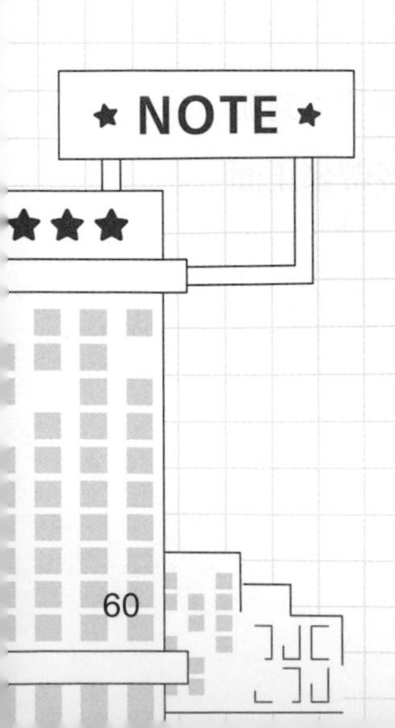

第二節

旅館客務管理系統

在學習本節後，您將會認識並了解：

1. 旅館資產管理系統的概念。
2. 客務管理系統的重要性與應用。
3. 客務管理系統應具備的功能介面。
4. 科技導入的影響與聚焦。

一 旅館資產管理系統的概念

資產管理系統（Property Management System, PMS）源自 1980 年代，應用在旅館產業稱為旅館管理系統或旅館資產管理系統。旅館資產管理系統並非管理不動產，而是在資訊技術基礎上，以系統化管理思維為旅館決策層與從業人員提供重要營運資訊的管理平臺。旅館資產管理系統（圖 2-2）主要由客務管理系統四大模組與其他子系統功能區塊組成，旅館客務管理系統大小端視規模與營運需求而定。

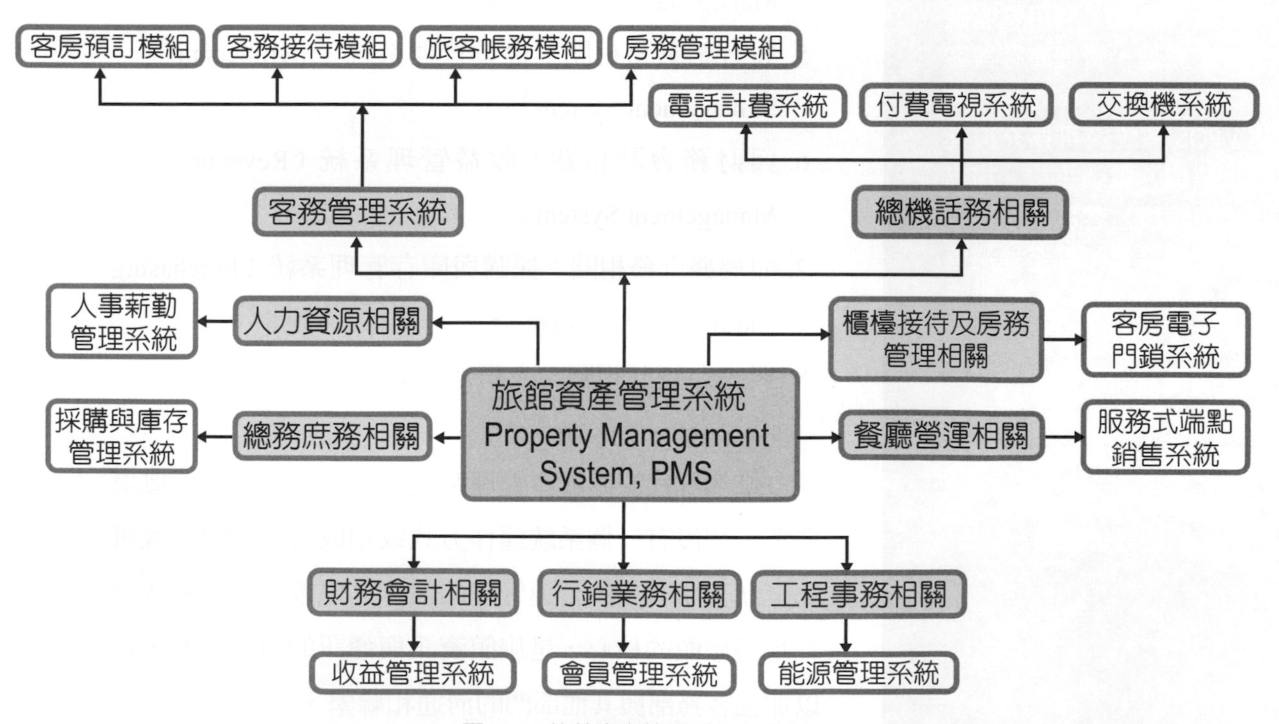

圖 2-2　旅館資產管理系統示意圖

銷售時點情報系統 vs. 服務式端點銷售系統

銷售時點情報系統（Point of Sale, POS），廣泛應用於零售、餐飲及旅館等行業，主要功能有統計商品的銷售、庫存及記錄顧客購買行為，是零售營運不可或缺的工具。由於系統功能不斷擴充，因此也有「服務式端點銷售系統」（Point of Service）的稱法。

第一代與第二代POS系統，又稱電子收銀系統（Electronic Cash Register, ECR），即1個錢箱配上幾個按鈕，交易就會聽到叮叮聲。而第三代POS系統，開始匯入電腦，利用電腦進行檔案處理、管理庫存與客戶資料、刷卡、驗證等。現在，POS系統還可擴充與連結收銀機、電腦主機、掃描器、印表機、客戶顯示器等常用硬體裝置，甚至連結管理人員的PDA或是其他手持式個人裝置，再通過網路隨時傳輸資訊至企業總部。目前，旅宿業任何收費商品或服務單位或部門皆會設置POS系統，例如：餐廳、健身房、酒吧等銷售點。

（一）客務管理系統四大模組

1. 客房預訂模組（訂房系統）；
2. 客務接待模組（櫃檯接待系統）；
3. 旅客帳務模組（櫃檯出納系統）；
4. 房務管理模組（客房系統）。

（二）子系統功能區塊

1. 與總機話務相關：交換機系統（Private Branch Exchange, PBX）、電話計費系統（Hotel Billing Information Center, HOBIC System）、付費電視系統（Pay TV System）。
2. 與櫃檯接待與房務相關：客房電子門鎖系統（Electronic Locking System, ELS）。
3. 與餐廳營運相關：服務式端點銷售系統（Point of Service, POS）。
4. 與工程事務相關：能源管理系統（Energy Management System, EMS）。
5. 與行銷業務相關：會員管理系統（Membership Management System）。
6. 與財務會計相關：收益管理系統（Revenue Management System）。
7. 與總務庶務相關：採購與庫存管理系統（Purchasing and Inventory System）。
8. 與人力資源相關：人事薪勤管理系統（Payroll Accounting System）。

雖然現代旅館資產管理系統建置的模組與功能愈來愈多，卻沒有一個系統運作方式或組成元素相同，或可完全涵蓋所有旅館營運管理的需求，但客務管理系統一直都是旅館的核心，是旅館資訊與通訊的重要支幹，藉以加強客務部與其他部門的溝通和聯繫。

二 旅館客務管理系統的重要性及其應用

客務管理系統指的是一個自動化住宿管理資訊系統，在不同類型與規模的旅館，都扮演著相對重要的角色。

對獨立經營的旅宿業者而言，購置自動化住宿管理資訊系統可能面臨的困擾，包括：系統維護成本高、投資金額高、與效益不成正比、與旅館其他系統不相容等。因此，挑選客務管理系統須依旅館規模、營運需求及連鎖體系而定。不過，實務操作上，即使客務管理系統不同，其基本觀念彼此仍可互通。

客務管理系統的功能介面，是依據顧客服務循環的概念建置。實務上，有關旅客住宿的資訊蒐集、住宿期間的安全維護、退房結帳的交易資料等，皆須仰賴完善的客務管理系統四大模組。

客務部人員使用其他部門的系統時，須取得授權並完成電腦功能權限設定才能使用；跨部門的資訊查詢與維護，則須視客務部之需求，由最高主管授權開放，例如：行銷業務（會員管理系統）、餐廳營運（服務式端點銷售系統）、財務會計（收益管理系統）等。以國際觀光旅館為例，客務管理系統應用時機包括：抵達旅館前、抵達旅館時及住宿停留期間、住宿停留期間、退房結帳時及退房結帳後的一段時間內（圖2-3）。分別說明如下：

圖2-3 旅館客務管理系統的應用時機

套表印刷

將旅客訂房資訊套印在旅館的制式表格。

旅客信用額度

旅客信用額度是預估值，根據停留天數與每日住宿費用累計而來，例如：1天住宿費5,000元，櫃檯接待員會預取約6,000元的信用授權。當預估住宿費在6,000元以內，則不會發生提醒「額度不足」的問題。旅客的信用卡額度通常會大於此額度許多，可能是十來萬或數十萬，因此不需要旅客向信用卡中心提出增加額度的需求。客務部通常也不會允許旅客積欠如此大額的消費，而不要求旅客先結清前帳。以上概念在CHAPTER 7的第一節會進一步說明。

（一）抵達旅館前的應用──客房預訂模組（訂房系統）

旅客預訂客房的資料，會由訂房部（組）輸入到訂房系統，再形成電子訂房記錄。訂房系統會自動產生訂房確認的文件「訂房確認書」（圖2-4），以通知旅客訂房已處理妥當，請進行資訊正確性的核對，以便旅客抵達旅館前能更正錯誤處，並做好入住前的準備工作。

電子訂房記錄還能查證旅客提供的聯繫資料正確性、追蹤和記錄預付款支付情形，及提出應付訂金的要求等資訊。例如使用信用卡支付消費的旅客，如在訂房時取得卡號，則能據此確定信用額度。

此外，訂房系統使客務部能迅速處理旅客訂房要求，並為已確認訂房的旅客預備電子帳單，也能準確編製預定抵達旅客名單、客房租售、營收和預測等報表。有些訂房系統亦可獲取、處理或傳遞全球分銷系統（Global Distribution System, GDS）、全球旅館搜尋引擎（Global Hotels Search Engine）、線上旅行社（Online Travel Agency, OTA）、中央訂房系統（Central Reservation System, CRS）等遠端訂房要求或資料。

（二）抵達旅館時及住宿停留期間的應用──客務接待模組（櫃檯接待系統）與房務管理模組（客房系統）

旅客住宿登記卡通常以套表印刷或電腦登記卡的形式呈現。住宿登記的基本資料於旅客訂房時，即已連結並建置在櫃檯接待系統中，櫃檯接待員列印住宿登記卡

To	收件人	:	Date	日期	: 19 Jul 22
Company	公司名稱	:	From	發件人	: Emma Wu
Fax	傳真	:	Email	訂房組電郵	: rsvn_cphb@caesarpark.com.tw
E-Mail	電郵	:	Fax	訂房組傳真	: (886) 2-8964-3987
			Direct Line	訂房組專線	: (886) 2-8953-9777

Reservation Confirmation 訂房確認書

Conf. No	訂房代號	: 431039			
Guest Name	住客姓名	: Mr Kong Sheng Hsiung 龔聖雄 教授			
Arrival Date	入住日期	: 01 Aug 22	Arrival Detail	抵台班機/時間	: 請提供資料
Depart. Date	退房日期	: 02 Aug 22	Departure Detail	離台班機/時間	: 請提供資料
No.of Rooms	房間數量	: 1	Room Type	房間型態	: Elite Single菁英客房一大床
No.of Persons	入住人數	: 2			
Room Rate	每日房價	: TWD 3,900 / 早餐*2	Rate includes 10% Service Charge & 5% Gov't Tax 價格已內含10%服務費及5%政府稅		

Payment 付款方式 : [ ] Own Account 客人自付 [ ] Pay By Company 公司付
Credit Card 信用卡卡號 : Expire Date 有效期限 :
Signature 持卡人簽名 :

Notice : We reserved the right to cancel any booking without credit card guarantee 72 hours prior to the arrival date.
72 hours cancellation notice is required, otherwise one night room charge will be applied for guaranteed booking.
注意事項 如未取得信用卡保證之訂房, 本飯店保留取消此訂房之權利。

Transportation 機場接送服務
Please complete and return fax to 02 8964 3967 or email to rsvn_cphb@caesarpark.com.tw if any transportation is required.
(Transportation will be quoted when receiving request.)
如需機場接送服務請勾選並回傳至 02 8964 3967 or email 至 rsvn_cphb@caesarpark.com.tw (機場接送為付費服務,將另行報價)

[ ] No 不要 [ ] Yes要
[ ] Taoyuan Airport to Hotel 桃園機場至飯店 [ ] Hotel to Taoyuan Airport 飯店至桃園機場
[ ] Songshan Airport to Hotel 松山機場至飯店 [ ] Hotel to Songshan Airport 飯店至松山機場
[ ] Limousine (one way 單程) [ ] Mini Van (one way 單程)

To cancel airport arrangement, a minimum of 3 hour notice is required. In the event that information is not provided, full price of the transportation cost will be charged to the client or to the company.
如需取消或更改接送服務,請於班機抵達前3小時通知,否則本飯店將收取全額之費用。
取消規定：本飯店訂房訂金之收取，依照觀光局頒佈《定型化契約》規定，收取訂單總金額的30%做為訂金。並依法令規定比率進行取消訂房之扣款如下：
★旅客住宿日當日變更或取消訂房扣預付訂金金額100% 。
★旅客於住宿日前1日內變更或取消訂房扣房價預付訂金金額80%。
★旅客於住宿日前2-3日變更或內取消訂房扣房價預付訂金金額70%。
★旅客於住宿日前4-6日內取消訂房扣房價預付訂金金額60%。
★旅客於住宿日前7-9日內取消訂房扣房價預付訂金金額50%。
★旅客於住宿日前10-13日內取消訂房扣房價預付訂金金額30%。
★旅客於住宿日前14日前(含14日)取消訂房扣房價預付訂金金額0

Thank you for choosing the Caesar Park Hotel Banqiao. Please note that hotel check in time is 3 p.m. and check out time is 12 p.m.
請注意本飯店之入住時間為下午三時,退房時間為中午十二時。板橋凱撒大飯店感謝您的訂房, 並誠摯期待您的光臨。

Caesar Park Banqiao 板橋凱撒大飯店
No.8 Sec. 2, Xianmin Blvd., Banqiao Dist., New Taipei City 22065, Taiwan (R.O.C.) 22065 新北市板橋區縣民大道二段8號
Tel: (886)2-8953-8999 Fax: (886)2-8964-3967 Web: banqiao.caesarpark.com.tw

圖2-4 訂房確認書（作者提供）

後，交付旅客確認、簽名。住宿登記卡上包括旅客的基本資料、住宿天數、房價、房號、付款方式，以及有關向旅客提供貴重物品寄存和付款責任等說明。使用信用卡付款時，旅客在旅館內的消費，必須在入住登記時已得到信用卡公司或銀行的許可批准，且櫃檯接待員經由信用卡的線上授權，取得旅客信用額度的使用許可。如果旅客住宿期間的簽帳超過了授權額度，出納系統會自動提醒櫃檯接待員須向信用卡公司要求提高授權額度。客房系統可以維護與彙整即時的客房狀態，便於安排調度客房，與旅客服務的協調，以及執行客房能源管控，例如控制客房內各活動區域的溫度、濕度和及空調。

（三）住宿停留期間及退房結帳時的應用──客務帳務模組（櫃檯出納系統）

一旦完成入住登記，櫃檯出納系統會利用房客登記資料產生記錄消費帳款專屬帳戶，房客入住旅館期間在各銷售點的消費，例如：餐飲、洗衣等，各銷售點提供服務後，會開立對應的消費憑證（Voucher），再由銷售點傳送到櫃檯出納系統，自動登錄在住客帳單與客務部會計收入帳目中。此外，櫃檯出納系統也能與服務式端點銷售、客房電子門鎖、電話計費、付費電視及能源管理等系統相互鏈結，進行資訊存取、更新及維護，即時反映住客帳戶的最新狀況，確保退房時的客帳準確。

旅客住宿期間，櫃檯出納系統會持續監控旅客信用額度與稽核客務部作業。必要時，櫃檯接待員可授予帳戶簽帳消費額度彈性，以確保帳款順利收取。例如：退房時，櫃檯出納系統可依住客不同結帳付款方式，開立符合要求、一式兩份的帳單，一份交付房客作為住宿消費證明，一份交付財務部留存備查。完成退房結帳時，櫃檯出納系統會將此次停留期間的相關資訊，彙整製成旅客歷史資料檔案。

（四）退房結帳後的一段時間內的應用──客務管理系統

客務管理系統所建構的旅客歷史資料檔案，涵蓋的資訊不僅有助於擬定旅館行銷策略，還可作為未來服務的參考依據。此外，結帳遷出後，旅客對帳款有疑義或有遺留物品遺留在客房內請求協助時，客務部亦須依據客務管理系統建置之各項資訊，尋求解決問題之道。倘若旅館的規模小，或是客務管理系統建置的資訊技術功能不足時，透過人工作業的支持與輔助，就扮演著相當重要的角色。

客務部電腦當機三天

若旅館客務管理系統的電腦主機板，因遭遇不可抗力之因素，例如：環境潮濕、電力暴衝、等，導致系統受損，經資訊部判斷無法在短期內修復，預估採購新主機板送抵旅館，直到安裝測試、資料備分轉檔完畢，至少需要 3 個工作天。這一說法，代表著客務部的電腦將有 3 天無法啟動。

此時，身為客務部經理的你會採取什麼措施，使部門能在這 3 天維持正常運轉，旅客仍能順利辦理入住登記、退房遷出等，入住消費不受任何影響，旅館也不會短收任何費用？

三 旅館客務管理系統應具備的功能介面

完整的客務管理系統，理應涵蓋總機話務、服務中心、訂房、櫃檯接待、大廳經理等五個單位，但由於總機話務、服務中心、大廳經理三單位之功能需求，以查詢居多，且普遍都已併入訂房、櫃檯接待、櫃檯出納、客房等四大模組的功能區塊負責執行。因此，客務管理系統中幾乎看不到總機話務、服務中心、大廳經理等功能區塊獨立運作。但是，客務、房務、行銷業務、財務會計等四部門共同擔負旅館客房營運的成敗，倘若缺少其他三個部門的系統功能輔助，實不足以因應客務部營運需求。所以，客務部除需熟悉客房預訂、客務接待、客務帳務等三個模組功能的操作外，亦須對房務管理、行銷業務、財務會計等部門的系統區塊作業有所涉獵與了解。（圖 2-5）。

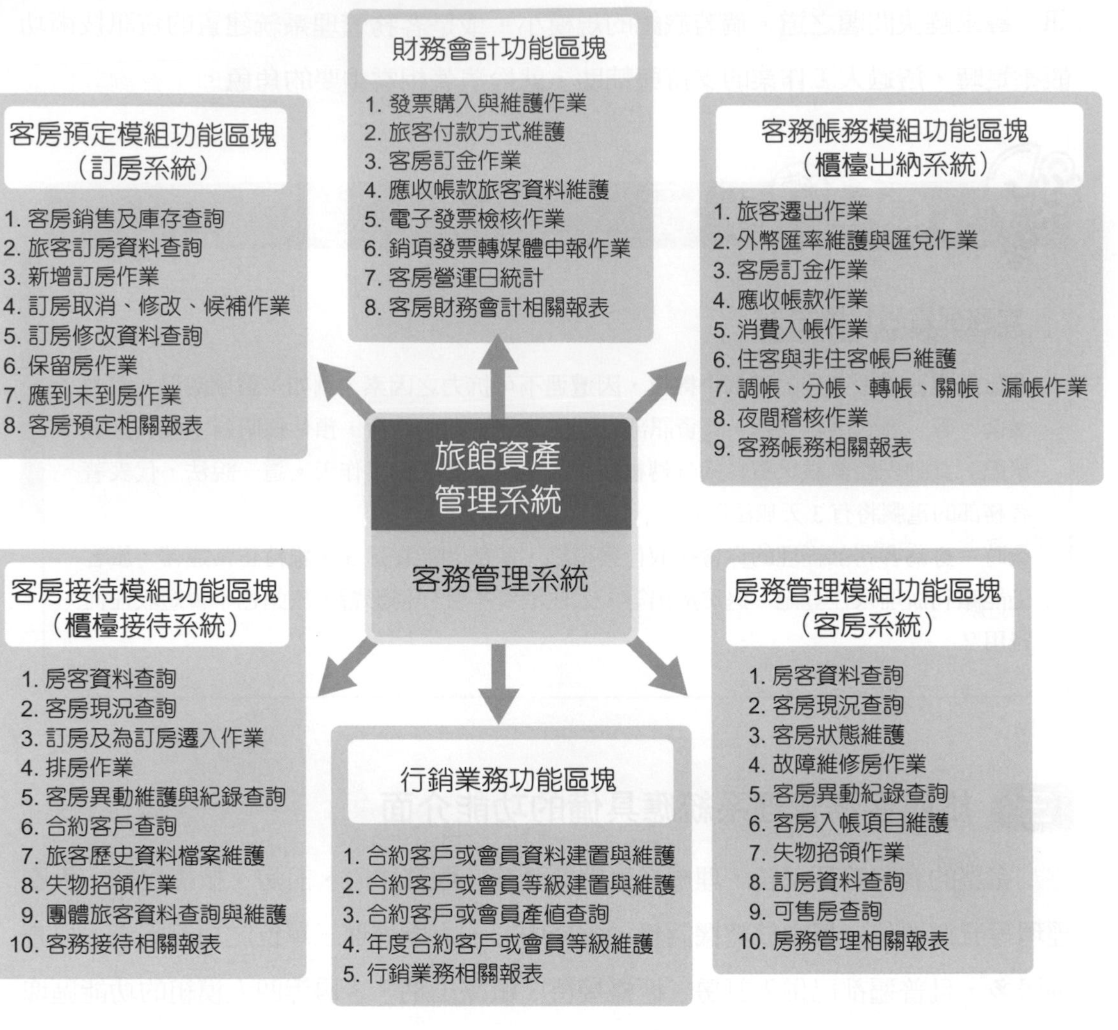

圖2-5　旅館客務管理系統功能區塊示意圖

（一）權限設定

旅館客務管理系統的建置，首重安全管理、系統備分及基本資料設定，多數旅館會指派資訊部門全權主導。先由客務部依實際運作提出功能設定與操作需求，再由相關部門召開會議討論使用者的分層與相對的授權，最後交付資訊部門建置系統與後續維護。為有效完成客務部工作並防止營運風險的產生，每一個職務須設定不同的權責，在未經適當授權前，每位員工無法查詢和處理非各自職權範圍的工作。

舉例來說，客務部負責旅客住宿資料的管理、旅客個人資料的處理，以及應收帳款整理。所以，客務部除了這些已經定義的工作內容外，不能處理、查詢其他部門或非相關業務的工作項目，例如不允許客務部查詢供應廠商的信用狀況。

客務管理系統權限設計愈細緻，旅館面臨的資訊風險愈低。權限設定應包括：使用者的角色權限（部門別設定）、角色可使用的功能權限（部門之功能別設定）、可使用角色的人員權限（部門組成人員設定），人員應包括部門內的每位員工，並建立人員資料檔。由於客務管理系統是跨部門的系統，須依旅館規模與營運需求決定涵蓋範疇。因此，建置在客務系統的人員與可使用的權限就變得非常重要。客務部從經理到每位服務人員的系統權限一經設定，一旦進入系統皆須輸入使用者帳號與密碼，並應加以管理查核，以避免遭有心人士破解、冒用、破壞工作或竄改資料，造成有損旅館形象的情形。

（二）客房預訂模組（訂房系統）

訂房系統的作業，通常包含客房的銷售與庫存查詢、旅客訂房資料查詢、訂房修改資料查詢、新增訂房作業、保留房作業、應到未到房作業、製作客房預訂相關報表，以及訂房的取消、修改、候補作業等功能。

訂房系統的初始設定，則應包括：旅館各種客房類型名稱、數量、租金、服務費與對應房型代碼（例如：標準客房 STD）、房型設定的起訖時間、免費服務的項目內容等。有些旅館因客源統計分析與營運策略擬定的需求，還會設定更多訂房要求，並以英文代碼取代中文文字輸入，諸如：旅客國籍、居住地、房價類別、旅客來源、旅客等級、接送機方式等。旅客的國籍代碼，通常是依據國際標準化組織的 ISO 3166-1，使用二位英文字母作為國籍代碼。

此外，旅館會為每一種客房類型制定一個標準價或公告牌價（Rack Rate, Published Rate），也可稱為客房的定價或是客房零售價。客房價格的制訂，取決於旅館等級、供餐與否、使用時間長短、季節特性、客源屬性或需求等，各有不同的房間價格。旅館通常會將房間價格加以分類，並賦予每種房價一個可供識別名稱與對應的代號，例如：Long Stay（LS）、Free of Charge（FOC）。每種房價皆會清楚記載適用的對象、計價方式，以及是否包含餐飲或其他服務等。

（三）客務接待模組（櫃檯接待系統）

櫃檯接待系統通常包含房客資料查詢、客房現況查詢、已訂房及未訂房的遷入作業、排房作業、客房異動維護與記錄查詢、合約客戶查詢、旅客歷史資料檔案維護、失物招領作業、團體旅客資料查詢與維護、客務接待相關報表等介面。櫃檯接待系統的初始設定，須涵蓋旅館所有客房的配置，包括：客房號碼、客房類型、樓層、棟別等，除了須因應快速且即時的客房安排作業，也是旅客歷史資料檔的一部分。

（四）旅客帳務模組（櫃檯出納系統）

櫃檯出納系統通常包含旅客遷出作業、外幣匯率維護與匯兌作業、客房訂金作業、應收帳款作業、消費入帳作業、住客與非住客帳戶維護、夜間稽核作業，以及客務帳務的調帳、分帳、轉帳、關帳、漏帳等相關作業與報表製作介面。櫃檯的出納系統涉及住客、非住客與員工在旅館內的各項交易活動，包括：消費科目、交易類別、帳目的調整等，是旅館作業中最複雜的部分。因此，初始設定需非常謹慎，以免造成旅客或旅館財務上的損失。

（五）房務管理模組（客房系統）

客務部（Front Office）與房務部（Housekeeping）彼此須維持緊密的合作關係，以確保旅館客房營運的正

ISO 3166-1

ISO即國際標準化組織International Organization for Standardization，是全球性的非政府組織。

ISO 3166-1旨在為國家、屬地、具特殊科學價值地點，建立國際認可的代碼。通常使用二位英文字母作為國籍代碼，但三位字母代碼（Alpha-3）更接近國家名稱，例如：

國家	國籍代碼	
	二位	三位
法國 France	FR	FRA
德國 Germany	DE	DEU
日本 Japan	JP	JPN
臺灣 Taiwan	TW	TWN
美國 United States of America	US	USA

常與客房營收的最大化。因此，客務作業須隨時了解並掌握客房與住客的最新狀態，以因應客房的租售與處理住客問題。所以，客房系統通常包含房客資料查詢、客房現況查詢、客房狀態維護、故障維修房作業、客房異動記錄查詢、客房入帳項目維護、失物招領作業、訂房資料查詢、可售房查詢、房務管理相關報表等介面。

客房系統須涵蓋每一間客房的現況，除了旅客的入住登記（Check in）與結帳退房（Check Out），是由客務部依據實際情況執行電腦客房系統操作外，其餘客房狀態的維護與更新，皆屬房務部門的權責範圍。房務部經由客房系統掌握、操控與管理旅館的客房狀態，通常會以顏色與代碼顯示各種狀態下的總客房數，以利客務部安排或租售客房，例如：

OC － Occupied Clean －旅客住宿中，已整理乾淨；

OD － Occupied Dirty －旅客住宿中，待整理；

VC － Vacant Clean －已清掃房，可以租售；

VD － Vacant Dirty －旅客已退房，尚未清掃；

OOO － Out of Order －故障房，不可租售；

S － Show Room －客房參觀。

（六）行銷業務功能區塊

旅館的行銷業務部通常負責與企業行號簽署合作契約，並給予較優惠的價格吸引住房。由於簽訂的合約不同，在所以客房租售價格的優惠與提供的服務上往往也不同，行銷業務部須將雙方協議的內容，建置在功能區塊內，使客務部能即時且正確地提供房價與服務。客務部需求的行銷業務系統作業，通常包含合約客戶或會員的資料與等級之建置與維護，以及產值的查詢；年度合約客戶或會員的等級維護與行銷業務相關報表的製作等，須涵蓋與每一間合約公司的協議內容，包括合約公司編號、公司名稱、聯絡對象與方式、協議內容、業務人員資料等。

（七）財務會計功能區塊

客務部需求的財務會計功能區塊，通常包含發票的購入與維護作業、旅客付款的方式與系統維護、客房訂金作業、應收帳款、旅客資料維護、電子發票檢核作業、銷項發票轉媒體申報作業、客房營運日統計報表、客房財務會計相關報表等。

（八）共用參數

由於旅館客務管理系統涵蓋甚廣，包括：訂房系統、櫃檯接待系統、櫃檯出納系統、客房系統、行銷業務功能、財務會計功能等，彼此間必須有一致的使用與操作標準，以利整合至旅館資產管理系統。為使旅館客務管理系統的操作便利與一致性，須將系統基本預設狀態（共用參數）設定好，常用的參數有：

1. 訂房系統預設共用參數，如：滾帳日期、最多接受金額小數幾位、出納人員是否共用班別、散客的訂房代號、訂房時預先設定的房價代碼、依照原房價計算服務費，或依照折扣後房價計算服務費等。
2. 櫃檯接待系統預設共用參數，包括：住客的性別稱謂、依據 ISO 3166-1 預設住客的國籍、住客使用語言、換房是否可換至未清掃房、修改房價是否必須輸入異動記錄、住客來訪次數統計方式等。
3. 櫃檯出納系統預設共用參數，諸如：住客最晚退房時間、是否自動計算逾時 C/O、溢收款的消費代碼、結帳是否顯示確認訊息、結帳是否列印帳單、發票列印的顯示模式、非收入項目的分類代碼、預估收入的小分類代碼、預設的收入分帳規則、稅別金額是

銷項發票轉媒體申報作業

將所有銷貨發票與可扣抵之進項發票的字軌號碼、金額、稅額，以及對方統編資料等鍵入電腦營業稅申報媒體檔上。

電子發票開立後之營業稅申報作業

媒體申報：將所有銷貨發票與可扣抵之進項發票的字軌號碼、金額與稅額以及對方統編資料鍵入在電腦營業稅申報媒體檔上，然後將資料轉檔在磁片中，列印媒體檔案遞送單、 額申報書、再填寫繳款書後，送所屬國稅局或稽徵所申報。

商業智慧
Business Intelligence, BI

是旅館商業活動的資料收集與資訊轉化作業系統，透過持續性測量、管理與監測，即時衡量與評估旅館關鍵性指標，以發覺潛在問題或機會。旅館若能妥善運用大量且完整的資訊，進行交叉分析，並了解其中趨勢，亦可協助管理者制定最佳策略目標。旅館導入 BI 的目的在於優化決策流程、降低營運成本、洞察旅客行為與消費模式、準確追蹤營運績效。

含稅還是外加等、開立的憑證類別、電子發票使用的格式、是否列印消費明細表及明細使用的格式、付款方式的代碼、代碼對應的各類代幣名稱等。

4. 夜間稽核預設共用參數，包括：夜間稽核的時段、是否執行跨日夜間稽核、完成夜間稽核之客房狀態設定等。

四 科技導入的影響與聚焦

近年來，科技的發展和與應用，對旅館產業的影響廣泛而深遠，例如透過科技化的旅館資產管理系統提升競爭優勢，主要聚焦在系統的發展上，包括：升級 PMS 系統、預測分析、商業智慧技術（Business Intelligence, BI）運用、物聯網平臺、員工端應用程式、監控系統等，使旅館業更有效掌握旅客動態。而旅客面向的發展，則有智慧電視、即時通訊、行動支付，升級顧客 WiFi、智慧音箱（Voice User Interface, VUI）、顧客關係管理系統（Customer Relationship Management, CRM）、顧客端應用程式等，使入住旅館時能享受各項服務新科技帶來的便利與尊榮。

不過，即使旅館產業不斷的革新，「無人旅館」崛起，並發展出愈來愈多的創新住宿體驗，譬如：利用人臉辨識或機器人為旅客辦理入住登記手續，又或是利用機器手臂協助旅客行李寄存，讓旅行更為輕鬆自在，但即使如此仍無法完全取代「人」的功能，以及「客務管理系統」的不可取代性。

智慧音箱
Voice User Interface, VUI

音箱也稱喇叭、擴音器、揚聲器（Loudspeaker），是將電子訊號轉換成聲音的電子元件，可以由一個或多個有形的物體組成，形狀多元。智慧音箱是結合虛擬助手的無線音箱和語音命令設備，旅客可通過語音指令使用智慧音箱，如要求智慧音箱播放音樂、播報天氣、設定鬧鐘等；也可連接 Wi-Fi、藍牙，增加音頻播放之外的用途，例如：通過語音控制智慧家庭設備。

顧客關係管理
Customer Relationship Management, CRM

是旅館與現有顧客及潛在顧客間的互動關係管理系統。通過分析旅客歷史資料檔，增進旅館與顧客間的牢固關係，以成為旅館最佳顧客、創造高留客率與最大營收。CRM 系統會通過旅館官網、電話、郵件、市場行銷活動、行銷人員及社群網路等多個管道的各接觸點，全方位蒐集與顧客相關的資訊，例如：與旅館人員的互動、購買產品的偏好、服務需求和建議等，以挖掘潛在的目標顧客與滿足顧客的需求。

第三節

旅館客房的分類與計價

在學習本節後，能進一步認識並了解：

1. 旅館客房床鋪的尺寸規格
2. 旅館客房的分類
3. 旅館客房的計價

客房是旅館主要的核心產品，客務部在對旅客進行客房銷售與安排時，必須確實掌握每一間客房的特色與價格，才能將合適的客房在適當時機，以正確的價格與通路，賣給適合的旅客（Right Product, Right Time, Right Price, Right Channel, Right Customer）。

客務部在旅客抵達前須完成客房分配，分配客房時，客務部必須了解旅館中每種可用房型的客房特徵，才能及時因應旅客提出的客房要求，例如：遠離電梯的房間、特大雙人床、雙床房、禁菸房等。因此，熟悉旅館客房的分類與計價，是每一位客務部人員在職訓練的必要任務。

一 旅館客房床鋪的尺寸規格

許多旅客會根據床數與習慣用語預訂旅館的客房，到了辦理入住登記才發現和當初的訂房需求不一樣，例如：旅館房型中的雙人房，是提供 1 張床？還是 2 張床？雙床房是 2 人房？還是 4 人房？ 1 張大床的雙人房，可以睡得下 2 大 1 小嗎？……許多的爭執點，往往來自於彼此對於床鋪尺寸、費用多寡的定義不同，床鋪名稱常因不同尺寸和床架裝飾，而有相當大的變化，且旅館的床鋪尺寸大小，也常作為客房等級判別的方式。床鋪的尺寸是根據國家標準床墊大小而定，所以不同國家，標準也可能不相同。（表 2-1）

表 2-1　歐美床鋪的尺寸彙整表

床型	尺寸：寬 × 長（width × length）
單人床 Single bed, Twin bed, or Bunk bed	英寸：30（47）×74（83） 公分：76（120）×188（210）
標準雙人床 Double bed or Full bed	英寸：53（60）×74（83） 公分：135（152）×188（210）
加大雙人床 Queen size bed, Super bed or Olympic Queenbed	英寸：60（72）×74（83） 公分：152（182）公分 ×188（210）
特大雙人床 King size bed, Super King bed, or Grand King bed	英寸：72（80）×80（98） 公分：183（203）×203（249）
加床、折疊床 Extra bed, Rollaway bed	英寸：30（35）×72（80） 公分：76（89）×183（203）
嬰兒床 Baby crib	英寸：28（30）×52（74） 公分：71.12（76）×132.08（188）

備註：英寸是英制的長度單位，也稱為吋。
1 英寸等於 2.54 公分。
1 公尺≒ 3.28 英尺≒ 3 市尺≒ 3.3 臺尺

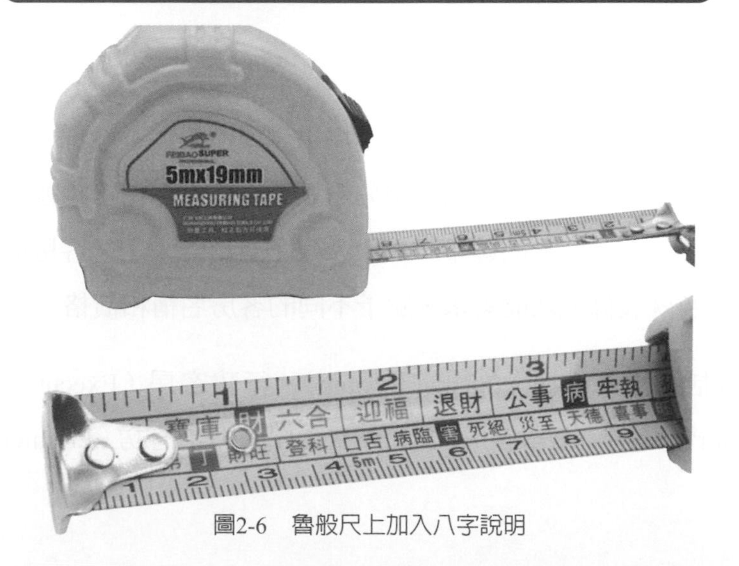

圖2-6　魯般尺上加入八字說明

魯班尺

又稱為「門公尺」、「角尺」，是中國傳統的建築用尺，用於量測家具、宅居的尺寸。相傳源自春秋魯國巧匠魯般，後經風水界加入八字說明，以丈量房宅吉凶。

魯班尺 1 尺≒ 1.4 臺尺
≒ 1.27 市尺
≒ 0.42 公尺
≒ 42.42 公分

市尺不等於公尺
1 公尺＝ 3 市尺
＝ 3.3 臺尺
1 公分＝ 0.03 市尺
＝ 0.033 臺尺
1 臺尺≒ 0.91 市尺

床鋪是由內部架設的彈簧支撐、定型，外部包裹床墊，以提供額外的襯墊和舒適度。臺灣常見的 5 種床墊尺寸，有：3 尺、3.5 尺、5 尺、6 尺、7 尺，也是床墊尺寸的通俗稱法，若考量風水，則可使用魯班尺作為度量單位。（表 2-2）

表 2-2　臺灣床鋪的尺寸彙整表

床鋪種類	尺寸：寬 × 長 width × length	俗稱
傳統單人床 Small single bed or Cot	英尺：3×6.2 公分：91×188	臺尺：3 尺
標準單人床 Single bed, Twin bed,or Bunk bed	英尺：3.5×6.2 公分：105×188	臺尺：3.5 尺
標準雙人床 Double bed or Full bed	英尺：5×6.2 公分：152×188	臺尺：5 尺
加大雙人床 Queen size double bed	英尺：6×6.2 公分：182×188	臺尺：6 尺
特大雙人床 King size double bed	英尺：6×7 公分：182×212	臺尺：7 尺
備註：1 臺尺≒ 0.99 英尺≒ 0.303 公尺≒ 30.303 公分 市尺不等於公尺 1 公尺＝ 3 市尺＝ 3.3 臺尺 1 公分＝ 0.03 市尺＝ 0.033 臺尺 1 臺尺≒ 0.91 市尺		

二　旅館客房的分類

客房是旅館提供旅客住宿休息的場所，須根據旅客需求和用途設置不同類型的客房。不同地區、等級、經營型態或品牌，旅館客房分類標準也不同，但不論哪一種客房，通常是以房間內床鋪的尺寸、床的數量、入住人數、客房的大小、客房擺飾分類，再依其所在位置、特殊設備或功能需求，賦予不同的客房名稱和價格。

常用的客房名稱，包括：標準客房（Standard Room）、行政客房（Executive Room）、高級客房（Superior Room）、豪華客房（Deluxe Room）、尊爵客房（Premier

Room)、皇家套房(Royal Suite, Imperial Suite)、家庭房(Family Room)、日式客房(Japanese Room)、海景客房(Ocean View, Harbour View Room)、市景客房(City View, Urban View Room)、園景客房(Park View, Garden View Room)等。

(一)依客房床位數分類

1. 單人房(Single Room)

   客房內只有 1 張單人床,適合單人或背包客入住,面積比較小,價位較便宜。單人房房型不是每間旅館都有,多出現在等級較低的旅館,或日本、韓國、香港等地狹人稠的地方,或歐洲地區規模比較小的旅館、民宿。

2. 一大床雙人房(Double Room)

   專為 2 人住宿設計,客房內有 1 張雙人床,適合夫妻、情侶。在旅行中,同樣是 2 個人,住宿 Double Room 和 Twin Room 是有差別的。

3. 兩小床雙人房(Twin Room)

   客房內有 2 張單人床,中間置放床頭櫃隔開 2 張床。適合朋友或同事 2 人一起旅行或出差時入住,可分擔房間費用,又免於睡同一張床、共用被子的尷尬。客房單價較高的旅館,也會以兩單床雙人房接待團體旅客。

4. 兩小床併床房(Hollywood Twin Room)

   又稱好萊塢式雙床房,指設有 2 張並排的單人床,床頭櫃置放兩側的房型,適合單身商務行程或獨自旅行的旅客。

5. 類雙人房、經濟雙人房(Semi-double Room)

   日本旅館獨有的特殊房型,空間規劃像單人房,床鋪的尺寸介於單人床和雙人床之間,床寬依各旅館而有所異,約為 105 ~ 135 公分(3.5 ~ 4.5 英尺),適合情侶、夫妻入住,但因床型偏小,不適合身材高大的人。

6. 三人房(Triple Room)

   客房內有 3 張單人床,或 1 張雙人床加上 1 張單人床,適合親子或好友入住。

7. 四人房(Quad Room)

   客房內有 2 張雙人床或 4 張單人床,採用 2 張雙人床或 2 張加大雙人床的房間,也可稱為 Double-Double。適合小家庭或好友同行入住,可作為親子房或家庭房(Family Room),或供 4 位旅客同住。旅館也會以 2 張雙床房接待低客房單價的觀光團體旅客,例如學生畢業旅行。

（二）依客房位置分類

1. 面內側房（Inside Room）

客房面向旅館建築物內部（中庭）或位於走廊角落，客房內沒有窗戶與景觀，因為只有一道門，四周無窗，遇火警時逃生不易，在安全上較為堪慮，但相對地價格也較便宜。

2. 面外側房（Outside Room）

面向旅館外部且有窗戶與景觀的客房。外側房的房價通常比內側房高，又可依據視野細分為：面向（Front）及背向（Behind）。背向（Behind）看不到顧客期望的街景、湖景、海景、山景景觀的客房，但背向不表示無對外窗或無景觀。Behind Room 的房價相較於 Front Room 會經濟些。

3. 連通房（Connecting Rooms）

房間與房間彼此相鄰且有門互通，兩房須同時開啟相鄰的房門才能互通。適合家庭或多人旅行的旅客，例如：家庭旅行選擇連通房，父母與小孩可分睡 2 間客房，有更大的空間，且雖分睡 2 房，但有狀況也較方便即時照看。屬於特殊房型，並非每間旅館皆有。

4. 邊間房、轉角房（Corner Room）

位於樓層角落、邊間或轉角的客房，且房內有一面以上的景觀窗。此房型通常空間較大、視野佳、採光好。因樓層客房空間整體規劃的關係，有些旅館會將此房改建成較大的套房。

5. 相鄰房、連接房（Adjoining Room）

2 間客房相互比鄰，但之間無門可互通，即一般相鄰的客房。適合親友同行或同團旅客住宿，方便就近照應。

6. 鄰近房（Adjacent Room）

指 2 間客房的位置靠近卻不相鄰，例如：面對面的客房。

（三）依客房設備及功能需求分類

1. 標準客房（Standard Room）

標準客房是在有限的客房空間內，統一規劃與配置，使具有通用性、配套性，以及集合人力、物力、財力、管理的集約性等，通常包含靠近入口處的小壁櫥、1 個小梳妝檯、1 張雙人床或 2 張單人床、床頭櫃、1 張或 2 張扶手椅、1 組標準的辦公桌椅、立式燈、電視機，以及其他簡易的設施等。

2. 豪華客房（Deluxe Room）

提供的設備、消耗性備品比標準客房更多樣化，是且客房面積較大，裝潢較高級。豪華客房多安排在高樓層，所以相對較安靜、視野較開闊。

3. 類套房（Studio Room）

可以是單人房或是雙人房，房間除了獨立衛浴間，其他如臥室、客廳、閱讀區、廚房等設施，都與客房設計在同一個空間。

4. 套房（Suite）

面積相當於 2 間或 2 間以上的標準客房，房內附有臥室和客廳，有的甚至有廚房、會議室等，就像住家一樣。適合企業高級主管出差住宿，有客廳供訪客來訪。旅館中的高級客房多屬於套房，售價相對較高。常見的旅館套房有：總統套房、複式或樓中樓套房。

（1）總統套房（Presidential Suite）

是旅館中坪數最大的客房，具備比套房還大幾倍的空間，除設備設施非常豪華之外，有些還附有專屬電梯、管家服務（Butler Service），使住客備受尊寵禮遇，但使用率極低，主要作為廣告宣傳與建立高級形象。

（2）複式套房、樓中樓（Duplex）

房型設計成兩樓層或樓中樓的型式，第一層至少有 1 間是客房或客廳，第二層是客房，適合家庭旅客或有早睡早起習慣的旅客，由於有兩個樓層，提供了更多的舒適和安靜，不會相互干擾。也有採第一層是客廳與用餐區，第二層是客房的設計，適合商務行程的企業主管。

5. 仕女樓層（Lady's Floor）

專為女性消費者設計的樓層，且僅開放給女性旅客入住。仕女樓層著重安全管理與個人需求，所有的服務人員皆由女性擔任，使女性出外洽公或旅遊時，可以安心入住與確保隱私不受侵犯。有些旅館還為仕女樓層與客房提供貼心服務，例如：時尚美妝雜誌、水氧機、瑜珈教學光碟、美甲用品、整髮器、體脂機、面膜、防曬霜、卸妝油、臉部保溼噴霧等。

無障礙客房適用法令

依內政部於110年1月19日公告《建築技術規則建築設計施工編》第167條，針對國際觀光旅館與觀光旅館客房總數量，與其提供的無障礙客房數量比例訂定規範，當客房總數量在16～100間時，應設置1間無障礙客房；達101～200間時，應再增設1間無障礙客房，依此類推至600間。客房總數量超過600間時，除了每增加100間，應增加1間無障礙客房；即使不足100間，以100間計。例如，客房總數量為768間，該旅館總共應設置8間無障礙客房。

6. 無障礙客房（AccessibleRoom）

有些旅館譯為Handicapped Room是專為行動不便者設計的客房，旅客可獨達自前往、進出及使用客房，因為與身體健全的人相比，使用輪椅與助行器的房客，客房需要更多的移動空間，旅客可獨立前往、進出與使用客房方便。因為與身體健全的人相比，使用輪椅與助行器的房客，客房需要更多的移動空間。規劃與設計無障礙客房時，須符合內政部最新公告之《建築物無障礙設施設計規範》規定[1]，因此建議：

（1）無障礙客房的空間需較一般客房大。

（2）客房出入口與浴室須提供足夠的淨面積，以利輪椅行進轉動。

（3）床鋪選用一大床的規格，床兩側須有輪椅可平行放置與側移的淨面積；若採2張床的設計，床與床之間仍需保留輪椅可平行放置與側移的淨面積。

（4）床的高度必須考慮房客從輪椅轉移到床上的便利度。

（5）無障礙淋浴間須提供淋浴座椅，水槽的水用流量控制器和手持淋浴噴頭，必須放置在相鄰的後牆上，且坐於座椅上仍方便取得的範圍內。

（6）扶手必須位於淋浴座對面的側壁上，並沿著後牆裝設。

（7）馬桶座距地面的高度須兼顧輪椅使用者。

（8）靠近馬桶側壁與後側的牆壁，應設置扶手。

---

1 《建築物無障礙設施設計規範》為公告法規，實務執行須先查詢中華民國內政部營建署全球資訊網：cpami.gov.tw 最新公告。

（9）須提供適合聽力和視力障礙人士使用的設備，並設置提醒住客來電、敲門或門鈴聲的設備等。

7. 綠色客房（Green Room, Eco Room）

綠色客房又稱為環保客房，是對環境友善的客房，包括：旅館管理者積極推動省水、節能、減少廢棄物等計畫，以節省支出，並保護地球。綠色客房提供的服務、備品、設備等，須符合法規公告並友善環境，確保旅客入住的環境安全、無毒、節能。所以，綠色客房會選用100%有機棉製的床單、毛巾和床墊，並重複使用；使用無毒清潔劑、洗衣粉，使用散裝有機肥皂而不是單獨包裝；無菸環境；浴室和洗衣水的再利用，如設置廢水回收系統，收集並回收水資源，來提供旅館澆灌花圃、擦洗地板；使用節能照明、再生能源，如太陽能、風能等。

8. 日式（和室）客房（Japanese Room）

和室是日本房屋內特有的傳統房型，地面鋪設疊蓆，「畳」日語發音Tatami，即榻榻米，由於疊蓆的大小是固定，可由鋪設數量知道房間的大小。日式客房強調日本風格，採木質裝潢，搭配疊蓆與日式障子門，使客房增添禪意的幽靜。

9. 墨菲房（Murphy Room）

墨菲床（Murphy Bed）是以專利發明此床的William Lawrence Murphy（1876-1957）之名命名，以節省空間的目的。不使用時，整個床可折疊收入牆壁或壁櫥中，因此也稱為壁床。配有Murphy Bed的房間，白天床收起後可以當客廳使用，夜晚床放下就成了臥室。

10. 池畔小屋或海灘小屋（CabanaRoom）

是一間獨立的小屋，這類型的小屋常與海灘或湖濱相鄰，或者小屋內配備有專屬的游泳池。

11. 別墅（Villa）

休閒度假旅館才有的特殊客房型態。是一間獨立的房屋，可為旅客提供額外的隱私和空間。設備齊全，多配有：臥室、客廳、按摩浴缸及陽臺，甚至還配備私人游泳池。

三 旅館客房的計價

旅館都會為每一種客房型態制定一個標準價或公告牌價，稱為客房的定價或客房零售價。客房計價除了成本考量，還會受到一些外在因素影響，所以，這些考量與影響因素就成為客房計算價格的參考依據。本節僅就客房供餐與否、客房使用時間長短、客房銷售的季節特性、客源屬性或需求等進行說明。

（一）依客房供餐與否

依客房供餐與否的計價方式，主要有 5 種，說明如下並彙整如成表 2-3。

1. 歐式計價方案（European Plan, EP）

   客房租售價格中，不包括任何的餐食費用，是臺灣觀光旅館通用的計價方式。旅客可以自由選擇在旅館內或旅館外的餐廳進食。如選擇在旅館內用餐，餐費須計價，餐費可以記入住宿的客帳中。

   歐式計價：房價。

2. 歐陸式計價方案（Continental Plan, CP）

   客房租售價格中，包括「歐陸式早餐」(Continental Breakfast)。

   歐陸式計價：房價 + 歐陸式早餐。

3. 美式計價方案（American Plan, AP, Full Pension or Full Board）

   客房租售價格中，包括旅館內享用的三餐，所以又有「Full Pension or Full Board」之稱，即全食宿，流行於美國的度假旅館。通常美式計價的客房費用較高，但物有所值且增加了便利性。

   美式計價：房價 + 美式早餐 + 自助式午餐 + 自助式晚餐。

4. 修正美式計價方案（Modified American Plan, MAP, Half Pension or Half Board Meal Plan）

   為適應市場需要而產生的計價方式，房價包括：早餐與午餐或晚餐擇一。

   修正美式計價：房價 + 美式早餐 + 自助午餐或自助晚餐擇一。

5. 百慕達式計價方案（Bermuda Plan, BP / Bed and Breakfast Plan, B&B）

   客房租售價格中，包括一頓豐盛的「美式早餐」。

   百慕達式計價：房價 + 美式早餐。

表 2-3　供餐與否的客房計價方式

計價內容／計價方式	房價	早餐	午餐	晚餐
歐式	O	O	×	×
歐陸式	O	O 歐陸式早餐	×	×
美式	O	O 美式早餐	O 自助式午餐	O 自助式午餐
修正美式	O	O 美式早餐	O 自助式午餐或晚餐擇一	O 自助式午餐或晚餐擇一
百慕達式	O	O 美式早餐	×	×
備註：計算內容有包含的項目，打「O」；不包含，打「×」。				

（二）依客房使用時間長短

旅館依型態不同，客房使用時間的長短也不同，分為過夜的全日租與短暫停留的休息。大多數旅館的一天都不是以 24 小時計算，入住時間常設定在 14：00 ～ 16：00，退房時間則規定在 10：00 ～ 12：00。若提早入住（Early Check-in）或延遲退房（Late Check-out），須以旅館依時間長短所制定的額外收費標準收費，如延遲退房 3 小時內，加收 1/3 房租，延遲 6 小時內，加收 1/2 房租，延遲時間超過 6 小時以上，則加收 1 日房租。

1. 全日租（Day Rate / Full Rate / Full Day Rate）
   最常用的計價方式，以客房過夜住宿的方式計價，如下午 3：00 辦理入住登記，隔天中午 12：00 辦理退房、結帳、遷出。

TIPS

美式早餐、歐陸式早餐、英式早餐

- 美式早餐（American Breakfast）：通常包括 2 個雞蛋（煎或水煮）、培根片或香腸片、麵包片或吐司、果醬或黃油、煎餅加糖漿、玉米片或其他穀物及飲品，如：咖啡、茶、橙汁、葡萄柚汁等果汁。
- 英式早餐（English Breakfast）：有培根、香腸和雞蛋 3 個不可或缺的品項，再搭配火腿、奶油煎馬鈴薯、煎蘑菇、茄汁焗豆、早餐茶等。有時還會提供穀麥粥類、優格製品、起司、水果、1 顆水煮蛋。
- 歐陸式早餐（Continental Breakfast）：相較於英式早餐，就顯得較簡單、輕巧、樸實。主要品項有：烘焙品，如：法式牛油麵包、可頌或各類酥皮點心，搭配果醬、奶油等抹醬。飲品，如：熱茶、牛奶、熱巧克力、果汁及咖啡。果汁選擇不多，多半是柳橙汁、咖啡以卡布奇諾、拿鐵為主。

2. 休息價（Day Use Rate）

有時也稱為半日租（Half Day Rate）。針對不過夜住宿、白天使用、短暫停留（Short Stay）的客房所制定的價格。旅客通常在同一天內辦理入住登記與退房，例如：提供新娘婚宴化妝與休息、汽車旅館以 3 小時為單位的休息、等待航班的臨時滯留等需求而租用客房。

（三）依客房銷售的季節特性

是因應旅宿產業的季節特性，所產生的客房產品之計價方式。而休閒度假性質的旅館易受季節特性影響，所以普遍會因應銷售季節調整計價方式。不同國家對於平日、假日的定義差異不大，但在國定假日、淡季、旺季則有明顯差異，但位於都會區，以商務旅客為主的旅館，則無明顯的淡季、旺季。

1. 平日價（Weekday Rate）

每週日起至週四結束，國定假日與連續假期除外，所制定的優惠房價，也稱為淡日價格。

2. 假日價（Weekend Day）

每週五起至週六結束，包括國定假日與連續假期，所制定的房價，也稱為旺日價格。此期間旅客住宿，須支付較高的價格。

3. 淡季價（Low Season Rate, Off Season Rate）

多以客房一整年的銷售狀況做判別，銷售狀況不佳的期間為淡季，銷售狀況佳的期間為旺季，若一年整銷售狀況都差不多，就可能沒有淡、旺季之分。例如：滑雪勝地的旅宿業，主要賣點是滑雪，所以冬季為銷售旺季，以外的時間為銷售淡季；澎湖主要賣點是夏季海島度假與水上休閒活動，所以夏季為銷售旺季，每年 10 月～隔年 3 月是銷售淡季。

4. 旺季價（High Season Rate, On Season Rate）

一年內客房住用較為興旺的季節，也就是在一年內客房銷售數量最多的時期。旺季價格的最高價，往往是定價加上 10%服務費，常見是較少的折扣或較少的優惠，例如平日 9 折，假日不打折。

（四）依客源屬性或需求

是因應消費對象的各種狀況，而產生的訂價策略，分項說明如下：

1. 折扣價（Discount Rate）

   指旅館為爭取更多的旅客，而給予的讓利或減價行為，專門提供給和旅館沒有任何協議的散客（Free Individual Tourist, FIT），是一種禮貌性折扣（Courtesy Discount），約提供 7 ～ 9 折間的折扣。

2. 企業合約價、商務價（Corporate Rate, Commercial Rate）

   指旅館與企業或公司行號達成協議的客房價格，與批發價常合併使用。

3. 批發價（Wholesale Rate）

   旅館行銷部門開拓客房業務時，與大型企業或旅行社簽訂，在一年內購買大批量或一定數量產品的合約，所制訂的客房合約價格。此類產品的價格，通常是特別價，且列為商業機密，無法公開。

4. 團體價（Group Rate）

   旅館與旅行社簽訂的客房租用合約，旅館給予旅行社的優惠價格（Preferred Rate），由旅行社安排觀光團體住宿。

5. 業者配額價（Allotment Rate）

   旅館每天以一定數量的客房配額，提供給網路訂房公司銷售，以保證在客房銷售吃緊時能順利地訂房，在淡季時也能協助客房銷售所制定的價格。常見的網路訂房公司，如 Agoda、Trivago、攜程網、易遊網等公司。

6. 套裝價（Package Rate）

   將客房與其他商品組合在一起銷售的價格，例如：客房與餐飲組合、客房結合市區觀光、客房與高鐵票或機票組合、客房結合婚紗攝影公司…等，使旅客的住房體驗更多元。套裝價的訂價通常比組合項目分開購買優惠。

7. 長期住客價（Long Stay Guests Rate）

   旅客與旅館簽訂長期合約所談定的房價，長期住宿約的住宿時間長，「長期」的定義視旅館政策而定，一般長達 1 個月（含）以上，通常入住時間愈長，優惠折扣就愈多，因隨著旅客停留的時間愈長，客房維護成本就愈低，在旅館產生額外消費的機會就愈多，也可能因對旅館熟悉感增加，正面評價機率也提高。

8. 早鳥價（Early Booking Rate）

早鳥價是鼓勵旅客提前預訂房，所給予的住宿優惠價，如而提前的時間設定，一般提前 30 天～ 6 個月。對客務部來說，可以獲得旅客入住的保證；對旅客而言。早鳥價的優惠，也可說是正面回應提早預訂房者的忠誠度，可以得到旅館的獎勵回饋。

9. 不可退訂價（Non-refundable Rate）

房價標示不可退訂價，意味著旅客一經訂房完成確認後，即無法免費取消預訂房。標示不可退訂價的預訂房，以網路訂房最為普遍。由於不可退訂價的客房價低於標準價格，許多旅館的訂價方法，會選擇在標準價格的基礎上，提供 5 ～ 10％的折扣，對旅客而言有一定的吸引力，也對客務部具有保證收益。然而，並非每位預訂者都對此價格感興趣，因為取消預訂會存在損失的風險。

最後一分鐘價（Last-minute Rate）

你想為當晚未租售的客房提供最後一分鐘的折扣價，亦即針對在最後一刻抵達的旅客，給予折扣價格以刺激最後一分鐘的客房租銷，價格多少由客務部決定。
此時，身為客務部經理的你會提供多少折扣的價格？有什麼立論基礎與根據嗎？

！小提醒

1. 先釐清：何時出現最後一分鐘價？興起的原因是什麼？
2. 請思考：由客務部提供的訂房服務，適不適用最後一分鐘價？為什麼？
   最後一分鐘價一定是相對低價嗎？為什麼？
3. 效益評估：可以帶來哪些利益？會造成什麼損失？

衍生思考

最後一分鐘價（Last-minute Rate）與未事先訂房價（Walk-in Rate）、限時搶購（Flash Sale）三者有什麼差異？

（五）特殊客房計價

客房「特殊」計價的種類，各旅館並無一定標準，以下僅就常見房租為「零」的計價方式加以說明。

1. 免費（Free of Charge, FOC）

   適用對象以旅行社提供的團體住房為主，通常一次住宿使用客房數超過8間（含）以上，所提供的優惠。例如：團體在旅館住滿8間客房以上，就會提供1個床位免費，一般會將此免費床位給該團領隊住宿使用，也就是住宿滿8間豪華雙人客房，第8間客房收取半價，每使用16間豪華雙人客房第16間免計價。

2. 招待（Complimentary,COMP）

   客房處於使用狀態，但住客不需支付任何費用。通常為旅館感謝企業長期的支持，或於一定期間經常住宿、累積消費金額大的旅客。招待客房的證明文件，由總經理或授權主管批准，如在旅館舉辦宴會贈送之客房。

3. 因公使用（House Use）

   旅館員工因工作需要而住宿在旅館客房內，退房離開時不需支付房租，例如高階主管值班、颱風天留守、季盤點或年度盤點等。

4. 熟悉之旅（Familiarization Tour, FAM Tour）

   為使企業經營者、訂房專責人員、旅行社或媒體等潛在購買者了解旅館的產品、設備或服務，並與之建立良好關係，而邀請入宿旅館進行考察，停留期間之住宿、餐飲、交通觀光等費用，皆由旅館吸收。此類熟悉之旅的活動，通常在旅館試營運期間或開幕初期舉辦。

結語

客務部服務的優劣、好壞評價，來自於旅客的體驗。留下深刻的經驗，旅客會將體驗分享給朋友，體驗分享的擴散，就會形成口碑，口碑會慢慢形成旅館的品牌，例如：加賀屋是日本溫泉旅館的品牌代表；阿曼旅館集團（Aman Resorts, Hotels & Residences）是旅館界設計的翹楚；萬豪國際酒店集團（Marriott International）、洲際酒店集團（InterContinental Hotels Group, IHG）都是國際知名品牌。所以，客務服務很重要的環節，就是旅客體驗的過程，從出發前一直到抵達旅館親臨現場，住宿停留期間、退房結帳的經驗，再到退房結帳後一段時間內的過程中，都是一個團隊合作的展現，牽涉到人與人的互動關係。

每一個互動接觸都是「關鍵時刻」，每個關鍵時刻都決定旅客滿意不滿意。常常是一連串的錯失關鍵時刻，造成最後的負面結果。一個環節有瑕疵或許還能忍受，倘若是一連串的瑕疵，可能旅客就無法忍受了，所以客務部的每個人都扮演著關鍵的角色。

參考資料來源

1. Kasavan, M. L. & Brooks, R. M. (2007)。林漢明、龐麗琴、郭欣易譯。**旅館客務部營運與管理**。台中市：鼎茂圖書出版股份有限公司。（原著出版於 2004）
2. 王文生與陳榮華 (2020)。**旅館管理實務與應用**。臺北市：碁峰資訊股份有限公司。
3. 顧景昇 (2014)。**旅館資訊系統**。臺北市：碁峰資訊股份有限公司。
4. 羅弘毅與韋桂珍 (2019)。**旅館客務管理實務**。新北市：華立圖書。
5. 龔聖雄 (2020)。**旅館客務實務上、下冊**。新北市：翰英文化事業有限公司。

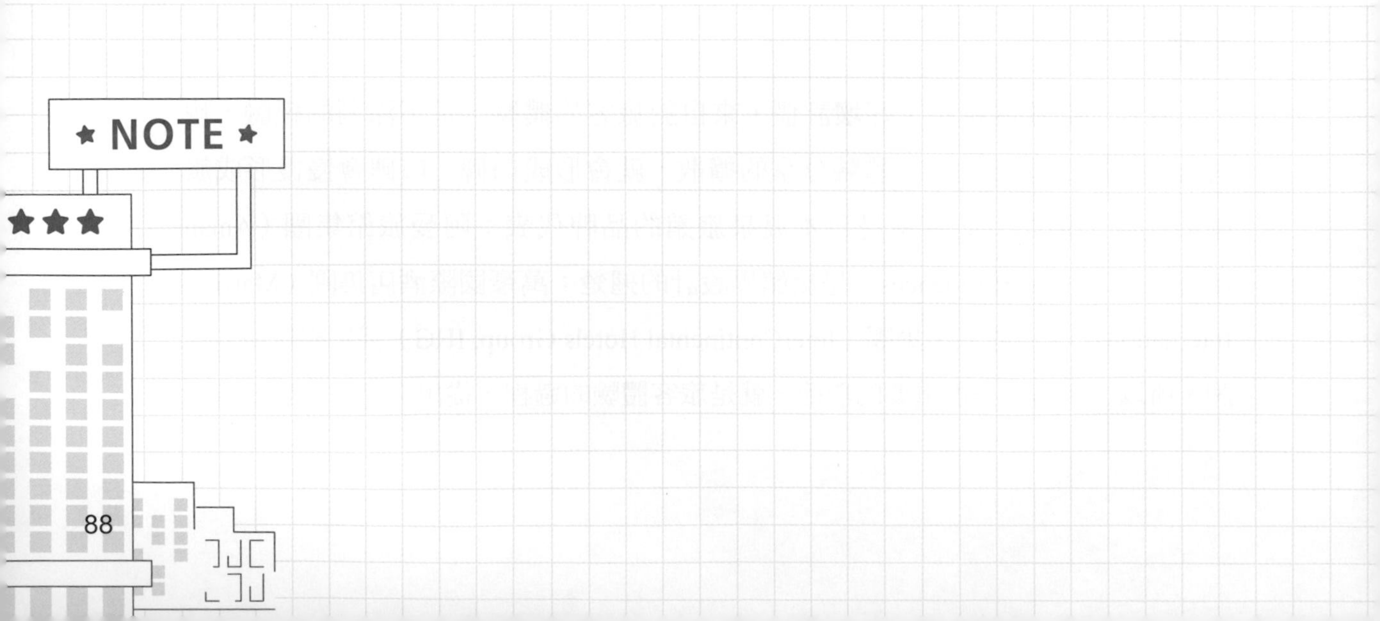

CHAPTER 3

訂房作業

學習如何「為旅客提供高品質的訂房服務」是本章的重點！

接下來，我將介紹旅客住宿旅館的方式、訂房旅客的來源和通路，也會針對散客訂房與團體訂房的作業和流程、訂房追蹤與確認，以及訂金和預付款的收受做全面性説明。當然，超額訂房策略、如何執行旅客住宿期間管理與訂房控制要點，也都是這堂課程不可遺漏的專業知識。

學習重點

1. 旅客訂房的來源與通路
2. 散客訂房和團體訂房
3. 超額訂房與住宿期管理

留意那些被旅館忽略的大數據 — 旅客歷史資料

大數據（Big Data）是指透過網路科技所產生的海量資訊。網路發達的時代，資訊爆發，旅館早已累積大量的旅客歷史資料，當中便隱藏了各式各樣的商業價值。如今，大數據興起，大型國際觀光旅館或連鎖旅館，無不想方設法明晰通曉其精隨。旅宿業者若能運用新技術，有效地蒐集與分析旅客歷史資料，從數據資料出規律、建立模型，就能歸納出解決方案與預測消費者行為。

「旅客歷史資料」大數據運用 4 步驟：

步驟一、資料取得

沒有資料，一切免談。旅宿業者想知道旅客需求時，可從旅客歷史資料取得資訊。包含：訂房資訊（國籍、性別、預訂房型、房價、數量、訂房來源、抵達方式等）、個人住宿登記資料（護照號碼、出生年月日、住宿地址、聯絡方式、個人喜好等）、退房結帳需求（消費金額、消費場域、統一編號等）等。

步驟二、資料儲存

規模愈大的旅館，蒐集取得的旅客歷史資料量愈龐大，但考量記憶體容量與儲存方式，旅館管理旅客歷史資料時，多半會使用分散式技術，將資料分割或備分儲存，以突破記憶體不足的限制。

步驟三、資料運算

旅客歷史資料的搜集與應用，與旅館客房營收最大化息息相關。旅宿業者可透過分類、回歸、排序、關聯等分析法，找出有用且規律的資訊，或運用決策樹、演算法、類神經網絡等數學模型運算。

步驟四、數據視覺化

透過資料運算得到的數據，對旅宿業人員而言較複雜，需再透過數據視覺化工具將資料整理成可快速理解的圖表，否則這些資料就只是一堆數據。

實際上，這些數據是旅館與旅客交易、互動及觀察的記錄，數據資料的真實性、信賴度、準確性都會影響資料的品質。資料品質不佳的原因，可能是人為疏失、硬體故障或惡意企圖所致，例如：

缺乏運用旅客歷史資料的思維

受部門分工影響，過去旅宿業的營運管理鮮少蒐集應用旅客歷史資料，以致無法充分發揮營運管理作用，甚至有些管理者習慣以個人經驗和直覺做判斷。經驗固然重要，但在大數據時代，有效利用旅客歷史資料、客觀分析更具科學性，能讓管理者擺脫捕風捉影的決策方式，使旅館營運管理更為務實。

缺乏旅客歷史資料分析能力

在大數據驅動下，旅宿業也須追隨科技的發展，充分運用現代營運管理技術，而旅客歷史資料分析解讀，就是關鍵性的必備技能之一。目前部分旅館從業人員對於旅客歷史資料分析應用的知識與技能闕如，使歷史資料無法發揮積極的作用。

缺乏資訊安全意識

伴隨大數據而來的是資訊安全問題，巨量的旅客歷史資料在網路轉傳，易使不法分子有可乘之機。所以，旅宿業者須意識到旅客歷史資料的重要性，應建置完善安全的網絡保護系統，確保消費者的個人資訊與業者機密營運數據不外洩。

這份常被忽略的旅客歷史資料，對旅宿業者決策的影響力與價值的實現，不是數據資料本身，而是數據與數據間鏈結的關係。雖然，旅客歷史資料在旅館營運管理的應用仍然存在許多問題，但相信隨著管理技術不斷發展和完善，數據資料的應用必將逐漸走向成熟且更具前瞻性。

旅宿業應如何應用大數據技術管理「旅客歷史資料」與「旅客訂房」？

訂房部（組）的重要性

訂房部（組）的主要功能，是在特定時間為旅客保留預定的客房類型。旅館接受旅客預訂房可提高住房率、增加客房收益。大多數的旅客偏好預訂旅館，所以旅館需確保旅客到訪期間能提供安全、安心及舒適的住宿空間。

預訂房是旅宿業者和旅客間的雙邊承諾，旅宿業者通過與旅客間的訂房協議，表達對旅客的歡迎與兌現承諾的誠意。當旅客預約住宿時，訂房系統會顯示預訂房的所有資訊，因此，訂房部（組）要定期監控訂房系統。例如：旅宿業者能提供旅客預訂要求的特定客房，旅客同意支付預訂房相關費用；預訂房需雙方協商一致，所以旅客取消預訂，須提前通知旅宿業者，以彌補客房收益的損失；旅客抵達時，旅館無法提供已預訂的客房，則須有因應方案。

訂房部（組）的功能除了預訂客房服務，還需維護旅客入住記錄、執行客房租售規劃、協助行銷策略的擬訂、管理線上和線下通路的房價格與庫存等。訂房部（組）組織層級須根據旅館規模與營運需求而定（圖 3-1），大多隸屬於客務部，但亦有直屬行銷業務部，有些大型旅館是直接對旅館總經理負責，可見訂房部（組）對旅宿業的重要性。

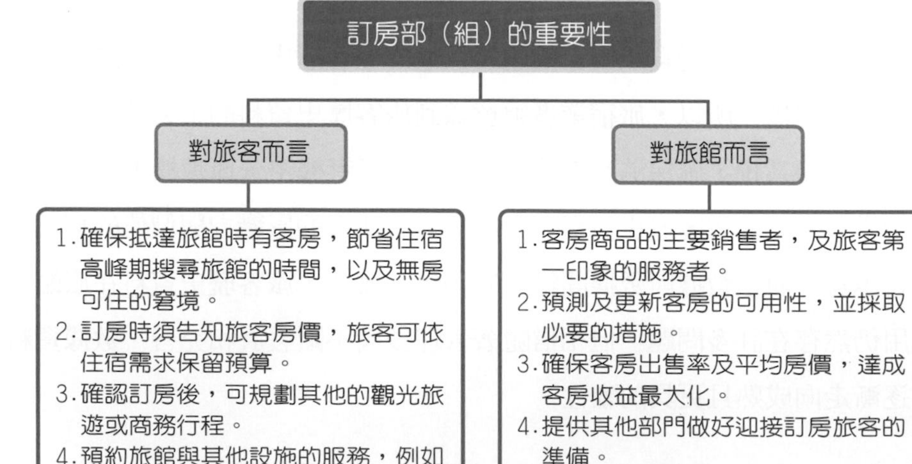

圖 3-1　訂房部（組）的重要性

第一節
訂房的通路與來源

在學習本節後，能進一步認識並了解：

1. 住宿旅館的方式
2. 旅客訂房的通路
3. 訂房旅客的來源

一 住宿旅館的方式

不論是哪一類客源屬性的旅客，住宿旅館的方式有兩種廣泛的區分，一是未事先訂房，另一是事先訂房。未事先訂房是臨時起意前往旅館洽詢住宿，統稱為「Walk-in」。事先訂房是指旅客在抵達旅館數日或數月前，就事先預約好旅館的客房，而旅館也必須在旅客指定的時段內，為旅客預留指定的客房類型。大多數的旅客，都會在入住旅館前事先預訂好客房。（圖 3-2）

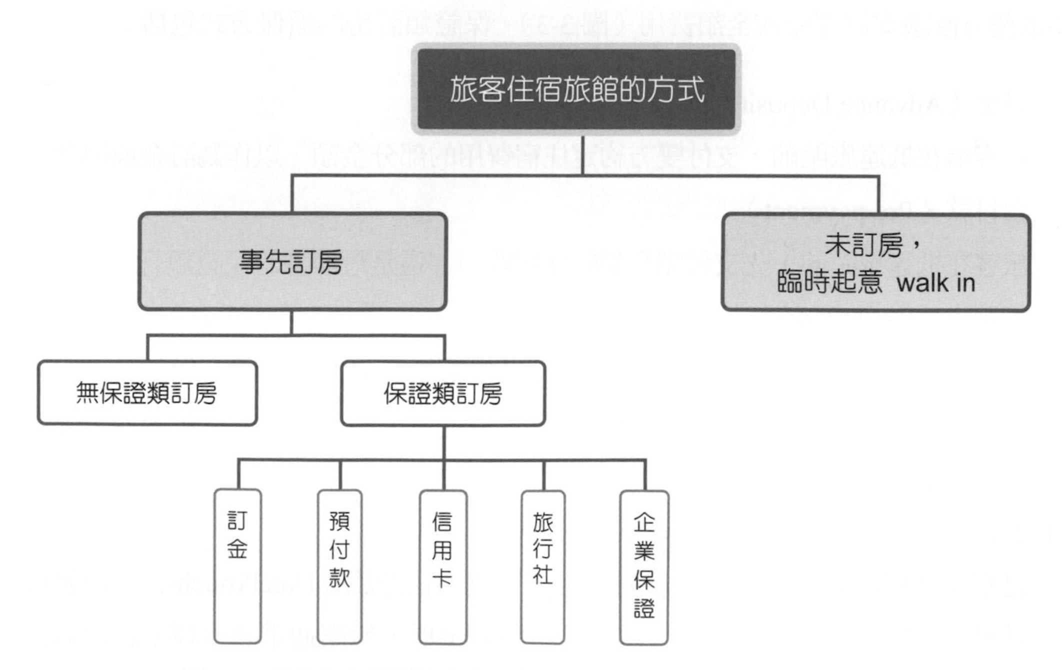

圖 3-2　旅客住宿旅館的方式、事先訂房的類型及保證類訂房的擔保方式。

過往事先訂房的方式，包括撥打電話、發傳真、寫信或傳送電子郵件等，以電話訂房最為普遍，但隨著網際網路的普及，網路訂房已愈來愈盛行。事先訂房的類型，可分為保證類訂房和無保證類訂房。

一般來說，旅館雖有義務接待所有旅客，但也有拒絕接待旅客的理由，通常包括：客房供應數量不足、潛在旅客的行為不檢、旅客不願支付住宿費用等。由於，未事先訂房的旅客，旅館並無義務在抵達時，為其提供適當的住宿。因此，對於長途跋涉的旅行者，當走進旅館卻發現已客滿時，會是多麼令人沮喪的一個夜晚。不過，如果能針對未事先訂房旅客的業務運營得當，將可提高客房租售率、帶來更高的客房收益。

（一）保證類訂房（Guaranteed Reservations）

保證類訂房是旅館與旅客之間已達成協議，不僅可以確保旅館的客房收益，也保證旅客抵達時一定有客房可以住宿。保證類訂房是一種雙方相互保證的概念，旅館向旅客保證保留客房直至抵達當天的某個時間，或是規定的退房時間為止，而旅客也必須保證預付客房的租金，即使最後爽約、沒有抵達入住或取消訂房，也同樣要依雙方協議支付部分或全額費用（圖 3-3）。保證類訂房的擔保方式包括：

1. 訂金（Advance Deposit）

   旅客須在抵達旅館前，支付雙方約定住宿費用的部分金額，以作為訂金或押金。

2. 預付款（Pre-payment）

   旅客在抵達旅館前，先支付完全額的住宿費用。這是最理想的保證類訂房形式。

3. 信用卡（Credit Card）

   通過信用卡付款作為擔保訂房，是旅館最普遍的保證方式。因為信用卡是信用卡公司根據旅客的財務狀況和銀行存款，決定是否核發信用卡給旅客或是提供信用授權給旅館。

4. 旅行社保證（Travel Agents Guarantee）

   是指旅客提前向旅行社支付旅遊費用或購買住宿憑證（HotelVoucher），由旅行社擔保旅客的預訂房。屆時，如果旅客沒有出現，旅館通常會根據協議向旅行社收取費用。

Regent
TAIPEI

親愛的龔先生：

感謝閣下選擇下榻台北晶華酒店，以下為您的訂房確認信，我們誠觀迎您的蒞臨

為確保用餐品質，請務必事先自行完成各餐廳訂位，餐廳現場恕無預留座位。

聯絡資訊

訂單編號	RT220815000180	訂購時間	2022/08/15 11:26
訂購姓名	龔先生	國籍	台灣
電子郵件	sh*************@ gmail.com	生日	1969/ 03 /18
身份證字號	E121***975	電話	
手機	0977***975		
地址	台南市南區大同路*段***巷*號*樓之*		
會員類別	舊會員		

訂單內容

TWD 10.560
(含稅及服務費)

住房專案	加碼補「住」｜ 含柏麗廳下午茶與早餐
入住房型	台北晶華酒店 精緻客房(一大床)
住房人數	成人2位
入住日期	2022 / 08 / 16 星期二
退房日期	2022 / 08 / 18 星期四

訂房總額 TWD 10.560
已付訂金 TWD 3.168

其他資訊

訂單備註	1.與訂房代號 RT220815000174同行，請安排high floor and connecting room 2.兩天住宿的下午茶可否於8 / 17一併使用4客，因明天下午時段另有要務。 3.擬使用國旅住宿補助。
柏麗廳一泊二食下午茶訂位	是已自行與柏麗廳完成訂位
請選擇預計抵達飯店的時間(房間將依照現場房況安排)	預計下午14 ： 00抵達飯店(房間將依照現場房況安排)
早餐用餐時段選擇	早上7:00

圖 3-3　以網路訂房之保證類訂房，圖中說明旅客是以信用卡刷卡預付訂金，作為訂房的擔保方式。（作者提供）

背包客（Backpacker）

背著背包做長途自助旅行的人；成行人數少，通常是自己、情侶，或少數好友。背包行程往往是在預算有限下，所進行的旅行活動，背包客對旅行的規劃與景點的選擇，有自成一派的見解。與背包客類似的詞，例如：中國大陸多稱呼為驢友，臺灣多稱自助旅遊者，香港則以英文 Backpacker 稱之。

5. 企業保證（Corporate Guarantee）

是企業與旅館之間的付款協議，主要規範包括企業須對任何協議中未入住的旅客，承擔付款的責任。

由於每間旅館都制定有保證類訂房的相關政策，有些旅館只需旅客的信用卡即可安排預訂，有些旅客則會以現金預付全額或部分住宿款項，或提供旅行社保證、企業保證等作為保證付款的宣告。

對於旅館而言，若旅客在抵達前支付全額住宿費用將可確保一定有客房。一旦發生旅客到達時，卻沒有客房可住的問題，旅館通常會在旅客的同意下安排旅客改住其他同等級旅館，此情況稱為外送旅客。同意被外送的旅客，大多數旅館會補償對旅客造成的不便。補償方式包括：未來的免費住宿、額外的住宿或餐券，也會提供前往其他旅館的接送服務。

對於旅客而言，保證類訂房也有其應遵守的責任，例如：部分旅館會要求旅客於規定入住時間後的特定時間內到達，旅館會在預訂期內保留客房；旅客取消訂房可能會損失部分或全部保證金，或被要求支付預定入住期間內一定比例的金額。

保證類訂房的法律依據因國家和旅館而異，臺灣主要依據〈訂房定型化契約〉。旅客與旅館完成保證類訂房前，旅館須先完成向旅客揭露保證訂房的相關條款或要求，並以〈訂房定型化契約〉為證明。旅館與旅客間若有〈訂房定型化契約〉外的附加條款，這些附加條款通常由旅館管理階層決定，與旅客達成約定前，也需以書面呈現，並對旅客盡到告知之義務，舉出旅客無法遵守的情況下須擔負的補救措施。

（二）無保證類訂房（Non-guaranteed Reservations）

無保證類訂房是指在無任何法律依據下，旅客非以保證類訂房的任一擔保方式與旅館訂房，旅館提供的客房保留時間，通常由旅館自行訂定，為旅客保留客房至某一特定的時間。

例如：旅館提供旅客保留客房的時間至18：00，這只是保證旅館不會在18：00前取消旅客的預訂房，如果旅客在規定時間內未抵達，旅館將允許其他旅客稍後入住。即使旅客致電旅館，告知將延遲至22：00抵達，有些旅館也僅保留延遲抵達的預訂客房數，但不保證還是提供特定要求的房型，像是高樓層、加大床的雙人房等。由於無保證類訂房的不確定性高，許多旅館為維護客房的營運收益，轉而採取嚴謹的訂房確認作業，但仍不需旅客支付訂房保證金，以提高客房租售率；抑或是當訂房率達一定比例時，再採取保證訂房作業，以降低旅客取消訂房、延期抵達、應到未到的損失風險。

二 訂房旅客的來源

預訂旅館客房的使用者來自兩大不同市場客源，一是散客（Foreign Independent Tourist, FIT），另一是團體旅客（Group Inclusive Travelers, GIT）。（圖3-4）

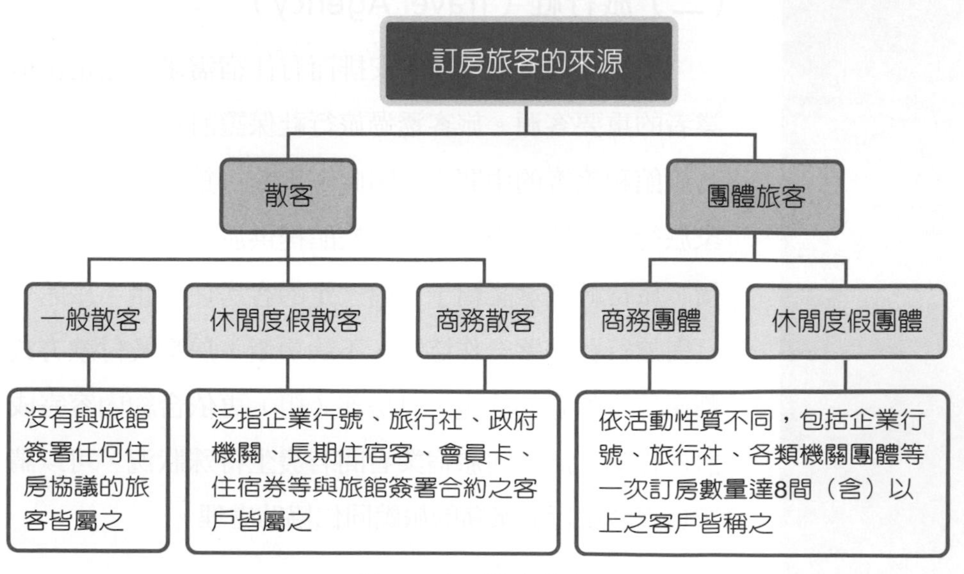

圖3-4 訂房旅客的來源

轉機旅客

轉機旅客的住宿需求，可以自行安排，亦可委請航空公司代為訂房，有互惠價格的優惠。對非本國籍旅客而言，透過航空公司代為訂房較為有便利，也可避免異地訂房的困擾。

政府機關優惠房價

旅宿業者提供給政府機關的優惠房價，通常稱為軍公教專案。報帳方式與一般旅客相同，都屬合理範圍內，本書於第七章第一節與第二節有詳細說明。

當旅客詢問訂房事宜時，訂房部（組）須根據客源的屬性與需求，判定屬於哪一類型的訂房旅客，並提供相對應的房價。除了一般散客外，旅館通常會與合約公司、旅行社、航空公司、政府機關等，建立互惠合作關係，以確保穩定的客房業務來源；以下針對這一類的客源做說明。

（一）合約公司（Corporate Account）

旅館的行銷業務部拓展市場時，會尋找有職務住宿需求的企業行號，簽署合作協議，給予較優惠的價格，以吸引企業行號的客戶、管理人員及員工等住宿。

合約公司通常會指派祕書、總務等專人，負責旅館的訂房事務，他們清楚知道公司的住房預算與旅館給予合約公司的市場行情價格。合約公司的訂房業務，往往是商務型旅館客房收入的重要來源，所以訂房部（組）需要特別地留意。

（二）旅行社（Travel Agency）

旅行社因旅遊行程的安排而有住宿需求，也是旅宿業者的重要客源。旅客透過旅行社保證訂房，旅行社成為旅館和旅客的中間人。因此，旅館行銷業務部會與多家旅行社簽署合作協議，由旅館提供旅行社較優惠的房價，旅行社則承諾給予旅館一定的客房住宿量。旅館一旦與旅行社簽署合作協議，不論房價、房型及付款方式都需訂定相關的約定，訂房部（組）再依合約內容完成訂房作業。旅客與旅宿業者間若發生特殊狀況，可以請求負責該旅行社業務的旅館同仁協助處理。

（三）航空公司（Airlines）

有些航空公司會與旅館行銷業務部簽署合作協議，以因應航空產業行銷的「機票加酒店」商品需求提升，而對旅宿需求的日益擴大。此外，航空行程期間，因為轉機旅客、機組人員等繼續航程，或因取消航班造成的過夜住宿，也都有不少住宿的需求。

（四）政府機關（Government Office）

不同國家的政要、行政人員、官員等，因來訪或出席、主持會議等行程，而有住宿上的需求，這類行程的訂房作業，一般是由對應機關秘書人員向旅館預訂客房，例如：教育部、外交部、地方市政府等。公務機關人員因公務行程的住宿需求，須與旅館行銷業務部簽署合作協議，旅館據協議內容提供優惠的房價。

三 常見的旅客訂房通路

旅客訂房的通路，可以分為直接訂房與間接訂房兩大通路。

1. 直接訂房通路：不透過第三者，由旅客自己透過旅館的官網訂房，或直接以撥打電話、發傳真、寫信或傳送電子郵件的方式訂房。
2. 間接訂房通路：旅客透過第三方的服務人員，例如透過銷售代理商（旅行社）或第三方建置的網路系統完成訂房，常見的網路訂房系統，例如：全球分銷系統、全球旅館搜尋引擎、線上旅行社、中央訂房系統等。

大多數旅館的訂房作業，都須經由訂房系統執行，以確保訂房資訊得到及時且正確的記錄、儲存和檢索。規模愈大的旅館，為達成客房租售最大化，還設置有專屬的訂房系統，並與多個訂房通路合作，各訂房通路雖在佣金與折扣上略有差異，但彼此互不牴觸。各訂房通路也會互相合作串聯，形成一個大型的訂房互聯網絡，例如消費者瀏覽旅行社的官網時，也可透過官網又串連至更大型的線上旅行社或全球旅館搜尋引擎；獨立或小規模的旅館官網，可能會鏈接到全球分銷系統；透過中央訂房系統，也可加入全球分銷系統，再與線上旅行社鏈接等。（圖 3-5）

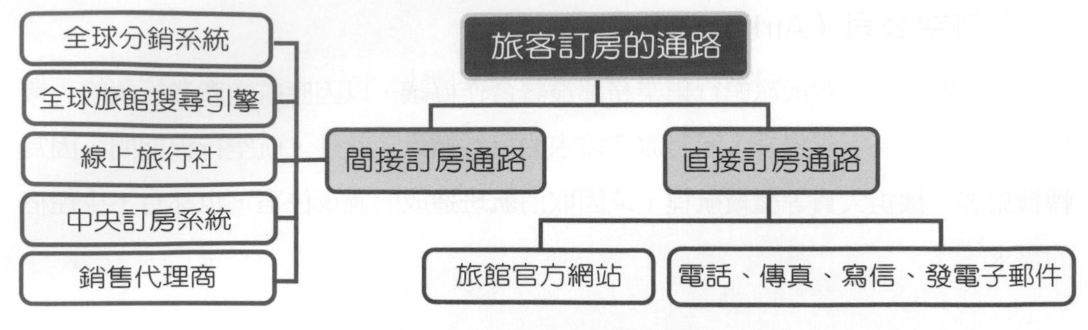

圖 3-5　常見的旅客訂房通路

（一）直接訂房

1. 旅館官方網站（Official Website）

旅館業者僅依賴間接訂房通路銷售產品，仍不足以因應旅客的訂房需求，因為大多數的旅客在預訂房前，多習慣先造訪旅館官方網站，並對其現況進行了解與認識，再做出訂房的決定。因此，旅館官方網站就成了最直接的線上訂房系統（On-Line Reservation System），旅館可以在官方網站租售客房，無需向第三方支付佣金，旅客瀏覽網頁後，也能直接於線上訂房。

旅館官方網站的成本，以初始的設置費用最高，後續的網站維護與管理成本相對較小。所以，架設官網是旅館最具成本效益的行銷工具之一，也是旅客查詢旅館資訊、交流溝通、塑造品牌形象及吸引目標消費者的平臺。由於旅客可以直接在旅館官方網站訂房，當旅客直接訂房時，旅館便能即時擁有與建置旅客的相關資訊。因此，許多旅館會透過官網行銷產品、提供訂房獎勵或優惠。

2. 撥打電話、發傳真、傳送電子郵件及寫信

直接訂房途徑（Direct Reservations）指旅客直接與旅館聯繫訂房，不透過第三者，例如：撥打電話、發傳真、傳送電子郵件及寫信等管道。直接訂房的行銷對象以散客為主，對散客來說，直接訂房途徑除了聯繫上的麻煩外，還可能支付較高的旅館費用。此外，除非是經常旅遊，否則在資訊不夠充足的情況下，不易選擇到適合的旅館。

旅館業者處理直接訂房的旅客時，因不用透過第三者，所以旅館業者更易掌握與旅客的關係，省去相關手續費用，且能即時回覆，使旅客對旅館產生好感，進而打造好口碑。

網際網路尚未普及前，散客只能透過直接訂房或者委託旅行社訂房。網際網路與智慧型手機的應用，縮短了旅館與旅客間的距離。而全球分銷系統、全球旅館搜尋引擎及線上訂房的興起，提供散客更便利的訂房管道。但對於以合約公司為主要客源的區域型商務旅館，電話、傳真及電子郵件等仍是不可或缺的訂房途徑。

（二）間接訂房

1. 全球分銷系統（Global Distribution System, GDS）

全球分銷系統是應用在民用航空運輸與旅遊業的平臺服務系統，終端位於銷售代理商（旅行社）的營業場所。遍及世界各地的銷售代理商可通過 GDS 及時從航空公司、旅館與租車公司，獲取大量旅遊相關產品訊息，以便為顧客提供快捷、便利、可靠的服務，是全球旅遊行業主要的訂房系統。目前，國際主要 GDS 系統包括：Amadeus、Galileo、Abacus、Sabre、Worldspan 等。

雖然旅館加入 GDS 一般需要支付初始設置費，每次訂房也需支付佣金給旅行社，但加入 GDS 可：

（1） 平衡客房的租售價格：GDS 訂房價格通常比較高，可以使旅館與旅行社保持良好的關係並帶來新客源。

（2） 有機會吸引世界各地的客源：GDS 應用成功的關鍵在於保持旅館資訊的持續更新，進而確保客房價格的競爭力。

2. 全球旅館搜尋引擎（GlobalHotels SearchEngine）

由於網際網路技術的發展，全球分銷系統和中央訂房系統的運作模式也在發生變化。傳統的代理人將

訂房小常識

全球旅館搜尋引擎－Trivago 是一間專門提供旅館預訂服務的全球旅館搜尋引擎公司，Trivago 網站目前的比價對象，有對來自 262 個旅館預訂網站、716,434 家旅館報價，例如：Expedia、Agoda、Priceline.com、Booking.com 等。Trivago 的總部位於德國，目前擁有 50 個國家的多語言平台，每月有近 1.5 千萬個使用者。Trivago 於 2005 年成立，已於 2012 年 12 月 被 Expedia 收購。

資料來源：維基百科

線上旅行社
Booking.com

美國 Booking Holding 旗下品牌，是國際上最大的旅遊電子商務公司之一，主要提供全球住宿預訂的服務。截至 2019 年 1 月 Booking.com 官網的顯示，共有 2,890 萬個客房資訊，分部於 14.5 萬處旅行目的地，遍及全球 228 個國家和地區。透過 Booking.com 的預訂服務，每日預訂客房數超過 155 萬。

Booking.com 的總部位於荷蘭，公司分布在全球 70 個國家，員工超過 17,000 人，提供全年無休、多國語言的顧客服務。

資料來源：維基百科

逐漸消失，取而代之的是 Trivago、TripAdvisor 等資訊檢索系統。

旅客透過網際網路鏈接到搜索引擎，只要輸入想去的地點和想要的住宿日期，就可得到該區域旅館住宿價格的比較，然後再選擇想住宿的旅館，即可自行預訂客房。預訂客房的過程，是通過搜索引擎鏈接到預訂房的網站，例如：Booking.com、Trip.com、Expedia 等線上旅行社完成。此外，旅客也可以透過不同的搜索引擎，比較同一間旅館的住宿價格，然後在線上預訂客房。全球旅館搜尋引擎的主要收益，來自於和訂房平臺間的串連合作，以販售網路廣告空間、點擊付費，或訂房成交所產生的代銷佣金為主，代銷佣金的計價，視雙方協議而定。

3. 線上旅行社（Online Travel Agency, OTA）

是旅遊產業與網路科技的結合，將傳統旅行社的開團、收單、旅客支付與出團操作等核心業務，透過網際網路線上化與透明化，並經由應用程式介面與更多的旅行社串接，以擴大產品線與通路。比起傳統旅行社，線上旅行社透過網際網路提供更即時、更具互動性的服務模式。例如：消費者在鳳凰旅遊網站搜尋到的國外旅館，這些國外旅館的資訊，可能是由 Expedia 的資料庫鏈結而來；對鳳凰旅遊而言，透過與 OTA 的串接，能省掉四處接洽國外旅館的時間和人力，可以豐富消費者對旅館的選擇，而 OTA 也能因此觸及到更多的消費者，使三方都得利。

國際知名的 OTA 有 Booking.com、Expedia 及中國的攜程旅行網（Tpip.com），各家都有其特別的服務模式與主力產品。臺灣的 OTA 大多數是由傳統旅行社轉型而來，以易遊網（ezTravel）為代表。

經由 OTA 預訂的訂房，須支付給旅館的代銷佣金，是由旅館業者與各 OTA 協議，通常需支付約房價的 10 ～ 25%不等。

OTA 就像是旅館的雙面刃，一方面可以提高旅館的曝光率、提供更多的預訂房，但另一方面，OTA 訂房網站提供的客房價格可能遠低於官網。旅館若要使 OTA 的效益最大化，除了需準確描述客房與提供高品質的數位影像，還需確保資訊及時更新的效率，且能儘快回覆旅客的評論，以免造成負面的影響。

儘管 OTA 對客房的租售率有顯著的影響，未來 OTA 將走會向「大者恆大、小者專精、中庸者淘汰」的發展趨勢，也是企業發展不變的道理。

4. 中央訂房系統（Central Reservation System, CRS）

通常由大型連鎖旅館集團擴展建立，旅宿業者透過 CRS 展示產品，客房的庫存、客房價格、行銷資訊等，也可即時更新、維護，以便能夠及時管理旅客的預訂房，例如：洲際酒店集團（Holiday Inns）的 Holidex、萬豪酒店集團（Marriott International）的 Marsa。

在組織上，中央訂房系統由遍佈於客源地的訂房中心組成；在技術上，訂房中心通過免費電話、網際網路與旅客溝通，為旅客預訂所有旅館成員的產品與提供服務；在內部，通過電腦與旅館成員相互聯網，實現旅客、價格和產品等資訊的共用。

CRS 可以透過多種間接訂房通路進行整合管理，例如：全球旅館搜尋引擎、全球分銷系統、銷售代理商等，將預訂房訊息從旅館資產管理系統，及時傳輸到各訂房通路、共享資訊，以便旅館能夠根據需求及時接觸到旅客。CRS 也可以連結收益管理，由集團總部或總公司控制客房的價格與營收，以實現整合性的收益戰略。

5. 銷售代理商（Sales Representative）

是在簽訂協議合約的基礎上，受旅館委託租售客房的代理商，以旅行社為主。

銷售代理商是代表旅館為個人、團體或公司，提供旅行諮詢服務，任務是為旅客簡化旅行計畫的流程，與安排旅行所需的一切，包括：食、宿、行及育樂。

銷售代理商只是中間商，主要功能是提供旅館客房的租售機會，客房租售後，才能向旅館收取佣金，且佣金也會隨代理數量而浮動。佣金通常為旅客實際住宿費用的 10 ～ 15%。

銷售代理商主要的訂房系統即全球分銷系統，但由於旅館架設官方網站與線上旅行社的興起，使得透過銷售代理商預訂客房的訂房數量，也正在逐漸減少中。

四 運用網路訂房系統的助益

無論旅館的規模大小，如果想保持競爭力並永續經營，都必須善用網際網路技術，主動展示商品資訊，並提供旅客線上預訂客房的服務，以利旅客能便利且安全的使用線上訂房系統。旅館線上訂房系統規畫妥善且操作便利，是使旅館具有全球吸引力和提高營運效率的關鍵，也是增加訂房率、創造更好的旅客入住體驗、提高旅客忠誠度和增加收益的重要工具。

線上訂房系統不僅具備靈活的解決方案，也滿足了旅客的訂房需求，同時也能為客務部帶來許多助益，包括：

1. 減少櫃檯接待的工作量：當旅客預訂自己的住宿時，訂房資訊會完整地呈現在系統中，櫃檯接待要做的就是為旅客的到來做好準備，以及有更多時間處理其他工作任務。
2. 降低錯誤訂房的機率：當旅客自己輸入訂房日期和需求時，旅館人為錯誤的發生機率就小得多。如果出現問題，亦有資訊可佐證這不是訂房部（組）或櫃檯接待的失誤，且旅館業者仍然可為旅客提供解決的方案，使旅館聲譽得到保護。
3. 可以有效蒐集與分析旅客資訊：旅客輸入的訂房資訊可以匯入旅館的資料庫，旅館可據以掌握與分析旅客的旅行模式、住宿需求、居住地及個人喜好等，以提升旅客服務和旅館行銷。
4. 適時提供忠誠度獎勵管理：網路訂房系統能夠追蹤旅客的住宿期，並適時提供相應的獎勵措施，以提升旅客的忠誠度。

無論旅館的規模大小，如果想保持競爭力並永續經營，都必須善用網際網路技術，主動展示商品資訊，並提供旅客線上預訂客房的服務，以利旅客能便利且安全的使用線上訂房系統。旅館線上訂房系統規畫妥善且操作便利，是使旅館具有全球吸引力和提高營運效率的關鍵，也是增加訂房率、創造更好的旅客入住體驗、提高旅客忠誠度和增加收益的重要工具。

第二節
散客訂房和團體訂房

在學習本節後，您將會認識並了解：

1. 訂房的流程
2. 訂房追蹤與確認
3. 散客訂房和團體訂房
4. 訂金和預付款的功能

一 訂房的流程（Reservation Procedure）

訂房是旅客與旅館展開長時間互動的起始點，通常是指旅客撥打電話與訂房部（組）預訂客房的過程，訂房部（組）根據旅客提出的需求，在特定的日期為旅客保留或拒絕特定的客房類型。對於旅客來說，提前預訂客房不僅可以增加獲得住宿優惠的機會，也確保停留期間有一個安全可靠的住宿地點。

旅宿業者不論面對哪種管道的客源，當旅客來電詢問訂房事宜時，首先須確定旅客需要的房型與來電者的基本資料，包括：姓名、聯絡方式、企業行號等，之後再向來電者清楚說明適合的房間型態、房間價格。來電者表明訂房意願時，訂房部（組）須進一步取得住客姓名、住房期間、住房人數、房間數量、預定的付款方式，是否需要安排接送機及特殊需求等資訊，並將上述資訊清楚記載於旅客訂房單（Reservation Slip）。訂房程序會因旅館規模和品牌要求而有所不同，但所需資料大同小異。以下，針對一個完整的訂房流程步驟做說明，訂房流程如（圖 3-6）。

3-6　訂房流程圖

（一）提供訂房諮詢（Reservation Enquiry）

提供旅客訂房諮詢是接受旅客訂房的第一步驟。訂房部（組）須從與旅客簡短的詢答中，獲取預訂客房需求的訊息。詢問要點包括：旅客姓名、抵達日期、離開日期、需求的客房類型、所需的客房數量、期望的客房價格、特殊客房要求等。

（二）確定客房的可用性（Determining the Room Availability）

接受旅客訂房前，最重要的步驟是確認預訂房日期、是否有足夠的客房數量。須依旅客抵達與離開日期、需求客房類型與數量，參照客房庫存預測，確認可供租售的客房數量。在自動化的訂房系統中，可以通過系統演算檢查客房的可用性。

思考練習

依據客房可用性的概念，你會如何解讀圖 3-7 ？

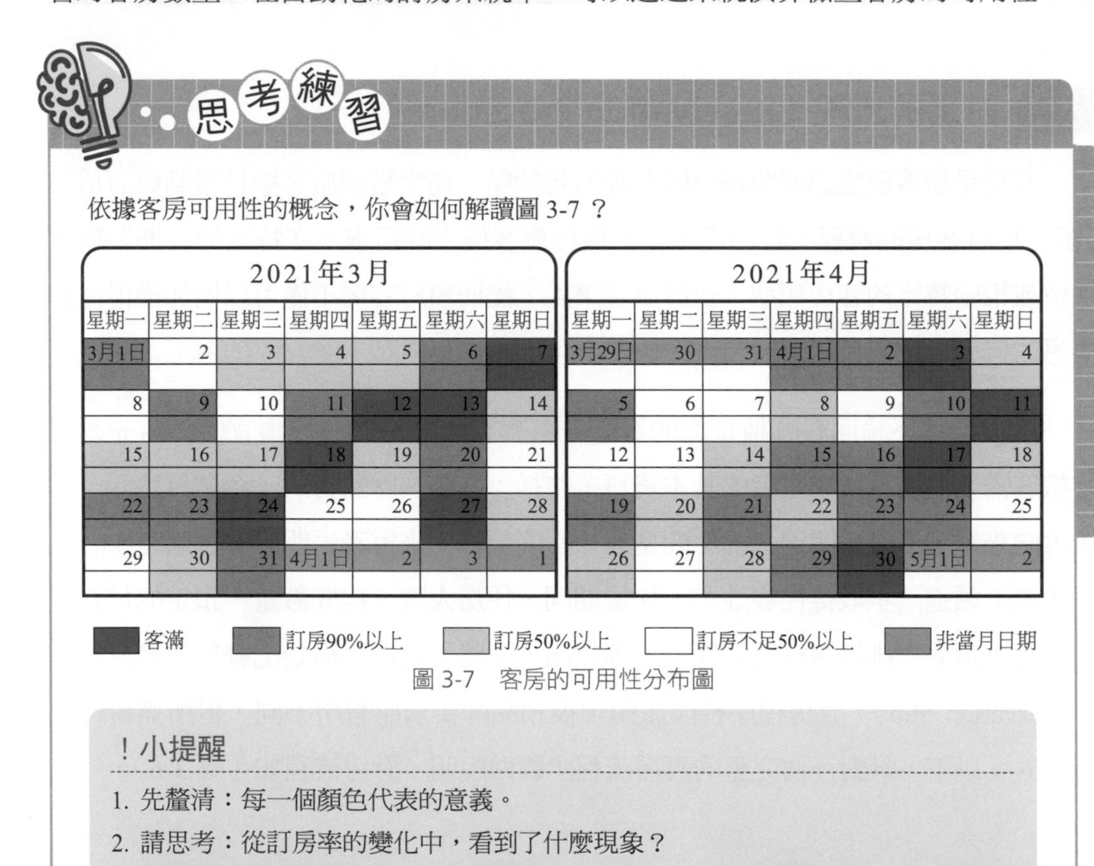

圖 3-7　客房的可用性分布圖

！小提醒

1. 先釐清：每一個顏色代表的意義。
2. 請思考：從訂房率的變化中，看到了什麼現象？
3. 效益評估：比較 2021 年 3 月和 4 月，哪一個月的訂房率高？可能原因是什麼？你會採取什麼作為提高訂房率？

衍生思考

訂房客滿一定等於住房 100％嗎？造成住房無法客滿的可能原因有哪些？

（三）確認訂房旅客來源（Identification of the Sources of Business）

確認訂房旅客來源有助核估合適的房價，並因應後續的相關作業。旅客出於出差、度假等各種原因，從一個國家或城市旅行到另一個國家或城市，需要住宿旅館。因此，旅客會以自己的方便，通過不同的訂房通路預訂旅館客房。旅館業者須根據客源的屬性及需求，判定屬於哪一類型的訂房旅客，並提供相對應的房價。

由於旅客訂房的來源，會影響客房價格與提供的優惠措施。有時提供錯誤的房價，所衍生的困擾遠大於客房的價值。有時旅館的行銷業務部與企業行號簽署合作協議，因協定的客房價格多是採以量制價的概念，因此，不同的企業行號有不同合約價格。此外，散客和團客的訂房作業也有所不同。

A、B 兩間公司都是〇〇旅館的合約公司。

A 公司是知名企業，一年可為〇〇旅館創造的客房產值約 300 萬，餐飲產值約 600 萬。

B 公司是沒有名氣的小公司，一年可為〇〇旅館創造的客房產值約 600 萬，餐飲產值約 100 萬。

亞亞在 A 公司服務，代表 A 公司與〇〇旅館簽署的住宿合作協議。

A 公司下個月有位非常重要的國外客戶公司總經理到訪，亞亞負責招待、安排住宿。聯繫〇〇旅館訂房，但〇〇旅館誤報 B 公司的住宿優惠價，亞亞因而發現 B 公司的優惠較低。假若你是亞亞，你會作何反應？

！小提醒

1. 先釐清：合約價格對旅館的重要性？
2. 請思考：換個角度思考，當 A 公司發現後，非常氣憤地向〇〇旅館抗議，要將未來所有的住宿與餐飲消費，全部轉移到〇〇旅館的競爭對手，若你是 A 公司的訂房主管，你會如何因應？
3. 效益評估：〇〇旅館若放棄 A 公司，會帶來哪些利益？造成什麼損失？

衍生思考

如何確保提供的客房價格正確無誤？

（四）接受或拒絕訂房請求（Excepting or Dying the Request）

確認有可供租售的客房後，可以根據諮詢過程的詢答，決定接受或是拒絕訂房。接受訂房，則登錄訂房系統，完成訂房。旅館若拒絕旅客的訂房，須記錄原因。拒絕訂房意味著客房收益的損失，拒絕的潛在原因與因應作為：

1. 旅館客滿：此時，訂房部（組）須禮貌拒絕訂房，並建議同一地區的替代旅館、鄰近地區同一連鎖旅館、同集團下的其他品牌旅館。
2. 已無旅客要求的客房型態可提供：此時，訂房部（組）應建議替代的房型，或調整客房的安排。例如：可建議旅客追加費用，選擇更高標準的客房，以獲得更多的優惠或更好的享受。
3. 旅館黑名單：必要時，應尋求主管的建議。

（五）記錄訂房細節（Documenting the Reservation Details）

接受訂房後，須記錄訂房細節。訂房部（組）通過填寫訂房表格或登錄訂房系統，記錄即將入住旅客的詳細資訊，以便日後的查詢與作為辦理入住登記的依據。記錄要點大致有：旅客姓名、抵達日期、離開日期、需求的客房類型、所需的客房數量、客房報價、每間客房的住宿人數、預定的付款方式、聯繫電話號碼和電子郵件信箱、特殊住宿要求、接收訂房的日期與人員等。

（六）再次確認訂房需求（Reconfirming the Reservation Request）

訂房成立與完成訂房細節的記錄後，還需要向旅客進行再次的確認。通常確認信是通過電子郵件、電話或傳真向發送給旅客，以作為旅客抵達時，提供客房的保證；但確認訂房並不一定是保證類的訂房。

（七）保留訂房記錄（Maintaining the Reservation Record）

在向旅客確認訂房後，爾後的每一次變更皆需做成記錄。例如：取消訂房時，須核對訂房的詳細訊息，若須酌收取消訂房的費用時，應先告知旅客，然後在訂房系統中執行取消訂房，並更新客房的可用性，最後再向旅客確認已完成訂房取消。

（八）編制訂房報表（Compiling the Reservation Report）

訂房記錄完成後，須根據需求編製日、週、月或年的訂房相關報表。訂房報表是客務部用於了解旅客預訂房的文件，通常由訂房部（組）負責歸檔。訂房報表的基本用途，包括：了解預訂房的現況、了解旅客要求的房間類型和房間數量、依據需求核實分配客房、找出能為旅館帶來實際收益訂房來源、了解旅客訂房方式等。

二 散客訂房和團體訂房

（一）散客訂房（Individual Reservations）

個別旅客預訂住宿時，必須年滿 18 歲[1]。如果旅客在辦理入住登記時，無法提供有效身分證件作為年齡證明；或住宿者為未成年人（現行規定未滿 18 歲者），同行者也為未成年人的情況，住宿時皆需提供家長同意書，否則旅館會保留取消訂房或拒絕住宿的權利。

1. 訂房單的內容

一筆完整的訂房應包括：訂房者、住宿者、經辦人的資訊，且訂房單上所記錄的資料，就是日後旅客入住執行合約的依據。然而，資訊太多會影響訂房作業的效率，資訊不足又可能造成服務失誤。電腦訂房作業單示意如圖 3-8 及完成一筆散客訂房單示意圖 3-9，電腦訂房作業重點說明各項目的意義如下，其中：

①～③：訂房者資訊

④～⑫：住宿者資訊

⑬：訂房單號

⑭：經辦人資訊

---

1 依據《民法》第 12 條 滿 18 歲爲成年。第 13 條 滿 7 歲以上之未成年人，有限制行爲能力。因此，個別旅客預訂住宿時，必須年滿 18 歲。如果旅客在辦理入住登記時，無法提供有效身分證件作爲年齡證明；或住宿者爲未成年人（現行規定未滿 18 歲者），同行者也爲未成年人的情況，住宿時皆需提供家長同意書（未成年人爲限制行爲能力人，各種法律行爲都需要法定代理人簽名同意才生效），否則旅館會保留取消訂房或拒絕住宿的權利。

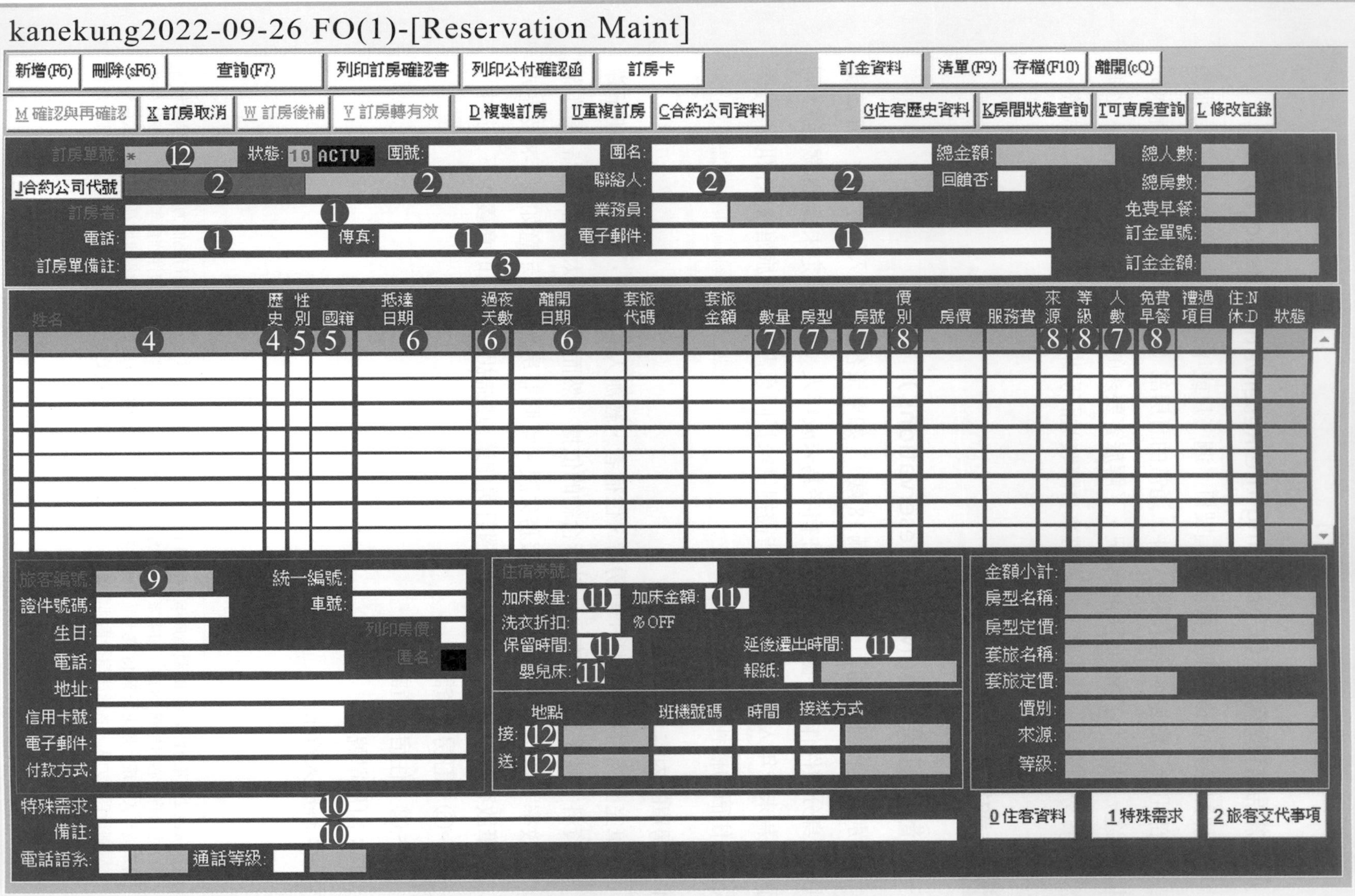

kanekung2022-09-26 FO(1)-[Reservation Maint]

新增(F6) 刪除(sF6) 查詢(F7) 列印訂房確認書 列印公付確認函 訂房卡 訂金資料 清單(F9) 存檔(F10) 離開(cQ)

M 確認與再確認 X 訂房取消 W 訂房後補 Y 訂房轉有效 D 複製訂房 U重複訂房 C合約公司資料 G住客歷史資料 K房間狀態查詢 T可賣房查詢 L 修改記錄

訂房單號: * 12 狀態: 10 ACTV 團號: 團名: 總金額: 總人數:
J合約公司代號 2 2 聯絡人: 2 2 回饋否: 總房數:
訂房者: 1 業務員: 免費早餐:
電話: 1 傳真: 1 電子郵件: 1 訂金單號:
訂房單備註: 3 訂金金額:

姓名	歷史	性別	國籍	抵達日期	過夜天數	離開日期	套旅代碼	套旅金額	數量	房型	房號	價別	房價	服務費	來源	等級	人數	免費早餐	禮遇項目	住:N 休:D	狀態
4	4	5	5	6	6	6			7	7	7	8			8	8	7	8			

旅客編號: 9 統一編號:
證件號碼: 車號:
生日: 列印房價:
電話: 匿名:
地址:
信用卡號:
電子郵件:
付款方式:

住宿券號:
加床數量: 11 加床金額: 11
洗衣折扣: % OFF
保留時間: 11 延後遷出時間: 11
嬰兒床: 11 報紙:

	地點	班機號碼	時間	接送方式
接:	12			
送:	12			

金額小計:
房型名稱:
房型定價:
套旅名稱:
套旅定價:
價別:
來源:
等級:

特殊需求: 10
備註: 10
電話語系: 通話等級:

0 住客資料 1 特殊需求 2 旅客交代事項

圖 3-8 電腦訂房作業單示意圖

❶ 訂房者／聯絡方式

記錄來電或面洽訂房者的姓名與聯絡方式，例如：電話號碼、電子信箱、傳真號碼等。

❷ 合約公司代號／聯絡人

合約公司代號：指企業行號與旅館簽署合作協議的代碼，合約公司代號對應著企業行號全名，訂房部（組）可據合約公司代號查詢合約內容，依合約規範提供客房類型與客房價格。

聯絡人：聯絡人是合約公司主要訂房代表人，通常是經企業指派的秘書人員。

❸ 訂房單備註

記載訂房者要求之應注意的細節，例如：退房結帳的付款方式、客房需求等。

❹ 旅客姓名／歷史

姓名：為住宿者全名。若一間客房住宿兩人則應儘可能取得每一位住客的全名，以避免發生任何錯誤。

歷史：用於填寫住宿的明細資料；通常商務型旅館為提供精準服務，會將旅客的每一次住宿明細資料留存；而團體旅客則無需留存。

❺ 國籍／性別

國籍：標註旅客的原生居住地，外籍旅客通常依據護照上的記載。國籍與性別除具統計分析的意義外，旅客抵達入住時，亦方便櫃檯接待使用。

❻ 抵達日期／過夜天數／離開日期

為旅客預定的辦理入住日期、停留過夜的天數及退房結帳日期。

❼ 數量／房型／房價／人數

記錄本次預訂的客房數量、客房類型、實際的租售價格，以及一間客房的住宿人數。

❽ 價別／來源／等級／免費早餐

記錄本次預訂房的服務分類，包括：房價類別（散客、合約公司）、旅客來源（OTA、旅行社、合約公司）、旅客等級（VIP1、VIP2、VIP3）等。旅館通常會整合旅客資訊後加以分類，並設定類別名稱與代碼，每一個代碼代表一套服務模式。

❾ 旅客編號

旅館確認每一位住宿的旅客訂房時，都會登錄訂房系統，製作旅客的歷史資料，而產生一組歷史資料號碼，即為旅客編號。旅館可利用這組編號檢索旅客每一次住宿的完整資訊，包括：旅客個資、住宿期間、住宿人數、房號、房價、消費金額、結帳方式、特殊需求等。

❿ 特殊需求／備註

其他未於前述列出的事項，皆可記載於本欄位，例如：保證金的支付、訂餐相關事項，住客特殊要求等。

⓫ 加床數量／加床金額／洗衣折扣／保留時間／延後遷出時間／嬰兒床／報紙

保留時間指訂房入住日當天，為房客保留客房的最後截止時間。其餘項目則是依據訂房者要求記錄之。

⓬ 接／送

記錄旅客需要安排接送機的時間、地點與使用的車輛型式。

⑬ 訂房單號

為方便檢索訂房資訊，接受訂房後，登錄電腦訂房作業即自動編碼，產生的一組代碼。若人工手寫訂房單，則不會產生訂房單號。

⑭ 經辦人

承接此筆訂房作業的人員姓名。人工手寫訂房單時，須確實、清楚完成記錄，電腦訂房作業則會依據登錄電腦訂房作業者的帳號、密碼，自動記錄操作者，此操作者即為經辦人。

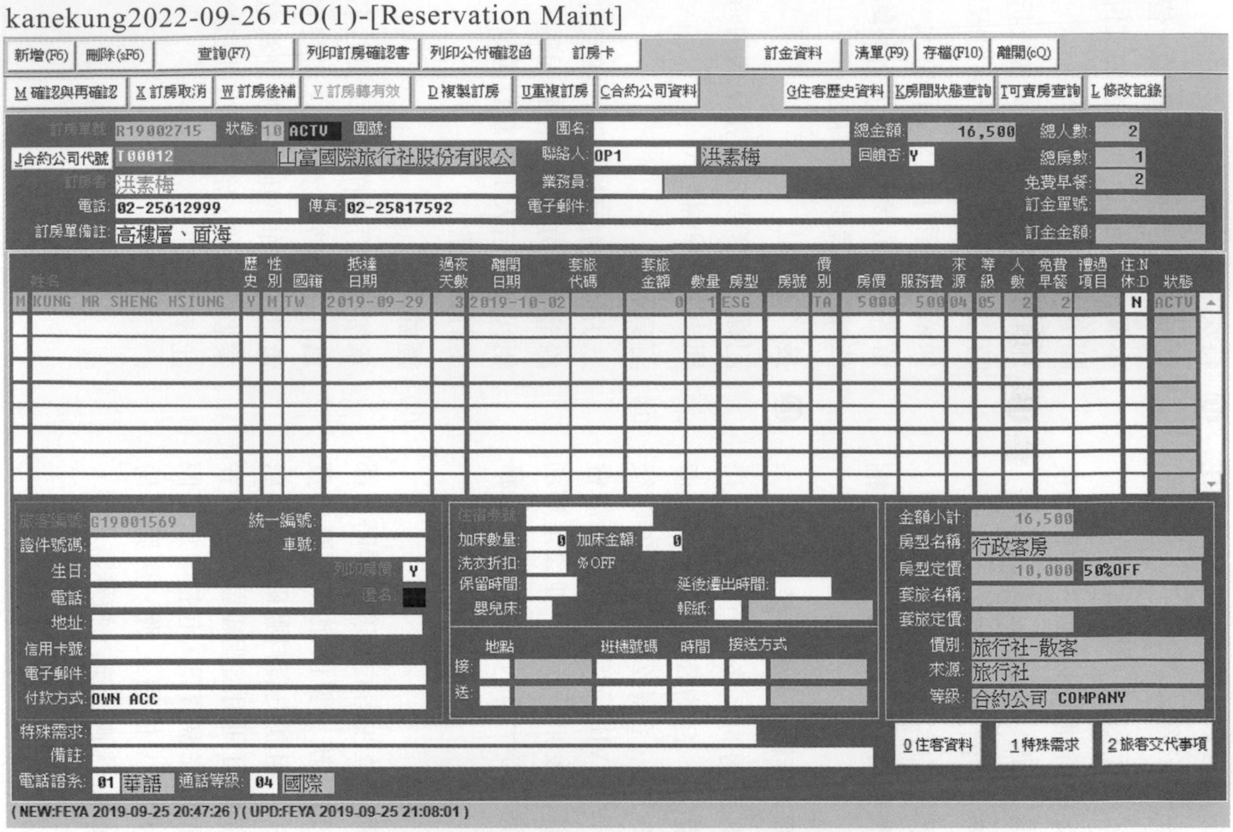

kanekung2022-09-26 FO(1)-[Reservation Maint]

新增(F6) 刪除(sF6) 查詢(F7) 列印訂房確認書 列印公付確認函 訂房卡 訂金資料 清單(F9) 存檔(F10) 離開(cQ)

M 確認與再確認 X 訂房取消 W 訂房候補 V 訂房轉有效 D 複製訂房 U重複訂房 C合約公司資料 G住客歷史資料 K房間狀態查詢 I可賣房查詢 L 修改記錄

訂房單號 R19002715 狀態 10 ACTV 團號 團名 總金額 16,500 總人數 2

J合約公司代號 T00012 山富國際旅行社股份有限公 聯絡人 OP1 洪素梅 回饋否 Y 總房數 1

訂房者 洪素梅 業務員 免費早餐 2

電話 02-25612999 傳真 02-25817592 電子郵件 訂金單號

訂房單備註 高樓層、面海 訂金金額

姓名	歷史	性別	國籍	抵達日期	過夜天數	離開日期	套旅代碼	套旅金額	數量	房型	房號	價別	房價	服務費	來源	等級	人數	免費早餐	禮遇項目	住N休D	狀態
M KUNG MR SHENG HSIUNG	Y	M	TW	2019-09-29	3	2019-10-02		0	1	ESG		TA	5000	500	04	05	2	2		N	ACTV

旅客編號 G19001569 統一編號
證件號碼 車號
生日 列印房價 Y
電話 匿名
地址
信用卡號
電子郵件
付款方式 OWN ACC

住宿参數
加床數量 0 加床金額 0
洗衣折扣 % OFF
保留時間 延後遷出時間
嬰兒床 報紙
地點 班機號碼 時間 接送方式
接
送

金額小計 16,500
房型名稱 行政客房
房型定價 10,000 50%OFF
套旅名稱
套旅定價
價別 旅行社-散客
來源 旅行社
等級 合約公司 COMPANY

特殊需求
備註
0住客資料 1特殊需求 2旅客交代事項

電話語系 01 華語 通話等級 04 國際

(NEW:FEYA 2019-09-25 20:47:26) (UPD:FEYA 2019-09-25 21:08:01)

圖 3-9　一筆散客訂房之電腦訂房作業系統操作界面

訂房部（組）接受訂房時，在時間允許的情況下，訂房人員會直接開啟訂房作業系統，完成訂房作業與電子訂房記錄；若時間不允許，或是由櫃檯接待員承接訂房作業時，多會先以人工手寫訂房單記錄，再交接給訂房部（組）處理。不論是電腦訂房作業，或人工手寫訂房單，兩者所需之基本訂房資訊，大同小異，惟人工手寫訂房單的表格設計，通常較為簡化，且同一張表單能兼具多種功能，例如：訂房單兼具新增訂房、訂房取消、訂房修改等功能（圖 3-10）。

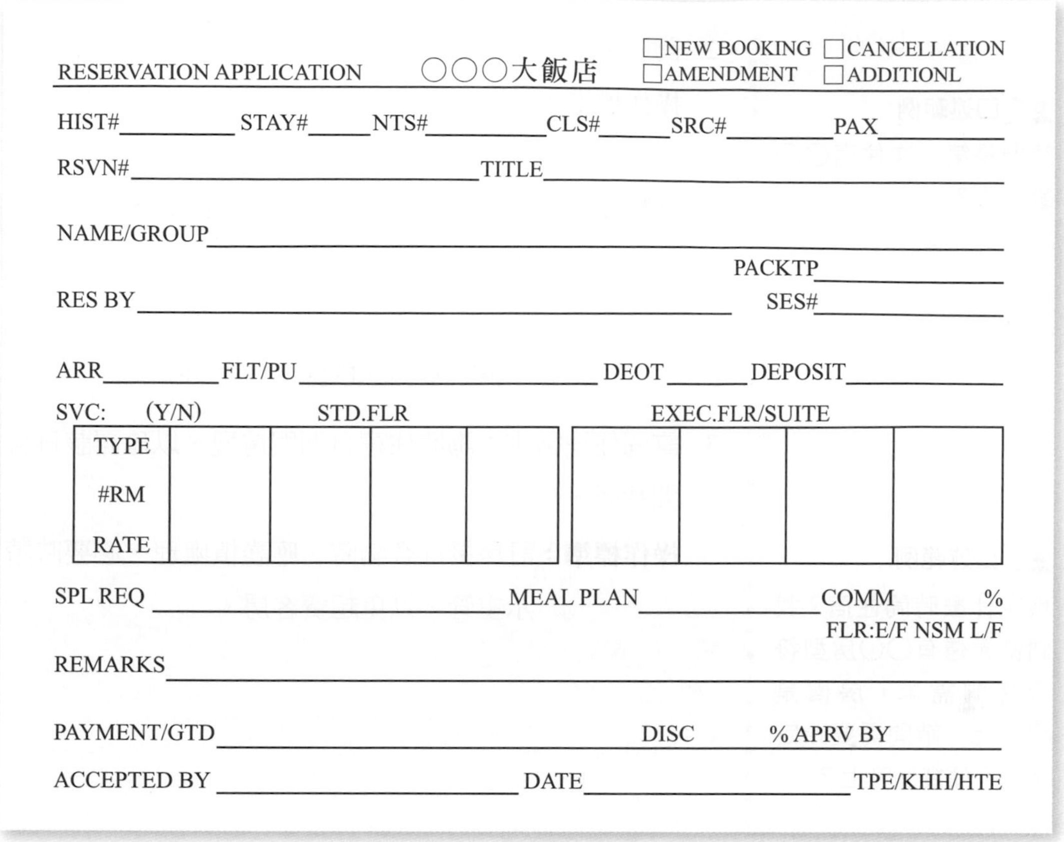

RESERVATION APPLICATION　○○○大飯店　☐NEW BOOKING ☐CANCELLATION ☐AMENDMENT ☐ADDITIONL

HIST#＿＿ STAY#＿＿ NTS#＿＿ CLS#＿＿ SRC#＿＿ PAX＿＿

RSVN#＿＿ TITLE＿＿

NAME/GROUP＿＿

PACKTP＿＿

RES BY＿＿ SES#＿＿

ARR＿＿ FLT/PU＿＿ DEOT＿＿ DEPOSIT＿＿

SVC:　(Y/N)　STD.FLR　EXEC.FLR/SUITE

	STD.FLR				EXEC.FLR/SUITE			
TYPE								
#RM								
RATE								

SPL REQ＿＿ MEAL PLAN＿＿ COMM＿＿%

FLR:E/F NSM L/F

REMARKS＿＿

PAYMENT/GTD＿＿ DISC　% APRV BY＿＿

ACCEPTED BY＿＿ DATE＿＿ TPE/KHH/HTE

圖 3-10　訂房單

2. 完成收受散客電話訂房的步驟

訂房部（組）收受電話訂房時，有其的步驟流程，且步驟上也有應遵循的標準，與可能面臨的問題，以下針對收受電話訂房時的相關重點做說明。

口述範例

訂房組，您好！敝姓○，請問有什麼可以為您服務的嗎？

動動腦

為什麼要表明部門名稱與自己的姓氏？

1. 接聽電話：接起電話，禮貌問好並報姓氏。

操作標準：電話鈴響不超過 3 聲。

2. 詢問來店住宿次數：詢問旅客是否曾住宿過。

操作標準： 進入訂房系統查詢旅客歷史資料，確認是否為不接受訂房的特殊旅客。

經驗分享： 進入旅客歷史資料系統查詢時，若有特別標註，例如：旅客英文名欄位設定為黑底紅字，則須進入旅客備註欄查看內容，因為這代表此人被設定為黑名單。

口述範例

請問是第一次住宿○○飯店嗎？

3. 詢問住宿需求：詢問住宿日期與房型，以確認該日房間狀態。

操作標準： 訂房接近客滿時，應謹慎處理，必要時請示主管，以免超賣客房。

口述範例

預定什麼時間住宿？我們當天還有○○房型符合您的需求，房價是○○元。請問需要預定幾間？住幾個晚上？

4. 詢問合約關係並確認有合約：確認是否為合約公司，查詢合約公司代號。

操作標準： 進入系統查詢合約公司資料，請訂房者覆述企業行號名稱、電話、地址以確認之。

經驗分享： 進入訂房作業系統，鍵入合約公司代號或企業行號的名稱，即可查詢。

宜事先掌握公司正確名稱與簽訂的客房價格。

特別注意公司付款的確認，於帳目注意事項欄位註明公司欲替住客支付哪些帳款。

口述範例

請問您的訂房公司是？

？動動腦

如何確認來電者為合約公司？

5. 詢問合約關係並確認無合約：確認房價。

操作標準：若要求更低的折扣，須主管同意授權。

口述範例

您的公司和我們飯店有簽訂合約嗎？

口述範例

您的公司和我們飯店有簽訂合約，房價有包含服務費和早餐〇客，費用是〇〇元。

？動動腦

如何確認房價？

6. 建立訂房基本資料。

操作標準：取得訂房資訊，包括：訂房者、住宿者姓名、聯絡方式、公司名稱、合約公司代號、結帳付款方式等，以及住宿者姓名、住宿期間、需求房型、是否接送機及特殊需求等。

口述範例

請問抵達或退房當天是否需要安排接送機？還有什麼地方需要為您服務嗎？

7. 產生訂房單號：告知訂房者訂房單號，並提醒如有任何訂房需求需要修改，來電時請告知訂房單號或訂房住客名字。

操作標準：將電腦訂房產生的訂房代號告知旅客。

口述範例

您的訂房單號是〇〇號，若有變更行程或辦理住宿登記時，請告訴我們您的訂房單號或訂房登記的名字即可。

8. 複述訂房資料。

操作標準：複述旅客的訂房資料，避免因口誤而產生的抱怨。

經驗分享：與訂房者確認時，應依電腦畫面順序複述，避免疏漏。

口述範例

您預定〇月〇日到〇月〇日住宿，〇房型〇間，房價房價包含服務費和早餐〇客，費用是〇元。

動動腦

如何複述訂房基本資料?

9. 確認無誤，謝謝來電。

操作標準：發自內心地感謝旅客來電。

口述範例

謝謝您的來電，祝您有個美好的一天！期待您的到來！

散客一旦通過撥打電話、發送傳真或電子郵件或寫信完成訂房，並且取得訂房單號後，該筆訂房即對旅業者與旅客具有約束力，雙方均須遵守訂房規則。

（二）團體訂房（Group Bookings）

團體訂房是指在一次預訂房中使用或占用旅館多個房間，能使旅館在短期獲得最大限度的住房率與客房收益。團體訂房的價格折扣通常會高於散客，折扣高低取決於一年當中，客房住房的數量與客房類型。

有些旅館會拒絕團體的訂房，原因不外是團體的價格遠低於散客、團體旅客的吵雜音量會影響到散客的住宿與用餐體驗、團體旅客對客房的耗損提高了維護的成本，大幅降低旅館的競爭力與舒適感。

不可否認，團體訂房是一個具有規模經濟的市場，通過團體訂房與住宿，需要大量採購客房的備品，使房務部的採購成本下降，有利於旅館人員的專業化和精簡，以及客房產品的開發，使旅館具有較強的競爭力。

因此，如何在散客與團體之間取得平衡，為旅館帶來最大的客房收益，需從各種訂房客源與通路的配置比率進行控管，並著手安排旅客住宿時的客房。

團體訂房的訂房方式，通常以旅行社為主要銷售代理商。一旦選定旅館後，旅行社就會與旅館行銷業務部接洽，確認團客訂房日期、客房數量，雙方議定預估保留給團客的住房數，稱之為預留房（Block room）。此時旅行社會得到一個專屬的團體訂房單號，可以在預留的客房數範疇內，由銷售代理商自行操作旅館為其保留的訂房數量，訂房部（組）收到旅行社的確認訂房數後，會從預留房中扣除增加的訂房數量，客房狀態也會由預留房轉成已訂房（Bookedroom）。

在旅館高住房或高訂房的期間，接受團體訂房時，有團體訂房的保留期限、團體訂房的履約率、團體訂房的補償比率、預付款或保證金政策及取消政策等 5 個要點須考慮。

1. 制定團體訂房的保留期限

   是指客房保留期限截止時，旅館將未確認的團體訂房收回，或是超過訂房的保留期限將可能無法獲得團體房價，或者如果旅館訂房客滿時，將無法獲得客房。

櫃檯接待小常識－
預留房（BlockRoom）

指某間客房已在某時段保留給某位旅客，不可以再租售給其他人。是旅館內部掌握的客房，對一些大型團體、國際性會議等，旅館需要提前為他們預留所需的客房。此外，有些旅客尤其是常客，在訂房時常常會指明要某個房間，或處於某個位置、具有某種景觀的客房時，也要預留符合條件的客房，例如無障礙客房、高樓層房、雙號房、面海景客房、指定房號等。

2. 制定團體訂房的履約率

制定保證履約的客房百分比，當訂房量未達到履約簽訂的數量，則團體須負責支付未使用的客房。

團體訂房的履約率

旺福旅行社與幸福旅館簽訂了一份團體住宿履約保證書，議定的預訂客房數為50間，住房的履約率為90%。所以，本次旺福旅行社入住的客房數，至少須達50間的90%，也就是45間房。如果最終僅使用40間客房，那麼仍須支付另外未達標的5間的客房費用。

3. 制定團體訂房的補償比率

因應不同的團體訂房，制定不同的補償比列。例如：每8間團體訂房，提供0.5間免費客房，或每16間提供1間，簽訂的補償比列並非一成不變。旅館可以根據團體的屬性、價格及住宿期間等，與訂房者協議一個雙方都能接受的免費客房比例。通常愈高級的旅館，補償的比率愈低，可能每20或30間的付費客房，才給予1間免費，即1：20～1：30內的補償比率。

4. 制定預付款或保證金政策

許多旅館會與團客協議，於訂房確認後，須支付一定比例的預付款或保證金。但對於一些長期或固定合作的團體，例如：旅行社團體、會展團體、獎勵旅遊團體、政府機關團體等，可能會降低預付款或保證金的金額，甚至不需要提供。

5. 制定取消政策

隨著團體入住日期的接近，大多數旅館的取消政策會變得非常嚴格。許多旅館也會針對特定日期的訂房，例如：連續假日、高住房日、旺季等，訂定嚴格的取消政策，甚至不提供已支付預付款或保證金的訂房者退款服務。

團體訂房與散客訂房相比，管理起來更具挑戰性。如果沒有正確的作業流程，以及包括：客房的預留機制、付款方式的約定、發票開立等雙方事先的協議規範，團體的入住登記和退房遷出將可能會變得更複雜。與散客訂房最大的不同，在於付款對象、訂房作業相關記載事項，有相當的差異。散客訂房較注重住客的需求，團體訂房則是以訂房者的需求為主。

你是一間都會型國際觀光旅館的訂房主管，明知團體訂房的價格遠低於散客、團客吵雜音量會影響散客的住宿與用餐體驗、團體訂房提高對客房耗損維護的成本，大幅降低旅館的競爭力與舒適感。但團體訂房具有規模市場效益，請問你會拒絕團體的訂房嗎？為什麼？

！小提醒

1. 先釐清：團體訂房一定是指旅行社訂房嗎？團體的類型有哪些？不同的團體有哪些不一樣的特徵？
2. 請思考：有什麼方法可以提高團體的房價？降低對散客住宿的影響？降低對客房的損耗？
3. 效益評估：放棄團體訂房會帶來哪些利益？會造成什麼損失？

衍生思考

就都會型的國際觀光旅館而言，訂房的旅客來源與訂房通路的配置比率該如何訂定較為適當？為什麼？

三 訂房追蹤與確認（Reservation Follow and Confirm）

訂房追蹤與確認須透過嚴謹設計的訂房系統與作業管理機制，以確保後續入住有效性提升。接收旅客訂房時，除了確定旅客預訂的房型、住宿時間、客房庫存狀況，也須向訂房者說明客房價格與住宿相關規定，例如：房價是否包含餐食、客房保留期限、付款事項，以及取得訂房單所需之履行訂房合約的各項資料。資料取得後，須儘快且確實完成訂房系統登錄作業、檢視客房預排與庫存，這些程序缺一不可，少了任何一步驟，都可能帶來旅館極大的困擾。

由於旅客訂房至入住日可能還相隔一段時間，旅館為了避免旅客未入住或臨時取消訂房造成營收損失，通常訂房系統會設定在旅客入住前幾天自動發出訂房確認信函，與旅客聯繫、確認行程與需求是否有變更，清楚記載確認的相關資訊，並顯示在訂房記錄與客房預訂報表上，這就是訂房確認。確認訂房的方法，除了透過電子化的電話、傳真、電子郵件，也可以書面的信件追蹤、確認（圖 3-11）。確認函的內容重點，包括：旅客姓名、住宿日期、預訂的客房類型、客房數量、房價、入住人數、接送服務、預付款、保證金支付狀況、套裝行程訊息等。確認函也可將入住登記和退房遷出時間、提早入住和延遲退房的費用、取消訂房和應到未到的政策、預付款的保留資格等一併納入。（圖 3-12）

Hotels.com 確認編號：150817099470。

埃斯貝里伊芙洞穴飯店
無與倫比 10.0 19 則 Hotels.com 旅客評語
Dolay-1 Sokak No 8
Urgup Esbelli Mah
耳古模, 50400
土耳其
+903843413395

確認編號	150817099470
入住	2018 年 08 月 14 日, 星期二
退房	2018 年 08 月 16 日, 星期四
您的住宿	2 晚，1 間客房
總金額	NT$8,261.72

您的訂房已經確認，且所有款項已經付清。
飯店業者會以當地貨幣向您收取住宿期間的額外費用，且可能因匯率而有所不同。

客房資訊

您的客房	KUNG SHENG HSIUNG Premium Suite, Multiple Beds, 2 Bathrooms, Courtyard Area 2 位成人 2 位兒童, 年齡：14, 12 禁煙 1 張特大雙人床和 2 張單人床
包含的服務/設施	免費早餐 免費無線上網 免費停車
取消規定	此訂房不得退款 如果您變更或取消此訂房，將不會獲得任何退款。

付款資訊

總金額	NT$8,261.72
付款方式	AmericanExpress XXXXXXXXXXX1001 KUNG SHENG HSIUNG 列印收據

圖 3-11　全球旅館搜尋引擎訂房確認書（作者提供）
資料來源：http://www.returnity.biz/images/Client/SPL/SampleConfirmation2.html

~ RESERVATION CONFIRMATION ~

Dear Mr. and Mrs. Jordan,

Thank you for choosing to stay with us at the Formosa Hotel. We are pleased to confirm your reservation as follows:

Confirmation Number:	TPE2664911
Guest Name:	Mr. Michael Jeffrey Jordan
Arrival Date:	18/03/21
Departure Date:	22/03/21
Number of Guests:	2
Accommodations:	Royal Suite
Rate per Night:	NT$5,750
Check-in Time:	4:00pm
Check-out Time:	12:00am

Should you require an early check-in, please make your request as soon as possible. Rates are quoted in R.O.C funds and subject to applicable government taxes. If you find it necessary to cancel this reservation, the Formosa Hotel requires notification by 4:00 P.M. the day before your arrival to avoid a charge for one night's room rate.

Whatever we can do to make your visit extra special, call us at +886.2.1234.1234. Or by clicking Contact Concierge here, We'll assist you with advance reservations for airport transfers or car rental, dining, golf-times and area activities, etc.

We look forward to welcoming you to Formosa Hotel.

Sincerely,

Tim Duncan
Reservations Department

Ps. During your stay, we will be hosting a wine pairing dinner exquisitely prepared by Executive Chef LeBron James. Seating is limited so please make reservations now by either completing the attached concierge request form or calling +886.2.1234.1234.

圖 3-12　英文訂房確認信範本

訂房追蹤與確認執行的愈嚴謹，愈能確保旅客的要求被落實，也能減少作業上的錯誤，達成客房租售最大化的目的。

四 訂金（Advance Deposit）及預付款（Pre-Payment）功能

當旅館接受旅客特定期間的住宿需求，即表示旅館與旅客之間已達成訂房協議，後續的入住與訂房服務，須依協議履行承諾。因此，訂房單和訂房確認信函，皆可視為是旅館和旅客之間的客房租售合約與服務依據。合約上須清楚記錄本次訂房相關資訊，旅館必須提供旅客指定的客房類型，旅客也必須同意支付住宿期間所有相關費用。從接獲訂房起，至旅客入住為止，所有作業皆以此為準。旅客退房遷出後，應將訂房單、訂房確認的合約文件，連同消費憑證附於結帳單中，會計部門即據此作業，最後隨會計單據歸檔保存。旅客支付訂金或預付款的功能，即在保證旅客能如期住宿，也保證旅館會確實履約。

1. 散客訂房

   預付款的金額視旅館而定，通常是收取第一日客房租金的總額或部分；

2. 團體訂房

   預付款的金額由雙方議定，除了連續假期、旺日或旺季、特別促銷活動等特殊情況須經雙方議定，亦可要求預付客房住宿費用總額，或取消不退保證金等其他安排。（圖 3-13）

№ 055551

ROOM RESERVATION DEPOSIT

訂房保證金

Date
日 期 ____________

Receive From
茲收到 ____________

Address
地址 ____________ Tel: ____________

For the credit of
訂房內容 ____________

Stay from
住宿日期 ____________ to ____________

Effective Date from
有效居留期限 ____________ to ____________

AMOUNT NT$
金額

TRAVEL AGENCY
☐ 旅行社代訂

NOT TRAVEL AGENCY
☐ 自訂

PARTIAL PAYMENT
☐ 部份付款

FULL PAYMENT
☐ 已繳清

COMMISSION DEDUCTED
☐ 扣除佣金

COMMISSION NOT DEDUCTED
☐ 未扣除佣金

CHECK NO.
支票號碼

BANK
開票銀行

FOREIGN CURRENCY
外幣

EXCHANGE RATE
兌換率

Payer Agreed 付款人(同 意)　　Cashier 出 納

Prepared By 製 表(收款人)　　Acc. Receivable 應收帳款

注 意 事 項

爲保障客人權益，本飯店有責任不得逕行賣出客戶所訂定之房間。但客戶因故不能成行或需更改住進日期者，請於原住進日前10天通知本飯店，本保證金保留三個月有效。

但客戶若於三天前(72小時)通知本飯店，本飯店有權沒收本筆訂房總額三分之一房間費用，若在抵達前72小時內通知本飯店取消或更改住進日期者，恕不保留，不退還任何保證金。

若經註明有效居留期限，逾期恕不保留，不退還保證金。

IMPORTANT NOTICE

This form is designed to safeguard the client's privilege. The hotel will release the booked rooms to other clients only upon verbal or written notification from the client.

Should there be any cancellation or postponement on the reservation, the guest must notify the Reservation Division ON OR BEFORE the tenth day prior to check-in date. The Hotel will hold the guest's deposit for only three[3]months.starting from the intended departure date.

However, if the guest notify the Hotel on or before three days[72 hours] prior to the check-in date [excluding check-in day], the guest will have to pay one-third[1/3]of the total amount due on the reservation.

The Hotel will not refund any deposit for notification received later than the above-mentioned dates.

第一聯：付款人留存　　第二聯：出納留存　　第三聯：應收帳款留存

圖 3-13　訂房保證金單據

訂金支付型態包括：現金（Cash）、信用卡（Credit Card）、旅行支票（Traveler's Cheque）、銀行匯票（Bank Draft）、住宿憑證（Voucher / Coupon）等。

旅客欲更改或取消訂房時，未能將其取消逕行通知旅館，旅館則可能會依據雙方的訂房協議，收取旅客的訂金或預付款，以彌補客房收益的損失。如果旅館無法在旅客抵達入住時為其提供客房，旅館必須事前徵求旅客同意，以同等級（含以上）的標準提供替代的住宿方案，並且支付客房價格的差異及旅客可能必須承擔的額外費用。

在眾多的訂房與住宿者中，再訪旅客最為珍貴，因為代表著旅客對過去在該旅館的消費體驗滿意，且有正面的印象與評價，進而影響其再次光臨的意願。為了提供再訪旅客更優質的服務，再訪旅客訂房時，旅館必須根據旅客的歷史資料記錄，例如：過去住宿的習慣、需求等，主動確認、協助完成訂房。

訂房作業的成敗，決定了客房租售的勝負。訂房部（組）大多數時間裡，不會面對面服務旅客，卻安排了未來住客的大部分服務，和總機話務不同處，在於訂房部（組）接觸旅客的方法，不只有口語上的互動服務。

由於訂房作業為客務部接待工作的前置作業，因此，訂房部（組）必須與櫃檯接待保持緊密聯繫，並澈底了解其作業，反之亦然。優秀的訂房部（組），必須充分了解旅客的需求與市場的走向，並能有效掌控訂房，使客房租售收益最大化。

第三節
超額訂房與住宿期管理

在學習本節後，能進一步認識並了解：

1. 超額訂房策略
2. 住宿期管理
3. 訂房控制的要點

在沒有任何的訂房控制下，只簡單考慮基本問題的訂房管理，例如：

1. 總客房數（TotalRooms Available）
2. 昨晚客房被使用數（Occupied Last Night）
3. 預期的退房數（Expected Check-outs）
4. 續住的客房數（Stayovers）
5. 今天的訂房數（Today's Reservations）
6. 今天預估的住房數（Rooms Committed Today）
   ＝續住的客房數＋今天的訂房數
7. 可供租售的客房數（Rooms Available for Sale）
   ＝總客房數－今天預估的住房數
   ＝總客房數－（續住的客房數＋今天的訂房數）
8. 住房率（Occupancy Percentage）
   ＝〔今天預估的住房數 ÷ 總客房數〕×100％
   ＝〔（續住的客房數＋今天的訂房數）÷ 總客房數〕×100％

由於取消訂房、提前退房、延期入住、應到未到等因素，而造成的客房閒置，對旅館客房收益與住房率都會產生重大影響。為降低衝擊，旅館通常會允許運用超額訂房策略，最大化客房的收益，但超額訂房控制不當時，也可能降低旅客對旅館的忠誠度。

因此，在相同的條件下，經過複雜的客房狀態變化，訂房管理的思考面向也需更為廣泛。

旅館今日客房庫存資料

總客房數（TotalRooms Available）為 520 間，昨晚客房被使用數（Occupied Last Night）為 464 間，今天預期的退房數（Expected Check-outs）為 200 間，所以管理者須再思考下列可能性：

- 提前退房的客房數（Add Understays），若過去的平均值為 8%，即增加 16 間退房數。
- 延長住宿的客房數（Subtract Overstays），若過去的平均值為 2%，即減少 4 間退房數。

經調整後：預估的實際退房數（Adjusted Departures）

＝預期的退房數＋提前退房的客房數－延長住宿的客房數

＝ 200 ＋ 16 － 4 ＝ 212

經調整後：預估的實際續住客房數（Adjusted Stayovers）

＝昨晚客房被使用數－調整後的退房數

＝ 464 － 212 ＝ 252

若今天的訂房數（Today's Reservations）為 160 間，管理者須再思考下列可能性：

- 臨時取消的訂房數（Less Cancellations），若過去平均值為 5%，即減少 8 間訂房數。
- 應到未到的客房數（Less No-shows），若過去平均值為 3%，即減少 5 間訂房數。
- 提早抵達的客房數（Add Early Check-ins），若過去平均值為 2%，即增加 3 間訂房數。

經調整後：今天實際的訂房數（Today's Adjusted Reservations）

＝今天訂房數－臨時取消的訂房數－應到未到的客房數＋提早抵達的客房數

＝ 160 － 8 － 5 ＋ 3 ＝ 150

因此，今天預估的住房數（Rooms Committed Today）

＝經調整後預估的實際續住客房數＋經調整後今天實際的訂房數

＝ 252 ＋ 150 ＝ 402

今天可供租售的客房數（Adjusted Rooms Available for Sale）

＝總客房數－（經調整後預估的實際續住客房數＋經調整後今天實際的訂房數）

＝總客房數－今天預估的住房數

＝ 520 － 402 ＝ 118

今天預估的住房率（Anticipated Occupancy Percentage）

＝〔（經調整後的實際續住客房數＋經調整後的實際今天訂房數）÷ 總客房數〕× 100%

＝〔今天預估的住房數 ÷ 總客房數〕× 100%

＝〔402 ÷ 520〕× 100% ＝ 77.3%

儘管超額訂房已廣泛應用於旅館客房管理中，但各家的看法仍分歧。超額訂房與取消訂房、提前退房、延期入住、應到未到等因素的拉鋸下，常被視為是必要之惡，尤其是在住宿需求的高峰時段。

一 超額訂房策略（Overbooking Strategy）

超額訂房是指已接受訂房的客房數，超出了旅館實際可以租售的總客房數。超額訂房有助於確保旅館獲得最大的客房收益和入住率，意味著旅館接近客滿的狀態時，不會將潛在旅客拒之門外，而是繼續提供訂房服務。當一位旅客未出現，就會有另一位旅客準備填補客房的空缺。

（一）超額訂房的優點

1. 降低客房閒置造成的損失

   滿足訂不到客房的旅客，彌補取消訂房、提早退房、延期抵達、應到未到等狀況，所造成的客房收益損失。

2. 實現客房租售與收益最大化

   當旅客預訂的客房數量比旅館可供租售的還要多時，意味著高價位客房的空房率會降低，不會浪費任何一間潛在的客房收益，能使旅館獲得最大的客房營運利潤。

（二）超額訂房的缺點

1. 負面的旅客體驗

   預訂房辦理入住時，發現沒有客房可住，雖然旅館會提供替代住宿的方案。但如果提供的替代住宿方案無法使旅客滿意，不論是預訂房房客是高忠誠度的旅客，或是旅館潛在的新顧客，都可能會造成無法挽回的失誤。

2. 潛在的負面口碑

   網路社群平臺是行銷成功的重要關鍵，也是負面口碑的宣傳管道之一。如果超額訂房策略失敗，旅館可能會收到旅客的差評，而且許多的潛在訪客訂房前，一定會先做功課查看旅館評論，以了解消費者對旅館的評價。

（三）執行超額訂房須考慮的因素

超額訂房雖可以為旅館帶來客房收益及與住宿率的最大化，但也可能導致旅館長期利益和聲譽的損失，是一個需要謹慎管理的任務。執行超額訂房前，須掌握的關鍵因素包括：

1. 營運報表的分析與應用

   透過分析營運報表避免訂房量誤判的機會，也是最佳的預測方法之一。通過數據分析，旅客的訂房和住宿相關記錄，就可以掌握到每天、每周及每月平均的取消訂房、提早退房、延期抵達、應到未到等客房數據，使能準確估計出允許超額訂房的數量，或是將客房提供給未訂房直接入住的旅客與有延長住宿需求的旅客，以提高其忠誠度。

2. 客名單的擬定

   根據今日抵達報表（Today Arrival Report）擬定一份預備外送的旅客名單，如果可以，最好不要將 VIP、長期住客、保證類訂房及支付高房價等旅客列入外送名單，因為可能會為旅館帶來負面的印象與評價，造成長期的旅館收益損失。

   可以優先考慮外送的旅客類型，包括：非保證類的訂房→第一次來訪非合約公司的散客→事先溝通接受外送安排的旅客等。此外，外送作業應在旅客抵達前，即做好溝通、確認及安排準備，以降低旅客的不滿意。

3. 與鄰近旅館簽署合作協議

   旅館有外送旅客的狀況發生時，有責任提供外送旅客一個值得信賴的替代住宿方案。替代的住宿方案考量重點，優先與同一區域、同等級、同類型的旅館合作，以確保提供的服務，能符合旅客對旅館的期望，同時實現收益最大化的雙贏策略。

4. 培訓處理超額訂房的專業人員

   即使人員接受過櫃檯接待或訂房的培訓，客務部仍需確保人員具有能有效處理超額訂房與外送作業的能力，且清楚知道替代的住宿方案和相關的補償措施，並與旅客進行溝通。

（四）超額訂房後的處理原則

訂房部（組）是否具備超額訂房衍生問題的處理能力，與執行超額訂房須考慮的因素息息相關，執行的原則包括：

1. 某一類型已接受的訂房數，超出了旅館實際可以租售的該類客房數時，可採用客房升級的辦法處理。
2. 團客發生超額訂房的問題時，可徵求旅行社同意，將同一團體的訂房以加床方式處理，以減少超額的客房數量。
3. 超額訂房的問題，一旦確認需要外送旅客時，可安排到鄰近有簽署合作協議的同等級、同類型旅館暫住，具體操作方法為：
   （1） 屬於無保證類訂房：若旅客於 18：00 未到，則不保留客房；若旅客早於 18：00 前或雙方約定的時間內到達，旅館如有空房，可讓旅客先行入住，如無空房，則由旅館負責安排入住附近同等級的旅館。
   （2） 屬於對保證訂房：應儘量在早班鎖定好（Block）預留房房號，若確認已無客房可提供，則須負責安排到附近同等級旅館（需獲得旅客的認可同意）暫住一晚。若客房價格超出原預訂房價，差額部分由旅館承擔。此外，客務部經理應出面向旅客致歉，並退還旅客預付的訂金，力求達到有利於旅館的宣傳。若外送旅客同意第二日回原旅館續住，客務部經理應同旅客確認好具體時間，派車將旅客接回，並將旅客升級為 VIP，除客房類型升等（Up Grade）外，還應在客房內擺設感謝信、歡迎水果籃等。

二 住宿期管理（Stay Pattern Management）

住宿期管理是指接受訂房時，需評估旅客住宿期間長短，對整體收益的影響。訂房部（組）不應滿足於當天訂房數的最大化，因為客務部經理更希望將不同的旅客訂房來源、訂房通路，以及旅客的住宿期等組合，達成最佳的訂房數，以獲得整體客房收益最大化。

住宿管理案例

7 月 30 日，旅館只剩下 2 間客房，此時：

住宿模式一：7 月 30 日抵達，7 月 31 日退房，散客一次訂房 2 間住宿 1 個晚上，每晚房價 5,000 元。

住宿模式二：7 月 30 日抵達，8 月 2 日退房，合約公司訂房 1 間住宿 3 個晚上，每晚房價 3,200 元。

立即接受住宿模式 1 的訂房，可以確保 7 月 30 日客滿，房租收益為 10,000 元。

接受住宿模式 2 的訂房請求，7 月 30 日將不會客滿，但會增加 7 月 31 日和 8 月 1 日的房租收益為 9,600 元。

拒絕住宿模式 2 的訂房請求，將可能影響合約公司與旅館間的關係。

因此，需要控制住宿期的原因是，盡可能地將客房留給更長停留時間合約公司旅客，進而提高合約公司的忠誠度，以及長停留期可能帶來的潛在收益。

住宿期間管理，即是在高住房率及高訂房率下，限制旅客的訂房需求，或是建議旅客調整住宿期間，確保旅館的住宿旺季，可以實現住宿期管理的最佳組合，以達客房總體收益最大化，而不是一日的最高住房率或訂房率。

三 訂房控制的要點（Key Points of Reservation Control）

即使已經執行訂房追蹤確認與保證，旅客實際入住率的增減，仍可能受到個人因素與外在的自然災害、天候變化、市場景氣，以及旅館的政策和人為操作失誤等因素所影響，而導致客房租售數量無法最大化。因此，須重視訂房的控制與客房租售策略的擬定與執行。訂房控制須考慮的要點，包括：

（一）訂房通路的客房配置率

訂房部（組）需要清楚每個訂房通路來源，可獲得的業務量，並能分析每個訂房通路可帶來的收益水準和產生的訂房成本。例如：直接訂房的旅客，收到的優惠較少；合約公司簽訂的客房價格，通常低於一般散客。

（二）最適的訂房時間點與旅客來源

依據過去的旅客歷史資料檔案，有助於了解旅客的行為，以及掌握旅客提前訂房的時間點或常態狀況，以利訂房部（組）規劃收益低的團體訂房時程，或是決策時間點展延的期限。例如：早鳥訂房優惠的行銷方案，可獎勵旅客提早預訂房；因應每日應到未到的訂房概率提升，決定冒超額訂房的風險，繼續接受旅客的訂房。超額訂房衍生的外送雖會影響到旅館與旅客的關係，但如果旅館以高於外送成本的價格租售出該客房，則可能是值得的。

（三）散客與團體旅客的比率

旅館的客源市場通常都不是單一的，在散客裡有以旅遊度假為目的的個人散客，也有以參加商務活動為目的的企業散客；在團體旅客中既有以商務活動為目的企業團體，也有航空公司機組人員，以及從事宗教、體育、教育、婚宴等各類社會活動的團體旅客。

不同的旅客，有不同消費能力和行為模式，且可能相互影響，通常散客會支付比團客高的房價。因此，在接受訂房時，應根據目標市場詳加考量客源比率。例如：接待散客為主的旅館，平均房價相對高；相反的，如果旅館承攬政府部門的案子、接待獎勵旅遊或大型團體，因為旅行社的議價空間大，自然會影響到平均房價和客房的整體收益。

（四）商務散客與休閒度假散客的客源比率

與商務散客比較，休閒度假的散客會選擇在假日、國定假日、連續假期、寒暑假等期間出遊住宿規劃多日的遊程。住宿期間可能會購買紀念品、使用旅館休閒娛樂設施。在飲食上的消費需求傾向節省，不太會使用到會議設備。因此，休閒度假的散客訂房，假日需求量較大，價格較旅行社訂房為高，在旅館的消費也較多。例如：都會型國際觀光旅館在平日或假日，應考慮客源屬性與可接受訂房的比率。

你在一間以商務旅客為主的旅館工作，擔任訂房組主任，在連續假期的前一天剩餘較多的客房。此時，你會考慮繼續等待商務旅客的訂房？還是考慮將客房租售給旅行團訂房？以提高旅館的整體營收，為什麼？

！小提醒

1. 先釐清：訂房組主任的角色是什麼？
2. 請思考：商務旅客和旅行社團體旅客有什麼差異？
3. 效益評估：商務旅客和旅行社團體旅客可以帶來哪些利益？會造成什麼損失？

衍生思考

除上述，你還有什麼想法可以為旅館帶來更大的客房租售率與更高的客房營收？

（五）經常往來之住客與大客戶的優先考慮

大客戶（Key Account）又稱主要客戶、關鍵客戶或重點客戶，是指住宿旅館的頻率高、消費金額大或是獲利率高，對旅館客房績效能產生一定影響的優質旅客或企業。旅館可根據市場情況與需要，將散客或企業行號客戶劃分為不同等級，包括：經常往來之住客與大客戶，並設定不同的條件，以滿足顧客的需求。當然，不同等級的顧客能得到的客房優惠與優先權也會不同。在訂房率愈高的日子，訂房部（組）愈須謹慎操作，保留少量的客房，以因應常客與大客戶的臨時需求。

（六）淡旺（日）季間價格的調整

旅館的客房一年 365 天雖能夠均衡的供應，但市場上的需求卻是不均衡，且在不同的季節，表現出的差異往往很大。例如：臺北市、新竹市是以商務旅遊為主的城市，旅客大部分從事商務活動，因此客房出租率以星期一～星期四較高，星期五～星期日會則減少。澎湖、墾丁地區，每年 4 ～ 10 月前後，是一年中的旺季，客房出租率皆較淡季高。訂房部（組）會因為不同季節或一周不同日子，甚至是一天不同的時間點，而有很大的訂房需求波動，產生訂房的不規則需求（Irregular Demand）的情況下，極需通過靈活的客房定價、廣告宣傳、淡季消費推廣，及其他刺激手段，改變消費者需求的時間模式。

（七）長期住客的取捨原則

長期住客和一般住客最大區別，在於房價的差異與提供的優惠與服務。例如：同樣的豪華客房，販售給一般住客住宿一晚的平均房價會高於長期住客；又或是2019 年臺北市觀光旅館的平均房價約 4,384 元，旅客入住 1 周七天六夜預計將支付 26,304 元，但長期住客只需支付 20,143 元，提供約 8 折優惠價格。因此，建議客房長期租售予固定對象的實質收入，不應低於該客房每月隨機租售的產值，即：

長期租售的每日房租 × 日數≧隨機租售平均房價 × 日數 × 隨機租售平均住房率

此外，長期住客雖可為旅館帶來穩定的長期收入，是較受歡迎的一群客源，但房型特殊且數量少，如連通房、總統套房等，不宜租售給長期住客。另外，不明原因的長期訂房，亦須詢問與留意，必要時予以婉拒。

一間商務旅館每月的平均住房率 75%，散客訂房的平均房價新臺幣 4,000 元／晚。現有一位住客預訂長期住宿 20 天，每天優惠房租 3,200 元。請就長期住客之取捨原則，你是否要接受此住客的長期訂房？為什麼？

！小提醒

1. 先釐清：長期住客的定義？
2. 請思考：長期住客和一般散客有什麼差異？
3. 效益評估：長期住客可以為旅館帶來哪些利益？又會造成什麼損失？

衍生思考

你還有什麼想法，可以爲旅館帶來更大的客房租售率與更高的客房營收。

（八）折扣配置的妥善運用

與其高價客房乏人問津，可妥善運用折扣配置，並根據旅客需求提供合適的價格與客房型態，使客房租售最大化。例如：以較低的價格或折扣價，在限定的時間內租售限定版客房產品組合。又或是對於當天訂房、當天入住的旅客，旅館可以較高價的客房租售，因為該客房可能是最後一間空房，即需求大於供給，所以旅客支付高房價的意願提高。

削減客房租售價格，似乎是解決訂房量下降，最明顯有效且簡單的方案。對許多消費者而言，價格決定了住宿的品質與旅客對旅館的第一反應。一般人對於「低價」易有「一分錢一分貨，便宜無好貨」或「旅館陷入經營困境」的想法。雖然折扣可能會增加一些短期的訂房效益，但很少能建立可持續發展的長期關係，否則以「客房價格是影響客房租售的唯一因素」認知，客房租售價格較低的旅館，住房狀況就應該是爆滿。請問：你如何在不提供折扣的情況下，將客房租售出去？

！小提醒

1. 先釐清：折扣的定義？
2. 請思考：提高品質或價值來抵銷折扣的作為有哪些？
3. 效益評估：提供折扣與不提供折扣，各會帶來哪些利益？造成什麼損失？

衍生思考

針對最後一刻才訂房的旅客，你會推薦旅客住宿低價位的一般客房、中價位的豪華客房，還是高價位的套房？為什麼？

旅客住宿旅館的方式、訂房旅客的來源及旅客訂房的通路等各種因素，會影響客房全年的收益狀況。訂房的控制與管理不善，會影響旅客的體驗，如果概括接受所有的訂房，最終將可能導致超額訂房，還需要增加外送旅客的作業，也可能會損害旅館與旅客的關係，種種課題都是旅館訂房部（組）的學習重點，用以創造客房收益的最大化。

結語

一個規畫完善的訂房系統，必須具備能有效輸入與處理旅客資訊的功能，可以了解、分析及確認旅客對旅館產品的需求，以發展一系列的客房租售計畫，迎合旅客的喜好，也可以確保旅館住客回流的持續性，進一步達成最大的旅館客房收益。

但即使是規畫完善的系統，還是有可能會有問題產生，例如：訂房記錄的人為錯誤、訂房預訂系統發生故障、訂房系統操作錯誤，或旅館未能及時將最新的可租售客房數、客房租售價格等與系統同步更新。因此，惟有訂房系統與客務部管理團隊緊密鏈結，才能將問題降到最低。

網際網路發展初期，旅客的訂房大致上是直接撥打電話、發傳真、傳送電子郵件或寫信與旅館聯繫，再者透過旅館官網、銷售代理商、中央訂房系統完成訂房交易。由於國際旅客透過電話聯繫的成本高且又費時，獲得的訂房資訊零碎且無法持久，或可能因服務人員的不同而發生重複訂房或訂房錯誤。若涉及預付款或保證金的退費處理，由於處理步驟相當繁瑣，也會提高旅客的知覺風險。因此，旅館電腦化訂房系統，在網際網路普及的年代，系統介面早已擴充至旅客可以直接透過旅館網站連線訂房，旅館訂房網站也可以串聯至其他線上旅行社，旅行社間也可以彼此串聯銷售同一間旅館的客房，使旅館得以快速滿足旅客訂房需求，並產生即時且正確的客房收入與客房租售預測報表，大大提升了旅館訂房的效率。

參考資料來源

1. Vallen, G. K. & Vallen, J. J.(2012). ***Check-in Check-Out: Managing Hotel Operations***. Pearson Education Ltd.
2. Jatashankar, Tewari.(2016). ***Hotel Front Office: Operations and Management***. Oxford University Press.
3. Kasavan, M. L. & Brooks, R. M. (2007)。林漢明、龐麗琴、郭欣易譯。**旅館客務部營運與管理**。台中市：鼎茂圖書出版股份有限公司。（原著出版於 2004）
4. 羅弘毅與韋桂珍 (2019)。**旅館客務管理實務**。新北市：華立圖書。
5. 龔聖雄 (2020)。**旅館客務實務（上）**。新北市：翰英文化事業有限公司。

CHAPTER 4

訂房需求預測與房價制定

旅客住房需求不確定性高！只有掌握旅客訂房需求，才能精準預測客房租售率。這一章帶大家探討旅客住房需求不確定性的原因。學習客務部如何思考與分析住房需求的波動、預測可租售客房，以及認識客房庫存管理，包括庫存計算、超額訂房與庫存管理的關係。同時，學習制定房價的方法、認識動態房價的重要性。最後，一起練習以客務部的角色面對旅客住房需求的變化，掌握訂房預測的技巧，提高客房租售的效率與收益！

學習重點

1. 不確定的住房需求
2. 可租售客房的預測
3. 客房庫存管理
4. 房價的制定

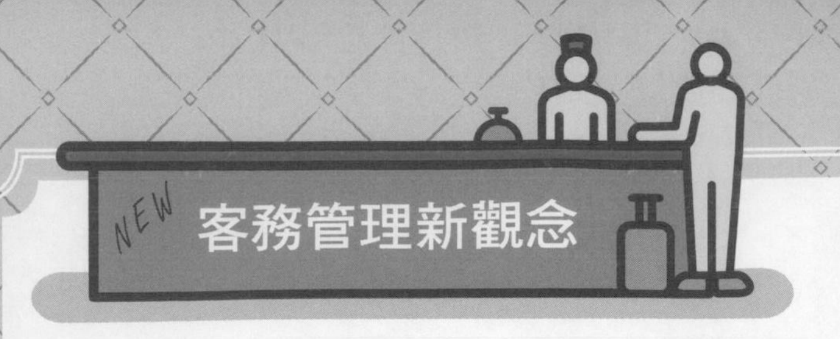

微定位裝置與旅館精準行銷

微定位裝置（Beacon Technology）是應用藍牙 4.0（Bluetooth 4.0）以上低功耗的技術產品，是一個小型訊號發射器，利用檢測訊號強度，計算與評估距離，進而定位出使用者的位置，取代了全球衛星定位系統（Global Positioning System, GPS），也解決室內易受建築物遮蔽，不易連接衛星而訊號干擾的問題，更重要的是滿足室內精確定位要求。

過去，旅館產業常用的行銷方法，包括：品牌行銷、內容行銷、口碑行銷、廣告行銷、再行銷等。網際網路通訊發展後，興起運用社群行銷、SEO 行銷、電子報行銷等。發展至微定位裝置的運用後，則更進一步使旅館能精準掌握使用者位置，將訊息經由行動裝置傳達給消費者，進行真正有效的推播，並與消費者產生密切的互動，達到虛擬看板、行動廣告，達到精準行銷的效果，且能大幅減少成本支出。

微定位裝置的應用，還包括：室內導航、行動支付、商品推銷及選購、人流分析及物品查詢、追蹤等，幾乎融入到所有與人在室內流動相關的活動之中。微定位裝置在旅館產業的應用，包括：

虛實整合

消費者走進設有微定位裝置的旅館，那一刻起就啟動了整個數位消費流程，例如：微定位裝置偵測到消費者正在接近餐廳，會發送提醒訊息給消費者，引導消費者購物的導購的功能；又或是消費者走進旅館，微定位裝置感應到消費者的訊號，即可透過簽到獲得累計積點的獎勵等。

精準行銷

微定位裝置讓行銷有了更大的想像空間，透過裝置準確掌握消費者的位置，在感測範圍內推播任何資訊。當消費者進入旅館時，如果能利用微定位裝置推播訊息，不管是旅館正在舉辦的促銷活動，或只有會員獨享的專屬優惠，甚至是個人化的資訊推播，都會對消費者的購物行為產生不小的影響，對旅館產業來說，是多令人振奮的消息。

資料蒐集

微定位技術的應用，使消費者在旅館的行為無所遁形，可運用微定位裝置取得使用記錄回饋，完整收集使用者的移動路線、最感興趣的商品、停留最久的區域，以及停留時間等數據資料，就能更清楚地描繪出消費者的消費習慣，旅宿業者也就能根據蒐集到的資訊，調整商品位置或陳列方式，或是更換更符合消費者口味的產品，達到提升營收的效果。

微定位裝置對消費者來說，能帶來嶄新的消費體驗，並非盲目地推播資訊給消費者，而是透過精準的定位，推播吸引消費者的產品與服務，發送更符合消費者預期的優惠或折扣，進一步建立起消費者對旅館品牌的信賴感。

不過，微定位應用服務仍有限制並非萬能，例如：需要搭配對應的 APP，才能使用相關服務，且微定位技術的應用，也會涉及消費者的隱私問題，不想被定位的消費者，可能會視微定位裝置為不舒服的存在。因此，旅館產業強調以消費者體驗為優先時，更應該謹慎應用微定位技術，思考究竟要提供什麼消費者才是重點。

註：SEO 行銷：Search Engine Optimization，搜尋引擎優化。

旅宿業應如何將微定位裝置應用在客房價格的制定？

有效的客房預測是旅館未來績效的拓展關鍵

客房預測的重點項目，包括：訂房需求預測、住房率預測、客房營收預測等三類，是建立客房未來畫面的過程，用來查看市場狀況、顧客行為、旅館人員表現、過去的客房租售等是否順利進行。客房預測也是客房定價與客源分配的主要驅動因素，可以為旅館制定有效的規劃，使決策具備科學依據，對旅館的未來需求與績效管理至關重要。

由於客房預測是旅館營運的核心，準確的預測可以提高客房的租售率，使客房收益達到最大化。所以，預測準確性若提高 10%，意味著營收將可能會增加 1.5 ～ 3%，而達到 3%時，會對旅館稅後淨利（Net Income）產生很大的影響。反之，不準確的預測則可能會導致決策失誤，嚴重時可能影響旅館營收與獲利。因此，經驗豐富的客務部主管，會進行長時間的預測，並使預測得到的旅館營運數據準確率提升。

應用資訊經濟學家 Douglas Hubbard 在撰寫的《如何衡量萬事萬物》書中提到，萬事萬物都可以衡量，就算是毫無頭緒、看不見、摸不著，甚至難以評估的事物，也都可以用相對簡單的方法予以量化。

所謂相對簡單的方法，就是可以試著從已確知的少數事實中，設法找出進一步的資訊，再推估可能的答案。換句話說，不要在意或害怕不知道的事，應將焦點放在確實已知的事，再設法透過已知資訊，降低問題的不確定性，就能約略估計出還算可信的資訊。

旅館客房營運過程，已知且有用的資訊，包括：旅客歷史記錄、旅館內部事件、客房租售價格、旅客入住模式（應到未到、延長入住、提早抵達、提前退房、未事先訂房臨時抵達）、客源的屬性、訂房通路來源、住宿期間、房型偏好、旅客住宿需求的高峰和低谷、訂房通路來源的績效、旅客住宿習性、旅客國籍、旅行類型（商務或休閒）等訊息。另外，也別忽略旅館外部事件可能帶來的影響，例如：競爭對手的價格、旅館所在區域的訪客或競爭對手增加或減少、交通航班的訂位速度、年節假日與活動…等都會影響客房預測變數。

第一節
不確定的住房需求

在學習本節後，能進一步認識並了解：

1. 不確定的住房需求
2. 住房需求波動的思考與分析
3. 住房需求波動的原因

想在旅客住房需求不確定的環境下，有系統地制定適切的決策，需經過正確的訓練與一系列具體情境的分析，才能確認不同住房需求波動的原因與產生的結果。換句話說，客務部能正確判斷旅客住房需求波動因素、準確預測可租售的客房，便能據以制定最適當客房租售策略。

一 不確定的住房需求（Uncertain of Lodging Demand）

「不確定的住房需求」是指旅客完成客房預訂後，是否能依約入住有不確定性，這對旅館客房營運與管理的影響有大有小。小影響，可能只影響 1 次的客房租售或營收成敗；大影響，可能導致長期的旅客住房需求不確定，而使客房庫存管理形同虛設、可租售客房的預測不夠準確，而無法達成客房租售與營收最大化，進而使旅館無法做長期的規劃與投入、喪失競爭力，甚至陷入破產倒閉的風險。因此，客部務必須高度重視旅客住房需求，避免不確定性所帶來的高風險，並設法降低、控制風險，力爭將損失減到最小。

二 客房的特性與住房需求波動的原因

旅館的客房不同於一般商品，一旦落成營運，總客房數量即已確定。不論每天訂房的多寡，最大可供租售的客房數量都不會超過總客房數，也使客房的短期供給缺乏彈性；客房也無法隨著旅客的立即需求，隨意搬離旅館本體；當天未租售的空房，銷售無法保留至隔天，即無法累積儲存，未賣出就形同廢棄；客房的租售也易受旅客個人因素、假期、天候、季節、經濟景氣、國際情勢等影響，使得每日的旅館客房需求存在一定程度的波動性。簡言之，相較於一般商品，旅館客房是處在旅客對住房需求不確定的環境中。旅客住房需求波動原因大致歸類及說明如下：

（一）預定抵達的客房（Room Arrivals / Reservations）

旅客已事先向客務部完成某一天的客房預訂，而客務部通常會在旅客住宿的前一晚或當天清晨前彙整出當天預定抵達的客房名單，以利後續服務的提供。

（二）續住的客房（Room Stayovers / Previously Night Occupancy）

旅客預計不會在今天辦理退房，至少會再停留住宿一個晚上。旅客續住的請求有時會在辦理住房後才提出，客務部同意與否須先評估客房的使用狀況。

（三）退房（Room Check-outs / Departures）

旅客已完成付款結帳，並歸還客房鑰匙離開旅館。

（四）取消訂房（Room Cancellation）

旅客可能因各種因素取消訂房，例如：惡劣的天氣、生病、班機更改或罷工等，無法依訂房約定如期抵達，而向旅館提出取消的要求。旅客須依旅館規定在指定時間內，以電話通知或發送傳真，聯繫預定住宿的旅館，告知取消預約的客房。

依旅館營運現況，而有不同的取消訂房處理方式。一般情況下，旅客最遲在入住當天 18：00 前，須向旅館提出取消訂房的申請，不需支付任何取消訂房的費用；依此規範雖方便旅客，卻也使旅館面臨入住當天，才接獲取消訂房通知，因時間倉促，以致因該狀況產生的空房，且會面臨無法在當日再租售出去的風險。

旅館業者為避免取消訂房造成的風險，多會制定策略，提高訂房者提前 24 小時通知取消訂房的動力，如「入住前 24 小時免費取消訂房」，若離入住日不到 24 小時，將無法免費取消且須支付完整的客房費用，若未能在訂房入住日內到達住宿將被視為取消訂房，按取消政策處理。

此外，也有愈來愈多的旅館制定須提前付費、不能更改、不能取消、不能退款的客房房價通常比入住當日取消訂房所需支付的價格低，還要再省 20 ～ 35%，預訂此策略的客房時，會要求旅客訂房時即需支付費用，且一旦支付了費用，就不能取消或更改訂房，訂房者即使取消或更改訂房，旅館也不會退款。

因應取消訂房的訂價策略，能激勵真正有需要入住的旅客提早訂房，旅館也能提早獲得一定比例的基本客房租售量，有助於旅館掌控客房的狀況與數量，以制定相應的策略。

你是一間都會型國際觀光旅館的訂房主管，總會遇到訂房時不可避免的一些問題，例如：有些旅客會在完成訂房確認，並已支付預付款的情況下，決定取消訂房。在大多數情況下，取消的原因是真實且重要的。如果發生取消訂房時，你的立場是什麼？考量為何？

！小提醒

1. 先釐清：旅館是否需要制定取消訂房的政策？原因是什麼？
2. 請思考：合理的取消訂房的費用是多少？為什麼？
3. 效益評估：旅館取消訂房政策會帶來哪些利益？會造成什麼損失？

衍生思考

旅館是否需要對無法控制的外部環境條件負責？例如：

1. 規劃滑雪旅行，但滑雪景點沒有下雪。
2. 週末海灘度假之旅遇颱風。
3. 夏季露營探險之旅的露營地發生土石流崩塌。
4. 旅客突逢喪，必須取消訂房。
5. 你於 2020 年 4 月已排定的婚禮，預訂 100 桌的宴會，但受新冠疫情影響，延到 2021 年 6 月。誰知，2021 年 6 月疫情再起，仍然無法辦理婚禮與宴會，但與婚禮會場簽訂的契約中，載明只接受延期 1 次。此時，你會希望餐廳怎麼做？

（五）應到未到且聯繫不上、爽約的客房（Room No-show）

除了訂房取消之外，還有一小部分旅客訂房後，到了住宿當天卻沒前往辦理入住，也未通知取消訂房，且旅館無法聯絡上訂房者。若住宿當天訂房者未前往辦理入住登記，但經聯繫後取得旅客的說明，則不能視為爽約，而是取消訂房。旅客應到未到的原因也包括：重複訂房；入住的旅館品牌正確，但入住的旅館地址錯誤；旅客以錯誤的訂房單號取消訂房；旅客提供不正確的住宿日期或姓名住宿；旅客來電取消訂房，但旅館找不到訂房記錄，因為尚未收到中央訂房系統或線上旅行社的取消訂房函等因素。

客務部與行銷業務部投入了人力與資源，努力提升旅館的訂房量，但旅客訂房後卻應到未到且聯繫不上，影響客房收益最重大的一項挑戰。為減少訂房應到未到率的作法，包括：

1. 制定爽約的政策

   執行訂房確認或當天臨時接獲訂房時，應向旅客說明爽約的政策與取消訂房的截止期限，以確保明瞭爽約須承擔的責任。如此，即使旅客沒有提前訂房，至少可以在截止期限前取消訂房，以利將客房提供給未事先訂房臨時入住（Walk in）的旅客。此外，超過消訂房的截止期限將支付爽約的費用。

2. 支付保證金或預付款享有折扣

   消費者喜歡折扣，是吸引減少取消訂房，降低爽約率的有效策略。客務部與旅客進行確認訂房時，清楚說明支付保證金或預付款，可以享有的折扣。

3. 發送電子郵件和短信提醒

   一封經過設計的自動發送電子郵件或短信，除了有貼心的訂房通知作用，使旅客感受到旅館的歡迎與期待，也是降低爽約率的一種策略。

4. 分析營運報表並採取行動

   定期從營運報表的分析中，了解爽約率的趨勢，以掌握在什麼時間、來自哪個訂房通路，應到未到的訂房狀況最多，並立即進行狀況分析，採取相應措施。

5. 與旅客取得聯繫了解原由

由於應到未到的訂房，會影響旅館客房的收益。因此，若與應到未到的旅客聯繫上，盡可能透過交談了解旅客發生狀況的原因，並冷靜向旅客說明收取爽約費用的原因。最後，需誠懇表達旅館歡迎旅客再度到訪，鼓勵旅客再次訂房。

若客人不會入住，怎麼收應到未到的違約費用？沒付保證金、預付款且又聯絡不上旅客才有收不到爽約費用的可能性。但當旅館在旅客訂房當下或執行訂房確認時，已向其說明爽約的權利義務，並取得口頭承諾後，旅館可依《民法》第 73 條、第 166 條規定，契約自由原則，法律行為以不要式為原則，以要式為例外。因此，絕大多數的債權契約，無論以口頭或以書面方式為之，均有效成立。向法院提出告訴。

（六）提早退房（Room Understay / Early Check-out）

旅客因行程縮短或公務提早結束等因素，須提前一天或更早離開旅館。倘若旅客事先預訂客房，且已支付保證金或預付款後，才向旅館提出要提前一天或更早退房離開。有些旅館會額外收取提早退房費（Early Check-out Fee），或是不退還預付款，因為客房排入預留客房，就表示旅館必須拒絕其他潛在旅客的住宿。此外，住宿期間適逢旅館的高住房期，或是特殊房價的網路訂房，例如：早鳥價或低房價促銷的訂房，訂房時通常會附帶「不可退款、不可更改」的附加條件，但實際情況仍須視個別旅館的政策而定。

旅客沒付保證金、預付款，可以預約客房嗎？

旅館的處理方法很多元，常見的依據是：

1. 訂房率高低
   （1）預期為高住房或旺季的期間，採不接受訂房的方式。
   （2）預期為低住房或淡季的期間，則可以接受訂房。
2. 訂房來源
   （1）旅行社訂房事先承諾付款，可接受訂房。
   （2）合約公司或一般散客可視其對旅館貢獻的產值而定。產值、住訂房率皆低，則可以接受訂房；產值、住訂房率皆高，則須加以評估後決定；產值低、住訂房率高，在沒付保證金的狀況下，會拒絕訂房。

（七）延期抵達的客房（Room Postpone）

旅客因各種可能的因素，無法於原預訂日入住旅館，而提出延後入住的請求。此時，旅館並不會取消旅客的訂房，而是將旅客的住宿日更改到未來的抵達日期，並告知新日期的客房租售價格，及重新發送確認信函給旅客。

旅客延期抵達會造成客房未入住難以填滿，造成客房營收損失。因此，櫃檯接待在辦理入住登記時，須再次確認旅客的退房日期，或確認訂房、發送電子郵件和短信提醒時，再次確認旅客的住退房時間。有時旅客的行程已發生變化，愈早更正客房的庫存，客房再租售的機會就愈大。

（八）重複訂房（Room Double Booking）

同一旅客在同一住宿期間，經由不同的訂房通路來源完成訂房，例如：不同的公司替同一位客戶，在同一間旅館預訂同一天相同旅館的客房，或是旅客經由不同的線上旅行社，預訂了同一間旅館、同一天的客房。不論旅客是有意或無意的，都會造成旅館的困擾。客務部為避免發生重複訂房的問題，常會運用的因應措施，包括：落實訂房的追蹤與確認，以及優化訂房系統的客房庫存管理機制，相關的處理原則：

1. 聯絡每位訂房者並說明狀況。
2. 以接受客房預訂的先後順序處理。
3. 調整訂房時，建議訂房者優先考量對自身最有利的客房預訂條件。
4. 調整的訂房方案，必須經原訂房者同意，方可取消該筆訂房。
5. 旅客抵達時，應向其說明，由旅客選擇決定。

（九）未事先訂房臨櫃辦理入住（Room Walk in）

是指未事先訂房，臨時起意或正好有住宿需要，便直接前往旅館洽詢、辦理入住的旅客。旅館客房在客滿期間，若有 Walk in 的旅客洽詢，也是客務部業務推銷上的困擾，特別是 VIP 貴賓或重要合約公司的旅客。旅館雖沒有義務保留或提供客房給未事先訂房的旅客，但如果管理得當，將可以提高住房率。

此外，Walk in 旅客也可能是潛在的危險因子，例如：信用不良、有債務糾紛、家庭失和、感情受創等問題的旅客，客務部須謹慎因應。

（十）延長住宿期間的客房（Room Overstays / Extend）

旅客可能因為業務上的需要，必須住到約定的退房日期之後，而向客務部提出展延住宿的時期間。延長住宿期間的旅客，通常廣會受旅館的喜愛，有些旅館甚至會提供優惠獎勵。

不過，當旅館住房率愈高或是愈接近客滿的情況下，旅客提出延長住宿期間的需求時，需更加謹慎的處理，因為接受旅客延長住宿，就表示需拒絕部分旅客，特別是重要貴賓或是第一次到訪的旅客；反之，拒絕常客、長期住宿的旅客或貴賓的延長住宿請求，亦可能造成旅館更大的損失。

（十一）提早入住的客房（Room Early Check-in）

旅客可能因為航班異動、身體狀況、商務會議時程異動、遊程異動…等因素，需要在標準入住時間前遷入旅館。提早入住通常須事先向客務部提出請求，並視客房清潔進度，向旅客說明與協助處理；客房尚完成清理，請旅客將行李先寄存於服務中心，待客房清理完畢，再通知旅客入住。

每一間旅館都有規定的入住登記與退房遷出時間，一般入住登記與退房遷出的時間，是 13：00 ～ 15：00 入住登記，隔天 10：00 ～ 12：00 前退房遷出。如果旅客希望早於遷入時間前入住，通常需要支付提早入住費（Early Check in Fee），才能享有此權益。原因是旅館必須運用這段對旅客最有利、對旅館客務最忙碌的黃金時段，調整房務部門作業、整理客房，如果旅客要提早入住，就表示房務人員須提早將客房整理好。提早入住費的多寡，須視旅客提早抵達的時間與旅館的政策而定。臺灣旅館業普遍的是收費計價方式：提早 3 小時內，入住加收 1/3 的房租，提早 6 小時內，加收 1/2，提早 6 小時以上，則加收 1 日房租。對旅客最有利的時段，也是旅館客房（客務部、房務部）最忙碌的時由於旅客不確定的住房需求，增加了準確預測可租售客房數量的難度，是客務部面臨的最大挑戰之一。其中，取消訂房、應到未到、提早退房、延期抵達、重複訂房等問題，將使預期租售的客房數減少，導致最終的住房率與客房營收降低。因此，可以明顯看出，分析旅客住房需求波動的重要性，透過分析預測未來可供租售與預期租售的客房數，並能準確制定策略面對未來趨勢。

三 住房需求波動的思考與分析

在旅客住房需求不確定性較高且波動大的情形下，往往會誤導客務部做二元思考，認為預測未來住房需求，只有準確預測或完全無法預測兩種。所以，一旦客務部認為可以準確預測未來的住房需求，就可能會遮蔽需求波動的因素，以強化客房租售策略的說服力，因而忽略不確定的住房需求。在此情況下，旅館業者既無法正面抵擋未來的威脅，也將喪失藏在高度不確定中的機會。而若客務部認定未來的住房需求是不可預測，就可能會捨棄嚴謹的規劃，僅憑直覺靈感制定客房租售決策。在沒有正確資訊的情況下，擬定的客房行銷策略便容易導致失敗。

因此，客務部應了解在面對旅客不確定住房需求時，必須採用一定的方法，進行計算、分析、評估，從而讓「不確定或波動的」變成「相對的確定」。這就是可租售客房預測的過程，也是整體訂房需求預測的作用與價值。即使競爭市場的環境或旅客個人因素多麼不確定，客務部還是可以從中找出與住房需求波動相關的訊息與趨勢，包括：

1. 任何競爭市場都潛藏著已知的資訊。例如：新旅館的開幕，可以看出旅客對新產品或是服務的潛在需求。
2. 透過資訊或數據的分析，以獲得目前還不知道的資訊。例如：旅館客房的特色、競爭對手的行銷計畫，經由分析可以得知對旅客產生吸引力的資訊。

第二節
訂房需求與可租售客房的預測

在學習本節後，您將會認識並了解：

1. 訂房需求與可租售客房預測的重要性
2. 可租售客房的預測

訂房需求與可租售客房的預測，是一項客房營運知識的累積與應用。面對未來的不確定性，訂房需求與可租售客房的預測，可以幫助管理階層掌握未來的客房營運績效，並根據預期的需求，擬定客房租售價格、客房行銷及訂房通路來源分配等重要決策。畢竟，旅館的客房若是沒有租售出去，客房的價值也就是零。

一 訂房需求與可租售客房預測的重要性

客務部主管須具備預測可租售客房與訂房需求的能力，以過去的客房營運數據、住房率、每日平均房價、客房營收、訂房趨勢及其他有用訊息等關鍵指標，預測未來客房租售的表現，做出更謹慎的決策。例如：依訂房需求預測調整客房租售價格，將行銷重點放在不同的客群；或者改變行銷策略，以吸引更多特定族群的旅客。一個高品質的預測必須做到：

（一）準確記錄營運數據（Accurately Record Operating Data）

可租售客房與訂房需求預測的第一步，必須保持準確的記錄。有用的營運數據包括：住房率、平均房價、客房營收、旅客平均消費力、住宿的平均停留時間，甚至每一項旅客資料，都可能是預測的有用數據。

（二）善用歷史營運數據（Make Use of Historical Operating Data）

在預測可租售客房與訂房需求時，可以從過去營運的歷史數據中，找出趨勢，進行分析與預測未來，例如：從住房率的歷史數據中，發現一週七天中，以週日的平均住房率最低，而每年 1 或 2 月的客房營收最高。透過諸如此類的歷史數據，取得需求高峰期或低峰期是有意義的，可以作為未來營運的預測，或規劃因應策略。

（三）參考已經產生的訂房數據（Refer to Data in the Books）

預測可租售客房與訂房需求時，必須依賴訂房系統產生的未來訂房數據，以作為預測訂房需求的參考值。當參考值超出旅館客房的最大容許量，則需要進行客房庫存與訂房作業的調整。

（四）考慮節慶活動和重要假期（Consider Events and Holidays）

預測可租售客房與訂房需求時，須考慮假期與旅館所在地的重大活動，都可能帶來不少的影響，例如：情人節和寒假期間客房的業績會成長，活動或假期結束後，對客房的需求會下降。

（五）密切注意區域競爭者（Keep an Eye On Your Competitors）

旅館外部的因素，如當地旅館最近有裝修嗎？本地有新的旅館或度假村開業嗎？這些都是可能影響未來訂房需求的因素。此外，競爭者倒閉、搬遷或歇業，也意味著競爭者的需求量會轉移，所以旅館的訂房需求量可能會增加。

（六）關注旅遊市場趨勢（Pay Attention to Market Trends）

關注旅館業共同的市場趨勢，例如：旅館所在地區的遊客量或競爭家數增加或減少，以及影響更深遠的市場趨勢，如經濟低迷或好轉。

（七）根據市場區隔進行預測（Break Down Your Forecast By Segments）

一旦從各種數據和市場趨勢中獲得基本預測，就應該再將其分解為不同的部分。例如：預測訂房旅客來源國的分布、旅客訂房的通路、訂房旅客的來源、不同類型客房的需求等。通過這樣的預測，將能更準確地了解訂房需求對客房租售的影響，以及旅館要如何找到自己的市場定位。

（八）與行銷業務部門合作（Work With Marketing and Sales）

取得可租售客房與訂房需求預測，就可以開始與旅館行銷業務部門合作，對客房行銷的戰略進行必要的調整。例如：根據預測顯示，旅客對特定訂房通路缺乏興趣，客務部便可以調整行銷資源的分配，將資源集中於預測結果較佳的旅客市場。

（九）定期檢視預測（Refer to Your Forecasts Regularly）

取得營運數據後，就可以創建可租售客房與訂房需求的預測模式，並透過此預測模式，定期檢視營運現況，並將檢視結果視為重要的客房租售決策參考資訊。雖然預測不可能 100%準確，但愈精準的預測模式，愈有助於主管建構未來的客房營運願景。

眾所周知，預測永遠是不準的，即使是「相對的確定」也永遠還是「相對」的。但客務部要體現的價值，就是持續提升「相對」的數值，從而得到準確度較高的可租售客房與訂房需求預測，得到「相對較確定的不確定」。進行可租售客房與訂房需求預測，其實是一個需要不斷修正的過程。所以，客務部必須盡可能完善租售客房與訂房需求的預測方式，取得客觀的訂房預測結果並加以運用，以提升客房營運績效。

二 可租售客房的預測（Forecasting the Room Availability）

可租售客房與訂房需求的預測，是根據過去客房的營運記錄，結合已經產生的訂房資訊，通過科學的方法和邏輯推理，對未來旅客的訂房行為與客房租售趨勢，做出未來日期可提供租售客房數量的推測和判斷。具備準確預測可租售客房的能力，能提高顧客的滿意度和旅館的競爭力，有助於引導客務部執行有效管理客房租售的策略。預測結果也可作為住房率的運營參考，並進一步為預期的住宿量，安排必要的工作人員，尤其是住房率愈接近客滿的狀況，透過精準且可靠的預測能力，更能有效因應可租售客房的需求問題。

儘管可租售客房的預測十分重要，但要進行精準的預測卻並非易事，進行預測和選擇預測的方法之前，了解對可租售客房的預測產生影響的各種因素是非常重要的。一般來說，有助於預測可租售客房需求的訊息，包括：

1. 區域環境的變化與發展趨勢。
2. 新建或興建中的旅館，對競爭市場的衝擊。
3. 在地慶典和重大活動時程表。
4. 競爭者的可租售客房現況。
5. 去年同期和過去幾個月的住房資訊比較。
6. 旅客訂房的預定時間趨勢。
7. 訂房通路來源的客房配置率。
8. 旅客歷史資料檔案。
9. 已產生的歷史訂房趨勢與未來訂房趨勢。

你是一間大型國際觀光旅館的總經理，管理一間擁有600間的客房的旅館。
當另一間打著低房價口號，僅提供經濟等級服務的新競爭者，正躍躍欲試地準備進軍相同區域環境時，應以何種策略行動回應？是否應採取降低房價、刪除部分服務項目的策略回應，或任由競爭者奪走低價位的顧客群？你是否會針對房價與服務內容，積極地與對手正面競爭，直到將對方完全擊敗為止？為什麼？

！小提醒

1. 先釐清：什麼是國際等級服務、中等級服務與經濟等級服務的旅館。
2. 請思考：當你負責管理大型國際觀光旅館時，你會如何劃分「市場區隔」(Segmentation)、選擇「目標市場」(Targeting)、確立「市場定位」(Positioning)。
3. 效益評估：經濟等級服務的競爭旅館會對大型國際觀光旅館帶來哪些利益？或造成什麼衝擊或損失？

就算處在旅客住房需求不確定的環境中，客務部若具備蒐集營運記錄與分析營運數據的能力，便能更精準地預測可租售的客房，並擬定客房租售策略。為了取得預測可租售客房的營運資訊，首先應取得客房營運的歷史數據，包括：

1. 當天預定抵達的客房數（Room Arrivals / Reservations）
2. 續住的客房數（Room Stayovers / Previously Night Occupancy）
3. 當天退房的客房數（Room Check-outs / Departures）
4. 取消入住的客房數（Room Cancellations）
5. 應到未到的客房數（Room No-shows）
6. 提早退房的客房數（Room Understays / Early Check-outs）
7. 延期抵達的客房數（Room Postpones）
8. 重複訂房的客房數（Room Double Books）
9. 未事先訂房臨櫃辦理入住的客房數（Room Walk-ins）
10. 延長住宿的客房數（Room Overstays / Extends）
11. 提早入住的客房數（Room Early Check-ins / Early Arrivals）

透過計算、比較上述的客房營運數據，得到營運預測所需要的各種狀況發生比例，例如：入住的客房中，未訂房直接住宿的比例、延長住宿的比例等皆有助於客務部準確地預測出可租售客房的數量、估算與分析客房的營收、客房的庫存管理及人力的安排。比例是代表兩個數量的比值，或是一個數量相對於另一數量的變化量，例如：稅率是每單位收入所應繳的稅金、心跳率是每分鐘的心跳次數、速率是物體的移動距離相對於時間的變化量，以每單位時間的移動距離表示。

酒店客房營運的預測

○○○酒店於 2022 年 7 月 1 日～7 月 7 日的客務部營運數據如表 4-1。透過這份營運數據，可以進行酒店客房營運的預測：

表 4-1　○○○酒店 2022 年 7 月 1 日～7 月 7 日的客務部營運數據

客房使用狀況	日期						
	1 日	2 日	3 日	4 日	5 日	6 日	7 日
總客房數	368	368	368	368	368	368	368
可租售客房數	91	?	4	6	222	?	-10
故障客房數	6	3	3	10	10	12	8
續住客房數	72	76	89	59	36	59	94
當天預定抵達客房數	198	287	268	226	82	113	261
延長住宿客房數	6	8	4	12	8	11	10
提早入住客房數	0	3	3	4	9	2	2
未訂房直接入住客房數	11	16	12	17	19	16	23
當天退房客房數	149	195	283	302	256	77	?
取消入住客房數	8	6	5	7	8	5	9
應到未到客房數	5	5	8	10	6	7	8
提早退房客房數	2	4	0	4	2	4	2
延期抵達客房數	1	3	2	5	2	2	1
重複訂房客房數	0	0	2	0	0	0	0

1. 2022 年 7 月 1 日的客房住用數、住房率

   7 月 1 日客房住用數＝ 7 月 2 日退房數＋ 7 月 1 日續住客房數＝ 195 ＋ 72 ＝ 267

   $$7\text{ 月 }1\text{ 日住房率}=\frac{7\text{ 月 }1\text{ 日客房住用數}}{7\text{ 月 }1\text{ 日總客房數}-7\text{ 月 }1\text{ 日故障客房數}}\times 100\%$$

   $$=\frac{676}{(368-6)}\times 100\%=73.7\times 100\%$$

2. 2022 年 7 月 1 日的未訂房直接入住率

$$未訂房直接入住率 = \frac{7月1日未訂房的客房數}{7月1日房客住用數} \times 100\% = \frac{11}{267} \times 100\% = 4.1 \times 100\%$$

由於 Walk-in 旅客會佔用到保留給已訂房旅客的可用客房數，因此，旅館可以以更高的房價將客房租售給 Walk-in 旅客，且 Walk-in 旅客通常不會考慮更換旅館。雖將客房租售給 Walk-in 旅客有助於提高住房率和客房營收。但不論從客房庫存管理或客務部營運管理的角度來看，仍應鼓勵旅客提前預訂房。

但有時其他的比率超出旅館預測的範圍時，也會顯著影響到 Walk-in 比率，例如：近期 No-show 比率的預測值有多次超出預測範圍，此時，旅館就可能會接受比平時更多的 Walk-in，何作爲彌補 No-show 帶來的損失。又或是近期鄰近旅館客房需求量很大，也可能會增加旅館 Walk-in 比率。

3. $$2022年7月3日的應到未到率 = \frac{7月3日應到未到的客房數}{7月3日預定抵達的房客數} \times 100\%$$

$$= \frac{8}{268} \times 100\% = 2.9\%$$

通常無保證類訂房 No-show 的比例相較保證類訂房爲高，散客比例相較於公司團體或會議團體也會略高。由於每天一定比例的 No-show 對客房租售的影響頗大，因此，客務部可以根據旅客過去的訂房記錄來決定何時將客房租售給其他旅客，或是在高訂房率下，執行嚴謹的訂房確認或收取訂房保證金。

4. 2022 年 7 月 4 日的提早退房率

提早退房率的計算須以實際客房使用數爲基礎。

2022 年 7 月 4 日的提早退房率

$$= \frac{7月4日提早退房客房數}{7月4日退房客房數 - 7月4日提早退房 + 7月4日延長住宿} \times 100\%$$

$$= \frac{4}{302 - 4 + 12} \times 100\% = 1.3\%$$

5. 2022 年 7 月 5 日的延長住宿率

延長住宿率的計算須以實際客房使用數爲基礎。

2022 年 7 月 5 日的延長住宿率

$$= \frac{7月5日延長住的客房數}{7月5日退房客房數 + 7月5日提早退房 - 7月5日延長住宿} \times 100\%$$

$$= \frac{8}{256 + 2 - 8} \times 100\% = 3.2\%$$

延長住宿（Overstay）與續住或已入住（Stayover）兩者在英文上很容易混淆。延長住宿表示超出原定離開日期還繼續住在旅館的旅客。續住或已入住表示旅客已抵達旅館辦理入住，目前仍持續在住宿中，且未更改退房日期。

6. 2022 年 7 月 6 日退房的客房數
=總客房數－ 7 月 5 日可租售客房數－ 7 月 6 日故障客房數－ 7 月 6 日續住客房數
＝ 368 － 222 － 59 － 10
＝ 77

7. 預估 2022 年 7 月 7 日的住房數、住房率
2022 年 7 月 7 日的住房數
＝ 7 月 7 日續住的客房數＋ 7 月 7 日當天預定抵達的客房數
＝ 94 ＋ 261
＝ 355
2022 年 7 月 7 日的預估住房率

$$= \frac{7\text{月}7\text{日的預估住房數}}{7\text{月}7\text{日總客房數} - 7\text{月}7\text{日故障客房數}} \times 100\% = \frac{355}{368-8} \times 100\% = 98\%$$

8. 7 月 2 日、7 月 6 日可租售的客房數

可租售客房數的計算式		7 月 2 日		7 月 6 日	
	旅館總客房數		368		368
－	故障客房數	－	3	－	12
－	續住客房數	－	76	－	59
－	當天預定抵達的客房數	－	287	－	113
－	延長住宿的客房數	－	8	－	11
－	提早入住的客房數	－	3	－	2
＋	未訂房直接入住的客房數	＋	16	＋	16
＋	取消入住的客房數	＋	6	＋	5
＋	應到未到的客房數	＋	5	＋	7
＋	提早退房的客房數	＋	4	＋	4
＋	延期抵達的客房數	＋	3	＋	2
＋	重複訂房的客房數	＋	0	＋	0
＝	可租售客房數	＝	-7	＝	173

計算營運狀況的比例時，大型旅館一定比例的取消入住、應到未到、提早退房、延期抵達、重複訂房等，可歸屬於旅客個人因素是正常營運的一部分，通常會被納入客務部客房庫存管理及預算編列計畫中，對旅館的整體營收影響雖小，但仍必須在可以控制的範圍內。對小型旅館來說影響則較大。因此，不同類型的旅館應有不同的因應政策。

採用非自動或半自動的客務管理系統時，可租售客房數的預測是根據營運狀況和需求計算，通常預測時選取的數值範圍約 3 ～ 10 天。採用全自動化的客務管理系統時，則無限制，可以隨時對未來任何一個時段進行預測。因為，系統會自動根據每日的營運狀況進行演算和預測，從而消除人為統計的誤差。

請根據表 4-1 的○○○酒店客房營運數據及已知狀況，預測 8 月 1 日可租售的客房數。

已知狀況：8 月 1 日有 162 間預定抵達的客房、81 間續住客房

1. 先釐清：未訂房直接入住的客房數與可租售的客房數兩者的關係。
2. 請思考：哪一些數據是預測未來可租售客房時，有用的參考依據？如何估算 8 月 1 日可租售的客房數？
3. 效益評估：從 2022 年 7 月 1 日～ 7 月 7 日的客房營運數據，你看到了什麼現象？又會採取哪些作為？
4. 衍生思考：預測未來可租售的客房數的算式中，為什麼不考慮當天退房的客房數，與未訂房直接入住的客房數？

！小提醒

1. 客觀的預測值計算方式，可以利用表 4-1 客房各種使用狀況的每日平均值，例如：7 月 1 日～ 7 月 7 日提早入住客房數的平均值推算，再依據已知狀況即能預測 8 月 1 日可租售客房數
2. 預測永遠是不準的，即使是「相對的確定」永遠是「相對」的。但客務部要體現的價值，就是持續提升「相對」的數值，從而得到準確度較高的預測。

第三節
客房的庫存管理

在學習本節後，能進一步認識並了解：

1. 客房的庫存管理
2. 超額訂房與客房庫存管理的關係
3. 客房庫存的計算方式

客房的庫存管理，就是監督和控制旅館客房使用狀況，以增加客房的預訂量。雖然愈快地將客房租售出去便可以高枕無憂，但過早售罄也可能會影響客房收益最大化，或造成重要旅客無房可住的窘境。因此，客務部不僅要了解旅館可租售客房的狀況、超額訂房的風險，還要決定如何分配客房給每個訂房通路來源，以及在特定的時間，限制與接受某些通路的訂房。

一 客房庫存管理（Inventory Management of Guest Room）

客房的庫存量即可租售客房數，是通過計算旅館可租售的總客房數，減去已經租售出的客房數，以及剔除進行維修保養而關閉的客房數。例如：一間擁有200間客房的旅館，正在重新裝修三樓的30間客房，意味著可供租售的客房庫存量，佔旅館總客房數的85%。有了客房庫存量，客務部就可以根據季節、活動和事件，追蹤或預估客房的預期租售量。有效的客房庫存管理，涉及創造與管理客房的需求和實現客房收益最大化，須考量的因素包括：

(一)客房成本的計算（Calculate Room Costs）

管理客房庫存需能計算客房營運費用、未能租售出去的空房成本。客房的營運費用，包括：水、電、瓦斯、員工薪資、網路設備、洗衣、早餐、迷你吧、客房服務等，即使在無旅客住宿的情況下，仍有固定的成本需要支付。愈了解客房的成本愈有助於在訂房的高需求期和客房庫存量之間，取得最大限度的收益平衡。

（二）動態房價策略運用（Application of Dynamic Pricing Strategy）

固定不變的房價，是影響客房租售無法最大化的因素之一。適時調整每一個時期的供給和需求，使旅客得到最好的房價與服務，例如：通過定期分析客房庫存量，以動態房價策略因應；旺季時提高客房的租售價格，淡季時提供折扣獎勵或降低房價，以增加訂房和住房率。

（三）訂房通路的管理（Manage Distribution Channels）

客房租售最大化的關鍵，是訂房通路的分配與管理，因為每個訂房通路來源的客房租售量與租售價格，將會影響最終客房庫存量的多寡和收益。因此，客務部必須密切監控每一個合作的訂房通路，確保特定時期仍可維持最低客房租售量，以優化旅館的客房庫存。

（四）市場區隔（Market Segmentation）

市場區隔是客房庫存管理最重要的因素。旅館須針對客房市場的旅客需求、偏好及願意支付的價格，確定主要消費的目標群。了解市場區隔就可在不同訂房通路與旅客來源間，提供動態的房價，做好訂房通路管理。例如：同樣住進臺北市五星級的旅館，品牌知名度愈高、地理位置愈好，旅客更願意支付較高的價格。因此，客務部須掌握旅客偏好，為目標市場設定最適價格，以提升品牌忠誠度與收益。

你是一間度假型國際觀光旅館的訂房部主管。旅館總計有 500 間客房，將其中的 100 間客房與線上旅行社合作，你會如何選擇適合的線上旅行社與分配數量。

！小提醒

1. 先釐清：線上旅行社的概念。
2. 請思考：適合的線上旅行社需具備哪些條件。數量分配的原則為何。
3. 效益評估：訂房通路的選擇與管理得宜會帶來哪些利益？選擇與管理失誤會造成什麼損失？

二 客房庫存的計算方式

住房率長期都是衡量旅館績效的關鍵指標之一。旅館每週和月的營收報告中，計算住房率通常是為了了解一段時間內，需求的已租售客房與供應的可租售客房數比例。例如：旅館客房總數 200 間，有 30 間正重新裝修，昨天住宿客房有 119 間，意味著昨天可供租售的客房庫存量與旅館總客房數比例：

（200 － 30）÷200×100％＝ 85％

所以，昨天的住房率：119÷（200 － 30）×100％＝ 70％

然而，受 COVID-19 的影響，自願或強制關閉旅館的客房數，使得可租售的客房數下降，但旅館的住房率卻不減反增，例如：旅館客房總數 200 間，有 140 間客房受疫情影響關閉，昨天有 50 間客房住宿，昨天的住房率 50÷（200 － 140）×100％＝ 83.3％，這是值得省思的一個怪異現象。由於旅館客房庫存量和住房率、客房營收的計算息息相關，若旅館業的計算基準不一致，將可能導致資訊揭露不一，因此，需要一致性的計算基準。

你是一間國際觀光旅館的客務部經理。旅館有 300 間客房，昨天住宿客房有 180 間，住房率 60％。

不過，3 條街外的同業旅館，也是一樣擁有 300 間客房，昨天住宿客房有 160 間，但住房率卻高達 80％。總經理希望你能了解原因，並提出因應之道。

！小提醒

1. 先釐清：客房庫存量、住房率與營收之間的關係？
2. 請思考：客房庫存量、住房率與營收的計算，是否需要扣除故障維修房、自願或強制關閉的客房？
3. 效益評估：扣除後會帶來哪些利益？會造成什麼損失？

衍生思考

當你作法和其他同業不同時，你會堅持己見嗎？為什麼？

住宿期間管理的作用，即是在高住房率與高訂房率下，限制旅客訂房需求，或是建議旅客調整住宿期間，以確保旅館在住宿旺季可實現住宿管理最佳組合，以達客房總體收益最大化，而不是追求一日的最高住房率或訂房率。

三 超額訂房與客房庫存管理的關係

大多數旅館為達成客房租售最大化，當客房預訂愈接近客滿時，應該採取更為嚴謹的訂房追蹤與確認作業，或利用訂房保證措施制訂超額訂房作業準則，使超額訂房的最大值與住房需求不確定兩者間能取得平衡。

超額訂房的優點、缺點、策略制定及處理原則，請參閱第三章訂房作業第三節超額訂房與住宿期管理。由於種種旅客住房需求波動的因素，以及在不易精準預測可租售房的情況，客務部執行客房庫存管理時，超額訂房就成了唯一選項。雖然超額訂房某種程度也意味著須將旅客白白送走，但這個策略無可避免，只能經常審視回顧以避免超額訂房衍生的風險，控制與超額訂房相關的運營比率，例如：訂房取消率、應到未到旅客之比率、提前退房率、延期住宿率等。

超額訂房與客房庫存管理案例

7 月 30 日，旅館只剩下 2 間客房，此時：
旅館有客房 500 間，11 月 12 日續住房數為 250 間，預期退房數為 100 間，該旅館訂房取消率通常為 8%，應到未到率為 4%，提前退房率為 6%，延期住宿率為 5%。
請問，11 月 12 日該旅館：

1. 應該接受多少間的超額訂房？
2. 超額訂房率多少為最適當？
3. 總共應該接受多少間的訂房？

從上述可得到以下資訊：
假設，超額訂房數為 X、超額預訂率為 R

旅館客房數（A）＝ 500 間	訂房取消率（r1）＝ 8%
續住房數（C）＝ 250 間	應到未到率（r2）＝ 4%
預期退房數（D）＝ 100 間	提前退房率（f1）＝ 6%
	延期住宿率（f2）＝ 5%

則：$X = (A - C + X) \times r1 + (A - C + X) \times r2 + C \times f1 - D \times f2$

$$= \frac{C \times f1 - D \times f2 + (A - C) \times (r1 + r2)}{1 - (r1 + r2)}$$

則：$R = \frac{X}{A} - C \times 100\%$

解 1：旅館應該接受的超額訂房

$$超額訂房數\ X = \frac{C \times f1 - D \times f2 + (A - C) \times (r1 + r2)}{1 - (r1 + r2)}$$

$$= \frac{250 \times 6\% - 100 \times 5\% + (500 - 250) \times (8\% + 4\%)}{1 - (8\% + 4\%)}$$

$$= \frac{15 - 5 + 30}{1 - 12\%} \fallingdotseq 45\ 間$$

解 2：$超額訂房率\ R = \frac{X}{A - C} \times 100\% = \frac{45}{500 - 250} \times 100\% = 18\%$

解 3：旅館共應該接受的客房預訂數 $= A - C + X = 500 - 250 + 45 = 295$（間）

所以，就 11 月 12 日而言，旅館應接受 45 間超額訂房；適當的超額預訂率為 18%；總共應接受的訂房數為 295 間。

第四節
房價的制定

在學習本節後，能進一步認識並了解：

1. 訂定客房公告牌價的方法
2. 制定房價的參考準則
3. 動態房價的概念與思考
4. 房價制定的策略

旅館提供旅客住宿服務所收取之費用，包括客房公告牌價與實際收取的房價兩類。客房公告牌價會在旅館開幕營運前完成制定並公告周知。而實際收取房價的高低，則是營運期間由客務部和行銷業務部，根據旅館的條件與競爭市場的狀況制定。基本上，旅館業者必須在旅客訂房的過程中，就要明確地告知房價。

一 訂定客房公告牌價的方法

過去的客房公告牌價訂定，側重於旅客的需求；現代旅館客房公告牌價的價格，不僅反映市場競爭與供需的狀況，在制定客房公告牌價時，還須考慮旅客的能力和願意支付的價格。

錯誤的客房公告牌價，無法吸引旅客的訂房。正確的客房公告牌價，則有助於租售更多的客房並提高住房率，使客房營收最大化。這就是為什麼客務部要將合適的房間，以正確的價格，在適當的時機，透過對的訂房通路，租售給適合的旅客（Right Product / Right Price / Right Time / Right Channel / Right Customer）。

客務部應為每一種不同的客房類型，分別設定一種客房公告牌價，櫃檯接待即按價格租售客房。替代的房價則是客房租售的實際房價，是有條件因素所產生的房價，例如：折扣價、團體價、套裝價、合約公司價、長期住客價、早鳥價、休息價等。影響客房公告牌價訂定的因素，包括：旅館內部與外部因素。

1. 內部因素：因客房的行銷目標、行銷策略組合、成本，以及管理型態，而制定不同的客房公告牌價。
2. 外部因素：受到市場狀況與需求的特性、競爭者，以及相關的產業環境等影響，而制定不同的客房公告牌價。

此外，影響客房公告牌價訂定的因素還包括：旅館等級、及服務型態、區位、規模大小、景觀與設施，以及季節性等特徵。而成本應該算是制定客房公告牌價時，最基本的考量要素，以下針對成本考量所制定的兩種公告牌價訂價方法：經驗法則、哈伯特公式做討論。

（一）平均房價經驗法則（Average Daily Rate Rule of Thumb）

「平均房價經驗法則」又稱為「建築成本定價法」，是透過日常生活經驗可以得知或視為理所當然的規則，也是基於經驗或常識的合理判斷，用近似或簡化的方式，進行計算或決策。

經驗法則易學且方便應用在實務上，例如：從歷史經驗的數據發現，高達90%的旅客有預訂客房的習慣。但論證上，經驗法則不易以科學知識的規則或準則驗證，且不保證運用在所有的情形下，結果或反應都準確或可靠。

旅館業採用平均房價經驗法則，已有多年的歷史。以美國為例，過去的假設是不考慮住房率的情況下，每間客房每花費 1,000 美元的建築和裝潢成本，就應該產生 1 美元的客房價格。所以，每間客房的建築和裝潢平均成本為 150,000 美元，旅館的平均房價就應有 150 美元的水準。換句話說，旅館每間客房的價值，就是每日平均房價的 1,000 倍。例如：以 30,000,000 美元購買 1 間擁有 200 間客房的旅館，制定客房公告牌價時，若以平均房價經驗法則制定價格，每間客房的價值為 150,000 美元。

以建築裝潢成本為基礎的平均房價經驗法則制訂公告牌價，只考慮建築裝潢成本，而忽略通貨膨脹的影響，或實際營運時沒有考慮到住房率的變動與個別旅館的情況和旅客需求。但平均房價經驗法則在確定客房公告牌價的決策和評估旅館客房租售價格時，仍具有一定程度的參考價值，惟需要再加以修訂。

（二）哈伯特公式（Hubbart Formula）

由 Roy Hubbart 於 1940 年代提出，解決了經驗法則的問題。是一個由下而上設置的客房定價方法，納入了業主的投資回報率，並進一步估計住房率。以營運費用、期望利潤和預期租售的客房數，推算每間客房的平均價格。哈伯特公式計算的 7 個步驟：

步驟 1 取得旅館的期望利潤數值。

旅館的期望利潤＝業主的投資 × 投資回報率（Return On Investment, ROI）

步驟 2 計算稅前利潤。在計算未來的稅前利潤時，通常會以未來收益的期望值（期望利潤）作為未來真實收益（淨收入）的代表。也就是淨收入等於旅館的期望利潤。

稅前利潤＝淨收入 ÷（1 －稅率）

步驟 3 計算固定費用。固定費用包括：房屋稅、保險、折舊、貸款利息、建築物抵押、土地、租金及管理費。

利息＝本金 × 利率。

步驟 4 計算客房部日常營業費用。客房部日常營業費用，包括：行政和一般、電話通訊、人力資源、運輸、行銷、客房營運和維護，能源成本、總機話務支出以及客房直接營運費等。

步驟 5 估算非客房部的營運損益。非客房部的營運損益，包括：餐飲收入、租金收入等。

步驟 6 計算客房部營運總費用。

客房部營運總費用＝稅前利潤＋固定費用＋日常營業費用＋客房直接營運費用＋其他部門營運損益。

步驟 7 估算平均每日房價。

$$\text{平均每日房會} = \frac{\text{客房部營運總費用}}{\text{客房數} \times \text{預期住房率} \times 365\text{天}}$$

範例三　以 Hubbart Formula 推算平均價格

Tree & Bridge 是一間擁有 300 間客房的旅館，預計耗資 9.9 億元臺幣取得土地取得、建築、設備設施和家俱等，再加上 1,000 萬元臺幣的營運資金，所以，Tree & Bridge 的興建加上開業總成本達新臺幣 10 億元。

目前投入的新臺幣 10 億元開業總成本中，業主投資新臺幣 7.5 億元，業主希望每年投資的回報率有 15%，剩餘的 2.5 億元採現金融資貸款，貸款年利率 12%。

旅館的營運預測設定：

1. 年平均住房率：75%
2. 年客房租售數量為：82,125 間（300 間 ×365 天 ×75%住房率）
3. 營業稅率為 40%
4. 固定成本：利息 500 萬（2.5 億 ×12%）、房屋稅 2,500 萬元、保險費 500 萬元、折舊費用 3,000 萬元
5. 日常營業費用：行政和一般庶務費用 3,000 萬元、資訊數據處理費用 1,200 千萬元、人力資源費用 800 萬元、交通運輸費用 400 萬元、行銷費用 2,000 萬元、客房維修養護費用 2,000 萬元、能源相關費用 3,000 萬元、總機話務支出 500 萬元。
6. 客房直接營運費用：每間客房 1,000 元。
7. 其他部門（非客房部）營運損益：餐飲收入 1,500 萬元、租金收入 1,000 萬元。

以 Hubbart Formula 推算客房的平均價格，演算練習題之計算與說明如下：

步驟 1：計算期望利潤

期望利潤＝業主的投資 × 投資回報率＝ 7.5 億 ×15%＝ 112,500,000

步驟 2：計算稅前利潤

稅前利潤＝淨收入 ÷（1 －稅率）

＝ 1 億 125 千萬 ÷（1 － 40%）＝ 187,500,000

步驟 3：計算固定費用

固定成本＝利息＋房屋稅＋保險費＋折舊費

＝ 500 萬元＋ 2,500 萬元＋ 500 萬元＋ 3,000 萬元＝ 65,000,000

步驟 4：計算日常營業費用

日常營業費用＝行政和一般庶務費＋資訊數據處理費＋人力資源費＋交通運輸費＋行銷費＋客房維修養護費＋能源相關費＋總機話務支出

日常營業費用＝ 3,000 萬元＋ 1,200 萬元＋ 800 萬元＋ 400 萬元＋ 2,000 萬元＋ 2,000 萬元＋ 3,000 萬元＋ 500 萬元＝ 129,000,000

客房直接營運費用＝預期年客房租售數量 × 直接營運費用

日常營業費用＝（300 間 ×75% ×365 天）×1,000 元

＝ 82,125 間 ×1,000 元＝ 82,125,000

步驟 5：計算非客房部的營運損益

非客房部的營運損益費用＝餐飲收入＋租金收入

＝ 1,500 萬元＋ 1,000 萬元＝ 25,000,000

步驟 6：計算客房營運總費用

客房營運總費用＝稅前利潤＋固定費用＋日常營業費用＋客房直接營運費用

－非客房部門營運損益

＝ 187,500,000 ＋ 65,000,000 ＋ 129,000,000 ＋ 82,125,000 － 25,000,000

＝ 483,625,000

步驟 7：平均每日房價

平均每日房價＝客房營運總費用 ÷ 預期的年租售房間數

＝ 483,625,000÷82,125 ≒ 5,889

範例四　以 Hubbart Formula 推算單人房和雙人房的平均價格

Tree & Bridge 是一間擁有 300 間客房的旅館，預計耗資 9.9 億元臺幣取得土地取得、建築、設備設施和家俱等，再加上 1,000 萬元臺幣的營運資金，所以，Tree & Bridge 的興建加上開業總成本達新臺幣 10 億元。

目前投入的新臺幣 10 億元開業總成本中，業主投資新臺幣 7.5 億元，業主希望每年投資的回報率有 15%，剩餘的 2.5 億元採現金融資貸款，貸款年利率 12%。

旅館的營運預測設定：

1. 年平均住房率：75%
2. 雙人房的住房率：40%（即每 5 間租售出的客房中，有 2 間是以雙人房的價格租售）
3. 年客房租售數量：82,125 間（300 間 ×365 天 ×75%住房率）。
4. 營業稅率：40%
5. 固定成本：利息 500 萬（2.5 億 ×12％）、房屋稅 2,500 萬元、保險費 500 萬元、折舊費用 3,000 萬元。
6. 日常營業費用：行政和一般庶務費用 3,000 萬元、資訊數據處理費用 1,200 千萬元、人力資源費用 800 萬元、交通運輸費用 400 萬元、行銷費用 2,000 萬元、客房維修養護費用 2,000 萬元、能源相關費用 3,000 萬元、總機話務支出 500 萬。

7. 其他部門（非客房部）營運損益：餐飲收入 1,500 萬元、租金收入 1,000 萬元。

8. 客房直接營運費用：每間客房 1,000 元。

假設：

1. 單人房和雙人房的價差是 1,000 元，請分別推算單人房和雙人房的平均價格。

2. 單人房和雙人房的價差是 15%，請分別推算單人房和雙人房的平均價格。

請問：

1. 每日總租售房間數？

2. 每日雙人與單人房租售房間數？

3. 單人房和雙人房價格？

計算與說明如下：

步驟 1：計算每日總租售房間數

旅館客房總數 × 預期住房率＝ 300 間 ×75%＝ 225 間

步驟 2：計算每日雙人房租售房間數

每日總租售房間數 × 雙人房住房率＝ 225 間 ×40%＝ 90 間

每日單人房租售房間數＝每日總租售房間數－每日雙人房租售房間數

＝ 225 間－ 90 間＝ 135 間

步驟 3：計算單人房和雙人房價格

已知：Tree & Bridge 旅館平均每日房價 5,889 元

單人房和雙人房的價差是 1,000 元

假設：單人房價格為 χ 元

雙人房價格則為 χ ＋ 1,000 元

單人房價格＝每日租售出的單人房數 × 單人房價格＋ [每日租售出的雙人房房數 × 雙人房價格]

＝每日平均房價 × 每日總租售房間數

＝ 135 χ ＋ 90（ χ ＋ 1,000 元）

＝ 5,889 元 ×225 間

＝ 135 χ ＋ 90 χ ＋ 90,000 元

＝ 1,325,025 元

所以，225 χ ＝ 1,235,025 元

χ ＝ 5,489 元

單人房價格＝ 5,489 元

計算雙人房價格

雙人房價格＝ 5,489 元＋ 1,000 元＝ 6,489 元

以 Hubbart Formula 推算單人房和雙人房的平均價格

Tree & Bridge Hotel 擁有 300 間客房。

旅館的營運預測設定：

1. 年平均住房率：75%
2. 雙人房的住房率：40%（即每 5 間租售出的客房中，有 2 間是以雙人房的價格租售）
3. 單人房與雙人房的價差：15%
4. 年客房租售數量：82,125 間（300 間 ×365 天 ×75%住房率）。
5. 營業稅率：40%
6. 固定成本：利息 500 萬（2.5 億 ×12%）、房屋稅 2,500 萬元、保險費 500 萬元、折舊費用 3,000 萬元。
7. 日常營業費用：行政和一般庶務費用 3,000 萬元、資訊數據處理費用 1,200 千萬元、人力資源費用 800 萬元、交通運輸費用 400 萬元、行銷費用 2,000 萬元、客房維修養護費用 2,000 萬元、能源相關費用 3,000 萬元、總機話務支出 500 萬元。
8. 其他部門（非客房部）營運損益：餐飲收入 1,500 萬元、租金收入 1,000 萬元。
9. 客房直接營運費用：每間客房 1,000 元。

請分別推算單人房和雙人房的平均價格，計算與說明如下：

步驟 1：計算每日總租售房間數

300 間 ×75%＝ 225 間

步驟 2：計算每日雙人房租售房間數與每日單人房租售房間數

每日雙人房租售房間數＝ 225 間 ×40%＝ 90 間

每日單人房租售房間數＝ 225 間－ 90 間＝ 135 間

步驟 3：計算單人房和雙人房價格

已知：平均每日房價 5,889 元

單人房和雙人房的價差是 15%

假設：

單人房價格為 χ 元，則雙人房價格則為 χ ×（1 ＋ 15%）

每日平均房價 × 每日總租售房間數＝每日租售出的單人房數 × 單人房價格

＋〔每日租售出的雙人房數 × 雙人房價格〕

5,889 元 ×225 間＝ 135 χ ＋〔90 χ ×（1 ＋ 15%）〕1,325,025 元

＝ 135 χ ＋（90 χ ×1.15）1,325,025 元

＝ 135 χ ＋ 103.5 χ 1,325,025 元

＝ 238.5 χ

χ ≒ 5,556 元

單人房價格＝ 5,556 元

雙人房價格＝ 5,556 元 ×（1 ＋ 15%）≒ 6,390 元

不論是經驗法則或 Hubbart 公式，雖具參考價值，但都忽略了客房定價的競爭市場供需狀況、通貨膨脹、價格競爭力、商品品質、價值的成本，以及消費者心理與行為等因素。

二 制定房價的參考準則

成功的客房租售先決條件之一，來自準確且具有競爭力的客房定價策略，使旅館客房產生最大的營業收入。旅館客房定價策略很重要，如果房價太高，旅客就會轉向競爭對手；又或是低房價吸引更多的旅客，但卻很難支付營運成本。

可見，具有競爭力的旅館客房定價策略，有助於客房的租售，從而實現最大的客房營收。常見的參考準則如下：

（一）以可租售房預測值為基礎的定價（Forecasting-based Pricing）

預測未來可租售客房數量的目的之一，就是作為調整旅館的客房租售價格參考值，且透過追蹤預測值，也方便房價做適時調整。

因此，客務部應清楚了解客房營運的歷史數據，包括：過去幾個月、上一年同期的住房率，及了解特定日期的住宿情況等。了解特定日期的入住情況，有助於根據旅客的需求和預期住房率，對房價進行正確的預測與必要修訂。需要注意的是，未來住房率的預測，取決於旅館所在區域旅客數量的增加或減少，或者是市場區隔競爭者的客房租售量增加或減少。

（二）以住房率為基礎的動態定價（Occupancy-based Dynamic Pricing）

旅館基於非定數的住房率，而產生的動態定價策略，是增加客房營收的方法之一。根據客房供需情況制定房價，當供不應求時，必須提高房價。例如：當住房率高達 90%時，剩餘 10%的客房，就可以制定更高的價格，或是針對不同的住房率調整房價，在 85%、90%及 95%時，各制定一種房價。

在低需求、低住房率時，旅館常迫於競爭壓力而降價。如果旅館不降價，應找出市場能夠接受且無損旅館形象，還能支持不降價的策略。例如：淡季時，度假旅館運用特殊宣傳話術「特別的幽靜時光」，營造「讓旅客度過一段不受打擾、完全屬於他們的假期」的氛圍；或是免費提供特別服務，如供應旺季原本不提供的早餐與免費洗衣服務。這類的不降價做法比較容易被旅客接受，因為付出同樣的價錢，有「賺到了」的體驗。

（三）以競爭者的房價為基礎之定價（Competitor-based Pricing）

競爭者是指所在區域、營業與產品類型、客源相近的對象。例如位於高雄市前金與前鎮區、都是五星級國際觀光旅館、提供類似的豪華精典客房、旅客來源重疊性高的漢來大飯店與高雄洲際酒店。以主要競爭者為參考對象，透過訂得比對方高或低的房價，達到不同客房租售目的。若房價高於市場行情，如同向顧客宣告自家產品相較於競爭者，品質更好，價值更高；當制定的房價和競爭對手一致，則是期望在保持競爭力的同時，實現利潤最大化；若低於市場租售價格，目的在想依賴低價促銷，吸引顧客上門。

只有透過分析、了解競爭者的定價，才能提出以競爭者為基礎的客房定價策略。客務部可以經由競爭者的網頁，查看各種房型的價格是否具有吸引力，並嘗試了解旅客的反應。掌握競爭者何時會提高或降低房價，以及推出優惠和折扣頻率的定價策略，並將自己旅館的價格與競爭者的價格進行比較，確認是否符合旅客的價值判斷，以及了解旅客願意支付的價格。擁有競爭者的資訊愈多，便能制定具有競爭力的房價。以競爭者為基礎的定價策略，包括：

1. 競爭者定價（Competitive Pricing）：和主要競爭者制定同樣的客房租售價格。
2. 跟隨領導者定價（Follow-the Leader Pricing）：跟隨該區域領導旅館的腳步，制定客房的租售價格。
3. 威望定價（Prestige Pricing）：以區域的最高價制定客房租售價格，所以必須保證能提供相較於同區業者，更好的產品、更好的服務水準等，以證明客房租售價格的合理性。

4. 折扣定價（Discount Pricing）：在不考慮營運成本的情況下，將客房的租售價格降低到低於主要競爭者。

5. 現行水準定價（Going Rate Pricing）：以競爭者的客房平均租售價格，為制定客房租售價格的標準。

（四）以旅客市場區隔為基礎的定價（Guest Segment-basedPricing）

將同一間客房以不同的價格，租售給不同類型的旅客，亦即針對不同類型的旅客需求，制定不同的房價。例如：高樓層的客房設計為商務客房、專為女性商務旅客設計的仕女客房等，以收取更高的費用，或在特定的日期提供更多的優惠或較低的房價。前提是，同樣的客房要收取高房價，更需讓旅客感受到來自客房服務體驗的品質與價值。

（五）以市場需求為基礎的定價（Market-based Pricing）

以旅客對於旅館客房商品和服務的想法，及願意支付的價格為定價基準。儘管以市場需求為基礎的定價有很多問題，但仍是常用的定價方法，例如：新建的旅館，擁有新的設備設施，雖然可以提高旅客對房價的價值判斷，但初期的客房定價仍無法以成本為主要考量，多會以市場需求的定價為制價參考。

（六）以旅客停留時間為基礎的定價（Length of Stay Based Pricing）

以旅客的抵達日期和總入住時間來制定不同的房價。通常是根據最長停留時間或最短逗留時間來調整客房的租售價格，以提高旅客的入住率。

（七）以旅客知覺價值為基礎的定價（Perceived Value-based Pricing）

指旅館的品牌形象和銷售商品的品質、服務及價格等，在旅客心目中已經有一定的認識與評價。旅客會根據對旅館的認識、感受或理解，得到心中認定的價值水準，再綜合住宿經驗與對市場行情、同等級旅館的了解，而對房價做出的評判。

以 Hubbart Formula 推算單人房和雙人房的平均價格

假設 Tree & Bridge 旅館的每日平均房價為 4,000 元，5 月 5 日～ 5 月 7 日的平均房價增加 25%。

1. 請根據下表提供的資料與步驟 1 ～ 5，演算下表 A ～ N 的數值。

日期 / 客房使用狀況	5 月 1 日	5 月 2 日	5 月 3 日	5 月 4 日	5 月 5 日	5 月 6 日	5 月 7 日	平均值
	週一	週二	週三	週四	週五	週六	週日	
可用房間數（間）	260	300	260	300	300	250	300	A
住房率（%）	50	70	75	75	83	88	40	B
已租售客房數（間）	C	D	E	F	G	H	I	J
每日客房營收	5 月第一週的客房營收							
	4,000	4,000	4,000	4,000	K	L	M	N

步驟 1：依據總客房數 × 住房率，計算出每天已租售的客房數及該週平均租售的客房數。

A ＝（260 ＋ 300 ＋ 260 ＋ 300 ＋ 300 ＋ 250 ＋ 300）÷7 ≒ 282

B ＝（50 ＋ 70 ＋ 75 ＋ 75 ＋ 83 ＋ 88 ＋ 40）÷7 ≒ 69

C ＝ 260×50% ＝ 130

D ＝ 300×70% ＝ 210

E ＝ 260×75% ＝ 195

F ＝ 300×75% ＝ 225

G ＝ 300×83% ＝ 249

H ＝ 250×88% ＝ 220

I ＝ 300×40% ＝ 120

步驟 2：按照已知平均房價與 25% 的漲幅，計算出週五～週日，以及該週的平均房價。

4000×25% ＝ 1,000

5 月 5 日～ 5 月 7 日的房價，即 K、L、M 為 4000 ＋ 1000 ＝ 5,000

所以，N ＝（4,000×4）＋（5,000×3）÷7 ≒ 4,429

步驟 3：依據預估租售的客房 × 每日平均房價，計算每日總營收。

5 月 1 日預估營收：130×4,000 ＝ 520,000

5 月 2 日預估營收：210×4,000 ＝ 840,000

5 月 3 日預估營收：195×4,000 ＝ 780,000

5 月 4 日預估營收：225×4,000 ＝ 900,000

5 月 5 日預估營收：249×5,000 ＝ 1,245,000

5 月 6 日預估營收：220×5,000 ＝ 1,100,000

5 月 7 日預估營收：120×5,000 ＝ 600,000

步驟 4：合計一周的客房總營收。

一周的客房總營收：520,000 ＋ 840,000 ＋ 780,000 ＋ 900,000 ＋ 1,245,000 ＋ 1,100,000 ＋ 600,000 ＝ 5,985,000

2. 請根據上述資訊繼續回答以下問題。

（1）Which day has the total highest revenue ？

依題意「哪一天的客房營收最高？」所以是「週五」的客房營收最高。

（2）Why is occupancy rate important to a front office ？

依題意「為什麼住房率對客務部很重要？」所以「住房率愈高，意味著入住旅館的旅客愈多，客房的營收也就會愈高。」

（3）Why is ADR important to a front office ？

依題意「為什麼每日平均房價對客務部很重要？」所以是「每日平均房價愈高就表示每間客房的營收也愈高。當高平均房價與高住房率結合時，旅館客房營收將會最大化。」

（4）Compare Tuesday and Wednesday. Each day has a different number of rooms available and a different occupancy rate. Which day has higher daily revenue ？Why is that day better than the other ？

依題意「由於週二、週三的可租售客房數不同，住房率也不同，哪一天的客房營收比較高？為什麼客房營收較高？」

週三的住房率雖較週二高，但可供租售的總客房數較少。就旅館營運而言，擁有最多的可租售客房總數，以及高住房率才最重要的，所以「週二」的客房營收比較高。

（5）On Monday and Wednesday the hotel did not have all 300 rooms available. List 3 reasons a hotel might have rooms that are not available to use for guests.

依題意「旅館在週一、週三及週六並沒有將 300 間的客房全數提供租售，請列出旅館客房無法提供旅客住宿的 3 個原因。」常見的原因如「客房空調或熱水器故障、客房粉刷、客房維修保養」。

（6）As discussed in class, the Occupancy Rate and the Average daily rate（ADR）has a direct affect on total revenue. Which would you rather have happen ？

① Occupancy rate decrease by 3％ each day and ADR stay the same or ？

② Occupancy rate stay the same and ADR decrease by 3％？

依題意「住房率和平均房價對旅館客房整體營收產生的直接影響，你比較希望發生『①住房率每天下降 3%，但平均房價保持不變』，或是『②住房率保持不變，但平均房價下降 3%？』哪種情況？」

根據表格數據顯示，在「平均可租售客房總數 282 間、平均住房率 69%、每間平均房價 4,429 元」的情況下：

每周客房營收＝（282 間 ×69%）×7 天 ×4,429 元＝ 6,045,585 元。

若平均住房率下降 3%，

平均住房率＝ 69%－ 3%＝ 66%

平均可租售的客房總數＝ 282 間 ×66%住房率≒ 186 間

平均住房率下降 3% 後的每周客房營收＝（186 間 ×7 天）× 平均房價 4,429 元

＝ 5,766,558 元；

所以，

每週預估損益＝ 6,045,585 元－ 5,766,558 元＝ 279,027 元；

若平均房價下降 3%

平均房價＝ 4,429 元 ×（100%－ 3%）≒ 4,296 元；

平均可租售的客房總數＝ 282 間 ×69%住房率≒ 195 間；

平均房價下降 3%後的每周客房營收＝（195 間 ×7 天）× 平均房價 4,296 元

＝ 5,864,040 元

所以，

每週預估損益＝ 6,045,585 － 5,864,040 元＝ 181,545 元；

因此，根據當平均房價下降 3%時，5 月第一週的客房營收損失較少。

故，宜選擇 ② 的情況。

雖然旅館會與企業行號、旅行社、航空公司、政府機關等建立互惠合作關係，以確保穩定的客房業務來源，但雙方契約通常不會預設團體客房的價格，而是根據團體訂房的客房數量、住宿期間長短、可帶來的潛在收益，再制定團體客房價格與優惠。此外，旅館還須考量住宿需求期間是否有足夠的房間可接受訂房。

由於團體通常會提前預訂客房，且如期履約的可能性較高。所以，僅管需要提供的折扣優惠較高，卻能為旅館帶來穩定的營收與績效。團體訂房時，在無維修客房的情況下，易發生兩種常見的供需狀況：

狀況一

團體訂房（確定）＋散客訂房（預測）≦旅館的總客房容量

此情況下，團體訂房並沒有取代散客訂房，接受團體訂房將有更大的機會，使旅館實現客房營收最大化。此時，團體訂房的折扣，應根據團體的預算、競爭者提供的團體價格，以及團體對旅館整體的貢獻而定。

狀況二

團體訂房（確定）＋散客訂房（預測）>旅館的總客房容量

此情況較為複雜，若旅館接受較低房價的團體訂房，取代部分較高房價的散客，考量重點在於團體訂房的整體營收，須高於被取代的散客訂房營收。

三 動態房價的概念與思考

動態房價也稱為需求定價，是一種採取變動價格的定價方式，必須建立在客房預測分析和市場變動的基礎上，根據即時的市場需求，透過資料科學的分析與應用，使客房租售價格變化的時間間距，可以在每天或一天中多次更動租售價格。

在傳統定價中，客房租售價格通常受到供給與需求的影響，動態房價的制定則是透過客務管理系統即時分析、設定，產生客房租售價格的自動化過程。在網路世代中，旅館可以透過客務管理系統的設定，依據旅客近期的訂房與住宿行為、客房租售量、客房庫存量，甚至是當地事件或氣候的討論議題等，作為制定客房租售價格的判斷因素，以便即時更改旅館網頁上的產品價格。

實施動態房價能最大限度提高客房租售量、租售價格及整體收益，並提供更多且更即時的客房行銷操作空間，也更有利於客房庫存管理。例如：當政府宣布發放振興五倍券與數位綁定時，旅館可透過資料分析，即時推出多款限時優惠的客房組合商品活動，而當限時促銷活動時間截止，系統馬上將客房促銷商品恢復原價。或就市場供需變化適時調整客房租售價格，例如：特定節日前一晚，競爭者的客房供不應求時，旅館應調高價格打「品牌價＋更好的服務」，並待最後才將客房租售，因為屆時市場已無客房而消費者又急需時，會願意支付更高的價格。

實施動態房價須根據市場的變化、市場的特點，適時且適當調整客房租售價格。當旅館確定客房訂價結構後，客務部需了解市場需求、市場區隔、旅客訂房模式，以及競爭者的價格策略，再根據客房租售價格適當調整。例如：關注區域中同級旅館的客房租售價格，並關心即時新聞、查看近期重大活動；關注早中晚客房租售價格的差異、即時訂房率的變化，如當天上午訂房率未達平日水準，應及時調整價格；關注 7 天內的客房租售價格，當住房率較低時，不論區域中同級旅館的價格，建議及時動態調整。

實施動態房價能增加旅館利潤率、提高客房商品轉換率、提升客房庫存管理效益、刺激離峰尖峰時段客房租售、提升對競爭價格變動的應變能力。考慮要點：

1. 旅館所在區域的整體客房供應情況。
   例如：是否有任何重要事件會增加需求？
2. 競爭者的可租售客房資訊。
   例如：競爭者在某段期間剩餘的空房數量，旅館可以據此調整客房租售價格，以提高每日平均房價。
3. 訂房取消的政策、適用的訂房取消政策。
   例如：旅客低價訂房時的不可退訂政策、提早 24 小時前退訂的免收費服務。
4. 客房的庫存管理。
   根據市場區隔，掌握旅館主要顧客群的訂房通路，與需要支付的仲介成本。
5. 每間客房的成本
   計算每間已入住客房的成本，以確保旅館客房租售價格能產生穩定利潤。

制定動態房價時，應避免：

1. 過早接受預訂房

在可預期的需求旺季時，以大幅折扣接受一大群旅客的即早訂房，意味著旅館將無法以較高價格租售客房給旅客。如果旅館接受提前預訂房的時間過早，可考慮收取額外費用。

2. 直覺制定房價

具體的統計數據總是比直覺更為可靠，例如：天氣預報或當地事件，對客房需求增加或減少的統計數據。

3. 維持固定房價不變

維持固定的房價，可能會導致錯失增加營收的機會，須根據客房供需情況，適時且機動調整房價，以獲得最大的客房營收。

4. 動態房價的決策時限為當日營業時間內

客務部不會希望以超額訂房的消息，開始新的一天！應確保客務部人員和旅館客務管理系統可以即時更改客房價格，以利進行客房租售的運作。

5. 關閉其他訂房通路來源

與其在需求增加時，關閉其他訂房通路來源，不如嘗試降低折扣。如此，旅館將能在客房營收最大化的同時，保持訂房通路的暢通。

6. 對競爭者的價格做出突然反應

參考競爭者的定價，可以讓旅館清楚了解市場的需求，但不應只針對一個競爭者定價做出反應。制定動態房價決策前，不宜跟風，務必將旅館的主要競爭者納入整體考量。

由於愈來愈多的旅館已經使用或開始實施動態房價，但動態房價策略不是萬能的，且有時效性的考量，必須建構在能及時反應與調整的客房定價系統之上。也就是說，在客房定價運作的基礎上，仍需要根據市場變化，掌握客房營運的各種歷史數據，具有洞察旅客言行的經驗，以及敏銳的判斷能力，才能迅速且及時地調整客房價格策略，為旅館建立未來的競爭優勢。

結語

客房的租售並不是隨機進行的銷售行為，而是經過仔細規劃的策略推動。由於旅館的客房具有不可儲存的特性，為了達到高住房率和高營收的目標，客房的庫存管理是客務部營運與管理非常重要且複雜的課題，尤其是在旅客高需求的住宿期間，要找到供需之間的完美平衡。客房庫存管理應用得當，能為旅館帶來最大的客房租售量並滿足旅客的期望；如果管理不當，旅館就無法精準預測可租售的客房，將可能會錯過機會並拒絕大量住宿的需求。

客房營收的目標，是最大限度地提高每間可供租售客房的收益，而不僅僅是客房的價格或住房率。因此，在制定客房價格策略時，除了準確的訂房預測資訊外，還特別需要考慮區域市場的供給和需求。

此外，合理的客房價格結構，須建立在旅客的市場區隔和客房商品類別的基礎上，並針對不同的市場區隔，提供不同類型的客房商品和不同的價格。由於不同的市場區隔，具有不同的消費能力，即使客房類型完全一樣，也可以通過不同的優惠折扣，提供不同的價格，且旅館可提供的客房商品多樣化，不同房型也有不同的定價標準，因此，不同旅館客房價格的結構無法一概而論。

參考資料來源

1. Douglas W. Hubbard 著，高翠霜譯 (2022)。**如何衡量萬事萬物：做好量化決策、分析的有效方法**。臺北市：經濟新潮社。
2. Vallen, G. K. & Vallen, J. J. (2012). ***Check-in Check-Out: Managing Hotel Operations***. Pearson Education Ltd.
3. Jatashankar, Tewari.(2016). ***Hotel Front Office: Operations and Management***. Oxford University Press.
4. 高建林 (2021)。**Beacon 微定位技術的應用介紹**。檔案半年刊，第 20 卷第 1 期。
5. Steven Nickolas(2022, May 11). ***Budgeting vs. Financial Forecasting: What's the Difference? Texas Education Agency.*** https://www.txcte.org/sites/default/files/resources/documents/Room-Revenue-Forecast-Key.pdf.

NOTE

CHAPTER 5

總機話務與服務中心

讓我們一起來探索客務部的總機話務與服務中心！首先，認識什麼是總機話務服務，這與我們日常工作使用的電信設備有何不同呢？接著，介紹旅館提供的個人化電話服務類型，讓你深入了解話務人員如何提供旅客更好的住宿體驗，一探服務中心崗位職責和服務範疇。最後帶領同學深入了解旅客入住與遷出時的行李運送、寄存作業流程，以及服務中心如何協助旅客解決問題。這一章也是相當專業實用的客務技能課程，千萬別錯過喔！

學習重點

1. 總機話務服務
2. 服務中心作業

元宇宙是旅館產業的敵人，還是朋友！

許多人都希望能到金碧輝煌的阿布達比酋長皇宮飯店（Emirates Palace Hotel）、馬爾地夫白馬莊園度假酒店（Cheval Blanc Randheli）或上海佘山世茂洲際酒店（Intercontinental Shanghai Wonderland）等體驗一晚，是因為今晚沒地方住嗎？不是，現實的邏輯是要體驗就必須親自前往住宿。

如果元宇宙（Metaverse）的技術能讓消費者在家裡或在其他地方，只要透過鏈結虛擬平臺就能體驗任一間旅館，甚至比親臨現場的感受更細緻入微。如此，消費者還會堅持實地住上一晚嗎？

「元宇宙」是透過 3D 網路連結打造的社交虛擬世界。元宇宙透過人的感官和認知能力構建出來的非物質世界，將實體世界全面虛擬化，透過進入元宇宙彷彿真實體驗實景生活，是虛擬與現實的全面交織，無物不虛擬、無物不現實。元宇宙技術的應用，顛覆了人類的生活方式，首當其衝的是休閒娛樂產業，如假似真的虛擬空間，遠比真實世界更為多采多姿，任由參與者的想像力自由奔放。其次是人際關係，每一個人都可以在元宇宙與素昧平生的人交往，也無論是真人或是虛擬人物，少了社會責任的拘束，可能發展出的人際關係更為自由奔放。

元宇宙技術在旅宿業的運用，目前只有少數頂尖國際等級旅館有能力投入發展，雖不會有立竿見影的影響，但在未來 10 ～ 15 年內，虛擬世界對旅宿業的影響應會愈來愈受重視。旅館元宇宙的未來，包括：

打破住宿的時空限制

傳統的住宿方式講究的是親身經歷，虛擬實境技術通過 VR 技術，可以讓旅客足不出戶就能住宿或參觀到世界頂級或特色旅館，打破旅客受到空間、環境等現實因素的限制而投入其中。

提升旅客體驗的深度

傳統住宿方式對旅客有較大的局限性，元宇宙可以為旅客帶來沉浸式、無延遲的社交體驗；能夠超越物理空間，使旅客有著高度參與感、社交滿足感及趣味性，獲得真實世界難得的感受。

旅館營運主題豐富化

元宇宙的應用可以讓更多旅宿業者任意切換主題，開創吸引旅客的亮點，例如：大量應用 VR、AR、人工智慧、5G 等新技術，打造虛擬實境博物館、沉浸式劇場、VR 電競、智慧體育、奧運項目體驗中心、未來光影互動餐廳及酒吧等，以激發旅客入住的興趣。

雖然元宇宙目前最主要的應用範圍，仍以遊戲娛樂、影視、社群互動為主，前景似乎美好，但因技術路徑仍長遠，特別是要讓大量使用者同時且即時的互動，可能存在語言障礙、滯後等問題。此外，元宇宙還涉及智慧財產權、使用者保護、個人隱私保護、網路匿名、成癮風險、刑事案件等法律議題。所以，需要相當的時間才能完全實現。

回到標題的提問「元宇宙是旅館產業的敵人，還是朋友？」現階段旅宿產業僅需建立元宇宙的前瞻概念，踏實做好當下的工作，就是對元宇宙話題最理智的應對態度。

旅館服務中心可以從元宇宙技術中獲得哪些利益？

客務部的小小螺絲釘

從提供旅客的電話諮詢服務，到安排旅客入住後的客房服務，總機話務是旅客與旅宿業者首次接觸隱身在幕後的服務提供者。不了解總機話務的人都會認為就只是拿起話筒，簡單説聲「嘉南酒店您好，敝姓汪」，然後轉接電話就結束了。

其實不然，總機話務透過電話接聽與旅客接觸，藉著親切且喜悦的招呼聲、清晰爽朗的回應，與迅速準確的轉接服務等，已透過電話互動將旅館的形象與人員的素質傳遞給旅客。因此，總機話務的電話接聽作業，應秉持著臨櫃接待旅客般的服務態度。站上崗位前須將自己的儀容整理一番、將情緒調整到最適當的狀態，且應坐姿端正、面帶笑容、注意音調與音速，給旅客留下一個好印象。

除了總機話務人員常被小瞧了，服務中心行李員也常被當作簡單的旅宿業人員，行李員代表旅館在大廳迎接旅客，從辦理住宿登記到進入客房，是第一位與旅客接觸且相處時間最長的服務人員。

國際等級旅館 Check in 時間通常不會太長，且櫃檯接待還需確認與登錄住宿資訊，沒有餘裕與旅客閒聊。而服務中心行李員在旅客 Check in 後，需陪同旅客前往客房，這段路程時間可能長達 10 分鐘，如果都不説話就尷尬了！所以，旅宿業者為了在第一時間創造旅客最好的入住體驗，會要求行李員必須具備語文能力以便與旅客交流，甚至安排行李員的溝通、對話訓練課程，使行李員知道什麼時候該聊、聊些什麼，以及什麼時候該停。

有人説大學畢業從事總機話務或服務中心的工作，好浪費學歷沒什麼前景，但也有人因為具備了第一線服務工作的歷練，反而開創了更好的職涯發展。例如掌握 43 億臺幣廣告預算的香港傳立公司余湘總經理，以及伊林娛樂副董事長陳婉若都是很好的總機話務範例。而服務中心相當具代表性的範例，則有蘇國垚老師，他歷練過服務中心行李員、房務部樓層服務員，以不到 10 年的旅宿業經歷，躍身當時五星級旅館最年輕的總經理。另外，蒙太奇酒店集團的 Alan Fuerstman 放棄高社經地位的律師工作，選擇從小小旅館行李員做起，並為企業創建高達千億臺幣的市值。

所以，有志於旅宿業者千萬不要看輕任何一個職位，即使是不起眼的小人物，卻都可能是會發光發熱的重要螺絲釘。

第一節
總機話務服務

在學習本節後，能進一步認識並了解：

1. 總機話務服務的範疇
2. 總機話務的人力配置與績效評估
3. 個人化的話務服務
4. 總機話務部（組）的電信設備
5. 其他總機話務設備與服務
6. 電話通信服務的種類

總機話務部（組）普遍譯為「Operator」或「Switch Board」。對於不了解總機話務工作的人來說，總覺得總機話務就只是接聽和轉接電話而已。

事實上，總機話務部（組）是旅館的喉舌，也是電話通信中樞。平時是旅客的電話秘書，緊急時則是通信指揮中心。主要是透過溫馨、熱情與關懷的語氣及聆聽的技巧，應答每一通來電，使致電旅館者獲得完整且準確的服務。由於總機話務部（組）位於幕後，是以聲音的形式進行服務，沒有表情或肢體語言輔助，在即時應對的話術、音調、語氣，以及訊息接收的準確與傳達速度，就顯得特別重要。

此外，總機話務部（組）還能在電話溝通時察覺旅客的異樣或不悅，例如：接到旅客抱怨或住客身體不適求助電話時，能當機立斷將電話轉給相關主管處理，及時回應需求。所以，總機話務部（組）人員要主動、專業，但又不八卦。

一　總機話務服務的範疇

旅館總機話務服務的內容，依來電對象與服務範疇而有所不同。

（一）依來電對象

可以分為外線電話、內線電話、房客三大類。

1. 外線電話：訪客或顧客的來電。
2. 內線電話：館內員工的來電。
3. 房客：房客由客房撥打的電話。

（二）依服務的範疇

1. 接聽與轉接電話。
2. 處理內外線留言。
3. 處理房客電話。
4. 處理電話帳單。
5. 執行房客電話喚醒服務。
6. 操作各類電信設備。
7. 處理特殊狀況與緊急事件：恐嚇電話、緊急廣播系統操作、夜間火警通報、電信系統當機、呼叫救護車等。
8. 處理其他話務相關業務：房客來電要求按摩服務、館內音樂播放，及新增、更改、取消訂房等業務。

因此，總機話務部（組）須熟悉旅館電話通信系統與相關設備的操作，以為旅館住客提供信息的接收與傳送服務。總機話務部（組）同時也是旅館公共區域視訊、音樂等娛樂節目的播放者與對外聯絡的單位，其服務優劣也會直接影響旅客對該旅館的第一印象。

二 總機話務的人力配置與績效評估

「一個號碼，24 小時全面服務」讓服務無落差、聯繫無隙縫，是對旅館總機話務員的最佳詮釋。

雖然科技進步，許多的人力需求已可由機器取代，但旅館總機話務的工作卻取代不了。加上顧客對服務品質的要求有增無減，若是顧客打電話到總機，卻一直呈現忙線狀態，或是後續服務需要等待很長的時間，顧客便可能對旅館產生不好的印象，以致於降低顧客忠誠度。

因此，如何進行排班人力的估算，並做適當的排班調度，使得客務部能在一定的成本限制下，達到預設的服務水準目標，便成為影響總機話務員士氣、滿意度與服務績效，以及成本控管的重要因素。

若要估算總機話務最小的排班人力需求，首先必須蒐集歷史的話務量資料，並加入可能的行銷計畫等考量，透過時間序列的方式，所得出未來排班區間的話務量預測值。話務量是旅館電信業務流量的簡稱，也稱為旅館電信負載量，既表示旅館電信設備承受的負載，也表示顧客對旅館通話需求的程度。

話務量的大小與電話線數量、顧客聯繫旅館的頻繁程度、顧客每次通話占用的時間長短有關。如果單位時間內的通話次數愈多，每次通話占用的時間愈長，表示話務量愈大。由於顧客和旅館總機聯繫通話所需時間的長短，都是隨機變動的，所以話務量也是隨時間變化的隨機變數。

據前述預測之話務量，加上其餘參數，如服務水準的設定值等，以便能計算出各時段各技能的人力需求數。其後，再依客務部的各項政策、話務員的特殊排班要求，以及勞基法規工作時數等相關規定，透過適當的排班模式進行人員排班，也可依排班結果，進行績效評估與班表調整，使班表能更符合需求。

此外，總機話務員的績效評估，可分為量與質方面。量化指標包括：服務水準（Telephone Service Factor, TSF）、顧客電話掛斷率（Abandon Rate）、顧客平均等待時間（Average Waiting Time, AWT）、每人每天接聽電話通數（Number of Calls Received）、平均每通電話通話時間（Average Handling Time, AHT）、每日值機時間百分比（Percentage of Time Spent Answering Calls Per Day）等。品質指標則包括：電話禮儀（Telephone Etiquette）、音調（Tone）、電話接聽技巧（Telephone Answering Skills）、專業知識（Expertise）等，皆為總機話務常見之評估指標。量與質的指標評估值，可由客務管理或交換機系統所產生日、週、月報表取得，亦可取得組與個人之數值。另外，也可透過顧客滿意度調查取得量與質的指標評估值，質與量對總機話務員都很重要，應同時追求質與量的表現，提供最佳的服務。

網際網路電話與公眾交換電話網路

網際網路電話（Voice over Internet Protocol, VoIP） 是一種語音通話技術，經由網際協定達成語音通話與多媒體會議，也就是經由網際網路進行通訊。過去，旅客的電話撥接費用是旅館非常重要的收入來源，但隨著網際網路技術提升，使得智慧型手機的通訊與運用更便利，旅館的電話撥接服務需求已大大減少。

公眾交換電話網路（Public Switched Telephone Network, PSTN）係指國家公共電話網路，是利用電路交換通道的連接聯絡，也就是經由用戶端的電話機或傳送信號的電話線、光纖電纜、通訊衛星與海底電纜等傳輸設備，與電話交換機互連，提供市內電話、長途電話及國際電話服務。

三 總機話務部（組）的電信設備

旅館的總機話務服務，基本上結合了人工引導和自動語音，兩者交互使用。外場營運部門與旅客相關之服務聯繫多採人工引導；而後勤行政支援部門、協力廠商相關業務，或旅館內部相互聯繫，則採自動語音系統引導電話交換，以便集中人力服務旅客。

隨著電信設備自動化與數位化程度的提高，旅館總機話務服務必須配置足夠的設備，以支援多種類的電話通訊服務，並確保電話通訊系統的有效性。總機話務部（組）提供話務服務使用的電信設備，包括電話交換機系統、旅館電話計費系統、電話帳務系統及話務值機臺。

（一）電話交換機（Private Branch Exchange, PBX）

PBX 是管理旅館內部和外部電話通訊的系統（圖 5-1）。PBX 系統中的內部通訊，是指旅客與客務部或其他營運部門之間的通訊，以及旅館內部員工之間的聯繫。PBX 系統中的外部通訊，則是與旅館潛在顧客、供應商等聯繫。

旅館裝設 PBX 的目的，是在完成內部之間、與公眾電信網路之間的電話交換，並將電話、傳真、數據機等功能合併。且透過 PBX，可同時多人使用同一個號碼，或透過內線分機功能降低通訊費用，提高通訊服務的效率。PBX 連接旅館電話機數量的多寡，須考慮營運的需求，以及所採購的 PBX 容許量。

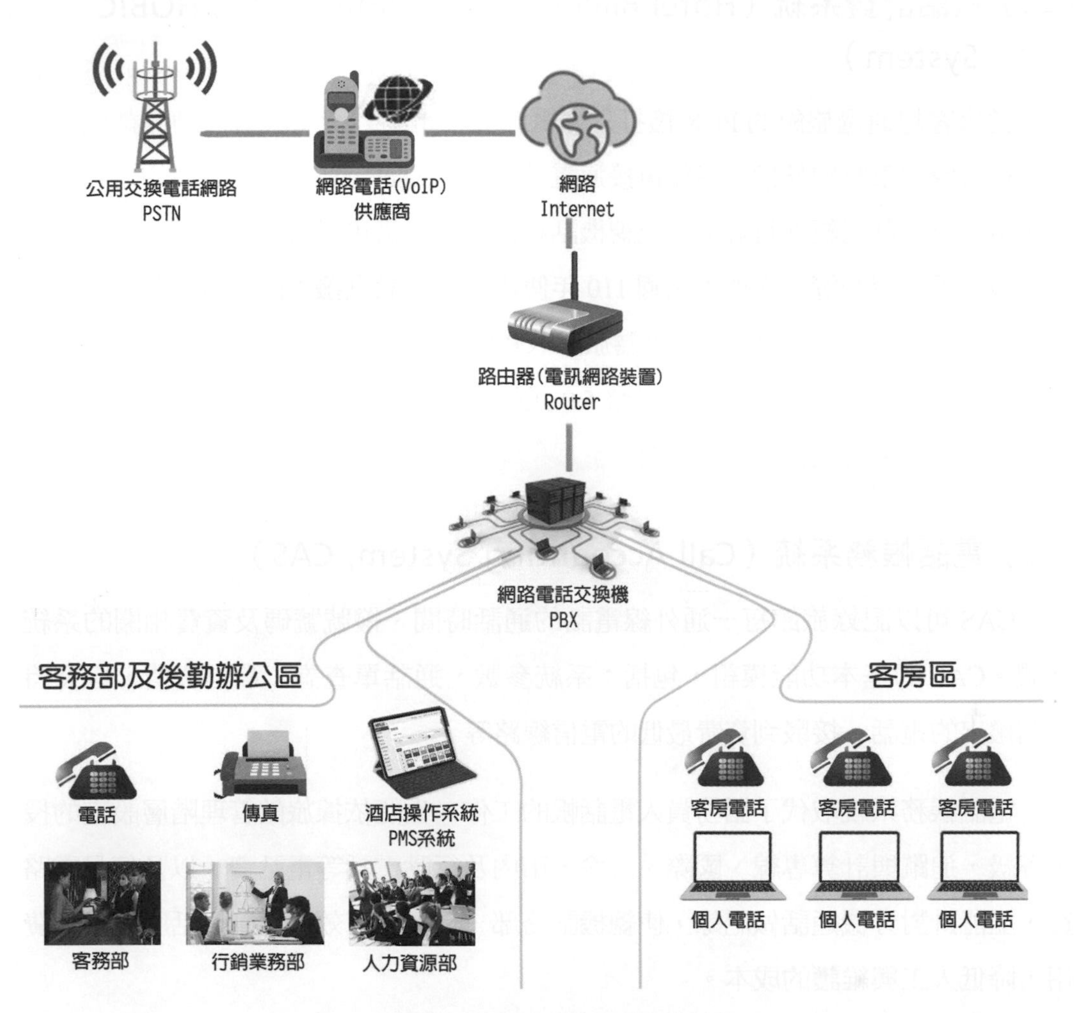

圖 5-1　旅館交換機運用示意圖

一般家用電話是將電信公司的電話線直接撥接至電話機，旅館用的話機則仰賴電話交換機。旅館的電話交換機一般設置於總機話務部（組）辦公室內或電信機房。

PBX 系統的使用者，除了旅館的員工外，還包括停留在旅館的旅客，通過提供電話通訊的設備與服務，再鏈結到電話計費系統（HOBIC System）和旅館管理系統（Property Management System, PMS），等到旅客退房結帳一併收費。若旅館沒有使用 PBX，即使是與旅館內不同部門的同事通話，都會產生費用。

（二）電話計費系統（Hotel Billing Information Center, HOBIC System）

當旅客想通過旅館的 PBX 撥打外線電話時，電話計費系統會自動攔截線路，並進行資費的重整與轉換，然後再接通電話。也就是說，在旅館對旅客的通話計價前，電信公司就已經進行計價，但總機話務部（組）仍可以自行設定收費標準、減價時段及電信資費等。例如：民國 110 年使用客房電話直撥美國，電信公司收取每分鐘約新臺幣 5.9 元的資費，但因為旅館收費時，考量額外提供的電信設備、人力服務等支出，而另外訂定高於新臺幣 5.9 元的通話資費，兩者之間的價差，即需要透過電話計費系統進行重整與轉換。

（三）電話帳務系統（Call Accounting System, CAS）

CAS 可以記錄旅館每一通外線電話的通話時間、撥號號碼及資費相關的系統軟體。CAS 的基本功能模組，包括：系統參數、通話單查詢、電信資費，以及將旅館撥出的電話，接駁到資費最低的電信線路等。

電話帳務系統取代了話務員入電話帳的工作，也能依據旅館管理階層設定的授權等級，追蹤與計算專線、國際、長途、市內及行動電話等電話費，以及每月電路費，並能針對分機通話做記錄，使總機話務部（組）能有效地控制電話服務相關費用，降低人工與維護的成本。

（四）總機話務值機臺（Attendant Console）

總機話務值機臺（圖 5-2）是旅館內部通訊調度的平臺，協助總機話務部（組）從值機臺面板監控全旅館的終端設備與通話狀態，並即時處理來電，提升旅館的通訊效能。旅館總機話務值機臺人員稱為總機話務員，而國際值機臺人員稱為值機員。

圖 5-2　總機話務值機臺

總機話務值機臺的基本功能，包括：接聽來電（Call Pickup）、轉接來電（Transferring Calls）、來電暫留（Call Park）、保持來電（Call Hold）、撥打內線電話（Making Internal Calls）、撥打外線電話（Making External Calls）、多方會談（Conference Call）、來話跟隨（Forward All Calls）、內線廣播（Internal Paging）、系統速撥（System Speed Dialing）和個人速撥（Personal Speed Dialing）等。

總機話務值機臺架置數量，主要依旅館客房總數，與每一位總機話務員可以負荷的內外線電話量設置。

過去，旅館客房的主要營收，除了客房租售以外，就是電話費收入。由於旅館電話計費昂貴且行動電話與網際網路的興起，並成為時下主要的通訊工具，使得旅館電話計費與帳務系統的使用率直線下降。規模較小、提供有限服務的旅館，因為電話計費與帳務系統建置費用過於昂貴，較少採用。儘管如此，選擇一套兼具旅客使用便利性與旅館營運管理需求的話務部（組）電信設備，仍有其必要性。

四 電話通訊服務的種類

旅客在住宿期間，會在客房內使用的電話通訊服務，除館內電話是免費服務外，本地電話、國內長途電話、國際長途電話，皆由住客支付。若房客由客房話機撥打對方付費電話、指名接聽電話、叫號電話等，則須由總機話務部（組）安排通話。

來電暫留與保持來電

來電暫留指要轉接電話給人在旅館內，但所在位置不確定的主管。來電暫留電話的轉接，是先將來電轉移至特定的暫留區域（Parking Slot），通話對象可以從旅館內的任何分機，接聽此暫留來電。例如：總機話務員接到外線電話，急著要找採購部經理，只知道採購部經理在旅館內，但不知道確切的位置。此時，總機話務員可先將外線來電執行暫留，然後通過內線電話的電話廣播呼叫採購部經理，並告知暫留的分機號碼，採購部經理就可以通過撥打暫留的分機號碼，接聽這通來電。

保持來電指在通話中，因總機話務人員無法立即回覆，需請來電者等候，勿掛斷，將通話轉置保持來電狀態，來電可能會被擱置，但連線不會終止，保持在線狀態。保持來電期間，可以為來電者播放等候音樂或旅館資訊，以利處理其他更緊急事項，直到準備好再恢復通話。

旅館客房的電話，是以發話方的使用量計算費用，一旦接聽對象開始通話，即開始計費，通話結束時，電話計費系統就會自動計算費用並轉入住客帳戶。

（一）館內電話（House Phone）

指設置於旅館內部的電話話機，通常設置於大廳、客房樓層或餐廳附近。住客或訪客可免費使用館內電話與客房聯繫時，可免費使用館內電話。多數旅館的館內電話，並沒有架設連結旅館外部的線路，若需撥打外線電話，仍需洽詢總機話務部（組）。一般情況下，旅客完成入住登記後，客房電話即開放為可撥打國際長途電話等級，退房結帳後，即自動設定為只能撥打館內電話。

（二）本地電話（City Call / Local Call）

又稱市內電話。是指在一個長途編號區內，電話使用者撥打具有相同區號的電話時，通常收費相對較低。另外，撥打方式也與家用電話不同，旅客在客房內須透過電話機先啟動外線鍵或外線代表數字「0」，才可以直接撥打本地電話號碼。

（三）國內長途電話（Domestic Long Distance Call）

長途電話有兩類，分別為同一國家內不同區域的國內長途電話，以及不同國家的國際長途電話。長途電話的計費率，通常比本地電話高，而國際長途電話的收費，又比國內長途高。

在臺灣撥打國內長途電話時，要先撥長途冠碼「0」。即使長途電話區號相同，但劃屬於不同區域時（表 5-1），仍算長途電話，例如：從新竹市撥打電話到桃園市，雖然區號都是「3」，仍算長途電話；反之，劃屬相同區域的地區算市內電話，例如：從臺北市撥打電話到基隆市算市內電話。

從旅館客房直撥國內長途電話時，須先啟動外線鍵或外線代表號「0」，再撥長途冠碼。

表 5-1　中華民國電話號碼地區區號

區號	城市		地區
	中文	英文	
02	臺北	Taipei	臺北市、新北市、桃園市龜山區迴龍、基隆市（含金山、萬里、瑞芳、平溪、雙溪、貢寮）
03	桃園	Taoyuan	桃園市、中壢、南桃園、北桃園（不含龜山區迴龍）
03	新竹	Hsinchu	新竹市、新竹縣（不含新竹縣峨眉鄉部分）
03	花蓮	Hualien	花蓮縣（不含秀林鄉關原地區）
03	宜蘭	Yilan	宜蘭縣
037	苗栗	Miaoli	苗栗縣、新竹縣峨眉鄉部分（不含卓蘭鎮）
04	臺中	Taichung	臺中市、苗栗縣卓蘭鎮、南投縣仁愛鄉部分、花蓮縣秀林鄉富世村關原地區（不含烏日區溪尾里、新社區福興里部分）
04	彰化	Changhua	彰化縣（不含芬園鄉）
049	南投	Nantou	南投縣、彰化縣芬園鄉、臺中市烏日區溪尾里、新社區福興里部分（不含仁愛鄉部分地區）
05	嘉義	Chiayi	嘉義市、嘉義縣（六腳鄉、新港鄉部分地區除外）
05	雲林	Yunlin	雲林縣（包含嘉義縣六腳鄉、新港鄉部分地區）
06	臺南	Tainan	臺南市
06	澎湖	Penghu	澎湖縣
07	高雄	Kaohsiung	高雄市（包含東沙、南沙群島）
08	屏東	Pingtung	屏東縣（屏東、萬丹、潮州、萬巒、內埔、竹田、新埤、恆春、東港、枋寮、枋山）
089	臺東	Taitung	臺東縣
082	金門	Kinmen	金門縣（不含烏坵鄉）
0826	烏坵	Wuqiu	金門縣烏坵鄉
0836	馬祖	Matsu	連江縣

（四）國際長途電話

（Overseas Call / International Long Distance Call）

國際長途電話可以由客房內直撥，也可以由總機話務部（組）協助撥接。根據國際電信聯盟（International Telecommunication Union, ITU）的標準，每一個國家都有一個國碼，以及一個國際冠碼，國際冠碼可以用「+」或「00」來代替。從旅館撥打國際電話的一般順序是：啟動外線鍵→國際冠碼→國際電話區號→國內電話區號→開放電話號碼（對外公開的電話號碼）（表 5-2）。

例如：從臺灣的旅館內直撥阿拉伯聯合大公國帆船酒店，啟動外線鍵，國際冠碼 0，國際電話區號 971，國內電話區號 4，開放電話號碼 3017777，完整撥號即為：啟動外線鍵 0097143017777 或 +97143017777。

表 5-2　各國國碼與國際冠碼

國家	國碼	國際冠碼	國家	國碼	國際冠碼
加拿大 Canada	1	11	芬蘭 Finland	358	0
阿拉斯加 Alaska（U.S.A）	1	—	法國 France	33	0
巴哈馬 Bahamas	1	—	德國 Germany	49	0
巴林 Bahrain	973	0	直布羅陀 Gibraltar	350	—
孟加拉 Bangladesh	880	0	格瑞那達 Grenada	1	—
安道爾 Andorra	376	—	奧地利 Austria	43	900 或 00
阿根廷 Argentina	54	0	捷克 Czech Rep.	420	0
巴西 Brazil	55	0	丹麥 Denmark	45	0
瓜地馬拉 Guatemala	502	0	海地 Haiti	509	—
宏都拉斯 Honduras	504	0	比利時 Belgium	32	0
摩里西斯 Mauritius	230	0	貝里斯 Belize	501	0
墨西哥 Mexico	52	98	不丹 Bhutan	975	—

表5-2（續）

國家	國碼	國際冠碼	國家	國碼	國際冠碼
巴拉圭 Paraguay	595	0	玻利維亞 Bolivia	591	0
秘魯 Peru	51	0	希臘 Hellenic	30	0
尼加拉瓜 Nicaragua	505	—	匈牙利 Hungary	36	0
巴拿馬 Panama	507	0	冰島 Iceland	354	0
巴布亞紐幾內亞 Papua New Guinea	675	5	挪威 Norway	47	95
智利 Chile	56	0	伊朗 Iran	98	0
哥倫比亞 Colombia	57	90	伊拉克 Irag	964	0
哥斯大黎加 Casta Rica	506	0	俄羅斯 C.I.S（Russia）	7	810
古巴 Cuba	53	—	科威特 Kuwait	965	0
賽普勒斯 Cyprus	357	0	黎巴嫩 Lebanon	961	—
多明尼加 Dominican Rep.	1	11	賴索托 Lesotho	266	—
厄瓜多 Ecuador	593	0	賴比瑞亞 Liberia	231	—
臺灣 Taiwan	886	2	利比亞 Libya	218	—
中國 China	86	0	摩納哥 Monaco	377	—
香港 Hong Kong	852	1	荷蘭 Netherlands	31	0
汶萊 Brunei	673	011	波蘭 Poland	48	0
柬埔寨 Cambodia	855	—	葡萄牙 Portugal	351	0
喀麥隆 Cameroon	237	—	波多黎各 Puerto Rico	1	11
印度 India	91	0	卡達 Qatar	974	0
印尼 Indonesia	62	1	羅馬尼亞 Romania	40	0
日本 Japan	81	0	西班牙 Spain	34	7
新加坡 Singapore	65	1	斯里蘭卡 Sri Lanka	94	0
北韓 Korea North	850	—	蘇丹 Sudan	249	—
南韓 Korea South	82	1	史瓦濟蘭 Swaziland	268	1

表5-2（續）

國家	國碼	國際冠碼	國家	國碼	國際冠碼
寮國 Laos	856	—	瑞典 Sweden	46	9
澳門 Macao	853	0	瑞士 Switzerland	41	0
馬達加斯加 Madagascar	261	—	保加利亞 Bulgaria	359	0
馬拉威 Malawi	265	—	愛爾蘭 Ireland	353	0
馬來西亞 Malaysia	60	0	以色列 Israel	972	0
外蒙古 Mongolia	976	—	義大利 Italy	?39	0
緬甸 Myanmar	95	0	象牙海岸 Ivory Coast Rep.	225	0
尼泊爾 Nepal	977	0	牙買加 Jamaica	?1	1
阿曼 Oman	968	0	英國 U.K.	44	0
巴基斯坦 Pakistan	92	0	烏克蘭 Ukraina	380	—
菲律賓 Philippines	63	0	烏拉圭 Uruguay	598	0
斯洛伐克 Slovak	421	0	梵諦岡 Vatican	39	0
賽內加爾 Senegal	221	—	委內瑞拉 Venezuela	58	0
敘利亞 Syria	963	0	南斯拉夫 Yugoslavia	381	99
坦尚尼亞 Tanzania	255	0	薩伊 Zaire	243	—
泰國 Thailand	66	1	辛巴威 Zimbabwe	263	—
千里達及托巴哥 Trinidad & Tobago	1	11	中非共和國 Central African	236	—
突尼西亞 Tunisia	216	0	剛果 Congo	242	—
土耳其 Turkey	90	0	埃及 Egypt	20	0
越南 Vietnam	84	0	薩爾瓦多 El Salvador	503	—
葉門共和國 Yemen Rep.	967	0	愛沙尼亞 Estonia	372	—

表5-2（續）

國家	國碼	國際冠碼	國家	國碼	國際冠碼
葉門共和國 Yemen Rep.	967	0	愛沙尼亞 Estonia	372	—
關島 Guam	671	1	衣索匹亞 Ethiopia	251	—
澳大利亞 Australia	61	11	加彭共和國 Gabonese Rep.	241	—
盧森堡 Luxembourg	352	0	摩洛哥 Morocco	212	0
馬爾地夫 Maldives	960	0	莫三鼻克 Mozambique	258	—
馬爾他 Malta	356	-	約旦 Jordan	962	0
新喀里多尼亞 New Caledonia	687	0	肯亞 Kenya	254	0
紐西蘭 New Zealand	64	0	尼日共和國 Niger	227	—
帛琉 Palau	680	11	奈及利亞 Nigeria	234	9
塞班島 Saipan	670	1	烏干達 Uganda	256	—
所羅門群島 Solomon IS.	677	0	阿拉伯聯合大公國 U.A.E	971	0
斐濟 Fiji	679	5	沙烏地阿拉伯 Saudi Arabia	966	0
南非 South Africa Rep.	27	9	—	—	—

（五）對方付費電話（Collect Call）

一般而言，電話費是由發話方支付，受話方不需付費。不過，對方付費電話則相反，是由受話方支付。當旅客致電旅館總機話務要求撥打國際對方付費電話時，發話方（總機話務員）須先撥號至電信公司國際長途人工值機服務臺，並提供旅客預撥打的電話號碼。值機服務臺人員（值機員）會先詢問受話方是否願意支付該筆通話費才予以接通，反之則回覆發話人不能接通。

話務小常識－國際直通電話

國際直通電話的電話機面板，按鍵設計成左右按鍵，按鍵旁邊標示對應國家國名，使用者直接按壓擬通話國家的按鍵，即可直通受話國值機員，並使用受話國語言受理轉接電話。另外，國際直通電話的通話費，是由受話方付費。

常見之IODC特定電話機，使用專用按鍵直通受話國之電話機，亦有使用撥按特定號碼選擇受話國之電話機。

機場與國際級旅館通常會在大廳裝置國際直通電話（International Operator Direct Connection, IODC）（圖 5-3），提供「受話國值機員直通電話」服務，房客也可直接到大廳撥打國際對方付費電話。

圖5-3　國際直通電話話機

（六）叫人電話（Person to Person Call）

又稱指名接聽電話。須找到發話者指名的接聽者接聽電話，才算開始通話。此類通話的資費較高，若找不到指名接聽者，則無須支付費用，收費對象為發話者。

（七）叫號電話（Station to Station Call）

泛指所有不指定某人接聽的直撥電話。

（八）免費電話（Toll Free）

通話費用是由受話方支付的電話通訊方式。大多數免費電話屬於技術支援、銷售宣傳，或免費售後服務熱線。免費電話的號碼開頭，都會有一組特有的編號各國不同，例如：臺灣的開頭碼是 0800、中國 800、日本 0120、0800、0077。

由於網際網路與行動電話興起，加上旅館電話資費計價較電信公司高，所以，過去由發話方付費的電話服務，在網路電話或語音訊息互傳軟體逐漸普及之後，已被 LINE、WeChat 等，不需收取通話費的網路即時通訊軟體所取代。不過，即使如此，旅館基於服務旅客的立場，並未間斷提供上述服務。

此外，多數旅館內仍有設置公共電話機，旅客可依據公共電話機的型式，以電話卡或信用卡撥打電話，通話費用不計入住宿費中，旅館不會向旅客收取費用。

五 個人化的話務服務

許多旅館提供 24 小時的話務服務，總機話務部（組）在接聽電話時，都應彬彬有禮、樂於助人。且為保障住客的隱私與安全，對於來電者詢問有關住客的資訊，總機話務部（組）人員須嚴守分際。個人化的話務服務，包括：接聽外線電話、喚醒服務、語音留言、電子郵件、留言、傳真、拒接來電等服務。

（一）接聽外線電話（Incoming Call）

總機話務部（組）的重要功能之一，便是接聽與轉接電話。接聽外線電話時，先要報旅館名與問候，並注意語速不可以太快、口齒要清晰。

總機話務部（組）需清楚旅館當天的所有活動，也是基本的工作內容，以利當旅客來電詢問時能迅速回應。即使是旅館外部的資訊，總機話務部（組）也要清楚掌握，才能迅速回覆旅客的需求，例如：最近的百貨公司該怎麼走、當地近期有什麼特別的活動、旅館內的咖啡廳幾點打烊等。總機話務人員回覆相關資訊時，甚至可以加入一點點個人偏好或獨家情報，像是幾點去哪一間特色小吃可以避開人潮，某間店的錫蘭紅茶是必點的招牌，或是告訴旅客個人的私房景點等，都會讓旅客覺得很窩心。總機話務部（組）接聽外線電話的步驟、操作標準說明如下：

口述範例

應答內線

總機您好，我是汪旺，很高興為您服務。

應答外線

Good Morning Chianan Plaza，嘉南酒店您好，敝姓汪。

? 動動腦

接聽內線與外線電話的標準話術？

1. 快速接聽電話，並問好！

   操作標準：電話鈴響不超過 3 聲。

   經驗分享：第 2 次鈴聲響完是最佳的接聽時機。

2. 處理同時多通電話進線。

操作標準： 一通一通接起並保持，再依難易程度分別處理。

經驗分享： 同時多通電話進線時，接聽電話的優先順序：房客→外線→內線。除房客電話外，其他電話須能判別外客的需求，並依難易程度轉接相關部門或保持處理。

口述範例

保持來電前

嘉南酒店您好！對不起，請您稍候一下。

應答保持來電

對不起！讓您久等了。

?動動腦

保持來電前的話術？

應答保留電話的話術？

3. 詢問外客姓名，複述外客姓名、要求轉接的房號或房客姓名。

操作標準： 複述正確、語速勿快、口齒清晰。

經驗分享： 要注意相似發音的數字、字母或中文。

口述範例

您好，請問貴姓大名

曾先生好，請問有什麼需要幫忙？

您要找 508 號房的房客

請問曾先生的全名是？

您是曾大方先生？

曾先生您要找 508 號房的房客？

您要找 508 號房房客貴姓大名？

您要找 508 號房的蘇果先生？

?動動腦

如何詢問外客姓名，複述外客要求內容？

4. 請外客稍等，查閱客務管理系統確認。

操作標準： 將外客電話設定為保持來電，再查詢客務管理系統。

口述範例

請稍候，我為您查詢 508 號房蘇果先生。

曾先生，我幫您轉接 508 號房的蘇果先生，請稍候。

? **動動腦**

如何查閱客務管理系統，以確認房號與住客大名？

經驗分享：要落實查閱客務管理系統，確認房號與住客大名才可轉接電話。找不到住客名字，須委婉告知外客，請其確認後再來電；或實際上兩人住宿，但登記只以一人代表，可先詢問來電者全名，向房客確認是否為同住人的友人後，再轉接電話。

? **動動腦**

如何確認轉接無誤？

5. 確認轉接無誤後，即刻退出。

操作標準：轉接電話時，須注意值機臺所顯示之房號是否正確。

經驗分享：未得房客授權外，房號一律不外報。

總機話務部（組）在話務量尖峰時段，或有呼叫等待（Call Waiting）時，應長話短說或先接聽下一通，避免造成後面來電者等候太久。與Call Waiting復話時，要牢記先前與外客談話內容、重點，不可要求對話重來一遍，以免造成不耐煩與抱怨。

若短時間內無法解決外客問題且又有其他來電時，為避免來電者久候須適時截斷，並告知會將來電轉由相關單位處理；若相關單位也忙線中，務必先取得來電者姓名與電話，並告知稍後相關單位會致電回覆。截斷外客來電時，須注意說辭與態度，勿使外客有急著掛掉電話的感受，因而造成抱怨。

呼叫等待（Call Waiting）

呼叫等待是指通話時，還有第三用戶呼叫通話，此時電話機會以特殊等待音通知受話方，有第三用戶呼叫通話，用戶可決定是否立即掛機結束目前的通話，以接聽第三用戶的呼叫，也可根據需要保留其中一方的通話，先與另一方通話。

（二）喚醒服務（Wake-up Call Service）

雖然旅館客房內都設有鬧鐘，但旅客還是會擔心因為睡過頭而錯失一場重要會議、一次離境航班，或外出旅遊的出發時間，而有喚醒服務的需求。旅館提供的喚醒服務，適用於一天24小時的任何時間，當住客需要喚醒服務時，即可向總機話務或櫃檯接待提服務需求。

由總機話務提供的喚醒服務方式有三種，一是自動喚醒系統的喚醒服務，二是人工喚醒服務，三是智慧型電話主機喚醒服務。

1. 自動喚醒系統的喚醒服務：自動喚醒服務統一由總機話務部（組）執行，首先記錄喚醒時間、房號、住客名字，並設定在客務管理系統裡，等執行時間一到，客務管理系統就自動直接連線，撥打客房電話，住客拿起聽筒無人回應，只能聽到音樂聲，或是語音提醒的錄音。
2. 人工喚醒服務：總機話務部（組）依照住客的慣用語言，親自撥打電話叫醒住客，此作法更能展現旅館的體貼服務。此外，許多國際等級服務旅館為預防住客貪睡賴床，會在住客預約喚醒服務時，詢問「是否需要間隔5或10分鐘，提供第二次喚醒服務（2nd Call）」等，提供更貼心服務。
3. 智慧型電話主機喚醒服務：旅館為提高服務品質，在客房內裝設智慧型電話，住客運用智慧型電話主機的喚醒服務功能，自行設定喚醒的時間。

總機話務部（組）接收房客喚醒服務的步驟與說明如下：

口述範例

總機，您好！敝姓汪。陳先生，午安。

? 動動腦

接聽房客電話的標準用語？

1. 快速接聽電話，禮貌問好並自報姓氏。

操作標準：電話鈴聲不超過 3 聲。

經驗分享：第 2 次鈴聲響完是最佳的接聽時機。

口述範例

請問是今天下午 8：00 ？
還是明天早上 8：00 ？
陳先生，請問您的房號是 611 嗎？

? 動動腦

如何確認房客交代的 Wake-upCall 時間？

2. 確認並覆述房客交代的 Wake-up Call 時間及房號，且須確認清楚是今天晚上或明早上的叫醒服務。

操作標準：進入客務管理系統確認住客資料。

經驗分享：若遇到房號辨識不清之 Wake-up Call，須詢問接受者正確之時間或房號。

口述範例

好的，陳先生，我們明天早上 8：00 會準時叫您起床。謝謝您，再見。

? 動動腦

如何準時喚醒房客？

3. 請房客放心，我們會準時叫他起床。

操作標準：正確無誤地在客務管理系統中完成時間的設定。

經驗分享：總機話務部（組）抄寫之 Wake-up Call 時間，務必字跡工整，並特別留意數字輸入是否正確。

? 動動腦

房號看不清楚難以辨別，該如何處理？

4. 在 Wake-up Call List 註明房號及時間，並簽上接收者姓名。

 操作標準：數字要抄寫清楚，避免造成其他總機話務員看不清楚或看錯。

 經驗分享：若房客 Wake-up Call 及 2nd Call 未接，須立即將房號報給房務部，由房務部先行前往客房查看房客是否起床或是已離開房間。若房務部回報敲門無反應、房門反鎖、掛 DND、或房內並無使用過等狀況，須在 Wake-up Call List 上記錄，並通報客務部值班主管處理。

5. 在客務管理系統上設定 Wake-up Call 所需資訊，並用螢光筆在 Wake-up Call List 上劃上顏色。

 操作標準：輸入並設定好鬧鈴時間後，要再檢查一次確保無漏掉或錯誤。

6. 鬧鈴響時，確認有無成功叫醒房客。

 操作標準：確認客務管理系統已成功執行第一次喚醒服務，準備再執行第二次的人工喚醒。

採人工喚醒服務的旅館，如果同一時間接受多位住客要求喚醒服務時，總機話務部（組）通常會提早 2 ～ 3 分鐘進行晨喚。晨喚時間提早 1 ～ 2 分鐘，住客一般尚可接受，但提早 5 分鐘，住客可能就會不高興。延遲喚醒也是一樣，晚個 3 ～ 5 分鐘，就可能會有抱怨而提客訴，所以喚醒服務的時間設定不得不謹慎。

此外，提供喚醒服務須確實聽到住客回應，即住客明確回答「我已經醒了，謝謝！」若只是虛應一聲「好」，則需在 3 分鐘後，執行第二次喚醒服務。人工喚醒服務的用意在保證住客確實起床，未接聽或回應異常，則需及時因應處理。

由於旅館並沒有制定外客（非住客）替房客交代 Wake-up Call 的步驟，身為國際觀光旅館總機話務部（組）主任的你會如何因應？

！小提醒

1. 先釐清：基於國際觀光旅館提供的總機話務服務，是否該接受外客的要求。
2. 請思考：房客要求 Wake-up Call 與外客替房客交代 Wake-up Call，兩者最大的差異在哪裡。
3. 請制定：總機話務部（組）接收由外線交代房客 Wake-up Call 的步驟。

晨間喚醒（Morning Call）

又稱早晨喚醒，只適用於早上 6：00～9：00 間，或是日出以後至～上午 10：00 前。Wake-up call 則泛指一天 24 小時任何時間的喚醒。依據 1 天 24 小時細分：
凌晨是指 0：00～3：00；
拂曉是指 3：00～6：00；
早晨是指 6：00～9：00；
午前是指 9：00～12：00；
深夜是指 21：00～24：00。

（二）語音信箱（Voice Mail）

又稱電話留言或語音留言，可以將來電者錄製的音頻消息，傳達給住客的系統，使旅館總機話務服務更加強大和靈活。

語音信箱就像是住客私人的電話答錄機，若住客不在旅館中，訪客可透過客房電話機上的留言系統發送消息，以利住客返回客房時接收訊息；住客即使不在旅館，也可讀取電話留言。

（三）電子郵件（Electronic Mail, E-Mail）

商務旅客攜帶的筆記型電腦，可連結旅館客房內的網路連接埠，進行數位資料登錄、傳送，以及接收信件，達成與公司、家裡或其他網路資訊互動。

（四）留言和傳真（Message and Fax）

1. 留言：只要旅客完成訂房，不論是否已入住旅館，皆可接受訪客的留言。留言須填寫留言單，並加蓋時間戳印，存放在住客留言（郵件）架上，同時開啟客房電話機上的留言提示燈，以提醒住客有未聽取的留言。住客看到留言提示燈後，可以向總機話務或櫃檯接待詢問留言內容，或要求遞送留言。除了以電話機留言，有些旅館會將留言設置於電視螢幕。不過，現在幾乎每人都有行動電話，旅館留言也相對減少許多。
2. 傳真：客務部接收與發送住客傳真時，須確實且完整記錄收件時間、頁數、收件人、寄件人等資料。若住客有特殊的遞送要求，例如：收到後立刻送往旅館某會議室，則須安排服務中心協助傳遞。若無特殊要求，則比照留言，存放在住客留言（郵件）架上，然後開啟客房電話機上的留言提示燈。有些旅館會將收到的傳真資料，放入信封內再送往客房，因為客務部有保密傳真內容的義務。

（五）拒接電話（Reject the Call）

也稱為電話過濾（Incoming Call Screen）。旅館一般不主動提供此項服務，但有時住客可能因為需要安靜休息、開會或其他原因，在住宿期間或住宿的特定時間內，要求拒絕接聽訪客電話。

總機話務或櫃檯接待接獲住客拒接電話要求時，須確實記錄並詢問拒接電話至何時？如何回覆來電者？是否有特定的拒接對象？以及是否拒接國際長途電話？總機話務收到此需求時，須在值機臺將該房號設定為「請勿打擾」。甚至將拒接電話的相關條件，以鮮明的紅筆書寫、記錄在白板上，提醒部門同事注意。

總機話務部（組）接收房客拒接電話的步驟與說明如下：

1. 快速接聽電話，禮貌問好並報姓氏。

操作標準：電話鈴聲不超過 3 聲。

經驗分享：接受房客拒接電話要求後，所有內外線電話皆要嚴格管制，不可隨意打擾到房客。

口述範例

總機話務，您好！敝姓〇，蔡小姐，晚安。

2. 接受房客拒接電話的要求，並詢問清楚拒接內容。

操作標準：須詢問清楚。

- 拒接電話至何時？
- 如何答覆來電者？
- 是否連國際長途電話都不接聽？

經驗分享：執行此步驟時，詢問內容請務必確實，才能夠適當地應對外客的電話。

口述範例

請問拒接電話到設定到什麼時間為止？
請問要如何回答找您的電話？
請問是否連國際長途電話都不接聽？

動動腦

如何確認拒接電話的內容？

3. 若拒接電話的時間設定至隔天早上，則詢問住客是否需要 Morning Call ？

操作標準：須詢問清楚是否需要 Morning Call。

經驗分享：房客拒接電話的要求結束後，須立即執行值機臺與客務管理系統的 Confidential 解除作業。

口述範例

請問明天早上需要 Morning Call 服務嗎？
請問是〇點 Morning Call？
好的，明天〇點 Morning Call 您起床。

動動腦

若客人拒接電話至隔天早上，可貼心的詢問住客何事？

4. 於值機臺上將客房設定為 DND，並同步於客務管理系統設定 Message 或 Confidential。

操作標準：若房客要求答覆「查無此人」則須設定 Confidential，並留 Daily Request 交班。

經驗分享：房客要求回覆「查無此人」時，務必再次確認並清楚交接，以確保執行無誤。

動動腦

若查無此人則電腦須附註哪些內容？

5. 使用紅筆在辦公室白板上清楚寫明拒接電話內容，並註明時間與接收人名字。

操作標準：白板上要寫上日期、房號、房客姓名、拒接電話內容、留言時間及退房日期。

文字範例：11/23 R-1012 蔡〇〇查無此人至 C/O，C/O 11/25 by Zoe 13：50。

? **動動腦**

用何種顏色白板筆寫拒接來電的內容？白板上書寫內容包含哪些？

6. 向當班總機話務員說明拒接電話的內容。

操作標準：為避免文字敘述過於簡要，無法完全且清楚地說明，故需口頭再說明一次。

口述範例

R-1012 蔡小姐，要求從 11 / 23 下午 7 點起至 11 / 24 下午 7 點拒接電話。

7. 通知櫃檯接待並記錄接受或拒接電話的櫃檯接待員之人名。

操作標準：若為櫃檯接待員轉知，則不用再通知櫃檯接待。

8. 複述房客交代的拒接電話內容。

操作標準：根據房客拒接電話要求的內容再次複述。

經驗分享：拒接電話的說辭須與房客確認清楚，以確保執行無誤。例如：

- 房客休息中：對不起房客交待要休息無法接聽電話，我能為您留話嗎？
麻煩您明天早上〇點後再來電好嗎？
- 房客外出不在：對不起！房客目前不在旅館內，我能為您留話嗎？
麻煩您明天早上〇點後再來電好嗎？
- 查無此人：對不起！我們旅館沒有這位客人入住。
- 房客已退房：對不起！蔡小姐已退房。

口述範例

蔡小姐，您要求從 11 / 23 下午 7 點起至 11 / 24 下午 7 點拒接電話。

一 其他總機話務設備與服務

（一）多媒體影音系統（Multi-media Audio and Video System）

旅館客房提供的多媒體影音服務，除了有線電視節目外，有些旅館會另外購置多媒體影音應用系統，提供房客隨選電影、音樂、伴唱及遊戲等娛樂體驗服務。或將客房電視連結網路，房客可觀看網路電視或網路影音節目，或使用結合應用程式所提供的客房點餐、鄰近景點介紹等服務，讓房客客房的休閒娛樂選擇更多元。

（二）廣播服務（Broadcast Services）

旅館的廣播服務，主要在因應或說明當前出現的各類狀況，並提醒旅客後續的行動，例如：消防、地震等各種緊急狀況的演習等。在臺灣，旅館的廣播詞除國語外，也會加入常用的國際語言，或是以旅館主要接待的旅客國籍語言為主。

緊急事故廣播

地震發生廣播詞

各位貴賓請注意！現在有地震發生，本旅館有耐震設計，請勿驚慌、保持鎮定。請暫停使用電梯，謝謝您的合作！

Your attention please ！ We have just experienced an earthquake. Please stay calm. The hotel is an earthquake-proof building. Please refrain from using the elevator. Thank you for your cooperation.

お客様にお知らせ申し上げます。ただいま地震のため少し揺れがございますが。當ホテルは耐震設計です。安心してお留まりください。又、暫くの間のエレベタのご利用はお避げ下さい。ご協力ありがとうございます。

消防測試廣播詞

各位貴賓請注意！本旅館現在要舉行消防測試，請勿驚慌，謝謝您的合作。

Your attention please.We are testing our hotel fire alarm paging system. Please don，t be panic. Thank you for your cooperation.

お客様にお知らせ申し上げます。只今消防設備と緊急放送のテスト中でございます。ご協力ありがとうございます。

旅館的廣播服務，還包括公共區域的音樂播放，例如：大廳、客房走廊、電梯車廂、停車場等處的音樂播放，也稱為旅館背景音樂。

（三）電梯監控系統（Elevator Monitoring System）

旅館的電梯車廂是一個半封閉式的公共區域，通常裝設有支援音訊檢測的攝影機，當有超出檢測值的呼救或吵鬧情況發生時，可及時向監控平臺發出警示；也會設置緊急電話，可直接連線至旅館的話務、安全或工程等部門。例如：當旅客遭遇電梯故障，請求緊急救援時，可直接拿起電梯裡的話筒或選按求助按鍵尋求協助。

第二節
服務中心作業

在學習本節後，您將會認識並了解：

1. 服務中心的服務範疇
2. 遷入與遷出的行李運送服務
3. 服務中心的組織架構與崗位職責
4. 行李寄存服務與行李吊牌的功用

服務中心（Uniformed Services / Concierge / Bell Services）又稱禮賓司，是旅館中能為旅客提供各種個性化服務，以增加價值體驗的單位之一，工作內容與櫃檯接待不同，地位像是旅館內的總管。雖然訂房、櫃檯接待和總機話務等單位提供的個性化服務，會影響旅客對旅館的看法，但禮賓司的服務，通常會給旅客留下持久的印象。

一 服務中心的服務範疇

旅館的服務中心與櫃檯接待一樣，都是旅館的門面。舉凡在旅館大廳內外迎賓送客、代客泊車、代客尋人（Paging Service），以及負責車輛調度、安排旅客機場接送、行李運送寄存、遞送客房報紙、發送與收寄郵件包裹、旅客留言傳遞等，皆屬服務中心日常工作的範疇。

此外，服務中心也要提供旅客在客房與餐廳範圍外的服務，甚至執行各種協助旅客的任務，例如：餐廳訂位、旅館預訂、推薦當地夜生活熱點、安排旅遊行程、預訂交通工具（如出租車、豪華轎車、飛機、船隻等）、企劃活動（派對或會議）、翻譯、處理疑難雜症（如購買特別活動的門票、緊急信件或行李遺失處理）等，提供的服務包羅萬象。因此，位於旅館大廳的服務中心須對旅館內外的資訊瞭若指掌，包括：附近的美食餐廳、休閒娛樂、逛街購物的所在地點，以及店家的營業時間與最低消費等，都要熟悉知曉。

二 服務中心的組織架構與崗位職責

國際等級服務的旅館服務中心組織，通常包括：門衛、行李服務、禮賓服務、機場接待、調度室（駕駛），架構示意如圖 5-4。

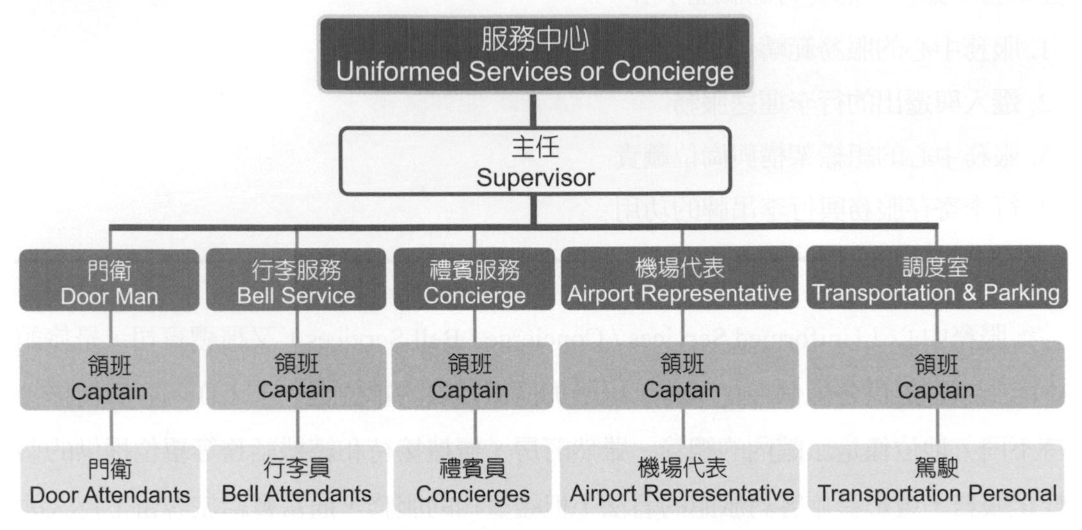

圖 5-4　國際等級服務的旅館服務中心組織圖

（一）門衛（Door Attendants / Doorman）

門衛是僱用在旅館提供禮貌和安全服務的人員，職責包括：

1. 負責旅館大門迎賓與送客，提供旅館住客與顧客諮詢服務或必要的引導協助。
2. 協助旅客叫車服務、裝卸行李上下車、指示方向與回答詢問，及記錄所有載送旅客離開旅館的計程車車號。
3. 維持旅館門廊車道暢通、人員進出管理、過濾夜間訪客，以及可疑活動通知。
4. 旅館大廳環境整潔的維持與維修事項的通報。
5. 協助訪客包裹物品的轉交。
6. 必要時，支援行李員代客泊車服務、發給取車條、檢查車輛整體狀況，告知旅客車輛配件缺損情形，並於旅客取車時駕回交還。

經驗豐富的門衛會熟記常客名字。當旅客返回旅館時，門衛會禮貌稱呼常客名字，並向櫃檯接待做介紹。有些旅館會將門衛與代客泊車兩個職務加以區隔，分別編制不同的人員，以提供專責的服務。服務中心迎賓服務的步驟說明如下：

? 動動腦

如何指揮車輛？

1. 指揮車輛到定點停車。

操作標準：以標準動作（圖 5-5）指引車輛往前至適當定點停車（圖 5-6）。

圖 5-5　右手打直、左手慢慢揮動，剛中帶柔，力道十足。

圖 5-6　指引車輛行進路線。

口述範例

早安，您好，歡迎光臨〇〇〇旅館。

? 動動腦

如何致歡迎詞？

2. 為旅客開啟車門並致歡迎詞。

操作標準：面帶微笑，招呼音量適中有精神。若為常客，須立刻稱呼旅客大名。

經驗分享：開關車門之際，要注意旅客之頭、手、腳及衣服，且非禮勿視。

? 動動腦

為什麼要將手放置車頂下緣？

3. 將手放置於車頂下緣。

操作標準：依座車禮儀之尊卑順序，應先開啟右後方車門，再開前方車門。

開啟車門時，須注意車門邊是否有物品，並小心開門。

以左手開車門，右手護住車頂下緣，防止旅客碰撞到頭部。

遇行動不便或老弱婦孺（圖 5-7），須更

圖 5-7　妥善協助老弱婦孺下車。

4. 詢問旅客是否有行李置於後車廂。

操作標準：若旅客有行李，應協助取出並立即開立行李收執單。

口述範例

請問後行李箱中有行李嗎？總共有幾件？

5. 旅客完全下車後，檢查車內是否有遺漏的物品。

操作標準：依是否有乘客遺漏物品

- 有遺漏物品：若車內或後車箱尚有其他物品，須向旅客確認是否為其所有。
- 無遺留物：關上車門並指示往停車場方向或暫停位置。

口述範例

有遺漏物品

請問前座的禮盒是您的嗎？

無遺漏物品

前面路口右轉就會看到旅館停車場入口。

？動動腦

如何確定無乘客遺留物？

6. 以手勢引導旅客進入旅館。

操作標準：旅客若搭乘計程車前來，須向旅客遞上抄有車號之計程車車號卡。

口述範例

這是您搭乘的計程車車號卡，辦理住宿登記請往這邊走。

（二）行李員（Bell Attendants / Bell man / Porter）

行李員協助旅客入住與退房時的行李與相關協助服務，但不是每位旅客都需要行李員的協助，因此，其他時間行李員通常會留在旅館大廳，支援門衛工作或協助旅客遞送與保管服務。行李員的職責包括：

1. 迎接旅客並確保行李送房前的安全與完整。
2. 引導旅客至客房，協助住宿旅客運送行李至客房，進入客房後，先開啟房內電源，若是白天視線良好，則打開窗簾，再詢問旅客行李放置的位置，並介紹客房設備設施與使用方法。

3. 提供旅客行李、信件、傳真、包裹、送洗衣物等物品遞送的服務。
4. 退房時，行李員也可因應房客狀況，提供搬運行李至大廳的服務，並確保退房前行李的安全與完整。
5. 旅客退房提領行李前，向櫃檯接待確認所有消費皆已結清。
6. 遵守旅館的行李寄存和取回政策，確保旅客行李安全地存放於行李庫房中。
7. 維持行李庫房、行李車、服務中心櫃檯與大廳的整潔。
8. 熟悉旅館設施與各類客房，並充分掌握旅館正在進行的活動資訊。

（三）禮賓員（Concierges）

禮賓員是服務中心營運的核心，常編制於國際等級服務的旅館中。禮賓員被安排在旅館大廳，負責歡迎旅客的到來，及時且高效的滿足旅客入住期間的每一項需求，並為其打造獨特的住宿體驗。

因此，禮賓員可以說是旅館提供個性化賓客服務的人員之一，除需具備友善與熱情的個性、良好的溝通技巧和對細節的關注等重要特徵外，還須擁有個別旅客服務、語言應對能力、消費者行為分析、公共安全意識，以及當地歷史、地理及文化等知識。

另外，一名合格的禮賓員，還需兼備臨危不亂的能力，對未發生的問題敏感度高，可以解決問題的能力，以及溝通能力和創意性，可以針對不同的旅客，提供不同的建議。禮賓員的職責包括：

1. 提供主動積極的服務，以滿足旅客的願望與要求。
2. 了解旅客的品味與確切的需求，並提供個性化的解決方案。
3. 熟悉口碑佳的餐廳、最酷的酒吧、令人放鬆的水療中心，以及鮮為人知的景點和活動。
4. 協助旅客規劃商務行程，決定目的地的航班預訂與安排接送服務，及提供目的地最佳旅館的選擇建議。
5. 提供娛樂活動的安排，使旅客的空閒時間獲得最大限度地運用，例如：安排假期、高爾夫或網球的訂位、推薦與預訂餐廳和酒吧，購買劇院、音樂會活動的門票等，就一系列休閒生活方式提供建議。

國際旅館金鑰匙組織

國際旅館金鑰匙組織（Les Clefs d'Or, Union International Des Concierges D'Hotels, UICH）的創立，源自於講究精緻服務與品質的歐洲。1929 年，由大使飯店（Hôtel Ambassador）的皮耶・昆汀（Pierre Quentin）於法國首都巴黎市發起創辦。一開始為城市組織，1952 年發展為歐洲金鑰匙組織，1972 年才正式成立了國際旅館金鑰匙組織。

目前，國際旅館金鑰匙組織共有 45 個會員國，約 4,500 名會員。臺灣於 2003 年加入成為會員國，具有國際會員授證權。

金鑰匙協會的入會條件相當嚴苛，申請人需具備 5 年以上的旅館大廳工作經驗，其中至少需有 2 年禮賓司或客務部主管或副主管職位以上的經歷；同時，除專業知識、職能素養外，更需精通 2～3 種語言，並有兩位正式會員推薦，經評核通過後，才能入會。

為了傳承金鑰匙的優良精神，並鼓勵年輕金鑰匙會員的在職培訓與進修，自 2008 年起，國際旅館金鑰匙組織於每年國際年會，固定頒發 Andy Poncgo Award 金鑰匙獎。

續右頁 TIPS

6. 協助旅客處理日常事務，使旅宿期間的生活更順暢，例如：在哪裡可以找到好的翻譯人員、最棒的健身房、給女兒的禮物，或安排生日聚會等。
7. 滿足特殊的要求，例如：安排乘坐熱氣球等冒險體驗、為旅客找尋難以找到的物品等。

房客早上趕著參加一場重要會議，卻突然發現忘記攜帶西裝，此時周圍商家皆尚未開店營業，若你是一名禮賓司主管，你會如何處理？

！小提醒

1. 先釐清：禮賓司的職責與服務範疇。
2. 請思考：如何使命必達或回覆房客無法處理。

（四）機場接待（Airport Representative）

代表旅館在機場歡迎搭機抵達或歡送準備離境的貴賓，協助處理與航班安排相關事宜，並確保提供高水準的旅客服務。例如：安排機場與旅館間的交通服務，解決入境時的簽證、代客訂機位、購買機票、遺失行李的協尋等，並負責在機場執行旅館的業務推廣工作，也必須確保旅客抵達或離境班機的航班訊息，往返旅館間的交通運輸、行李運送等的聯繫與安排。機場接待的職責包括：

1. 處理旅客抵達和離開的接送機請求，並安排交通運輸工具。
2. 協助旅客辦理登機手續與行李托運通關事宜。

3. 向旅客介紹旅館設施訊息，並協助搭乘接駁車輛。
4. 貴賓抵達或離開前，應在機場入出境大廳迎接或歡送，並確保後續交通銜接順暢。當貴賓前往旅館的路上，須聯繫值班經理或大廳經理，報告目前接送狀況。
5. 航班抵達前，於入境航站樓大廳待命。航班到達和離開的任何變更，必須向值班經理或大廳經理報告。
6. 在交接簿中，清楚記錄旅客抵達或離開的訊息，並確實與機場代表交接。
7. 與機場官方部門與航空公司人員保持密切聯繫與互動，並展現旅館員工團隊合作的精神，以向旅客提供優質的服務。

（五）調度室（Transportation & Parking）

幾乎所有國際等級服務的旅館都會設置調度室，以處理交通運輸服務。調度室會根據旅客需求，指定駕駛與車輛履行運輸職責，包括：執行載送旅客往返機場、公司的定時定點接駁班車（On Schedule Shuttle Bus）、旅遊行程安排與帶領、免費停車、代客泊車、代客叫車等與交通接駁的相關服務。有些旅館因位於郊區或偏遠地區，也會提供旅客或員工免費的市區接駁服務，以滿足旅客期待高效便捷且友善的住宿體驗。

旅館調度室不僅為旅客提供交通運輸服務，也為旅館管理階層提供交通運輸服務，例如接送總經理參加會議的公務座車。調度室的職責包括：

1. 協調旅客交通運輸工具的安排，並適當調配駕駛。
2. 維護車輛清潔與安全，確實檢查並保養車輛。
3. 規劃交通接駁的路線和計畫，確保服務順暢無誤。

國際旅館金鑰匙組織

欲角逐此獎項的候選人，必須先經過嚴格篩選條件，例如：正式的金鑰匙會員身分，35 歲以下，能以流利英語溝通，而禮賓司主管的推薦提名，亦為必要且關鍵的步驟。通過初步篩選的金鑰匙，必須再通過通識與面識 2 階段的考試。第一階段「通識測驗」，主要測試內容以地理與旅館之相關知識，以及國際旅館金鑰匙組織的歷史為主。通過通識測驗的候選人，必須再通過第二階段「Andy Pongco 執委會成員面試」。最後，依據所有應試者的綜合測試成績，進行擇優頒獎。

金鑰匙標章（圖 5-8）是衡量旅館服務品質高低的重要標誌，只要旅館裏面有一位金鑰匙經理，就像鎮館之寶一樣；而擁有金鑰匙認證的客務部主管或幹部，等同是服務水準的認證。

圖5-8　金鑰匙標章。

資料來源：維基百科國際旅館金鑰匙協會 https://zh.wikipedia.org/wiki?curid=834411

4. 保持設備齊全的停車區，確保駕駛熟練各車種的操控技術。
5. 與旅客進行有效的溝通，提供客製化的交通運輸服務。
6. 清楚記錄交通運輸的需求，掌控交通運輸成本。

基於服務的多元化，不論是位於都會區的商務旅館或是風景區的休閒度假旅館，皆有接駁服務的需求，但旅館到底是該自購接駁車輛，還是以長期租賃方式的效益最佳？

！小提醒

1. 先釐清：自購接駁車輛或長期租賃車輛，兩者提供服務的適法性與必要性。
2. 請思考：自購接駁車輛或長期租賃車輛的成本與效益。

（六）駕駛（Transportation Personal / Driver）

服務中心的駕駛，必須接受過良好的培訓，並獲得適當的許可才能操作車輛。主要的工作時間，花在旅館購置或租用的車輛內，有時也需要權充機場接待，在機場航站大廳等候旅客抵達；如果旅客的航班延遲或進入海關延誤，則要長時間站立等候。在惡劣的氣候條件下，因應交通繁忙、運輸費時，也是駕駛的工作常態；在不開車的情況下，會在旅館內從事與服務中心有關的其他工作，例如：支援門衛、行李員或代客泊車。

駕駛有時也代表旅館，與旅客進行第一次接觸，因此，須注意禮貌、重視效率，並了解旅館相關的客務服務。此外，有些旅館的駕駛會根據天氣狀況，在接送旅客的路途提供冷熱毛巾和飲用水，播放預錄的旅館影音訊息。經驗豐富的駕駛，還會提供貼心服務，例如小心謹慎地將旅客的行李裝入行李箱，並在抵達旅館前通知櫃檯接待，準備好辦理入住的登記手續。

（七）代客泊車員（Valet Parking Attendants）

國際等級服務的旅館，通常會提供代客泊車服務，由接受過專門培訓的人員負責停放旅客和訪客汽車，以為旅客安全、及時地停車和取回車輛，並協助移動行李。

提供代客泊車服務的優點，包括：方便旅客不必背負重物從遠處的停車場步行至旅館；方便沒有時間尋找停車位的旅客；惡劣天氣代客泊車的貼心服務等。

代客泊車服務是否收取費用各旅館不一，一些旅館會收取高於旅客自助停車的費用，且旅客還需支付代客泊車員小費。代客泊車員的職責包括：

1. 以禮貌且友善的態度迎接旅客，開啟車門後，親切說明代客泊車的程序和服務的時間。
2. 熟悉各種品牌和型號的車輛，能夠操作自排或手排車型，以免損害車輛。
3. 謹慎將車輛駕駛到指定的代客泊車位置，確保並注意車輛停放的空間安全性。
4. 確實在代客泊車記錄本或服務中心工作交接簿做記錄，並告知旅客與主管車輛損壞的所有信息。
5. 開立代客泊車收執聯並交付旅客，存根聯和鑰匙須妥善存放於安全的保管區。
6. 交還車輛前，須確保旅客已支付相關費用。交還車輛時，旅客必須出示代客泊車收執聯，由專責的代客泊車員領取鑰匙歸還車輛。款項未支付或未出示代客泊車收執聯，不可歸還與移動車輛。
7. 保持代客泊車區域的清潔、維護旅館廊道的車輛安全，發現任何潛在危險或違規移車行為，須通報主管或幹部。

由於代客泊車員須操作旅館或旅客的車輛，聘僱任用時，須符合政府法令規範，並取得駕駛車輛類型的駕照資格。代客泊車後，車輛鑰匙須妥善存放於安全的保管區，如果鑰匙丟失或誤交他人，導致車輛被盜或無法歸還，旅館將可能為此承擔損害賠償的責任。

由於旅館並沒有規範代客泊車服務，但根據行之多年的經驗，部門早已默許這項服務，因為代客泊車除可以收取更高的停車費外，還有額外的小費可以賺。

一天，一位 VIP 客戶開著心愛的 Maserati 前來旅館用餐，並請求代客泊車服務。結束用餐準備取車時，卻被代客泊車員告知「Maserati 泊車泊掉了」。

身為國際觀光旅館服務中心主任的你，接到這個訊息時，你會如何因應？

！小提醒

1. 先釐清：代客泊車服務的適法性與必要性。
2. 請思考：代客泊車服務的成本與效益。
3. 請制定：代客泊車服務的步驟。

三 入住與遷出的行李運送服務

行李運送是服務中心設立的初始目的之一，也是服務中心最基本的工作。行李運送服務的需求，多發生於旅客辦理入住或遷出時，將體積龐大或數量眾多的行李，交由專責人員管理與轉運，以節省時間與精力。

（一）入住的行李運送服務

1. 散客：散客的行李通常會和旅客同時抵達或離開旅館，散客的行李運送服務步驟說明如下：

口述範例

您好，歡迎光臨！

？動動腦

如何致歡迎問候詞？

1. 致歡迎問候詞。

操作標準：態度熱情誠懇，而非機械式對話。

經驗分享：行李員宜注意行李運送服務時的態度，不可讓旅客有強索小費之感。

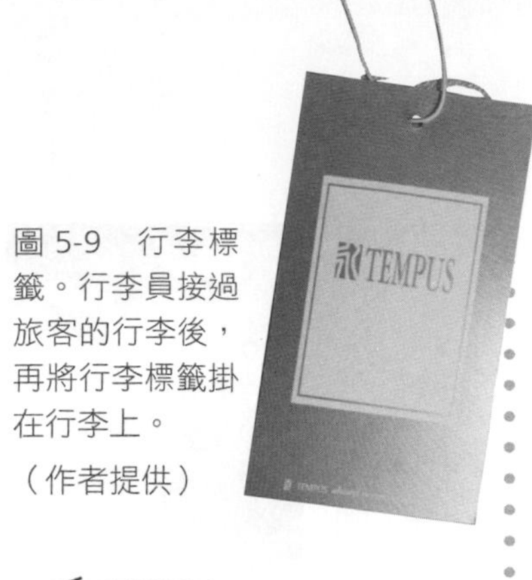

圖 5-9 行李標籤。行李員接過旅客的行李後，再將行李標籤掛在行李上。
（作者提供）

2. 告知旅客可提供行李運送服務，得允許後，接過行李並掛上行李標籤（Luggage Tag / Luggage Sticker）（圖 5-9）。

口述範例
是否需要我們提供行李運送服務嗎？

操作標準：動作小心謹慎，但不失大方，不可強硬拿取旅客的行李。

經驗分享：行李員無法陪同旅客至櫃檯辦理住宿登記時，須將行李收執聯交付旅客，並提醒辦理完成住宿登記後，將收執聯交給櫃檯接待員。

3. 陪同旅客至櫃檯接待處辦理住宿登記。

口述範例
理住宿登記請往這邊走，請問您的訂房大名是？
請問王〇〇的房號是？

操作標準：引導旅客前往辦理住宿登記，臨櫃辦理住宿登記時，行李員應在旅客後方 1 公尺處等候。
辦理完成後，向櫃檯接待員詢問旅客房號，並於行李標籤上寫下房號。

？動動腦
旅客辦理住宿登記時，行李員應在何處等候？

經驗分享：得知旅客訂房名字後，須主動告知櫃檯接待員，以利稱呼旅客並快速備妥住宿登記資料。

4. 陪同旅客至客房，向旅客取得客房鑰匙，開啟房門並說明使用方法。

？動動腦
在什麼情況下，行李員可以搭乘客用電梯？

口述範例
請往這裡走。
旅館的健身房、兒童俱樂部、室內溫水游泳池、兒童戲水池與男女三溫暖等休閒設施位在 10 樓，營業時間從上午 07：00 至晚上 10：00，攜帶房卡辦理登記就能使用。

操作標準：與旅客同行，可乘搭客用電梯。
陪同旅客至房間途中，可介紹旅館設備設施，但不得詢問旅客隱私。

經驗分享：常客可省略介紹旅館設備設施，改為閒話家常。

5. 行李放置定位，並與旅客確認數量無誤。

操作標準： 逐一將行李輕放於行李架上，若有西裝則套上衣架吊掛於衣櫥內（圖5-10）。

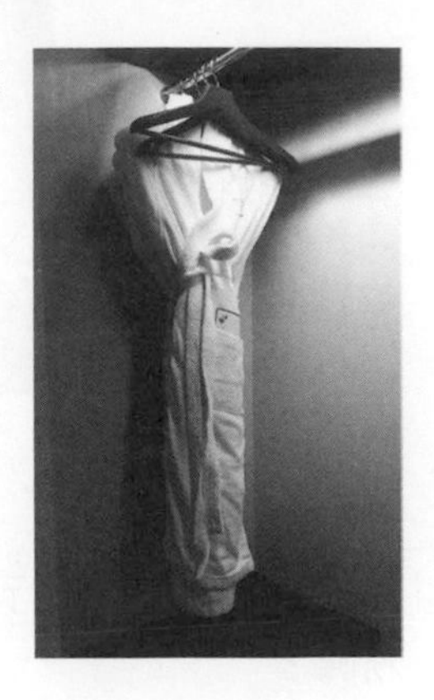

圖 5-10　旅客西裝放置處。（作者提供）

口述範例

行李總共〇件，已放在行李架上，請確認。

6. 介紹房間設備、緊急疏散的方向與位置。

操作標準： 介紹重點著重

- 客房主要電源開關（圖 5-11）。
- 冷氣、電視與咖啡機（圖 5-12）操作。
- 緊急疏散動線與逃生設備（圖 5-13）。

? 動動腦

如何介紹房間設備？

如何介紹逃生口位置？

▲ 圖 5-11　客房主要電源開關。（作者提供）

▲ 圖 5-12　冷氣、客房電視的操作重點。（作者提供）

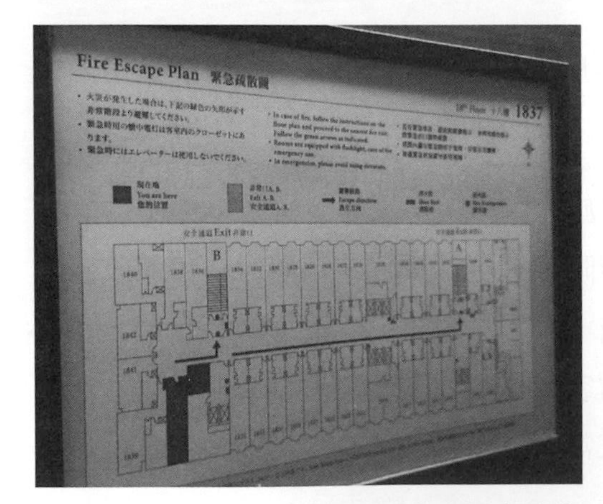

▲ 圖 5-13　介紹緊急疏散圖並針對緊急疏散做說明。（作者提供）

7. 向旅客道住宿愉快，退出客房。

操作標準：態度誠懇且口齒清晰的應對。

口述範例

王〇〇祝您住宿愉快！

8. 返回服務中心，登記在旅客遷入登記本。

操作標準：取出旅客遷入登記本，依部門作業規定，寫明各項資料與前往客房的時間。

文字範例：12 / 27 R-1016 王〇〇 C / I，16：30 行李箱 2 件送房 by Johnson。

2. 團客：團體行李因配合行程，一般會先運送至旅館存放。服務中心若能隨時掌握導遊或領隊的行蹤，則有利於在團體抵達前，安排足夠的人力支援行李清點與運送。團體入住之行李運送服務的步驟說明如下：

1. 引導旅客至團體入住辦理櫃檯。

操作標準：請團體旅客在等候區稍後片刻，勿讓旅客自行上樓。

經驗分享：團員未集結在大廳易造成混亂，影響導遊辦理住宿登記與注意事項說明。

口述範例

請各位在大廳稍候，待會導遊辦理完住宿登記手續後，我再引導大家搭乘電梯。

動動腦

如何避免團體旅客自行上樓？

2. 從遊覽車搬下行李，並逐一掛上行李標籤。

操作標準：1 件行李掛上 1 個行李標籤。

經驗分享：下行李前先禮貌詢問導遊或領隊團客的行李數量。

口述範例

請問本團行李總數量是？

動動腦

行李數量不符如何處理？

3. 清點數量，並請導遊或領隊確認。

操作標準： 數量有出入，須立刻與導遊或領隊確認，並找出原因。

經驗分享： 除非導遊或領隊同意，行李員不應同意團員個別取走行李。如獲得領隊同意，服務中心僅負責運送剩下的行李，不再對總數量負責。

口述範例

總共有○件行李。

? 動動腦

馬上要辦理入住登記的團體，需要覆蓋行李網嗎？

4. 行李放置於服務中心的行李暫放區，等待團體旅客辦理入住。

操作標準： 因團體辦理入住登記的作業時間不長，不用覆蓋行李網。

經驗分享： 即使團體行李已覆蓋行李網，暫存在行李區（圖 5-14），仍須時時注意並避免閒雜人等靠近。

圖 5-14　暫存行李區並覆蓋行李網的團體行李。（作者提供）

5. 向櫃檯接待處取得團體名單與房號一覽表。

操作標準： 房號若不清晰，應再查詢、確認。

6. 核對行李標籤，並寫上正確房號。

操作標準： 將同房號或同樓層的行李放在一起（圖 5-15），方便運送至客房。

圖 5-15　同一團體行李放同一行李車，方便運送。（作者提供）

7. 行李無上標籤或標籤上的房號查無對應房號，須轉交導遊或領隊協助處理。

操作標準： 導遊或領隊無法處理，則放置服務中心待領，不可隨意送至客房。

? 動動腦

無標籤的行李如何處理？

8. 按所查房號逐一將行李送至客房。

操作標準： 行李依標籤上的房號送入客房，如旅客在房內，應請其再確認一次；如不在房，則請房務人員協助開啟房門。

? 動動腦

行李如何正確送房？行李送房時，房客不在怎麼辦？

9. 返回服務中心，確實登錄行李送至客房的各項資料。

操作標準：取出團體旅客遷入登記本，依部門作業規定，寫明各項資料如行李件數、行李送房的時間。

（二）遷出的行李運送服務

服務中心發現旅客拉著行李走出電梯時，須主動上前招呼旅客，協助提取行李並指引前往出納櫃檯辦理退房結帳。禮貌詢問是否需要寄存行李或搭乘計程車，並等候旅客辦理結帳。

旅客如需行李寄存服務，則依行李寄存標準作業告知旅客，並請旅客妥善保管收執聯。旅客領取行李時，必須確認收執聯無誤，才可將行李交付旅客。

一如入住作業，旅客退房遷出時的行李運送服務，亦可分為散客與團體旅客兩大類。當櫃檯接待或服務中心接獲房務部領班或房客電話通知，需提供退房遷出的行李運送服務時，其步驟說明如下：

1. 散客

?動動腦

如何知道旅客需要下行李的服務？

1. 接獲通知下行李服務。

操作標準：取出旅客遷出記錄本，依部門作業規定，寫明各項資料與前往客房的時間。

文字範例：12/29 R-1016 王○○ 11：10 下行李，行李箱 2 件 by Kane。

經驗分享：下行李服務通常由房客電話通知，或是客務部與房務部轉知。

2. 將房號填在退房行李標籤上。

操作標準：依房客指示的時間，攜帶行李標籤準時前往客房。

? **動動腦**
如何前往客房？

3. 即時前往客房。

操作標準：搭乘員工專用電梯。

經驗分享：依行李數量使用合適的行李車（圖 5-16）。

圖 5-16　由右至左依序為 U 行行李車、金頂行李車、手推行李車。（作者提供）

? **動動腦**
到客房協助下行李服務頭，退房行李標籤應放置何處？

4. 將退房行李標籤掛置於客房門把上，行李車停妥於客房門邊。

操作標準：再次確認房號與退房行李標籤記錄的房號是否一致。

口述範例
Bell Service。

? **動動腦**
按門鈴的正確流程？
第一次按門鈴後房客未開門怎麼辦？

5. 按門鈴，輕喊「Bell Service」。

操作標準：門鈴輕按 2 下，稍候約 15 ～ 20 秒，若房客未應門，再輕按第二次。

6. 房客開門後，確認行李數量，並逐一取置行李車上。

操作標準：行李應由重而輕，由硬而軟，由下而上疊放。易碎品尤應小心，可貼上「易碎物品」貼紙，或請房客自行攜帶。

口述範例

您好，我是○○○，為您提供行李服務。請問有幾件行李？

○件嗎？

請問有易碎、不可搖晃、不耐撞的物品嗎？

左邊的第一箱嗎？

?動動腦

如何正確的將行李擺置於行李車上？

7. 再次提醒房客別遺忘其他物品，且告知房客行李後續的運送作業。

操作標準：再次提醒房客確認是否還有遺落物品，取得房客同意，可幫忙再檢視 1 次，並告知房客行李會送到服務中心。

口述範例

您的行李將會送到 1 樓服務中心，離開前請記得帶好您的隨身物品。

?動動腦

如何避免旅客遺忘東西在客房？

8. 鞠躬致意，退出房間。

操作標準：輕聲帶上房門。

口述範例

祝您有個愉快的一天！

9. 返回服務中心，登錄旅客退房記錄表。

操作標準：取出旅客退房記錄表，依部門作業規定，記錄各項資料與離開客房的時間。

2. 團客：團體旅客遷出之行李運送，須依導遊或領隊指示的時間，提前至客房收取行李。行李上車前，須再次請導遊、領隊或旅客確認行李數量是否無誤。全部行李皆運送上車後，須請導遊或領隊在團體旅客名單簽名確認。團體旅客遷出之行李運送服務的步驟，說明如下：

1. 拿取團體旅客名單，複查確認團號後，將名單貼在行李車上。

 操作標準：以電腦查核所有名單，以免房號已更動，而團體旅客名單未修正。

? **動動腦**
如何複查團體？

2. 依團體旅客要求的下行李時間，至客房收取行李，並逐一登記各房間的行李數量。

 操作標準：根據團體旅客名單，逐一至客房門口收取行李。

 經驗分享：團體旅客通常會在下行李時間前，將個別行李放置於客房門口。

? **動動腦**
一般團體行李會放置於何處？

3. 返回服務中心，記錄在團體退房記錄表上。

 操作標準：行李放置服務中心行李暫放區，團體若未立即離開旅館，應使用行李網覆蓋，並標註團體名稱，以免誤取。

 經驗分享：即使團體行李已覆蓋行李網，暫存在行李區，仍須時時注意並避免閒雜人等靠近。

? **動動腦**
團體行李收取後應如何處理？

4. 與導遊或領隊確認收到的行李總件數。

 操作標準：確認無誤後，請導遊或領隊簽名，如發現有破損，應立即反映。

 經驗分享：櫃檯接待應於團體旅客離開旅館前，核對是否已結清全部帳款。

口述範例
張導遊您好，總計收到行李共○件，請確認並在這簽名。

? **動動腦**
如何與領隊或導遊核對行李？

不論是辦理入住登記或退房遷出，執行行李運送須小心裝卸旅客的行李，並特別注意任何貴重、易碎或冷凍冷藏物品。當行李超過一件時，須使用行李手推車，並與旅客確認總件數及使用適當的行李標籤標記行李。寄存的行李須有人看管，發還時須確保旅客收到正確的行李件數。

四 行李寄存服務

行李寄存服務是因應旅館無法延遲退房，或旅客退房結帳後仍有其他行程或活動，致使行李需要短時間寄存或數日後再領回。

大多數具有規模的旅館會提供行李寄存服務，行李的保管規定各旅館有所不同，接受寄存時，須向旅客說明相關規定，包括寄存物品的內容、逾期未領件的處理等問題。

行李標籤的功用

行李的運送與寄存皆需使用行李標籤或行李吊牌。行李標籤僅在旅客住宿期間發揮功能，最多使用至旅客入住下一間旅館或結束旅程時。

服務中心通常會根據行李識別的需求，將行李標籤以鬆緊帶套製成，作為識別散客、團體、入住、遷出、行李寄存等之用途。

除行李識別、方便行李運送作業等功能外，行李標籤亦可作為行李拾獲送回與行李遺失賠償的依據，同時也可以透過精美的行李標籤設計，吸引旅客的目光，達到宣傳的目的。

關於行李寄存服務的步驟說明如下：

口述範例

1016號房王〇〇，行李箱2件要寄存到今天晚上9：00再回來領取。

?動動腦

收下行李後，應做哪些工作？

1. 確認旅客身分，收下行李，並掛上寄存行李標籤，寫上房號與件數。

   操作標準：確認行李總件數，詢問是否有貴重與易碎物品。繫上行李寄存標籤。超過一件以上的行李須以緞帶或行李繩綁在一起。

   經驗分享：貴重物品旅館不負保管責任，須婉轉請旅客自行隨身保管。易碎物品外部以字條註明「易碎品」並黏貼或固定在物品外明顯處，提醒小心注意。要冷凍或冷藏的物品，須另外掛上一張行李寄存吊牌，並註記存放地點，以利辨識。

口述範例

王〇〇這是您的行李寄存卡，須憑卡才能領取寄存行李。

?動動腦

寄存行李標籤如何處理？

旅客退房記錄表上應記錄哪些事項？

2. 寄存行李標籤上須清楚寫上房號與件數、行李特徵及預訂領取時間，並將收執條交付旅客。

   操作標準：行李寄存標籤的上聯繫於行李上，下聯交予房客，並提醒須憑下聯至服務中心領回（圖 5-17）。

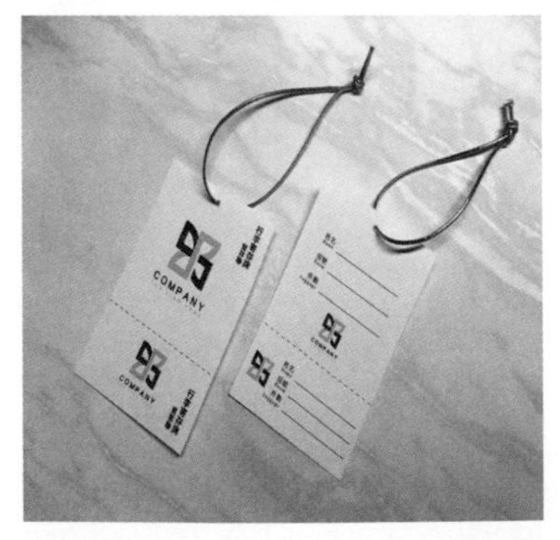

圖 5-17　上聯繫於行李上，撕下下聯交予房客，請房客憑下聯至服務中心領回。

3. 在旅客退房記錄表上登錄。

操作標準： 取出旅客退房記錄表，依部門作業規定，清楚記錄房號、收取時間、行李件數、預定領回時間及行李員姓名。

文字範例： R-1016 王○○上午 10：30 C/O，寄存行李箱 2 件，預定今天晚上 9：00 領取 by Kane。

4. 依寄存時間的長短分別放置。

操作標準： 短時間或當天的行李寄存，放置在服務中心行李暫存區或行李車上。一天以上的行李寄存，則移往行李庫房，放置在規劃好的寄存位置。

經驗分享： 行李庫房應以層架設計，並規劃區分為短期寄存、長期寄存、隨身行李、行李箱等寄存區，以及輪椅、單架、行李推車等設備放置區。

? **動動腦**

旅客寄存行李應放置何處？

旅館是否提供行李寄存服務取決於個別旅館行李寄存的政策。多數旅館會提旅客入住前或退房後的行李寄存服務。即使不是住宿旅客，有些旅館仍很樂意提供安全、實惠且方便行李寄存服務，但每件行李每天需要支付少量固定的費用。

此外，旅客於入住的數日前，已將行李寄送至旅館，行李寄存的步驟與退房後的行李寄存作業稍有差異，主要在於是否有預訂房記錄。有預訂房，訂房員會在客務管理系統註記「已有行李○件寄達，存放於行李庫房」，其他步驟則與一般旅客行李寄存服務的步驟雷同；若無預訂房，因各旅館作業不一，無一定標準，如何因應寄存服務需求，則需更謹慎。

結語

也許有人會對「在科技盛行的現代，完善的電信服務設備無法取代真人提供話務服務」抱持疑問。事實上，即使在人手一機的現代，旅館的話務部（組）仍未被淘汰。但在科技技術的發展與應用下，先進的電信通訊設備已大幅減輕了話務員的責任和工作量，例如大部分旅館的客房電話機提供按鍵服務、來電等候和國際直撥功能；住客能自行撥打客房之間的電話及外線電話；語音信箱功能使得留言不再需要由話務員記錄，只需開啟客房內的留言燈；電話計費系統不但能自動轉換計費，還能分別計算出各類電話金額，並加以統計通話總帳；電話帳務系統則與客務部帳務系統連接，自動將電話費匯入住客帳戶中，減少櫃檯接待員可能誤收電話費的問題。此外，愈來愈多國際等級服務的旅館會在客房內提供具備傳真、列印、影印及掃瞄等多功能的事務機器，擔負起留言與傳遞旅館訊息通知的責任。經與話務的電信設備整合後，旅客在旅館可擁有專用電話號碼，從客房內收發各項訊息，使客房的功能更接近個人辦公室。

服務中心機場接待服務的對象以有事先訂房及接送機的旅客為優先，在臺灣，由於交通便捷，旅客多會自行開車、搭乘大眾運輸工具，或由當地企業負責接待，使得旅館接送服務需求減少。加上旅館用人成本日益增高，未具規模或是提供經濟等級服務的旅館，聘請專責機場接待員不符效益。因此，有些旅館的機場接待會兼具駕駛與門衛或行李員的角色，或與轎車租賃公司簽署旅客接送服務契約，以降低人事的成本。服務中心禮賓員以足智多謀與能提供旅客客製化服務聞名，優秀的禮賓員要不斷增廣見聞與嘗試新體驗，以確保推薦的商品與服務最優質，還應具備多國語聽說能力。但部分配置禮賓員的旅館未充分發揮客製化服務功能，不利旅客區分訓練有素的旅館禮賓員與其可提供的幫助。

參考資料來源

1. 羅弘毅與韋桂珍（2019）。**旅館客務管理實務**。新北市：華立圖書。
2. 龔聖雄（2020）。**旅館客務實務（上）**。新北市：翰英文化事業有限公司。
3. 胡文申（2016 年 5 月 16 日）。**五星級金牌門衛牢記熟客 20 年始終如一**。TVBS 新聞網。https://news.tvbs.com.tw/life/561301。
4. 王一芝（2014 年 9 月 5 日）。**50 位金牌服務員六大特質贏得掌聲**。遠見雜誌。https://www.gvm.com.tw/article/19608。

CHAPTER 6

櫃檯接待作業與客務服務

櫃檯接待是旅客入住的第一個環節，透過客務部精心安排，以確保旅客有一個良好的入住體驗。這章節我們一起學習櫃檯接待服務的範疇與類型、旅客入住前的準備工作、分配和安排客房、為旅客辦理入住登記、接待 VIP 旅客，以及當客房狀態有差異時的處理與控管。另外，服務客群的需求愈來愈多元，使服務產品的推展愈來愈受重視，並因應而產生各種不同的規劃，都是相當重要的學習重點！讓我們一起成為櫃檯接待大師，提供旅客無微不至的客務服務吧！

學習重點

1. 櫃檯接待作業
2. 客務服務
3. 商務服務

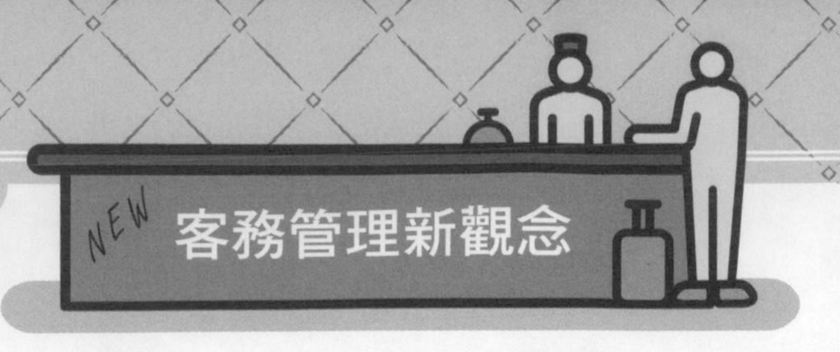

人臉辨識技術的優勢和隱憂

在隱私與保護、公平和安全之間，要怎麼取捨？

人臉辨識（Facial Recognition）是生物辨識技術的一種，運作原理係以向量方式擷取臉部特徵信息，進而與事先登錄的臉孔特徵值進行身分比對與鑑別。人臉辨識是旅館常見的智慧應用之一，除了能提供精準的顧客資料分析，與增進消費者的住宿體驗外，更可以提高住宿安全，及節省人力與時間成本。人臉辨識在旅館業的應用，包括：

環境安全與門禁考勤管理

在旅館受安全保護的地區，比如：員工出入口、客房、客房樓層電梯、健身房、游泳池等區域，偵測是否有未授權人士進入，用以有效控管人員與供應商等的進出，加速身分備查流程與通行效率，亦可達到門禁考勤管理的目的。另外，運用在旅館大廳、停車場、客房走廊、逃生梯、庫房或機房等公共場所，還可以達到身分識別與監控環境安全的目的。

零接觸、零打擾的支付場域

辦理住宿登記與退房結帳付款，不僅是住宿體驗中最容易傳遞病菌的環節之一，且通常對於住宿者來說也是最不愉快的。若將人臉辨識技術整合到住宿登記與退房結帳的流程中，客務部僅需取得旅客同意，便可將旅客個人與付款資料儲存於資料庫中，當旅客進入旅館消費時，無需攜帶錢包，透過人臉辨識技術即可進行身分辨識與確認，完成住宿登記與退房結帳。不僅可以減少實體接觸和病毒傳染的風險，還可以即時掃描顧客臉部進行驗證和付款，可大幅降低信用卡遭冒用詐騙之風險，提升付款流程的效率。

客製化消費體驗

人臉辨識技術具有識別旅客身分、記錄住宿偏好或限制功能，且在常客進門時，便能立即顯示 VIP 標籤，使常客享有旅館提供的額外優惠和服務。此外，透過旅館攝影機的人臉辨識即時資訊，也可統計館內人流分布與辨識消費者的情緒反應，並分析年齡範圍、性別及臉部表情，協助彙整資料、洞悉顧客行為偏好，進而提升顧客的住宿體驗。

人臉辨識技術同時還提供了一個更安全且節省營運成本的解決方案，旅客不需要房卡即可入住客房，免去外出時隨身攜帶鑰匙的麻煩，客務部也不再需要因房卡遺失而重複購買，大大降低房卡設備的維護管理費用。

人臉辨識雖然有許多的用途與優點，但仍非完美系統，也衍生了許多資訊安全與隱私問題，加上現時的人臉辨識並非十分精確，系統的演算法技術準確性相對較低，較容易出錯、缺乏相關法律和道德標準、具有侵犯隱私權的討論，以及不肖者濫用等，特別是應用在人權的犯罪防治工作時，易引發糾紛。

旅館櫃檯接待採用人臉辨識技術的優勢和潛在隱憂？

用人性溫暖，包裹理性 SOP

「消費者購買的不只是旅館客房，而是完整的住宿體驗，客房只不過是一種載體。」也就是說，客房只是構成完整住宿體驗的介面（Interface）、接觸點（Touchpoint）。完整住宿體驗是從旅客撥電話訂房諮詢，到退房結帳後的意見函回覆，每個環節很大程度都是感性層次的消費，需透過旅館營造的環境氛圍感染顧客，讓顧客感受服務溫度，並形成良好的互動體驗。有溫度的客務服務經常是主觀的體驗，較難以客觀標準描述，使員工與顧客對「有溫度的客務服務」有很大的期待落差。其實，「想」和「做」再多一點，就是有溫度的客務服務，會讓旅客產生親切感、熱情感、樸實感、真誠感。有溫度的客務服務應該做到：

有求必應、有應必答

急顧客之所需，想顧客之所求，認認真真地為賓客尋一個圓滿的結果或答覆，即使旅客提出的要求不屬於崗位範疇，也應主動與有關部門聯繫，確實按顧客要求認真辦妥。

積極主動、熱情耐心

客務服務思維「力求旅客完全滿意」，處處主動、助人為樂、未雨綢繆。要待客如親、初見如故、面帶笑容、態度和藹、言語親切、熱情誠懇。不管工作多繁忙、壓力多大，都保持不急躁、不心煩，鎮靜自如地對待旅客。

細緻周到、文明禮貌

要善於觀察旅客，從神情、舉止發現旅客的需要，把握客務服務的時機，服務旅客於未開口之前。應具備良好文化修養、談吐文雅、衣冠整潔、舉止端莊，待人接物不卑不亢，並尊重不同國家、不同民族的風俗習慣，與不同宗教的信仰和忌諱。

卓越的客務服務是「以人為本」。雖然客務部作業有一套服務 SOP，照流程走即可確保一致性的服務水準。但在嚴格的規範下，流於形式的服務反而易使旅館品牌僵化且冰冷。客務部在設計服務流程時，應善用同理心、觀察力與機智，以「感受到客務服務的溫度」為目標，有「想為旅客多做一點」的心意，杜絕推託、應付、敷衍、搪塞、厭煩、冷漠、輕蔑、傲慢，以及無所謂的態度，就能讓客務服務更有溫度。

第一節
櫃檯接待作業

在學習本節後，能進一步認識並了解：

1. 櫃檯接待的服務範疇與組織架構
2. 住宿登記的程序
3. 入住登記前的準備工作
4. 客房狀態的差異與控管
5. 客房的分配與安排
6. VIP 接待作業

櫃檯接待是旅館客務部轄下非常重要的單位之一，每一位入住的旅客都會在住宿停留期間，與櫃檯接待員有面對面的交流或聯繫，以尋求協助。

一 櫃檯接待的服務範疇與組織架構

櫃檯接待普遍譯為「Reception」或「Front Desk」，是將行銷業務部、房務部、訂房部（組）等單位的前置準備作業，以最簡潔且有效率的方式，及親切有禮的態度，呈現在旅客面前，並銜接後續的服務，直到旅客退房結帳。

櫃檯接待一般會依據訂房要求綜理旅客住宿登記相關活動，於旅客抵達旅館時，完整呈現客房的準備，例如迎賓、入住登記、客房分配、房價確認等，並與旅客簽訂住宿合約。在旅客住宿期間，提供旅客所有事務性服務，包括一般性諮詢、保險櫃租用、錢幣兌換、商務服務、收集旅客偏好訊息等；於旅客遷出時，負責退房結帳、創建和維護旅客歷史資料等；訂房部（組）下班後，延續訂房服務的提供。

櫃檯接待依工作性質，可分為接待、出納、商務中心等組，若旅館的規模愈大、提供顧客的服務愈細緻，則可能會在轄下增設大廳副理一職。（圖 6-1）

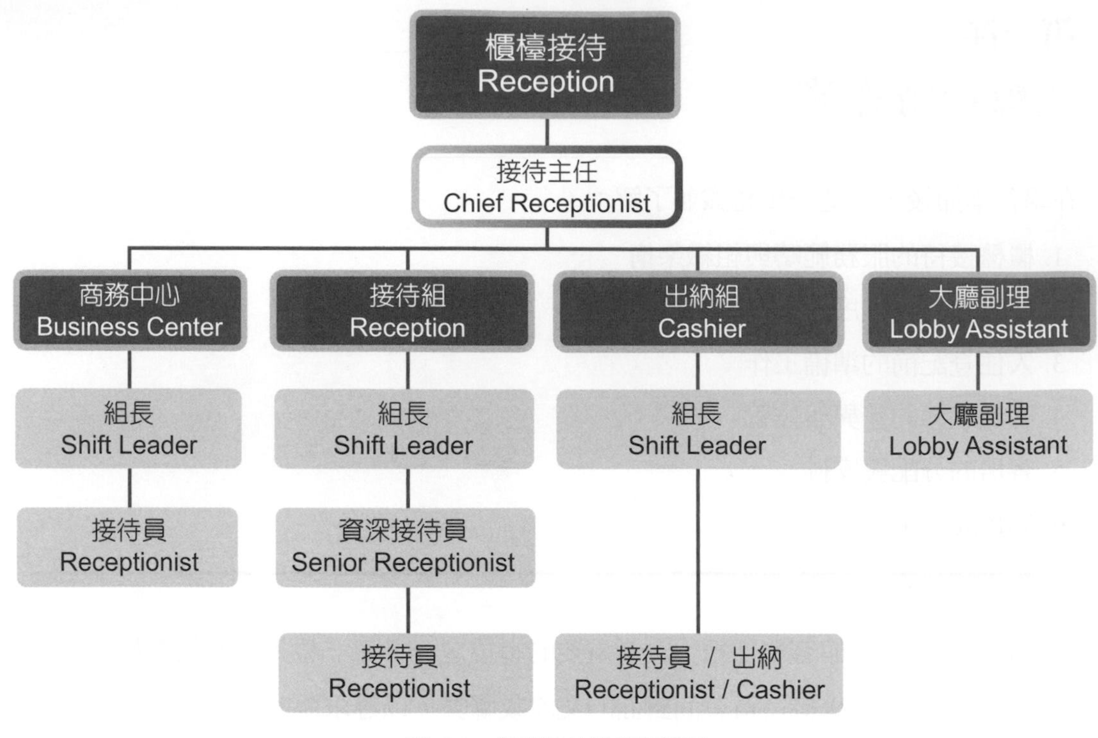

圖 6-1 櫃檯接待組織架構圖

二 入住登記前的準備工作（Pre-registration）

入住登記前的準備工作，是旅館顧客服務循環中最重要的階段之一。為了縮短辦理入住登記的作業時間，落實旅客的訂房要求，並確保住宿停留期間服務的順暢，櫃檯接待會在已事先訂房的團體、VIP 旅客或散客抵達的前一天或當天上午，印製旅客抵達清單（Arrival List），並根據訂房請求完成住宿登記前的準備工作，包括：準備歡迎信、製作入住登記卡、客房分配安排、確定房價、建立住客帳戶、更新旅客資料及其他交辦事項。事先完成旅客入住登記前準備工作的優點，有：

1. 可以根據訂房資訊與旅客歷史資料，從櫃檯接待系統中產生入住登記卡，旅客只需在辦理入住手續時，核對與確認資訊，無須再依據登記卡逐筆記錄，有助於加速辦理入住登記的過程。

2. 可以為所有事先訂房的旅客，提供客房安排的服務，並根據預訂房時的偏好分配客房，例如：遠離電梯、高樓層、面向游泳池等。也可在預先分配的客房內，依據喜愛要求保留設施，例如：燙衣板、多功能事務機器、麻將桌等。
3. 旅客的特殊要求可在抵達前做好準備。如果無法安排旅客預訂的客房類型，須備妥替代或升等客房。
4. 可以提前準備好團體的客房鑰匙和旅客抵達清單，以便順利辦理入住手續。或配合團體要求，提前移除迷你吧內的飲品和零食。如果團體的行李提前到達，也可以在辦理入住手續前將其放置在客房內。
5. 若為 VIP 的訂房，可以事先通知相關部門做好迎賓準備，例如：花環、香檳、水果籃等。值班經理或客務部經理在 VIP 抵達前，檢查客房是否準備妥當，以確保提供優質的住宿體驗。

三 客房的分配與安排（Room Assignment and Arrangement）

客房分配與安排簡稱排房（Room Assignment）作業，是旅客辦理入住登記前的重要工作程序。完成訂房或訂房確認，只是已預訂了特定時間的客房類型，但旅館尚未為旅客分配客房。

由於客房的類型、訂房的來源與通路繁多，加上客房庫存管理複雜，使得如何為旅客安排合適的客房，成為櫃檯接待的重要日常任務。排房作業涉及特定客房的可用房間分配，櫃檯接待多半於旅客抵達的前一晚或住宿日當天上午，須依旅客抵達清單與訂房資訊，以客務管理系統的客務接待模組，為訂房旅客安排房間。

旅客抵達清單產生與用途

旅客抵達清單通常是根據訂房記錄上的日期產生，即抵達日期的前一天或當天上午產生，必須是最新的時間。但團體、VIP 或行動不便、需要特別關注等狀況的旅客，旅客抵達清單會提前幾天產生，因為這些類型的旅客可能需要更多的準備工作，必要時，櫃檯接待會複製旅客抵達清單並提送相關部門，例如：提供清單給房務部，以利提前準備與擺設水果；餐飲部提前準備餐飲酒水；行銷業務部安排重要企業主管入住的迎賓事宜等。

訂房小常識－

預留房（Blocked Room）

指某間客房已在某時段保留給某位旅客，不可以再租售給其他人。是旅館內部掌握的客房，對一些大型團體、國際性會議等，旅館需要提前為他們預留所需的客房。此外，有些旅客尤其是常客，在訂房時常常會指明要某個房間，或處於某個位置、具有某種景觀的客房時，也要預留符合條件的客房，例如無障礙客房、高樓層房、雙號房、面海景客房、指定房號等。

櫃檯接待執行排房作業時，須依訂房雙方的約定與旅客特點及輕重緩急進行排房，也需了解每間客房的型態與價格、當前入住的狀態、客房位置、家具和設施，以便最大程度地滿足旅客的要求。常見的排房順序為：

團體旅客 → **重要的貴賓、常客及特殊要求的旅客** → **已付訂金或保證金旅客** → **要求延長住宿的房客** → **有準確抵達航班編號或抵達時間的訂房旅客** → **一般訂房旅客**

愈是以客為尊的旅館，排房通常會考慮旅客的心理、身分、社會地位、住客人數、旅客間重疊的停留期、客房升級要求，以及對未來預訂房可能的影響等，而不是以當天櫃檯接待員的個人風格為排房考量。

客房安排得宜，不僅會令旅客感到貼心滿意，提高旅館的形象，增強旅客對旅館的忠誠度，房務部的工作也會因此運轉順暢。排房的基本原則包括：

1. 家庭聚會、商務會議、婚禮等團體旅客，應安排在同一樓層、同一區域，或彼此靠近、同一標準的客房，且儘量為雙人房，以利旅館或導遊、領隊管理。
2. 重要貴賓的服務作業，首重嚴密的安全保衛措施，所以設備、環境等都須處於最佳狀態。同一間企業的旅客住宿，若已知賓客職稱，排房時須依職位高低，由高樓層向下排房。
3. 新婚夫妻應安排在安靜的客房；老年人、傷殘人或行動不便者，應安排在較低樓層、靠近電梯口，或無障礙的客房；家族旅行者可以安排連通房或相鄰客房；單身女性不可安排連通房。

4. 旅客有特殊要求，例如：加床、面海景等，在旅館條件允許下，宜合理安排客房。無行李或有跑帳嫌疑的旅客，須儘可能安排在靠近樓層服務檯的客房。
5. 風俗習慣、宗教信仰不同，或敵對國家的旅客，應分樓層安排，並注意樓層別、房號等宗教或風俗禁忌，例如：華人忌諱 4，偏愛 6、8、9；基督徒對數字 13 的禁忌；日本忌諱 4、9，但偏愛奇數。

另外，房型大小與格局、房間位置與景觀、床的尺寸與數量、樓層高低、備品多寡與優劣、特殊設計、房價等，也是常見服務需求。一旦旅客的要求得到應允，該房型即需被保留至約定抵達的時間，若房型數量有限，訂房部（組）接受訂房當下，應立即由客房預訂模組執行預留房作業。

排房前的思考並繪製理想的排房分布

位於新竹縣關西鎮的「六福莊生態度假旅館」，是亞洲第一座以自然生態與草食性動物為景觀設計的度假旅館。旅館有 162 間仿非洲狩獵風格的客房，平均分布在在斑馬館和長頸鹿館，擁有大片觀景落地窗，可以看見各式非洲放養草食性動物，如：長頸鹿、白犀牛、斑馬、北非髯羊、環尾狐猴及蘇卡達陸龜等，住宿貴賓可近距離和動物接觸，一同感受野生動物活動的氛圍，是一間學習愛護生態，實踐綠色環保概念的旅館。

圖 6-2 是整座生態度假旅館的空間規劃示意圖。假設今天預定住宿的訂房狀況，包括：團體 70 間、家庭旅遊 40 間、VIP 貴賓 8 間、新婚夫妻與情侶 16 間、行動不便者 3 間，以及獨自旅行的女性 6 間等，除團體外，其他旅客彼此互不認識。

你是旅館的櫃檯接待主任，請在圖 6-2 依上述訂房狀況，劃出理想的排房分布，並逐一說明排房的考量為何。

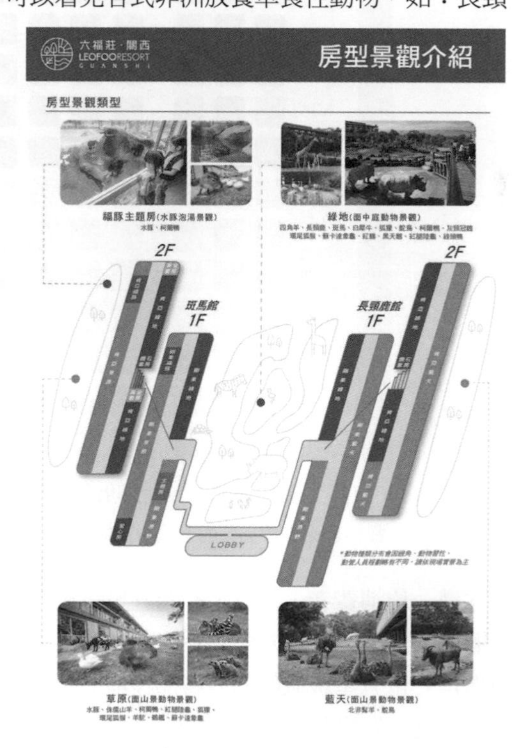

圖 6-2　六福莊生態度假旅館空間規劃示意圖

飛機可以自己選機位，旅館適合旅客自己選擇客房位置嗎?

不同航空公司在旅客完成訂位與付款後，可依據預訂的客艙與票種，提供乘客可免費或付費預先選位之優惠。例如：新加坡航空公司的「頭等艙或商務艙可免付費選位；優選經濟艙旅客可付費選擇 Extra Legroom Seat；經濟艙旅客須依預訂票種，選擇免付費或付費預先選位」。以圖 6-3 說明座位分區：

Extra Legroom Seat：擁有更多腿部伸展空間，且座位之間的間距更寬，乘坐更舒適；旅客必須符合特定要件才能選擇該座位；這些座位通常位於緊急逃生出口區。

Forward Zone Seat：靠近機艙門，可優先下機。

Standard Seat：經濟艙其他座位。

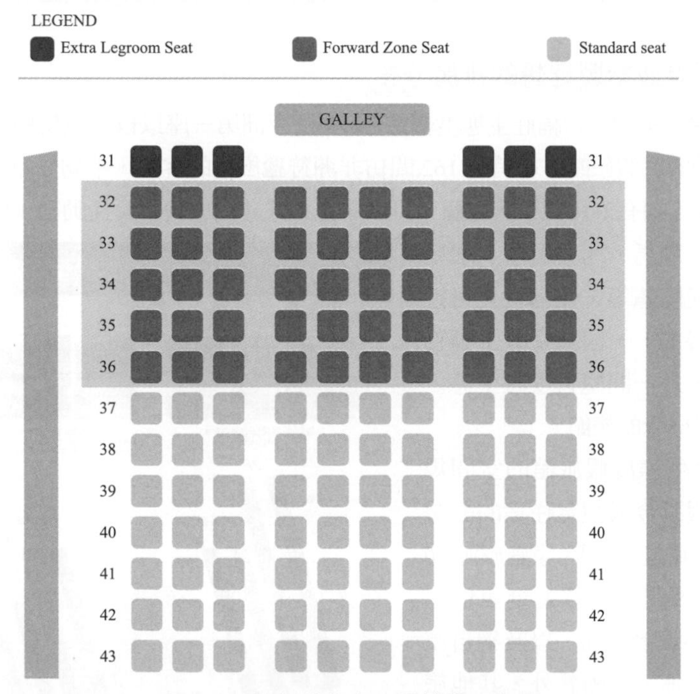

圖 6-3　新加坡航空公司機位示意圖

資料來源：新加坡航空公司官網

假設你是一位消費者，預訂了一間五星級旅館，也完成了付費，你是否會希望可以自己上網選擇客房的位置，為什麼？

假設你是一位五星級旅館的客務部經理，你是否會希望旅客可以自己上網選擇客房的位置？請說明你的考量為何？

四 住宿登記的程序(Registration Process)

住宿登記是櫃檯接待與旅客互動的關鍵時刻之一,是為旅客入住之前、住宿期間及退房結帳之後,提供服務的基石。住宿登記的程序,包括:迎賓引導、查詢訂房資訊、住宿資料登記、分配與安排客房、確認客房狀態與房價、取得信用保證、促進額外的客房銷售,以及建立旅客帳戶等,這些程序通常會在幾分鐘內完成,也可能費時許久,端視入住登記前的準備工作、櫃檯接待服務的效率,以及旅客的問題回覆狀況而定。

(一)住宿登記的目的

住宿登記作業因旅館政策差異而略有不同。住宿登記的目的,主要是為了確保旅客住宿與交易的安全。同時,住宿登記卡也可視為房客與旅館間的住房租賃契約,明確提列雙方的權利與義務,且由兩造簽名確認。

櫃檯接待辦理住宿登記時,首要是營造一個溫馨的服務態度,然後請求旅客出示身分證或護照,以便登錄旅客的姓名、出生年月日、身分證或護照字號、地址等個人資料;其次,須和旅客再次確認住宿的退房日期、房間型態、房間價格、所屬公司名稱、退房結帳的付款方式等資訊。

旅客住宿登記過程,獲取正確且完整的資訊,可作為旅館各部門聯繫與提供優質服務的根據,是一系列的查核與溝通,確保雙方權益與交易能順利完成。

櫃檯接待小常識－

住宿旅館是否要向管區申報登記流動人口

過去住宿旅館時,根據《流動人口登記辦法》第三條第一款「外出住宿旅店、賓(會)館或其他供公眾住宿處所者,應向暫住地之警察所、分駐(派出)所辦理申報流動人口登記」,惟該法條已於民國97年9月9日廢止。而相關規定,另依據民國105年1月28日修正之《觀光旅館業管理規則》第19條執行,即觀光旅館業應登記每日住宿旅客資料,並須將相關資料保存半年,且旅客登記資料之蒐集、處理及利用,應符合《個人資料保護法》相關規定。因此,旅宿業者已不需將旅客住宿清單資料送交警察機關。

（二）住宿登記卡的內容

辦理住宿登記時，須填寫旅客住宿登記卡。旅客住宿登記卡是一份非常重要的文件，櫃檯接待可以從中獲取旅客的所有資訊，並以此為旅客提供服務、向旅客傳送信息、查核旅客信用，以及作為後續業務規劃與策略訂定的重要依據。

旅客住宿登記卡格式的設計各旅館雖有不同，但所需填寫的內容大致雷同，內容通常包括：旅客姓名、通訊地址、訂房公司、旅客國籍、到達時間和日期、預計離開日期、房間類型與號碼、住宿人數與房價等。（圖 6-4）

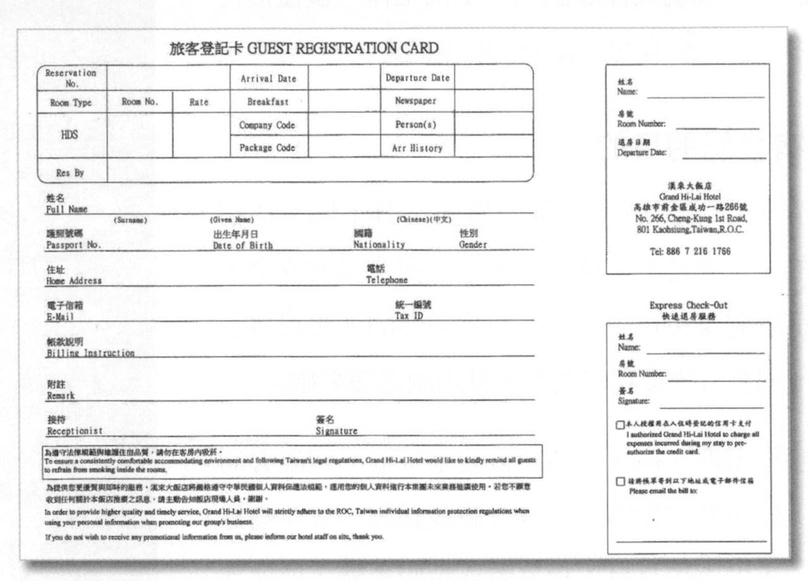

旅客登記卡 GUEST REGISTRATION CARD

Reservation No.			Arrival Date		Departure Date	
Room Type	Room No.	Rate	Breakfast		Newspaper	
HDS			Company Code		Person(s)	
			Package Code		Arr History	
Res By						

姓名 Full Name (Surname) (Given Name) (Chinese)(中文)

護照號碼 Passport No. 出生年月日 Date of Birth 國籍 Nationality 性別 Gender

住址 Home Address 電話 Telephone

電子信箱 E-Mail 統一編號 Tax ID

帳款說明 Billing Instruction

附註 Remark

接待 Receptionist 簽名 Signature

為遵守法律規範與維護住宿品質，請勿在客房內吸菸。
To ensure a consistently comfortable accommodating environment and following Taiwan's legal regulations, Grand Hi-Lai Hotel would like to kindly remind all guests to refrain from smoking inside the rooms.

為提供您更優質與即時的服務，漢來大飯店將嚴格遵守中華民國個人資料保護法規範，運用您的個人資料進行本集團未來業務推廣使用。若您不願意收到任何關於本飯店推廣之訊息，請主動告知飯店現場人員，謝謝。
In order to provide higher quality and timely service, Grand Hi-Lai Hotel will strictly adhere to the ROC, Taiwan individual information protection regulations when using your personal information when promoting our group's business.

If you do not wish to receive any promotional information from us, please inform our hotel staff on site, thank you.

姓名 Name:
房號 Room Number:
退房日期 Departure Date:

漢來大飯店
Grand Hi-Lai Hotel
高雄市前金區成功一路266號
No. 266, Cheng-Kung 1st Road,
801 Kaohsiung,Taiwan,R.O.C.

Tel: 886 7 216 1766

Express Check-Out
快速退房服務

姓名 Name:
房號 Room Number:
簽名 Signature:

☐ 本人授權用在入住時登記的信用卡支付
I authorized Grand Hi-Lai Hotel to charge all expenses incurred during my stay to pre-authorize the credit card.

☐ 請將帳單寄到以下地址或電子郵件信箱
Please email the bill to:

圖6-4　旅客住宿登記卡示意圖

（三）住宿登記的填寫

1. 散客住宿登記

填寫散客住宿登記卡首重旅客個人資訊登錄的正確性，姓名的正確拼寫有助於櫃檯接待員找到正確的旅客，而不至於錯過重要信息（特別是外籍人士的姓氏與中間名，譬如 Smith Thomas 還是 Thomas Smith，因為 Smith 是一個通俗的姓氏）。此外。精準掌握旅館內每位旅客的身分，才能落實執行各項標準作業流程，例如當房務員發現客房裡的人數多於登記住宿的人數時，須向櫃檯接待確認並提醒安全部保持警惕，以為全體住宿旅客提供安全的保障。散客住宿登記的步驟說明如下：

1. 旅客抵達旅館大廳時致意問候，引導並帶領到空的位子（櫃檯），介紹櫃檯接待員給旅客。

操作標準：態度熱情誠懇，而非機械式對話，招呼音量適中有精神。

經驗分享：引導過程應走在旅客前方約 1 公尺處，並隨時注意旅客跟隨的腳步。

口述範例

您好！歡迎光臨，我是〇〇〇，有什麼需要為您服務嗎？這位是我們禮賓接待專員〇〇〇，她將為您服務。

?動動腦

如何向旅客問侯致意?

2. 櫃檯接待員微笑問侯旅客，辦理住宿登記手續。

操作標準：應面帶微笑，以專業的態度向旅客致意，讓旅客感受到關注。

經驗分享：櫃檯接待應熟記今日預定抵達的常客與重要賓客名單，並能以正確的大名稱呼。

口述範例

您好，歡迎光臨，請問您是否有預訂房？

?動動腦

如何確認旅客的訂房?

3. 確認旅客是否有訂房。

操作標準：依旅客有無訂房有所異。

- 旅客有訂房：根據提供的訂房代號、姓名、訂房公司，查詢電腦與其核對訂房資料。
- 旅客無訂房：介紹旅館現有可供租售的客房類型及價格，確認房價、折扣、客房類型與退房日期。若無可供租售的客房，應向旅客致歉，並介紹附近同等級旅館，提供必要的協助。

經驗分享：櫃檯接待應掌握今日可供租售的房型，並依旅客需求給予最適當的建議。

口述範例

旅客有訂房

請問您訂房時登記的大名或訂房代號？

旅客無訂房

請問您需要的房間型態？

?動動腦

如何找出訂房卡？

4. 取出旅客登記卡，請其出示證件驗證。

操作標準：禮貌請旅客提供登記資料相關有效證件，例如：身分證、駕駛執照、護照。

經驗分享：外籍旅客須出示護照或居留證。

口述範例

○○○先生，麻煩您的身分證或駕照，我為您登記。

？動動腦

旅客出示有效證件的種類？

5. 抄錄旅客資料並再次確認住宿的客房類型、房價、住宿期間、贈送早餐份數等。

操作標準：即使已事先訂房，仍須再次確認。

經驗分享：抄錄旅客資料時，遇有不會念或寫的字須向旅客請教，務求正確無誤。

口述範例

○○○先生，您訂的房間是豪華客房，一晚為新臺幣 4,000 元，加一成服務費。
請問您住宿一個晚上嗎？

？動動腦

住宿登記卡需確認的旅客資訊？

6. 詢問旅客習慣閱讀的報紙。

操作標準：詢問旅客住房是否有其他需求。

經驗分享：住宿期間掌握旅客的習性愈多，愈有助於提供優質的服務。

口述範例

○○○先生，請問早上習慣看什麼報紙？

？動動腦

如何詢問旅客的需求？

7. 詢問旅客結帳付款方式，並預刷信用卡取得銀行授權或預收住房保證金。

操作標準：詢問旅客退房結帳、付款是否有其他需求。

經驗分享：未事先訂房的旅客登記程序與一般旅客大致相同，惟退房結帳的付款方式要特別注意，採現金結帳須預收住房保證金，並留下聯絡電話。

口述範例

○○○先生，請問結帳時需要打統一編號嗎？
○○○先生，請問退房時是刷信用卡或付現金？

？動動腦

如何詢問旅客的付款方式？

8. 請旅客在住宿登記卡上簽名。

操作標準： 完成住宿登記卡資料抄錄後，請旅客確認、簽名，即住宿契約已經雙方合議並成立。

經驗分享： 常見的旅客簽名包括正楷簽名、與信用卡上簽名一致等兩種樣式。

口述範例

〇〇〇先生，麻煩在這裡簽名。

? 動動腦

住宿登記卡簽名樣式的要求？

9. 填寫房卡、交付房卡及歸還證件。

操作標準： 取出事先備妥的房卡，填寫齊全後交付旅客，並說明用途，包括鑰匙卡使用方式、早餐時間地點、健身休閒場地的開放時間等。

經驗分享： 客房鑰匙卡交給房客前，務必確認客房狀態是 OK 房，避免 Double Check-in 或提供未清掃的客房。當日新增訂房的住宿登記卡尚未備妥時，可根據電腦訂房記錄以空白登記卡完成登記。

口述範例

〇〇〇先生，這是您的房卡，客房是 8 樓 928 號房，房卡使用方式是……。

這是早餐券，早餐時間是上午 6：30 到 10：00，在二樓〇〇廳。健身房、游泳池在 18 樓，開放時間從上午 6：30 到晚上 10：00，憑房卡登記就可入內使用。

? 動動腦

交付房卡與歸還證件？

10. 完成住宿登記手續並引導旅客前往搭乘電梯。

操作標準： 禮貌地引導旅客搭乘電梯，輔以手勢和微笑引導方向。

經驗分享： 引導過程應走在旅客前方約 1 公尺處，並隨時注意旅客跟隨的腳步。若有行李員隨側服務，可將房卡交予行李員，由行李員完成引導工作。

口述範例

祝您住宿愉快！

客房電梯這邊請！

? 動動腦

引導旅客搭乘電梯的要領？

11. 整理入住旅客資料，將登記資料輸入客務管理系統存檔，並建立旅客帳戶。

操作標準： 根據住宿登記卡抄錄的資料逐一輸入客務管理系統中。

經驗分享： 輸入客務管理系統內的每筆資料須檢查確認無誤。

? 動動腦

如何建立旅客住宿資料？

2. 團客住宿登記

團體旅客通常晚進早出且採團進團出模式，住宿登記與結帳退房皆由領團者辦理，對服務效率要求頗高，再加上團體旅客對住宿需求不如商務旅客大，所以辦理住宿登記時，僅需要旅客姓名、出生年月日、身分證字號、地址及聯絡電話，即可作為住宿登記和客房分配的依據，並以團體住宿方式處理以加快整個作業流程。團體旅客細項的個人資料，多數旅館並不會在客務管理系統做登錄與留存，甚至不為團體旅客建立旅客歷史資料檔。團客住宿登記的說明如下：

1. 取團體旅客訂房資料並核對內容，依訂房型態安排房間。

操作標準：核對訂房資料，注意有無特別要求。團體旅客房間儘量安排低樓層且同一層樓；導遊房可安排在不同樓層。

經驗分享：若同樓層同等級客房數不足，可請導遊建議或是根據旅客名單，將職務高者安排高樓層或升等。

?動動腦
如何安排團體房間？

2. 製作排房清單、房卡、早餐券及團體信封袋。

操作標準：依據排房清單上的住房人數，製作房卡，並將房卡與早餐券放入團體信封袋中，信封袋封面須寫上團體代號。

經驗分享：每房須以人數為計算單位。

?動動腦
如何計算鑰匙卡製作數量？

3. 確認團體旅客預定抵達的明確時間，並在訂房單上註明。

操作標準：訂房單註明抵達旅館的明確時間。

經驗分享：櫃檯接待須適時去電聯繫領隊或導遊，掌握確切抵達時間，以調整人力做好迎賓接待工作。

?動動腦
確認抵達時間後，應於何處清楚註明？

? 動動腦

如何確定客房已準備妥當？

4. 隨時注意房間狀態的變動

操作標準： 因排房時，有可能房間尚未退房，或尚未完成清掃，因此須客務管理系統核對團體旅客房間狀態，並隨時更新調整。

經驗分享： 為避免團體旅客提早抵達，房務作業未完成，所以需與房務部保持連繫，並告知預定抵達時間，以便房務員及早完成客房清掃。若有特殊房型要求，例如加床，需特別註記於團體排房清單。

? 動動腦

為何需要再次確認客房狀況？

5. 接近團體旅客抵達時間前，須再次確認房間狀況，並將所有入住登記資料準備齊全。

操作標準： 核對團體信封袋與房間數是否正確。確認房間是否為 OK 房。

經驗分享： 未整理好的客房，房卡須抽出放在櫃檯接待處或及早調整並通知領隊。

? 動動腦

如何得知團體到達？

6. 等待服務中心通知，前往旅館大門迎接，引導團體辦理住宿手續。

操作標準： 服務中心須隨時注意團體旅客是否提早抵達，櫃檯接待須於抵達前 10 ～ 15 分鐘至旅館大門外迎接。

經驗分享： 若為 VIP 團，須視其等級通知相關部門主管至旅館大廳迎賓。

7. 團體旅客抵達時，再次向領隊或導遊確定房間數量、旅客人數是否有變動，將團體信封袋交付領隊或導遊。

操作標準：與領隊或導遊當面清點團體信封袋內的房卡與早餐券數量，並簡單說明房卡的使用方法與客房內電話的使用方法，用餐的地點與時間。

經驗分享：儘速依團體排房清單辦理入住登記，以免入住的團體旅客無法撥打外線電話。若來不及辦理，可通知話務組依照團體排房清單，開啟客房電話線。

口述範例

○○○導遊，您好！這是團體的房卡，共 10 間客房，20 位住宿，正確嗎？
房卡的使用方式是……；
客房內電話撥客房請先撥 3 再加房號，外線電話先撥 0 再加電話號碼；
客房早餐券共 20 張，早餐時間是上午 6：30 到 10：00，在二樓○○廳。

?動動腦

團體信封袋要交付何人簽收？
團體袋內可能放置哪些資料？

8. 詢問領隊或導遊晨間喚醒服務、下行李、結帳退房等時間，並於排房清單上註記清楚後，請領隊或導遊確認簽名。

操作標準：向領隊或導遊詢問後須覆述確認，並於排房清單上註記清楚再請領隊或導遊簽名。

經驗分享：確認後的晨間喚醒、下行李服務、用早餐、結帳退房等時間須電話通知相關單位。

口述範例

請問您的團體明天早上是否需要晨間喚醒？
是否需要下行李服務？
預定幾點用早餐？
幾點準備離開出發？

?動動腦

需詢問領隊或導遊哪些事項？

?動動腦

團體排房清單應該分送給哪些單位？

9. 影印 4 份記錄完整的團體排房清單，並分發給各相關單位。

操作標準：團體排房清單分送房務部、總機話務、服務中心，另一份由櫃檯接待備存，於交接班時與同事確實交接。

經驗分享：團體排房清單上註記事項的字跡須工整清楚。團體用早餐時間須另外通知餐廳，以利人手調度。

10. 執行客務管理系統入住登記操作。

操作標準：根據團體排房清單，逐一輸入客務管理系統中。

經驗分享：須儘速依團體排房清單進入客務管理系統辦理入住手續，以免團體旅客進入客房後無法撥打外線電話。若來不及辦理，可通知總機話務先依照團體排房清單開啟客房電話線。輸入客務管理系統內的每筆資料須檢查確認無誤。

3. 臨時抵達且未事先訂房（Walk-in）旅客的住宿登記

臨時抵達或未事先訂房旅客的接待作業與一般旅客住宿登記作業相同，惟櫃檯接待須特別留意神情可疑（譬如異常憤怒、沮喪、興奮過度）、資料可疑（例如無身分證明文件或登記之住家地址在旅館附近）、意圖可疑（像是住宿多日未攜帶行李）之臨時抵達旅客，應視情況通知相關部門共同注意，包括櫃檯接待應注意旅客消費情況、大廳及服務中心須注意訪客及活動狀況、話務應留意旅客通訊狀況、房務部須注意客房內異常情形。必要時應委婉拒絕旅客住宿。

櫃檯接待法規

《觀光旅館業管理規則》第24條，觀光旅館業知悉旅客有下列情形之一者，應即為必要之處理或報請當地警察機關處理：

1. 有危害國家安全之嫌疑者。
2. 攜帶軍械、危險物品或其他違禁物品者。
3. 施用煙毒或其他的麻醉藥品者。
4. 有自殺企圖跡象或死亡者。
5. 有聚賭或為其他妨害公眾安寧、公共秩序及善良風俗之行為，不聽勸止者。
6. 有其他犯罪嫌疑者。

當櫃檯接待填寫完住宿登記卡後，須再次檢視避免資料疏漏，同時應依旅客預定之退房結帳付款方式展開信用查核作業。旅館通常會採取一些防範措施，例如透過信用卡徵信授權、預付款或住住憑證的收取、企業付款同意書等，以確保旅客的最終付款順利完成，即可完成住宿登記（Completing Registration）。

五 客房狀態的差異與控管

從理論上來說，旅館的客務部和房務部應相互合作，以確保客房在適當的分類狀態下分配給旅客，並以最大限度提高客房收益，形成客房使用狀態的正向循環（圖 6-5）。因此，意味著兩個部門對於客房的狀態，須正確且及時的更新，並通過對客房狀態差異報告的分析與因應，使客房能在最短的時間發揮最大效益。

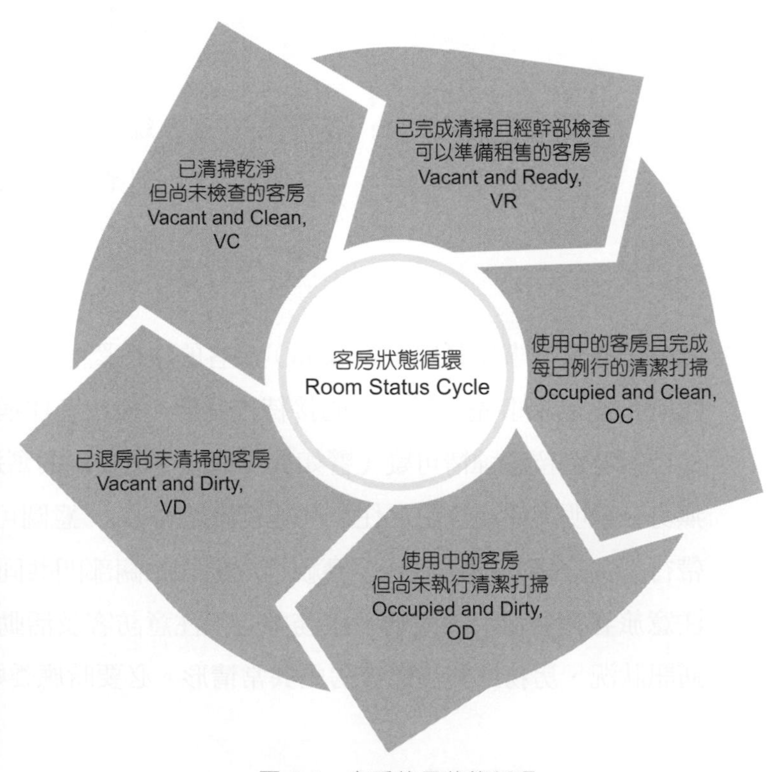

圖 6-5　客房使用狀態循環

（一）客房狀態

客房使用狀態就是客房狀態（Room Status），又稱客房狀況或房態，是指對客房使用、清潔打掃，或待租售等各類情況的標示或描述（表 6-1）。由於旅客住宿期間的客房狀態易有變化，因此旅館客務部、房務部及行銷業務部常會使用一些專用術語以表示客房狀態的變化，但並不表示每一間客房在每次租售時都會發生以下的變化。

表 6-1　常用客房狀態術語

客房使用狀況	日期
已結帳退房 Check Out	房客已完成付款結帳，並繳回客房鑰匙離開旅館。
請勿打擾房 Do Not Disturb, DND	房客因睡眠或其他原因不願被旅館服務人員打擾，而啟動房門旁「請勿打擾」燈號，或將告示牌掛於客房門把上，服務人員須依要求不得按鈴或敲門叨擾房客。 房客在規定時間（一般為 14：30 左右）未取消「請勿打擾」燈號或告示，房務員應立即通知領班撥打客房電話，確認房客是否在房間。 1. 房客接聽電話時，須委婉徵詢打掃客房的時間或了解是否需要幫助。 2. 客房無人接聽電話，應立即通知主管前往該房間，確認房客是否在房內或是否發生意外。 3. 客房無人接聽電話，房客不在客房時，則須確認是否退房結帳或外出。 最後，根據現場的實際情況決定是否可以對該房間清掃，及詳細記錄處理「請勿打擾」房的處理過程。
即將退房 Due Out, D/O	房客應在當天 12：00 前退房，但到目前為止還未辦理退房。
提早入住房 Early Check-in	旅客要求在旅館規定的時間以前入住，通常提早 1 個小時或更早，並已事先取得旅館的同意。是一項收費服務，愈早入住須負擔愈多的費用，但也例外是不收費的。
請立即清掃房 Make Up Room, MUR	客房因房客會客或其他原因，需要房務員立即清掃。

表6-1（續）

客房使用狀況	日期
延遲退房 Late Check-out	房客要求在旅館規定的退房時間以後退房，通常延遲 1 個小時或更晚，並已取得旅館的同意。是一項收費服務，愈晚退房須負擔愈多的費用，但也有例外是不收費的。
反鎖房 Lock Out	客房由外向內加上一道鎖，使住客不得進入，須由旅館值班經理與旅客釐清問題才能恢復租用，例如：房客的消費遠高於預付款的額度、房客行為舉止異常。
輕便行李房 Light Baggage Room, L/B	住客行李數量很少或無行李（No Baggage, N/B）。但超過三天以上的住客若行李數量少或是沒有攜帶行李，較不符常態，須特別加以注意，可能是異常旅客。房務員應確實記錄並即時回報，以防跑帳的發生。
已租售的客房 Occupied, OCP	客房已租售出去，正在使用中。
使用中且完成整理的續住房 Occupied and Clean, OC	客房已租售出去正在使用中，且房務員已完成每日例行的清潔打掃。一般是指旅客停留期間需提供例行性清潔打掃的客房，但不需要幹部特別的檢查。因為持續使用中的客房相較於退房更容易清潔打掃。
使用中但尚未整理的客房 Occupied and Dirty, OD	客房已租售出去且正在使用中，但一夜過去房務員還沒有執行例行的客房清潔打掃服務。
維修房 Out Of Order, OOO	指發生故障、當天不能租售的客房，又稱故障房。故障房發生的原因多是設備器材故障或損壞，或牆壁漏水、客房翻新、客房保養、地板打臘、房間異味等。 故障房不僅代表可供租售的客房減少，還可能隱藏著潛在的管理問題，因為大量的故障房代表旅館客房設施已經老舊，營運能力低下，維修保養費用提高，也還可能有徇私舞弊的問題。因此，旅館應確實核對故障房的數量與狀況，並以工程部的維修單為憑據，使房務部和工程部相互制約，共同督促故障房的維護保養，再由財務部針對客房狀況，進行不定期的抽查，重點抽查故障房的房態、控管維修期限，並追蹤維修工程時間延長的原因與因應。
暫停服務 Out Of Service, OOS	客房處於暫時停止服務的狀態，但不會從旅館庫存數量中扣除。暫時停止服務的原因，可能是發生能快速解決的小狀況，例如：燈泡不亮、電視遙控器或電熱水壺不運轉等。一旦小問題得到解決，客房就可以租售。

表6-1（續）

客房使用狀況	日期
跑帳 Skipper	退房時間已過，房客忘記至櫃檯接待辦理退房結帳手續，已離開旅館。跑帳因支付帳款的狀況，還分兩類： 1. 未結清房租以外的其他消費費用，例如：迷你吧、電話或餐飲等，有時帳務系統會以「Walk-outs」或「Runners」表示。 2. 有預謀或是惡意的未結帳行為，即「Premeditators'」，指旅客從一開始就打算竭盡全力不付錢，直接離開旅館，旅館也無法聯繫上。
尚未更新的客房狀態 Sleeper	房客已結帳離開旅館，但櫃檯接待未能正確且及時更新電腦系統上的客房狀態。「Sleeper」有櫃檯接待還在睡覺或還沒睡醒的隱喻。
外宿房 Sleep Out, S/O	客房已租用中，但住客住宿夜未歸。為了防止跑帳（逃帳），房務員應確實記錄並及時回報。
已整理好乾淨的客房 Vacant and Clean, VC	表示房客已辦理退房結帳並離開旅館，且房務員已打掃乾淨待幹部檢查與確保後，即可重新租售的客房。
尚未整理的客房 Vacant and Dirty, VD	房客已辦理退房結帳並離開旅館，但客房仍未清掃的客房。「On Change」表示客房正待房務員整理，準備重新租售。
已整理好待租售的客房 Vacant and Ready, VR	房務員整理乾淨並通過幹部檢查的待租售客房，也稱為 OK 房，是旅館客房可以租售的唯一狀態。
貴賓房 VIP Room	該房的住客是旅館的重要貴賓，在旅館的接待服務過程中，應優先於其他客人，給予特別的關照。

值班經理前往查看外宿時，須詳實記錄房號、旅客姓名、查房情況、付款方式、帳單消費明細、押金餘額或信用卡額度是否有異常等，以初步判斷房客外宿的可能原因，並因應處理（表 6-2）。

處理旅客外宿應避免拖延和主觀臆斷，從接獲通報至房客返回旅館，都須詳細記錄和交接，並將處理結果、善後事宜及注意事項轉知相關單位。企業掛帳（City Ledger）的外宿房，須通知行銷業務部轉訊給轉掛帳公司知悉。

表 6-2　不同外宿房情況的處理方法彙整表

外宿房情況	處理方法
房卡在客房， 但客房內無行李	由值班經理查核確認後，聯繫旅客洽詢是否需要辦理退房。暫時無法聯繫上房客，須將客房備註為「待結帳房」，並持續連繫旅客，告知目前客房的狀況與旅館的處理方案。
房卡不在客房， 客房內也無行李	由值班經理檢查房卡使用狀況與確認是否有相關交接記錄。 1. 房卡已註銷，電腦系統中有完成轉帳或結帳記錄，且最後一次修改退房日期與夜間稽核時間相近，則可判斷為櫃檯接待疏漏、未更新房態，經再次確認後，備註為「退房結清」。 2. 房卡未註銷，電腦系統中也無相關記錄，不論是否為當日退房，都要聯繫旅客，確認是否需要辦理退房。暫時無法聯繫上房客，須將客房備註為「待結帳房」，並設定房卡使用截止期限，同時向旅客發送訊息，告知目前客房的狀況與旅館的處理方案。
房客外宿，房卡歸還櫃檯， 但客房內有行李	值班經理查核確認行李數量、貴重程度及旅客退房日期。退房日是未來日期，則可判定為旅客個人的原因，稍加關注此房即可；退房日是當日，則須列入重點關注，交接班時也要重點交接。

（二）客房狀態的差異與控管

1. 客房狀態差異（Room Status Discrepancy）

客房狀態差異是指櫃檯接待為旅客登錄的住宿資料，與房務部所描述的客房狀態彼此不一致。

旅館日常的營運中，櫃檯接待須根據當前的電腦記錄，製作一份客房使用報告（Room Occupancy Report），表明當前客房入住的情況，並註明隔天預退房結帳的旅客。房務部也須根據實地檢查每間客房的結果，制定一份客房狀態報告（Room Status Report）。將客房使用與客房狀態兩份報告相互比對，兩者的差異即是客房狀態差異。

客房狀態差異

櫃檯接待的電腦記錄顯示 318 號客房狀態是空置，沒有旅客入住，但房務部發現客房內仍有行李，或由其他跡象顯示客房仍在使用中，而在客房使用報告備註「被佔用狀態」。

會發生這種情況的可能原因：

1. 318 號房客已辦理結帳，櫃檯接待誤以為是退房並執行電腦遷出作業。但實際上旅客結完帳並未離開旅館，而是返回客房。
2. 櫃檯接待在電腦系統將應入住 318 號房的 A 旅客資料，誤植為 319 號房所導致。

因此，當房務部標記的實際客房狀態，與櫃檯接待的電腦記錄不一致時，須立即向管理幹部反映。經由客房狀態差異的分析，可以發現操作程序中的漏洞和缺失，使及時尋求合宜的解決方法，調整客務部與房務部的溝通與協作模式，以提高對旅客服務的品質，維護旅館利益。同時，可針對狀況做出相應的控制，杜絕旅館內部人員對旅館資源的不正當使用，減少因此造成的內耗浪費。

狀況：櫃檯接待的電腦記錄顯示，318 號客房已有旅客入住，但房務員打掃客房時，依客房使用狀況，認為房客已經離開而標記為空房。

假設你是櫃檯接待主任，當房務部標記的實際客房狀態，與櫃檯接待的電腦記錄不一致時，你認為會發生這種情況的可能原因有哪些？處理步驟為何？

！小提醒

1. 先釐清：客務部與房務部判斷客房狀態的標準有何不同。
2. 請思考：造成兩者差異的可能原因，至少舉出兩個情境，並針對這兩個情境寫下處理的步驟。
3. 效益評估：客房狀態差異會對旅館帶來哪些衝擊或損失？

2. 客房狀態控管

旅館對客房狀態的控管，是利用電腦、通訊、管理等技術構成的專用網路，對旅館客房的安全防護、門禁、中央空調、智慧燈光、服務、背景音樂等系統，進行智慧化管理與控制，及時反映客房狀態、賓客需求、客房服務及設備情況等，協助旅館對客房設備與內部資源進行控制分析。

客房狀態的控管重點，有賴於旅客資訊的準確建立，並針對及時客房現狀加強查核。使用電腦管理的旅館，客房狀態的變更轉換是及時且自動的，櫃檯接待須確保每次輸入的指令信息準確無誤。

其次，由於客房狀態常處於變化之中，雖然可以通過電腦查詢了解目前的客房現狀，但在日常工作上仍可能出現差錯，造成電腦系統上的客房狀態，與客房樓層的實際客房狀態不符。因此，定時與房務部的客房狀態報告相互核對是必要的。一般採取一日 3 次的查核機制，以避免出現客房重複租售、旅客住進未清掃及員工徇私舞弊產生的幽靈房現象，而導致客房租售與客房服務的混亂。

客房控管的目的：

（1） 提高訂房決策能力及排房效率：客務部的客房預訂、入住登記、換房、續住，向旅客介紹房間、行銷客房、報價，以及為旅客排房、確認房價等作業，都需要正確的房態。否則，櫃檯接待缺乏行銷客房的依據，也就無法準確地為旅客介紹客房、排房，這不僅降低工作效率，也影響服務品質。

（2） 杜絕員工徇私舞弊：一些房態控制不力的旅館，往往在客房銷售過程中會出現員工營私舞弊現象，例如私自租售客房圖利、私自留宿等，既影響旅館的營收，也打擊旅館的聲譽。

（3） 提高客房租售服務品質：櫃檯接待租售的客房必須是 OK 房，如果房態顯示失誤，讓旅客進入尚未清掃或已租售的客房，造成入住服務品質會大打折扣，旅客的心情也會受到影響。

（4） 正確反映客房租售率與營收：正確的房態顯示可反映旅館客房真實租售率，以及未租售客房所造成的損失，並可據此提出客房租售的營運策略。

總之，客房狀態的控管不僅僅是正確顯示客房的狀態，還能及時發現客房狀態差異，進而分析差異原因，以有效的租售客房。無論使用何種客房狀態控管系統，都需要加強客務部與房務部之間的客房狀態差異控制力，並持續地溝通與協調合作，以最大限度地提高顧客服務效率與客房收益。

六 VIPs 接待作業

VIPs 即是指貴賓（Very Important Persons），是一種旅館的旅客分類。專指在社會上有特殊地位，例如：政治人物、富翁、企業家、高階主管、權貴、知名人士、專業人士、宗教領袖、明星等，或是經由旅館認定，具有一定貢獻程度的人士。

不同服務等級的旅館，通常會將 VIP 加以分級，並依據分級予以不同等級的服務。從迎賓接待或送客到客房內擺設布置等，皆訂定有不同的規範。（表 6-4）

表 6-4 國際等級旅館 VIP 級別服務與迎賓接待安排比較

級別	對象	迎賓送客層級	客房佈置標準
VIP 1	1. 國家正副元首 2. 政府部會首長(含)以上官員 3. 董事會指定的貴賓 4. 預訂入住總統套房的旅客 5. 國際知名人士	董事長 總經理 副總經理 客務部經理 房務部經理 行銷業務部經理 值班經理	1. 第一級豪華水果籃 1 只，由餐飲部製作。 2. 第一級鮮花籃 1 只，由房務部安排。 3. 精美點心及巧克力 1 盤，由餐飲部製作。 4. 迎賓酒 1 瓶。 5. 迷你酒吧，備妥威士卡、白蘭地、紅酒、果仁等。 6. 報紙 2 份，外國賓客提供中英文報紙各 1 份，國內貴賓提供當地報紙。 7. 歡迎函與董事長、總經理名片。

表6-4（續）

級別	對象	迎賓送客層級	客房佈置標準
VIP 2	1. 政府部會副首長或縣市首長（含）以上官員 2. 合約公司的高層 3. 董事會或管理公司指定貴賓 4. 國內知名人士 5. 旅館邀請的貴賓 6. 預訂入住行政套房的旅客 7. 其他經批准許可的指定旅客	副總經理 客務部經理 房務部經理 行銷業務部經理 值班經理	1. 第二級水果籃 1 只，由餐飲部製作。 2. 巧克力或點心 1 盤，由餐飲部製作。 3. 第二級鮮花籃 1 只，由房務部安排。 4. 報紙 2 份，外國賓客提供中英文報紙各 1 份，國內貴賓提供當地報紙。 5. 歡迎函和董事長、總經理名片。 6. 必要時須由董事長或總經理出面接待。
VIP 3	1. 預訂商務套房以上的旅客 2. 各旅行社、合約公司關鍵主管 3. 住宿經歷多次以上，或連續住宿多天的旅客 4. 因抱怨產生投訴的旅客，由客務部經理含以上主管簽核 5. 其他各部門經理申請的貴賓	客務部經理 值班經理 櫃檯接待幹部	1. 第三級水果籃 1 只，由房務部製作，水果品項根據季節有所變化。 2. 報紙 1 份，外國賓客英文報紙 1 份，國內貴賓提供當地報紙。 3. 歡迎函和總經理名片。

VIPs 接待作業包括抵達前的準備、抵達時的迎賓、住宿期間的貼心關懷、退房結帳與歡送、彙整 VIPs 反饋意見供旅館參酌等，不同服務等級的旅館通常會訂定有不同的規範。（6-5）

表 6-5 VIPs 接待作業

VIP 抵達前的準備	
訂房	1. 列印未來 3 天所有的 VIP 抵達名單。 2. 查核第二天將入住的 VIP 抵達班次和抵達旅館的時間。若沒有抵達班次時間，應聯繫訂房公司或行銷業務部，儘快取得抵達資訊。 3. 查核 VIP 是否有接機、接車或其他特別需求，並知會相關部門。
櫃檯接待	1. 提前一天安排次日抵達的 VIP 客房，由值班經理批示後，報送房務部、餐飲部及相關部門。 2. 排房並確認為打掃清潔過的空房，儘量不要安排第二天才退房的客房。 3. 排房吃緊時，VIPs 安排順序為 V1 級→ V2 級→ V3 級，依此類推。 4. 大夜班必須準備好當天的 VIP 抵達清單、住宿登記卡及歡迎函，並存放於 VIP 資料夾。 5. 櫃檯接待幹部負責核對 VIP 資料，確保所有的內容正確無誤，並根據分配的房號，製作房卡鑰匙。
值班經理	1. 參加行銷業務部召集的 VIP 接待協調會議，明確接待任務與要求。 2. 隨時掌握 VIP 抵達旅館前的準備工作、親自檢查客房與 VIP 規劃前往的旅館活動場所。 3. 熟記 VIP 的人數、姓名、身分、停留旅館時間、活動過程等細節。 4. 督導各部門 VIP 接待準備作業，須提前 2 小時完成。 5. 參與 VIP 抵達旅館時的迎賓作業。

VIP 抵達時的迎賓
1. 值班經理根據 VIP 接待規格的要求，在 VIP 抵達前 20 分鐘，通知接待主管於大廳等候，並告知具體抵達時間。 2. VIP 由旅館派專車迎接，接到後，應立即通知值班經理預定抵達旅館的時間。 3. 值班經理須確保旅館車道暢通無阻，大廳門衛、行李員依接待規格準備待命。 4. 值班經理須持預先備妥的住宿登記卡、房卡、歡迎函等資料等候 VIP。 5. VIP 抵達旅館時，由門衛開車門，並以旅館標準用語歡迎 VIP 蒞臨。 6. 值班經理代表迎接 VIP，並將 VIP 介紹給主要負責接待的主管。 7. 值班經理向 VIP 簡介旅館的服務與客房設施，並為其辦理入住登記手續。 8. 由適合 VIP 級別的接待階層陪同進房。 9. 值班經理須確保 VIP 行李正確無誤送至客房。 10. 櫃檯接待須在 VIP 前往客房時通知客房服務員提供迎賓茶、水果及小毛巾的服務。 11. 必要時，行銷業務部需準備名人題詞、簽名簿，供 Top-VIP 簽名或留言。 12. 櫃檯接待、話務、服務中心要熟記 VIP 房號、姓名、職務。當接獲來電時，應立即稱呼姓名、職位，並提供相應的服務。

表6-5（續）

VIP 住宿期間
1. 櫃檯接待每日須整理 VIP 帳單，並於房客退房離店前 1 小時備妥，以利結帳作業順暢。爲服務外籍 VIP 旅客，應熟悉每日外匯牌價，提供及時、準確的外匯兌換服務。 2. VIP 停留旅館期間，值班經理須隨時注意動向，及時向旅館高層與客務部回報。VIP 提問須熱情禮貌、準確有效地答覆。 3. 值班經理須視 VIP 級別，在合適的時間撥打禮貌性關懷電話，以表示旅館對 VIP 的特別關注，並注意打擾時間不宜過長。特別事宜須記錄在交接簿（Log Book，也稱爲工作日誌）中，並即時知會客務部經理和總經理。通話內容應包括： （1） 對客房環境的舒適、衛生等滿意程度。 （2） 對旅館各營業部門服務品質的意見。 （3） 是否在住宿期間收到員工的特別關注。 （4） 對旅館整體的意見或建議。 （5） 有何特別要求。 （6） 具體退房離店時間、是否需要安排車輛等。
VIP 退房結帳
1. 確定 VIP 退房結帳時間後，值班經理須通知櫃檯接待提前 20 分鐘備妥帳單資料。 2. VIP 房客的帳單，須由值班經理親自審閱以防差錯，如發現問題應立即解決。 3. 由值班經理通知適合 VIP 級別的接待階層，到大廳歡送 VIP 房客。 4. 值班經理須通知服務中心收取 VIP 行李的時間，並協助安排離店交通工具。 5. VIP 到櫃檯結帳時，由值班經理協助辦理退房手續。

第二節
客務服務

在學習本節後，您將會認識並了解：

1. 客務服務的構成要素
2. 客務服務的類型

旅館的設備設施與規模決定客務服務的範疇，通常國際等級服務的旅館，具有愈大的可能性和預算，能夠為旅客提供令人印象深刻與多元的服務，且不會減少盈利的能力。經濟等級或有限度服務的旅館，則可能無法為旅客提供個性化和獨特性服務。因此，每一間旅館都必須根據自己的目標客群，深入了解並努力滿足旅客的需求和要求。

一 客務服務的構成要素

由於旅客的來源廣泛，上至貴賓、下至普通旅行者，來自不同的國家和地區、身分地位、文化教養、生活習慣、消費水準、興趣愛好、旅行原因。旅客需求各異，使得客務服務工作具有多元性，以提供滿足差異化需求的優質服務。

客務服務是一個多元體系，依服務的性質可以分為核心服務（Core Services）、支持服務（Supportive Services）、延伸服務（Services Beyond the Value）、服務的可及性（Accessibility of Service），以及員工與賓客之間的互動關係（The Interaction Between Employees and Guests）等五個層面，示意如圖 6-6。

（一）核心服務（Core Services）

是客務部提供旅客所需要的最基本服務，也是最重要與最關鍵的服務，必須能夠滿足旅客最基本的生理需求，並向旅客提供安全、安靜、乾淨的客房安排，以及親切、便捷、快速的住宿體驗等，使之有充沛的休息和健康的身體去進行所需要的活動。

圖6-6　客務服務五層面

（二）支持服務（Supportive Services）

為了使旅客能得到核心服務，而提供其他具有支持與提升作用的服務。如果沒有支持服務，核心服務就無法被提供和消費。客務部提供的支持服務，例如：提供訂房、住宿登記和退房結帳、貴賓接待、行李、話務等服務。

（三）延伸服務（Services Beyond the Value）

也可稱為附加性服務，建立在核心服務、支持服務的基礎上，提供給旅客的額外超值服務，可以增加核心服務的價值，使旅館的服務新穎獨特並優於其他旅館，例如：提供商務、旅遊諮詢、醫療協助、外幣兌換、小孩照看、殘疾協助、機場接送、會議室租借、翻譯、生日賀卡與蛋糕、鮮花禮品、其他代辦等服務。

隨著旅館業競爭日益激烈，許多旅館提供的核心服務與支持服務大同小異，使得延伸服務內容朝向更寬廣、更細緻、更別出心裁的方向發展。

（四）服務的可及性（Accessibility of Service）

是指客務部提供服務的方式與難易程度。服務的可及性與旅館提供各項服務的時間、設備、設施、地理位置、交通狀況等有密切相關。例如：櫃檯接待的住宿登記服務十分出色，但行李運送的時間太冗長；客房服務非常周到，但預訂房系統不便利；旅館的服務獨具特色，但所處的地理位置偏僻或交通不便利；這些都會使旅客購買產品時，感到不方便、效率低，使服務變得可望而不可及。

（五）員工與賓客之間的互動關係（The Interaction Between Employees and Guests）

是指提供服務的過程相互接觸、影響，而產生的互動關係。例如：看到旅客的第一時間，就是以微笑和友善的態度與旅客打招呼，使旅客從心理上感受到自己是受歡迎的。

可見，客務服務的五個層面既獨立，卻又緊密相關、各具特色，形成了一個完整、廣義的客務服務概念，對客務部的營運與管理具有重要的應用價值。

旅客攜帶之貴重物品與住宿遺留物品處理

《觀光旅館業管理規則》已明訂相關規範。

第 20 條，觀光旅館業應將旅客寄存之金錢、有價證券、珠寶或其他貴重物品妥為保管，並應旅客之要求掣給收據。旅客寄存之物有毀損、喪失的狀況，旅館業者依法須負賠償責任。

第 21 條觀光旅館業知有旅客遺留之行李物品，應登記其特徵及知悉時間、地點，並妥為保管，已知其所有人及住址者，通知其前來認領或送還，不知其所有人者，應報請該管警察機關處理。

客務部在設計與提供服務時，須先考量旅館本身的條件後，再合宜設計出應具備哪些核心服務、支持服務與延伸服務，而後須明確地使客務部的管理與運作，得到旅客的支持並產生正面的影響，具有服務的可及性，以建立良好的賓客互動關係。

二 客務服務的類型

客房是旅館的主要組成部分，旅客辦理住宿登記後，除外出活動外，大部分的日常生活服務，都是由客務部和房務部承擔。房務部的日常服務包括鋪床、地板打蠟（或拖地板、地毯吸塵）、擦窗、衛浴間擦洗、整理房間（包括補充客房內備品）、客房內用餐、客房小服務等瑣碎而具體的工作。旅客住宿期間，與旅館其他部門有關的服務多數也需要客務部從中聯繫協調，例如吃喝要由餐飲部供應；洗衣由洗衣房負責；訂購飛機或車、船票則由客務部服務中心辦理等。客務部提供的各項服務，必須與相關部門保持密切的聯繫與合作，才能迅速地提供使旅客滿意的優質服務。

客務服務通常包括標準化服務、個性化服務和獨特性服務三大類型。標準化服務是多數客務部必須具備的基礎服務；個性化服務是指在標準化服務的基礎上，以旅客的個性特徵，所提供的特定服務；獨特性服務則是令旅客感到與眾不同的專屬服務。不論採用標準化服務或個性化服務，皆須視個別旅館營運需求而定，並沒有絕對的原則。

（一）客務部的標準化服務

標準化服務有特定且統一的程序、規則及操作。

對於旅客而言：標準化服務容易消除旅客的陌生感，且較容易識別與選擇。
對管理者而言：標準化服務方便管理，且原物料採購與人員培訓較單純，可節省成本。

客務部的標準化服務，包括：住宿登記、退房結帳、行李運送、話務、貴賓接待等，是客務服務中的核心服務與支持服務。

（二）客務部的個性化服務

旅館業已經意識到個性化互動是必需的，尤其是在客務部，旅客體驗就是一切。因此，在標準化服務的基礎上，提供具有延伸性、調整性、能滿足旅客臨時與直接需求的服務。客務部的個性化服務非常多元，例如：

1. 服務中心：免費代客泊車、機場接送、汽車租賃、市區和景點定時班車、旅遊諮詢、失物協尋、代訂花籃花束、按摩服務、寵物短暫寄放等。
2. 房務部：管家、夜床、洗衣和熨燙、保姆和托嬰、加床和嬰兒床、擦鞋、24 小時客房等服務。
3. 櫃檯接待：住宿保密、早餐外帶、紀念日慶祝、收發和寄存包裹、提早入住或延遲退房、等候電話或訪客、外幣兌換、物品出借、醫療協助、保險箱借用、秘書和翻譯、客房參觀、代客郵寄和快遞、天氣預報、迎賓安排等服務。

有些個性化服務需要旅客額外支付費用，有些則免費。客務部常見的個性化服務列舉說明如表 6-6。

表 6-6　客務部常見的個性化服務

個性化服務項目	說明
保密住宿 Accommodation Confidentiality	基本上，客務部為了維護住宿者的隱私，對可能涉及旅客個人或高度敏感的資料，具有提供絕對保密服務的義務。所以，未經旅客本人授權同意，不得將旅客的個人資料與住宿資訊，包括房號、同行者、住宿期間等揭露給外來訪客。例如：房客為演藝人員、企業名人、達官顯要，為避免住宿期間外來訪客或粉絲（Fans）的叨擾，或是有機密業務、不可告人之秘密等，不希望「任何人知道他住在旅館裡」，要求旅館提供住宿保密服務。 旅客若有住宿保密服務需求，可以在辦理入住登記或是訂房時告知，櫃檯接待接獲查詢電話或是現場來訪時，可採用的說詞：「很抱歉，我們旅館內沒有您要找的〇〇〇」，即使訪客很堅持，櫃檯接待仍須保密，回覆：「沒有，真的很抱歉」。 保密措施也可以依據旅客需求客製化處理，例如：保密住宿訂定期限、設定非保密的對象或通關密碼，有密碼者才提供住客資訊等。

表6-6（續）

個性化服務項目	說明
早餐外帶 Breakfast Takeaway	旅館的早餐供應時間大多是從 6、7 點開始，但少數住客出於某些原因，在早餐尚未供應前須離開。因此，有些重視服務品質的旅館，為了體貼房客避免餓肚子，會免費提供早餐外帶的服務。
紀念日慶祝 Celebrate the Day	客務部會根據旅客的歷史資料，或在旅客訂房與辦理住宿登記時，掌握對旅客有意義的節日，例如：在生日、蜜月、結婚紀念日等日子入住，櫃檯接待可能會提供免費客房升等，或免費準備生日蛋糕、香檳、花束、卡片等為旅客祝賀。
收發和寄存包裹 Collection and Storage of Parcels	代收代寄包裹和代收代寄行李本質相似，多數旅館不提供旅客在非入住期間的代收代寄服務。至於退房後的行李暫時存放或短期存放服務，則須與房客確認返店時間或已預訂下次的訂房行程。
提早入住 Early Check-in	多數旅館皆訂有提早入住與延遲退房的服務政策，是一項收費服務。
等候電話或訪客 Expecting Telephone Call or Visitor	旅客可能因用餐、接待友人或運動健身等原因，不在客房而停留在旅館某處，因此無法等候客房的外線電話或來找訪客，也就是依房客指示將房客所在位置提供給訪客或是將訪客來電轉接至房客所在位置的一項服務。
外幣兌換 Foreign Exchange / Money Exchange	旅館為服務來臺觀光或從事商務業務的國外旅客，提供外國住宿旅客兌換外幣之需要的服務。因此，櫃檯接待必須熟悉旅館可供兌換之各國外幣現鈔、當日各幣別兌換的匯率，以提供貼心服務。
物品出借 Items Lending	旅館可以出借的物品種類包羅萬象，但是否需要支付押金或費用，則視旅館政策而定。常見的免費出借物品，包括手機充電線、插座轉換頭、延長線、針線包、雨傘、輪椅、枕頭、刮鬍泡或牙線、燙衣板、藥品箱等，有些旅館更提供美髮用品、瑜珈墊、電子書閱讀器、旅行用密封袋、小夜燈、桌遊、電腦和印表機、自行車等物品。原則上，物品出借須開立憑單，住客退房結帳前須歸還。另外，基於安全考量，旅館不出借水果刀或是剪刀等尖銳物品。
醫療協助 Medical Assistance	旅客住宿期間遇對生命、身體有危害的傷病時，櫃檯接待應立即通報值班經理前往客房了解關懷，並協助安排必要的醫療服務，例如：協助掛號、陪同就醫、呼叫救護車等。

表6-6（續）

個性化服務項目	說明
保險箱借用 Safety Box Borrowing	有時，旅客可能會攜帶一些貴重的物品住宿旅館，並希望將這些物品安全地存放在旅館內，而保險箱的借用服務則為住客提供了更完善的安全選擇。 住客第一次啟用保險箱時，櫃檯接待會引導住客至保險箱房間，填寫借用單與使用記錄卡，櫃檯接待再依據此分配一組適合的保險箱，供旅客放置物品，再以住客的鑰匙與旅館的鑰匙上鎖或開啟，能提供旅客雙重保護。所有櫃檯接待皆須遵守保險箱開箱程序，並詳實記錄每一次的開啟作業，以確保最高安全性。
秘書和翻譯 Secretary andTranslation	商務旅客可能要求旅館提供良好的會議場所、秘書、翻譯服務，以及方便快捷的通訊網絡等。是一項收費的客務服務。
客房參觀 Show Room	為提供從未入住過的旅客或合作過的企業行號參觀而準備的客房，是專用於展示的客房，有專人負責帶領訪客前往參觀。通常散客由櫃檯接待負責領客做介紹，企業行號則由行銷業務部安排參觀。
代客郵寄和快遞 Valet Mail and Parcels	為了使旅客的行程能更輕便，「不用拖著厚重行李」、「空出雙手」，多數旅館會提供代寄包裹、行李托運服務（Carry Service）、宅配服務（Delivery Service）等，讓旅客的旅程更輕鬆，更深刻感受旅宿業者的貼心服務體驗。是一項收費的客務服務。
天氣預報 Weather Forecast	颱風、冰雹、暴雪等特殊的天氣狀況，多數旅館櫃檯接待都有相關作業重點。除了做好相應的緊急處理與預備方案，也會根據不同的天候狀況，在大廳、客用電梯內等處提供及時天氣預報，或利用客房電視播放提醒影片，提醒天候的變化狀況與可能對旅客造成的影響，如交通運輸停擺、停班停課狀況等。
迎賓安排 Welcome Arrangements	為表示歡迎即將入住的旅客或向已入住旅客，旅館除了應有的標準化服務，會加入許多特別的措施，稱之為迎賓安排，是一項免費服務。 常見的迎賓安排包括：水果、鮮花、捧花、香檳、葡萄酒、燙金飾品、專屬信封（或信紙、名片）、歡迎蛋糕（Welcome Cake）、歡迎函（Welcome Letter）、歡迎卡（Welcome Card）、紅地毯（最高等級的迎賓規格）等，或是提供毛巾組、盥洗用品組、鑰匙牌、文具等特殊紀念意義之迎賓贈品。

（三）客務部的獨特性服務

可以是獨一無二的體驗，又或是出乎旅客意料之外的服務。（表 6-7）

表 6-7　客務部常見的獨特性服務

獨特性服務項目	說明
獨特的旅館交通協助	預訂 Acqualina Resort & Spa 的豪華海濱套房，旅客可親自駕駛價值超過新臺幣 1,935 萬的勞斯萊斯 Ghost 汽車。
獨一無二的風格體驗	預訂 Bulgari Hotel Milano，旅宿業者可以為旅客預訂該地區最著名精品店的私人參觀行程，並提供優越的購物體驗。
旅館專屬的拍照機會	入住波士頓 Commonwealth Hotel 的芬威套房，旅客有機會與紅襪隊的三座世界大賽獎盃之一合影。
超級個性化的服務體驗	預訂瑞士的 LuganoDante 旅館，旅客會收到旅館的電子郵件，郵件中會提供旅客專屬的 MyPage 網頁，MyPage 網頁中提供百種客製化的服務選擇，包括 Mini Bar 的飲料、枕頭、毛毯、代客購買巧克力、香檳或船票、預訂嬰幼兒用品等貼心服務。
意想不到的神秘禮物	君品酒店在 2014 年大年初五提供入住旅客「向財神爺許願」的獨特驚喜服務，旅館於當晚會一一實現房客的願望。
卓越的寵物照顧服務	舊金山 Virgin Hotel 提供入住旅客的寵物品牌頭巾、零食、水碗、狗床、寵物美容和散步等服務，滿足寵物主人的需求。
打造兒童的驚喜體驗	紐約 The Chatwal Hotel 的套房內，備有一個裝滿舞臺服裝的行李箱，讓入住旅客有機會體驗角色扮演。

整體而言，旅館個性化服務的設計，來自於大量的旅客住宿資訊分析，客務部除須確保數據資料的儲存安全、避免洩露，更應善用數據資料以作為為旅客創造或量身訂制個性化住宿體驗的參考值。

不過，目前也只有少數旅館具備提供獨特性服務的能力，而且是否具有持久性或不可取代性，也仍有待商榷。

感官體驗是以五種感官為訴求，包括視覺、聽覺、嗅覺、味覺及觸覺。
情感體驗的訴求，在於消費者的情感；
思考體驗訴求的是智力，是以創意為消費者創造認知。
假設你是客務部經理，請從消費者的感官、情感、思考等體驗，分別設計一項個性化或獨特性服務。

！小提醒

1. 先釐清：個性化或獨特性服務有何不同。感官、情感、思考等體驗的差異。
2. 請思考：如何將感官、情感、思考等體驗，融入客務部的個性化或獨特性服務。
3. 效益評估：個性化或獨特性服務會對旅館帶來哪些效益或損失？

第三節
商務服務

在學習本節後，您將會認識並了解：

1. 商務旅客的需求
2. 女性商務旅客的重要性
3. 商務中心的規劃與服務
4. 未來旅館商務中心的服務發展趨勢

就旅館經營的類型而言，一般認為商務旅館的旅客類型以商務旅客為主，比例至少要佔 70% 以上。商務旅館的地理位置必須是交通便捷，鄰近商業密集區，便於宴請賓客與參加各項商務活動或會議，以及方便商務辦公後的休閒。

由於旅館的商務服務是為滿足旅客商務活動需求，所提供的服務行為，與客務服務較為相近。因此，商務服務的統籌管理單位普遍設置在客務部櫃檯接待單位，商務服務所需要的設備設施會隨著旅館類型的不同而有所不同。像是經濟等級服務的商務旅館，主要訴求對象為有出差預算限制的上班族、工程師、行銷業務人員等商務旅客，旅館的經營理念不強調奢華，聚焦在「安全、清潔、一夜好眠」，通常僅提供有限選擇的商務服務。國際等級服務的商務旅館多設立有商務樓層、商務中心，有的甚至將每間客房與旅館場域打造成符合商務旅客需求的空間。

（一）商務旅客的需求

由於大部分商務旅客身分地位與消費水準均較高，對旅館有著極為重要的經濟意義。因此，許多旅館設有專屬的商務樓層，且重視商務樓層的規劃，從服務項目的設計到商務客房的裝修擺設，都儘可能考慮旅客的商務活動需要，力求為旅客提供方便快捷的服務。過去，提供商務客的服務，多著眼於客房的商務作業裝置，例如：影印、傳真、掃描、裝訂、文書處理服務；郵件、包裹、文件快遞和收發服務；機票及住宿代訂服務；留言訊息處理、名片印製、翻譯服務、商務諮詢、寬頻網路、其他代辦服務等。但時至今日，這些裝置已無法滿足現在的商務旅客，要吸引未來的商務旅客，技術提升是不可或缺的。包括：

1. 高速的 WiFi：隨時隨地可以上網玩遊戲、看電影、上社交媒體及開視訊會議，已是商務旅客選擇旅館的必備要件。因此，無論是在旅館大廳、客房或其他場域皆要設置可以支持各種設備的高速聯網設置。
2. 安全的 WiFi：商務旅客有時需要立即連接旅館的 WiFi 網路，旅館須即時開通旅客的身分驗證與完成安全加密作業，旅客才能接入旅館的網路服務系統，並安全且安心的上網。
3. 電子設備充電座：商務旅客除了在客房內會使用充電座、電源線、電源插座，或無線充電設備，客房外的旅館大廳、餐廳、休閒活動空間、會議室或其他館內開放區域，也都可能需要商務作業，所以如何貼心提供充電需求的相關電子設備，也是提升商務客回頭率的可議策略。有些旅館也會採用雲端智能無線充電設備，以便蒐集旅客行為的即時數據。
4. 網路影印、掃描和傳真機：有時商務旅客的行程緊迫，對影印、掃描、傳真機等有即刻性需求，而必須從旅館的任何場域連結相關設備，以便輕鬆快速地完成工作。

商務旅客需要的不僅僅是一個休息的地方，有時更希望客房能具有辦公室般的便利設施，以隨時與同事和客戶聯繫。

（二）商務中心的規劃與服務

有些旅館會在商務樓層設置單獨的商務中心服務櫃檯，專門提供住宿商務樓層的旅客辦理入住登記、退房結帳及各種商務活動等服務。

商務中心也可以像是一間行動咖啡館，旅客在商務中心享用咖啡餐點時，可以通過筆記型電腦查看電子郵件和洽談公務。商務中心常見的元素包括：

1. 休閒區：通常是一個舒適的休憩空間，提供咖啡、茶、飲品及點心，觀賞國際財經頻道，瀏覽各類專業工商雜誌及書籍，使商務旅客可以時刻掌握完整的國際資訊，及時把握商機。休閒區也可作為接待貴賓、商務洽談的場所。

2. 會議區：為了滿足商務旅客不同的會議需求，通常備有會議區，空間大小至少可容納 4 ～ 16 人、環境設計舒適高雅，適用於小型演講、一般會議、教育訓練、產品發表會或是招待會等不同型態的空間；有些旅館也會規劃供個人視訊會議使用的安靜小空間。會議室的常見設備，包括白板、投影機、電動投影幕、鐳射指示筆、多功能事務機、高速上網電腦設備、WiFi 等。國際等級旅館更以先進的商務設備、設施作為服務基礎，例如提供專業的商務祕書服務、遠程視訊會議系統、同聲翻譯系統、網路設備、智慧型行動裝置等。

（三）女性商務旅客的重要性

過去，絕大多數的商務旅客都是男性，但近 20 年女性大量投入職場，且更多女性成功地進入商界，今日已在商務旅館市場中佔有相當大的比例，也因此陸續有專門為女性顧客設計的旅館，或是在旅館內設置女性專屬樓層，像是客房窗紗選擇溫馨的色彩、安裝棉織品窗簾，房間須無煙處理；書桌擺放一些女性物品、小裝飾品、時尚雜誌；客房休閒娛樂系統專設女性頻道；提供低卡路里的健康餐飲服務、瑜伽課程及 SPA；浴室提供面膜、棉質粉撲、各式浴鹽、親膚洗浴套裝。提供瑜伽墊、柔軟舒適的羊毛襪、絲質衣架等，以及為深夜在停車場停車的女性顧客安排警衛確保安全。此外，愈來愈多的女性商務旅客不僅針對旅館設施有要求，更重視自身的隱私與安全，例如安全的客房門鎖及窺視鏡、櫃檯接待的特別服務程序、房務清潔時的隱私維護等。

根據全球商務旅行協會（Global Business Travel Association, GBTA）於 2018 年提出的研究指出，超過 80% 的女性商務旅客表示在過去出差途中，至少遇到過一次安全事件或問題。63% 的女性認為，旅行途中的安全問題與對安全問題的擔憂正逐步加劇。與 5 年前相比，45% 的女性旅客認為現在更不安全。可見，女性商旅旅客意識到了並且很關心出差途中可能會面臨的挑戰。

因此，如何提升旅館環境的友善對待，以及重視住宿登記時採取的保密措施，使女性商務旅客對旅館產生信賴感，是現代旅館極須努力的方向。

（四）未來旅館商務服務的發展趨勢

一間成功的商務旅館，必須是集居家、辦公、休閒及一夜好眠於一體的地方。多數國際等級服務的旅館雖設有商務樓層、商務中心、商務客房，也會提供誘人且多元的餐飲選擇，包含當地餐館、公園、歷史古蹟、觀光景點、海灘、娛樂等訊息的旅遊指南，並與當地旅行社合作，為商務旅客打造特別的套裝行程，但仍無法順應商務服務的趨勢。因此，收集並關注商務旅客的需求訊息，在住宿期間提供貼心的禮賓服務，以及對其要求做出迅速的回應，都是至關重要的經營發展重點。未來旅館商務服務的發展趨勢包括：

1. 及時了解新興技術：想吸引商務旅客，技術必須是最新的。旅館須定期審視基礎設施是否更新到足以滿足商務旅客的需求。
2. 清楚商務旅客常見的住宿痛點與因應的解決方案：商務旅客通常是參加會議者、企業顧問、業務銷售人員等，快速與便利是主要訴求，例如自助辦理入住登記及退房結帳、更具安全性的無鑰匙進入客房系統、電動汽車專用停車位與充電站、交通共乘服務、都會區電動自行車（eBike）租賃等。
3. 重視並能提供商務旅客放鬆身心的機會：例如瑜伽、有氧課程和團體跑步愈來愈受到希望緩解壓力的商務旅客的歡迎，對於僅提供健身房、游泳池和室內健身器材的旅館而言是一項創新。又或是智慧電視，使商務旅客可以在舒適的床上觀看喜歡的電視節目或電影，也可以在抵達客房前將行動設備同步到客房的智慧電視。
4. 認識與有效應用支援物聯網與人工智慧：譬如通過行動設備可以關閉客房的百葉窗、調暗燈光或是調控客房的恆溫器。在客房內配備 VR（虛擬實境），以 3D 遊覽當地景點。
5. 掌握消費趨勢的空間運用：現代旅客重視住宿空間的舒適性、明亮度，因此旅宿業者應能掌握趨勢、靈活的運用空間。例如旅館大廳的空間規劃，提供舒適的家具、筆記型電腦和行動電話的充電插座、設置能夠容納一對一視訊會議和小組會議的空間等。

由於許多新興的商務服務是奠基於創新科技與相關設施，因此旅館需投入大量的資金、人力和物力才能完善建構。其中，商務中心服務員也需具有較高的素質和較好的教育背景，才能滿足較高層次的旅客要求。

結語

客務服務的項目、方式、態度、速度、效率及水準，是旅客選擇旅館的主要因素之一，也是旅館之間競爭的重要環節。

客務服務的目標是為旅客提供愉快的住宿體驗，簡單的客務服務任務包括接聽電話、入住登記、結帳退房、預訂旅館、安排旅遊、提供建議，以及回答旅客可能提出的任何問題等。優質的客務服務要注意的點是多面向的，極盡巧思地滿足旅客的需求，是樹立旅館形象、提高旅館知名度的重要體現。

參考資料來源

1. Bardi, J. A.（2010）. ***Hotel Front Office Management.*** Wiley India Pvt Ltd.
2. Jatashankar, Tewari.(2016）. ***Hotel Front Office: Operations and Management.*** Oxford University Press.
3. Kasavan, M. L. & Brooks, R. M.（2007）。林漢明、龐麗琴、郭欣易譯。**旅館客務部營運與管理**。台中市：鼎茂圖書出版股份有限公司。（原著出版於 2004）
4. 龔聖雄 (2020)。**旅館客務實務（上）**。新北市：翰英文化事業有限公司。
5. 品澄旅遊（2018 年 10 月 23 日）。**GBTA 商旅研究：83% 的女性商務旅客去年曾遭遇安全問題或事件**。每日頭條。https://kknews.cc/travel/5z9b46k.html。

CHAPTER 7

旅客帳務作業與夜間稽核

這一章，將深入探討旅客帳務問題的處理、介紹各種旅客帳戶與帳單，並且了解櫃檯接待如何為旅客設立信用授權和監督信用。此外，旅客帳務系統的功能、帳務憑證的登錄與帳務作業的要求、櫃檯接待執行稽核的目的、夜間稽核與旅館換日的概念，以及夜間稽核需完成的工作，都是本章學習重點。學習處理與運用帳務資訊是旅宿業從業人員相當重要的功課，讓我們把這門功課學起來吧！

學習重點

1. 帳戶設立與信用授權
2. 帳務作業
3. 夜間稽核作業

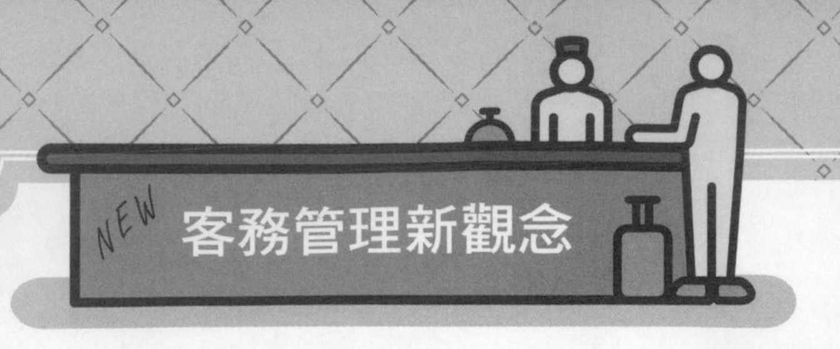

智慧房控在旅館的應用價值

客房控制系統，簡稱房控系統，是利用計算機、通訊、管理等技術構成的專用網路，針對旅館客房的安全防護、中央空調、燈光、背景音樂、客房服務等進行管理與控制。智慧房控可以即時反映客房狀態、住客服務需求及設備狀況等，協助旅館業者針對客房設備與內部管理進行控制分析，有效地提高客務部的管理效率，是旅館全面智慧化不可或缺的一部分。目前常見的智慧房控系統功能包括：

客房運作操控功能

主要是利用客房控制面板控制客房設備、器具的電源與掌握客房使用狀況，例如燈光、電視、音響、空調、請勿打擾燈、清理房間燈、緊急呼叫燈、退房等智慧控制的功能，也可以根據旅館或房客的需求預設裝置系統，像是入住、歡迎、睡眠、外出、退房、自動恆溫、溫度異常示警等各種執行模式，例如：旅客至櫃檯辦理入住登記時，客房的空調即自動開啟；房客外出後，空調系統會自動調整成預設的低速運轉；客房實際溫度超出設定標準時，系統可及時示警；旅客退房後客房空調即關閉等。

客房狀態轉換控制功能

是指從旅客辦理入住登記到退房結帳的客房狀態掌控。例如：旅客入住時，櫃檯接待須將安排給旅客的「已整理好待租售的客房」設定為「已租售的客房」→退房結帳後，須將「已租售的客房」設定為「退房」→房務部進房打掃時，須將客房狀態轉換至「清潔中」→清潔完畢後轉換為「待檢查」→檢查完畢無問題再轉為「OK 房」；若檢查有問題，則將客房狀態轉為「待維修」，工程部執行維修時須轉為「維修中」狀態，維修完畢後才轉為「OK 房」等。

旅館客房裝置可以透過科技與房控系統連結，例如平板電腦、筆記型電腦、智慧手機及智慧手錶等行動通訊終端裝置，讓旅客的個性化需求得以預設於系統中，例如音樂、燈光、多媒體影音視訊、空氣淨化…等。

房控系統整合了客房狀態控制、通訊系統及系統裝置軟體，可智慧控制客房服務，遠端管理及資料收錄，體現旅館經營思維和服務理念。但智慧房控系統仍有兩大問題待解：

一、客房的能源耗費

一旦旅館開始營運後，客房能源消耗是驚人的。根據過去的數據分析，客房內的用電裝置以空調的消耗量最大，熱水供應次之，照明用電排第三，能源耗費儼然成了旅館營運無法規避的難題。

二、及時且高效的客房服務

客房的清潔打掃作業，以往是由房務員依客房指示牌執行客房清潔服務，或是房客撥打電話通知櫃檯接待後，再轉通知房務部進行客房清潔作業。

如何經由房控系統使入住旅客體會到無微不至的服務，即時發現問題、作業順暢已是旅宿業者營運的基本要求。

智慧房控系統在旅宿業的夜間管理作業有哪些應用價值？

令人不解的兩次刷卡！

為什麼辦理入住登記的時候需要刷一次信用卡，退房結帳時還要再刷一次？

由於旅館住宿消費與一般商店的消費模式不同，使用信用卡付款結帳的機制也會不同。從流程上來說，一般商店的交易是銀貨兩訖，一手交錢一手交貨，但旅館住宿消費在入住的當下，櫃檯接待即會請旅客提供信用卡以提前執行預授權（Preauthorization）作業。預授權是為了要確保旅客在退房結帳時，有足夠資金支付在旅館內的消費，也就是凍結旅客信用卡帳戶中一定數量的可用餘額，這筆金額不得再參與其他交易，以作為最後退房付款的保證。

不同旅館的預授權作業與規定略有不同，過去有些預授權凍結金額普遍為每日房租的 2 倍，例如住宿一晚的房租為新臺幣 3 仟元時，申請預授權的金額就是 6 仟元；而有些旅館申請的預授權金額，是依旅館和信用卡發卡機構雙方的協議，例如信用卡預授權金額新臺幣 1 仟元整，且只能是新臺幣 1 仟元整，表示旅客在旅館內的消費額度最高可達 3 萬元整，旅館最終也僅能經由預授權 1 仟元的授權碼來收取信用卡刷卡額度在 3 萬元以內的消費。現在，預授權凍結金額則是依據旅客住宿天數的長短，通常以 5 ～ 7 天（1 週）為 1 個預授權與結帳週期，且授權凍結金額會大於每日房租的預估消費金額，但會低於 2 倍以下，例如住宿一晚房租新臺幣 3 仟元，預授權的金額大約會落在 4 仟元左右。預授權凍結金額會有這樣變化的原因有二，一則，預授權凍結金額過大會造成旅客剩餘的信用卡額度變少，造成旅客刷卡消費的不便；再則，是受旅客住宿需求變化影響，現在對於電話、洗衣、用餐、影印、傳真、會議室租用等其他旅館附屬設施與服務的住宿需求較低，所以房租以外的額外花費較少，不需凍結太大的額度。

旅客若採刷卡付費的方式付款，兩次刷卡需使用同一張信用卡。櫃檯接待第一次刷卡是取得旅客的信用卡預授權，付款結帳時再以同一張信用卡再刷一次，櫃檯接待須確認與預授權單上的授權碼一致，才能執行補登交易（Off Line）。也就是說，補登交易完成，代表付款已經完成，旅館便可以據刷卡單向發卡機構請款。

預授權只是預先將旅客信用卡內的資金凍結部分額度，但預授權不表示扣款付款完成，並沒有從住客的帳戶中扣除任何金額。例如旅客的信用卡額度是新臺幣 20 萬元，旅館住宿 2 晚只需新臺幣 8 仟元，櫃檯接待向發卡銀行取得約 1 萬元的預授權。此時，旅客的信用卡刷卡剩餘額度為新臺幣 19 萬元，但實際上仍未被扣款，只是信用額度被旅館凍結 1 萬元，旅客的實際支出仍是 0 元。退房結帳時，如果住宿消費金額為新臺幣 8 仟元，櫃檯接待就會以原信用卡補登交易新臺幣 8 仟元，剩下新臺幣 2 仟的額度就會還回給住客。若旅客實際消費為新臺幣 1 萬 2 仟元，金額已大於預授權，則櫃檯接待需先將預授權的新臺幣 1 萬元取消，與住客確認是否重新刷卡，或更換其他信用卡或改付現金等方式完成結帳付款。

第一節
帳戶設立與信用授權

在學習本節後，能進一步認識並了解：

1. 帳戶和帳單的種類
2. 信用監督
3. 信用授權
4.「有借必有貸，借貸必相等」原則

旅宿業的經營型態非常多元，雖有旅客帳務作業一般常用的基本準則，但不同旅館的旅客帳務系統，所使用的術語和帳單格式還是略有不同，本節僅就帳戶和帳單種類、信用監督與授權，以及借貸原則等概念加以闡述。

一 帳戶和帳單的種類（Type of Accounts and Folios）

旅客在旅館的交易狀況，會據實反映在客務管理系統的旅客帳務模組中，並以帳戶（Account）的形式呈現。帳戶又稱帳卡，係將旅館內每一次財務交易資料予以準備、記錄、分類、核實、彙總、維護及監控，藉以了解住客與非住客使用旅館設施和服務的交易增減情形與結果。旅客帳務系統只用於記錄與儲存有關住客、非住客的財物交易。旅客帳務系統通常有住客帳戶、非住客帳戶及管理者帳戶 3 種帳戶的類型：

（一）帳戶種類

1. 住客帳戶（Guest Account）

   旅客帳務系統是專為事先保證訂房或是已經辦理住宿登記的旅客所創建的帳戶，用於記錄旅客和旅館之間發生的所有財務交易。由櫃檯接待負責記錄旅客在旅館內的每一筆消費，並於退房時結算所有的應付帳款，但在某些情況下，旅客雖未退房也可能會被要求先支付部分或全部已消費的費用，例如訂房時旅館已接近客滿，或是住宿期間的消費超出預付款太多、有跑帳的疑慮等。

表 7-1　住客與非住客帳戶的區別

帳戶類型 區別項目	住客帳戶	非住客帳戶
帳戶功能	住客與旅館之間的財務交易記錄。	1. 非住客與旅館之間的財務交易記錄。 2. 住客未辦理退房結帳或有爭議帳款的記錄。
創建時機	是在預訂房或辦理入住登記時創建的。	1. 非住客使用或購買旅館服務或產品時創建的。 2. 是在住客退房時未能完全結清帳單時創建的。
維護人員	完全由櫃檯接待維護。	1. 由櫃檯接待維護。 2. 由旅館會計（財務）部訂定付款機制。
登錄內容	記錄旅客從訂房、入住登記到退房結帳的所有財務交易。	1. 記錄非住客使用或購買旅館服務或產品的所有財務交易。 2. 記錄住客退房時未支付或僅支付部分的財務費用。
結算時間	住客帳戶是每天編制，依住客退房日結算。	1. 非住客帳戶每次使用或購買後編制與結算。 2. 未辦理退房結帳或有爭議帳款的帳戶按月編制與結算。

3. 管理者帳戶（Management Account）

一些旅宿業者允許部門主管通過與旅客互動的方式，解決旅客的疑問或不滿，或藉以達成商業交易的可能性。例如客務部經理在處理旅客的抱怨時，以提供住宿優惠或免費住宿的方式緩解抱怨，而將此筆費用以交際費用的方式記錄在管理者帳戶中。管理者帳戶的運用視旅宿業者需求而定，並非一定必要，有時也會以非住客帳戶或是開立折讓單的方式取代管理者帳戶。

（二）帳單種類

帳戶開立的帳單是用於記錄帳戶上所有財物交易，包括房租、電話、洗衣服務、購買備品的消費，以及借支、應收帳款等。當一帳戶創建時，即設立一張啟始金額為 0 的帳單。1 間客房一定會創建 1 個帳戶，而 1 個帳戶裡至少會設立 1 張～1 張以上的帳單，依旅客結帳需求不同而有差異。結帳時，旅客須通過旅館接受的方式將帳單結清，餘額歸零。建立帳單所需要的資訊，包括旅客名、住宿與退房日期、房間號碼等，當一項交易記錄在帳單上的適當位置時，一個新的餘額就此被確定。對應帳戶的帳單種類包括：

1. 客房帳單（Room Folios）

   應用在住客帳戶上的帳單，又稱住客帳單（Guest Folios）（圖 7-1）。住客在旅館停留期間的所有交易都會記錄在客房帳單中，各類消費憑單也會保存在住客的帳夾中。以範例一做說明：

2. 總帳單（Master Folios）

   應用在非住客帳戶或虛擬帳戶上的帳單，又稱團體帳單（Group Folios）或主帳單（圖 7-2），通常使用於多間客房或 1 組住客以上的訂房，或是因應各類團體或會議組織轉帳服務需求而建立的帳單型式，例如旅行社團體或企業團體住宿帳單。以範例二做說明：

透過住客帳單了解住客在旅館內的消費行為

龔聖雄先生透過網路訂房預訂了「悠遊國旅補助」住房專案，含 2 間客房住宿 2 晚，房租 + 服務費 + 稅金分別為 5,280 元與 4,290 元，於 2022 年 8 月 16 日抵達旅館。

網路訂房的當下已分別先支付 30% 訂金（RM Deposit）3,168 元與 1,794 元。因此，8 月 16 日龔先生的帳單中，付款（Credits）科目須登錄已收到的 2 筆預付訂金，其餘的消費（Debits）則以記帳的方式記錄到龔先生的帳單。待龔先生辦理退房結帳時，旅館將消費金額加以結算，帳單內容包括：2 間客房住宿 2 晚的房租 + 服務費 + 稅款，以正數金額呈現，然後扣除悠遊國旅住宿政府補助 2 次 1,300 元（房租 -1,126 元；服務費 -113 元；稅款 -62 元），在帳單上消費金額以負數呈現，由旅館向政府申請。至 8 月 18 日累計消費總額為 13,940 元，以 VISA Card 結清時，須再扣除預付的訂金，刷卡金額為 8,978 元，使消費與付款的結餘為平衡歸零的狀態。

Regent
TAIPEI

INVOICE

Billing Name 帳單抬頭　Mr Sheng Hsiung Kung
Taiwan

IHG Rewards Club 優悅會會員
Guest Name 客人名稱　Mr Sheng Hsiung Kung　龔聖雄
Company 公司名稱　Yotor
TA Rec. No.旅行社確認號

Folio No.　帳單號碼　321242
Room No.　房間號碼　1838
Person(s)　住房人數　2
Arrival　入住日期　08-16-22　17:18
Departure　退房日期　08-18-22　11:00
Conf. No.　訂房確認號　572986
Cashier No.　出納員　FOLISAH　1121
Page No.　頁碼　1 of 1

DATE 日期	DESCRIPTION 項目	REFERENCE 參考號	TIME 時間	DEBITS 消費	CREDITS 付款
08-16-22	預付訂金	RM DEPO =RT220815000180 Kung Sheng Hsiung	11:00		3,168
08-16-22	預付訂金	RM DEPO=RT220815000174	17:18		1,794
08-16-22	調整 - 房費++ 悠遊國旅補助	Kung Shu Chiao #1837=>Kung Sheng Hsiung #183	11:00	-1,125	
08-16-22	調整 - 房費服務費	Kung Shu Chiao #1837=>Kung Sheng Hsiung #18	11:00	-113	
08-16-22	稅款 - 房費	Kung Shu Chiao #1837=>Kung Sheng Hsiung #18	11:00	-62	
08-16-22	套裝房租	Kung Sheng Hsiung #1837=>Kung Shao Hua #18	11:00	4,571	
08-16-22	房間服務費/調整	Kung Sheng Hsiung #1837=>Kung Shao Hua #18	11:00	458	
08-16-22	稅款 - 房費	Kung Sheng Hsiung #1837=>Kung Shao Hua #18	11:00	251	
08-16-22	房費 ++		05:34	2,589	
08-16-22	房費服務費		05:34	259	
08-16-22	稅款 - 房費		05:34	142	
08-17-22	調整 - 房費++ 悠遊國旅補助	Kung Shao Hua #1838=>Kung Shao Hua #1838 K	10:06	-1,125	
08-17-22	調整 - 房費服務費	Kung Shao Hua #1838=>Kung Shao Hua #1838 I	10:06	-113	
08-17-22	稅款 - 房費	Kung Shao Hua #1838=>Kung Shao Hua #1838 I	10:06	-62	
08-17-22	套裝房租	Kung Sheng Hsiung #1837=>Kung Shao Hua #18	11:00	4,571	
08-17-22	房間服務費/調整	Kung Sheng Hsiung #1837=>Kung Shao Hua #18	11:00	458	
08-17-22	稅款 - 房費	Kung Sheng Hsiung #1837=>Kung Shao Hua #18	11:00	251	
08-17-22	房費 ++		05:34	2,589	
08-17-22	房費服務費		05:34	259	
08-17-22	稅款 - 房費		05:34	142	
08-18-22	非銀行接口刷卡 - 維薩卡 xxxxxxxxxxxx1622		11:05		8,978
		Total 總計		13,940	13,940
		Balance 結餘		0	TWD

I agree that it is my obligation to pay in full amount. The bill cannot be waived. And I am personally liable in the event that the indicated person, company or association fails to pay the amount of the charges.

我同意對所有在飯店的帳單負責，若指定的人、公司或協會不願代付時，我有責任及義務自己支付所有費用。

Guest Signature 客人簽名

台北市中山北路二段39巷3號
No. 3, Ln.39, Sec. 2, Zhongshan N. Rd., Taipei 104, Taiwan T. 886 2 2523 8000 F. 886 2 2523 2828
www.regenttaiwan.com

圖 7-1　旅客帳單示意圖（作者提供）

總帳單

教育管理研修班預訂了 13 間客房，住宿 3 晚，於 2019 年 7 月 29 日抵達旅館，預定 8 月 1 日退房，客房住宿 1 晚的房價是新臺幣 2,900 元，服務費是 0 元。團體領隊提早於 7 月 31 日將所有房租費用以 VISA Card 結清 2,900 元 ×（13 間 ×3 晚）＝ 113,100。因此，在 7 月 31 日的帳單中，除了提列已累計的借方（團客）消費金額「房租 2,900 元 ×（13 間 ×2 晚）＝ 75,400 元」外，還提列了團體領隊支付的 113,100 元，當貸方（旅宿業者）輸入付款金額，借貸抵銷後的金額為新臺幣 -31,900 元。等到 7 月 31 日完成夜間稽核與旅館換日作業後，8 月 1 日教育管理研修班退房結帳時，團體帳單上的借貸金額會再加以結算，退還借方餘額新臺幣 31,900 元，該帳單的借貸就會平衡歸零。

台糖長榮酒店（台南）
EVERGREEN PLAZA HOTEL
(TAINAN)

701台南市東區中華東路三段336巷1號
No. 1, Lane 336, Sec. 3, Chung-Hua East Road, Tainan, Taiwan 701, R. O. C
Tel:886-6-2899988 Fax:886-6-2896699
URL:http://www.evergreen-hotels.com E-mail:ephtnn@tscevergreen.com.tw

房間號碼 Room No	旅客姓名 Guest Name	房間費率 Room Rate	旅客人數 No. of G	住房日期 Arrival Date	退房日期 Departure Date
R1915415	教育管理研修班		0	2019-07-29	2019-08-01

日期 Date	代碼 Code	消費明細 Description		收據編號 Sheet	消費金額 Amount	累計金額 Balance
2019-07-30	01	ROOM CHARGE	718	07-29	2,900	2,900
2019-07-30	01	ROOM CHARGE	607	07-29	2,900	5,800
2019-07-30	01	ROOM CHARGE	624	07-29	2,900	8,700
2019-07-30	01	ROOM CHARGE	625	07-29	2,900	11,600
2019-07-30	01	ROOM CHARGE	707	07-29	2,900	14,500
2019-07-30	01	ROOM CHARGE	708	07-29	2,900	17,400
2019-07-30	01	ROOM CHARGE	709	07-29	2,900	20,300
2019-07-30	01	ROOM CHARGE	710	07-29	2,900	23,200
2019-07-30	01	ROOM CHARGE	711	07-29	2,900	26,100
2019-07-30	01	ROOM CHARGE	712	07-29	2,900	29,000
2019-07-30	01	ROOM CHARGE	606	07-29	2,900	31,900
2019-07-30	01	ROOM CHARGE	1011	07-29	2,900	34,800
2019-07-30	01	ROOM CHARGE	1018	07-29	2,900	37,700
2019-07-31	01	ROOM CHARGE	1011	07-30	2,900	40,600
2019-07-31	01	ROOM CHARGE	1018	07-30	2,900	43,500
2019-07-31	01	ROOM CHARGE	606	07-30	2,900	46,400
2019-07-31	01	ROOM CHARGE	607	07-30	2,900	49,300
2019-07-31	01	ROOM CHARGE	624	07-30	2,900	52,200
2019-07-31	01	ROOM CHARGE	625	07-30	2,900	55,100
2019-07-31	01	ROOM CHARGE	707	07-30	2,900	58,000
2019-07-31	01	ROOM CHARGE	708	07-30	2,900	60,900
2019-07-31	01	ROOM CHARGE	709	07-30	2,900	63,800
2019-07-31	01	ROOM CHARGE	710	07-30	2,900	66,700
2019-07-31	01	ROOM CHARGE	711	07-30	2,900	69,600
2019-07-31	01	ROOM CHARGE	712	07-30	2,900	72,500
2019-07-31	01	ROOM CHARGE	718	07-30	2,900	75,400
2019-07-31	01	ROOM CHARGE	0	07-31	5,800	81,200
2019-07-31	58	VISA CARD-N/B			-113,100	-31,900
2019-07-31	01	ROOM CHARGE	0	07-31	31,900	0

上述全部帳款無論以任何付款方式為之，本人謹此聲明願付一切償付責任.
Regardless of methods of payment,I acknowledge that I am personally liable for the payment of the above statement.

謝謝惠顧，期待您下次的光臨！
We hope you have enjoyed your stay and look forward to seeing you soon again.

R1915415 960023
2019-08-12 10:07
PAGE: 1 / 1

旅客簽名
Guest Signature________________

圖 7-2　總帳單示意圖（作者提供）

3. 非住客帳單（Non-guest Folios）

應用在非住客帳戶或虛擬帳戶上的帳單。記錄非入住旅客在旅館消費的帳單，例如租用旅館商務中心、健身俱樂部等設施或購買客房備品。

4. 員工帳單（Employee Folios）

應用在非住客帳戶或管理者帳戶上的帳單。員工在旅館的所有消費都會記錄在員工帳單上，帳務作業常以非住客帳戶與帳單的方式處理，例如員工家屬住宿自己服務的旅館；員工因公務需要而使用旅館的商品或服務，例如招待廠商或重要顧客，兩者皆以員工帳單記錄為員工在旅館內的活動支出。為避免員工誤用、浮報帳目，大多數的旅宿業者均會嚴格規範員工帳單適用的範疇。

5. 分帳單（Split Folios）

同一筆帳建立兩張（含）以上的帳單，通常旅宿業者為滿足旅客個人要求，或團體特殊情況要求而創建。例如旅行社代客預訂旅館時，由旅行社支付房租、服務費等基本客房費用，而旅客須自行支付餐飲、電話、Mini BAar 等個人消費。在退房結帳時，旅客只會收到一份記錄自己需要負擔的個人消費帳單，而旅行社則會收到一份客房費用的帳單。又例如兩位同公司不同部門的商務旅客，一起出差入住旅館的 1 間雙人客房，退房時需要各自結帳並取得 2 張帳單和發票，藉以向公司報帳。不論是住客帳戶、非住客帳戶或管理者帳戶，皆可向旅宿業要求開立分帳單。

二 信用授權

完成客房預訂或住宿登記，交付客房鑰匙前，櫃檯接待應確認旅客在退房時將如何結帳，不論旅客告知採行的結帳方式為何，這個詢問都是必要的，因為客務部需要在此時取得旅客的信用授權，以確保旅客最終會支付住宿期間的所有消費。信用授權也稱為授權保留（Authorization Hold）或預授權（Preauthorization），是旅宿業常見的交易方式。信用授權的作法是當旅客預訂客房或辦理入住登記時，須出示 1 張有效的信用卡作為信用擔保，旅宿業者會據此向發卡銀行取得預授權，亦即在旅客的信用卡帳戶中凍結一定數量的可用餘額，使其不得再參與其他交易，直至取得相應交易的預授權結算為止。

預授權的額度大小與預授權的期限長短？

旅館的預授權額度取決於旅客入住的天數，至少等於或大於入住天數的基本住宿費用。大於入住的天數的目的，通常是旅館預期旅客會產生住宿以外的消費金額。

預授權的期限是由發卡機構制定，約數天或長達30天，或直到退房結算完成為止。信用卡若有效，預授權就可以開通，無效信用卡是無法取得預授權的。若取得預授權又不使用，將會導致旅客信用卡額度被占用，且可能招致抱怨。因此，若不使用預授權時，客務部應去註銷。

信用卡預授權是發卡機構提供的一項服務，即發卡機構為旅館保留住客信用卡上的資金，在旅館扣款前，確認許可凍結額度的交易，也可視為一種「押金」或「保證金」的預付款方式。預授權的目的是為了防止旅客未入住或跑帳，並保證有足夠資金支付旅住宿期間產生的費用，且預授權結算時，旅館也可獲取最多預先凍結金額。此外，透過信用卡預授權也可降低偽卡帶來的損失，因為持偽卡無法取得發卡銀行的預授權額度。

假設你是一位五星級旅館櫃檯接待員，當龔先生前來辦理住宿登記，且預定住宿3天2夜時，你會如何向他解釋信用授權的概念？在信用卡操作的實務上，預授權（Preauthorization）與補登交易（Off Line）有什麼差別？

！小提醒

1. 先釐清：預授權與補登交易的概念？兩者又有什麼差別？
2. 請思考：如何向住客解釋信用授權？如何操作信用卡預授權與補登交易？
3. 效益評估：信用卡預授權會帶來哪些作業上的效益？又會住客造成什麼影響？

三 信用監督

旅客帳務模組電子化後，雖可以預設管控旅客的信用額度，並提高帳戶運用的靈活性，但櫃檯接待仍須監控所有住客和非住客的帳戶，以確保帳戶在旅館可以接受的信用額度內交易。

(一)住客帳戶的信用監督

一般的情況下，客務部會在旅客住宿期間設定一個旅客簽帳信用額度，提供住宿登記完成的旅客使用。而客務部提供旅客簽帳的信用額度如何判定？則是依據旅客的住宿期長短。所以，當旅客辦理住宿登記並以有效且可以被接受的信用卡刷卡時，櫃檯接待據旅客住宿期取得旅客信用卡授權的最低限額，並在此金額內提供住客簽帳消費，只要住客消費不超過信用卡授權的額度，櫃檯接待都可以向信用卡公司申請預授權凍結額度內且與住客消費相當的金額。

若夜間稽核查核旅客帳戶時，發現已達到或超出信用限額時，會將此類帳戶歸類為高風險或超額度使用帳戶，並通報客務部管理階層確認帳戶授權責任。在超額度帳戶問題未獲得解決前，櫃檯接待可能會拒絕新的消費記入客房帳單中，或是要求旅客支付部分帳款以降低應收未收款的餘額，或是客務部管理階層授權向信用卡公司申請提高旅客的預授權額度。

(二)非住客帳戶的信用監督

非住客在旅館消費時，亦須出示有效且可以被接受使用的信用卡，客務部據此向信用卡發行公司取得消費總額的信用授權後，即可獲得非住客帳戶簽帳的權利。

但旅宿業者須針對住客的信用付款狀況做信用監督，以免發生虧損與糾紛。若旅客的信用卡有不良交易記錄、信用卡信用額不足或有效期已過等特殊原因，導致客務部無法取得發卡銀行的信用授權時，旅客會被要求以現金支付在旅館內所有的財物交易，意即不給予簽帳或記帳的權利。

四 「有借必有貸，借貸必相等」原則

旅館為方便旅客而提供離店時一次性結帳的方式，但所有帳單中都有借貸兩方，「有借必有貸，借貸必相等」為櫃檯接待處理客帳作業的基本原則。旅客辦理入住登記手續後，櫃檯接待會開啟旅客帳務模組的借方(Debits)，提供旅客消費後以記帳方式將消費金額記錄在旅客帳單中。旅客每消費 1 次，就會在借方科目上登錄 1 筆資料。旅客退房結帳時，貸方(Credits)輸入付款金額後即予以扣除。

第二節

帳務作業

在學習本節後，您將會認識並了解：

1. 帳務系統的功能
2. 帳務憑證與帳務登錄
3. 帳務作業
4. 結帳與交班

從旅客訂房時的預付款或訂房保證，到辦理入住登記時，取得旅客信用卡預授權、住宿憑證或公司付款同意書，再到住客退房結帳，都必須防止出現錯帳、漏帳和跑帳等狀況，而這些工作都離不開旅客帳務作業。經由旅客帳務系統可以明瞭處理財務轉帳的程序，同時能協助訓練櫃檯接待與夜間稽核員，使其明白登錄旅客消費帳款的方法與原由，以及提供退房結帳後的帳務相關資訊查詢等，俾使旅客帳務作業無誤，確保住客、非住客及旅宿業者自身的財務交易正確、無損失。

一 旅客帳務系統的功能

旅客帳務作業又稱櫃檯出納作業，也可簡稱為客帳作業。客帳作業並不等於會計作業，屬於旅館客務管理系統中的旅客帳務模組，是一套完整精確的電腦系統與程序，以簡單的邏輯和基本的數學運算為基礎。

旅客帳務作業是以貨幣為主要計量單位，應用會計憑證與會計帳單，結合旅客帳務係系統，針對住宿旅客、合約公司、旅行社及其他非住宿旅客使用旅館的服務和設施，而產生的經濟業務活動進行記錄、核算及監督。基本旅客帳務系統的主要功能包括：

1. 為每位住客和非住客創建帳戶，並準確的執行交易記錄與維護。
2. 顧客服務循環過程能追踪每一筆財務交易記錄。

3. 確保客務部的內部控制作用可以涵蓋所有現金和非現金交易。
4. 記錄所有消費的結算狀況。

旅客帳務作業在早期未有電腦設備輔助應用時，當旅客辦理入住登記是依房號為旅客建立帳卡，以帳卡為憑證於交易產生時隨時登載，住客任何時間退房均可以結帳。現代旅館的旅客帳務系統是當旅客完成訂房時，系統即自動產生一個帳戶，一旦辦理入住登記帳務隨之發生並記載於系統中，住客於館內的所有消費或購買禮品等費用，皆可匯入住客房帳戶內，退房時旅客帳務系統會逐一列出消費明細，再一併向住客收款結帳。

二 帳務憑證與帳務登錄

（一）帳務憑證

帳務憑證（Account Voucher）是詳細記載交易內容的文件，也稱交易憑單，是具有一定證明效用的文件。交易憑單上面須清楚列示住客在旅館內有消費的各銷售點，例如餐廳、健身房、洗衣房、俱樂部、禮品店等，並詳細提列消費金額與品項等消費資訊，記錄後的帳務憑證須及時送交櫃檯接待，櫃檯接待確實檢視帳務憑證且正確無誤的登錄到旅客帳戶上。

旅客住宿期間的消費必須有正確的帳務憑證，再確實登錄帳務系統以產生帳目。從財務的觀點來看，沒有帳務憑證就不會產生帳目活動，且不同類型的帳務憑證也會影響住客帳務作業，所以櫃檯接待須了解各類帳務憑證所代表的貨幣價值，並能做出正確的解讀與因應。

聯單（Order）

聯單是帳務憑證的一種，記錄商品貨物交易的相關重要資訊，如名稱、數量、重量、價值等。聯單有兩聯單、三聯單、四聯單等，關係人各取其一，作為執證、查對之用。聯單現多製成可複寫的表單，如三聯收據等。

民法－押金、訂金及定金

押金係指旅客為了擔保住宿旅館期間之損害賠償行為及處理遺留物責任，所預為支付予旅館之的金錢，其目的是為了讓住客擔保自己能在住宿期限中按時支付租金。

民法上沒有「訂金」，訂金並非法律用語，沒有任何法律條文規範。是一種完全取決於旅館與旅客約定的預付款，在旅宿業中比較常見的是，如果旅客在未來的某一段期間有意承租客房，可以先預付一筆款項，表示有承租的意願，也希望旅館保留客房；如果旅客日後不想承租，基本上也可以請求旅館返還訂金。

定金係指為了確保訂房定型化契約履行之目的，由旅客交付旅館一筆金錢或其他代替物充作定金，使雙方的訂房定型化契約推定為成立。履約時應返還定金，或將定金作為租金之一部分。倘若訂房定型化契約因可歸責於旅客之事由，致不能履行時，旅客不得請求返還定金；反之，若訂房定型化契約因可歸責於旅館之事由，致不能履行時，旅館應加倍返還其所受之定金。

（二）帳務登錄

帳務登錄是指在帳單上記錄交易的過程，又稱過帳，是將旅客於旅館消費交易的過程，透過電腦處理登錄至住客帳戶上，是旅客帳務系統中的一個操作程序。

資訊科技運用未普及前，帳務登錄需仰賴櫃檯接待隨時保持警覺，以人工手動確實登錄每一筆交易與支付情形，大量人力與時間的付出可想而知。因此，客房數量多與高住宿率的旅館，發生錯帳機率也大幅提高。

現今，具有一定規模的旅館皆使用客務管理系統處理旅客帳務登錄作業，不僅降低登錄的錯誤，也提升了資料的正確性與完整性。再加上客務管理系統可鏈結服務式端點銷售系統與其他相關子系統，方便旅館各銷售點服務員透過系統的鏈結與電腦的連線，能迅速且即時地將住客消費的品項與金額登錄在住客帳戶中。

三 帳務作業

旅客帳務作業的正確性與帳務系統的運轉息息相關，大多數自動化帳務系統只需要很少的憑證，便能以電子傳輸方式將交易信息載入旅客帳戶中。

一個有效的旅客帳務系統，必須能在服務循環過程的各個環節發揮作用。所以從旅客抵達前的客房預訂階段，帳務系統就要追蹤並記錄預付訂金和預付款；當旅客辦理入住登記時，帳務系統須為旅客創建一份帳卡以記錄房間價格與稅金；旅客住宿期間，帳務系統需要記錄和追蹤每一筆消費，並呈現住客累計消費總額與信用授權額度以供檢核。旅客帳務作業包括：

(一)預付款(Advance Payment)

預付款是一種提前付款的方式。旅館通常會要求旅客在訂房或抵達旅館辦理住宿登記時，預先支付全部或者一部分的客房租金，有時也稱「訂金」或「押金」(Advance Deposits)。預付款也可視為一種保險形式，向旅客保證如果旅館未能履行訂房的約定，預付款金額將退還給旅客，以保護旅客在旅館未能履行合約的情況下合約是無效的，重申旅客對已支付初始金額的權利。客務部收到旅客的預付款後會開立預付款憑證(Advance Payment Voucher)，並將該筆帳項登錄在對應的住客帳戶內，待旅客退房結帳時再自帳戶內扣減。

透過預付款(Advance Payment)作業

骨幹教師研修班預定於 108 年 7 月 16 日～7 月 19 日住宿台糖長榮酒店，並以信用卡預付住宿款項，旅館的處理步驟：

步驟 1：確認要預付的訂房代號，再次確認姓名、日期、房型及房價。

步驟 2：開立預付款憑證，並於旅客帳務系統完成入帳，再將預付款憑證的旅客聯交付給付款人。圖 7-3 為旅客簽署旅館開立之信用卡付款同意書，支付該次住宿的預付款，並於旅客帳務系統完成入帳，再將預付款憑證的旅客聯交付給付款人。

步驟 3：付款人要先取得發票，則需以手開發票方式處理。

步驟 4：於旅客帳務系統內清楚備註已收取訂金的金額與預付款憑證號碼。

提醒您：為確保您的權益，回傳授權書後，請務必主動來電飯店確認是否收到。

台糖長榮酒店(台南)
EVERGREEN PLAZA HOTEL
(TAINAN)

您好：逾期未回傳，房間不予保留，系統自動取消，恕不另行通知!!

信用卡付款授權書　◆退房請將房卡交回，否則酌收工本費$100/張

ATTN：　嘉南藥理大學/MR龔聖雄副教授C/O CAROL

MAIL：　kanckung@mail.cnu.cdu.tw　TEL NO：　06-2664911#3601

茲有貴賓：　骨干教師研修班　將於108年7月16日起至7月19日止到貴飯店住宿。

訂房代號：　R1915414　備註：

1床2人房-升等	1	間	S	2900	總金額	S	8700	元	
2床2人房	12	間	S	2900	總金額	S	104400	元	
		間	S		總金額	S	0	元	
		間	S		總金額	S	0	元	
		間	S		總金額	S	0	元	
		間	S		總金額	S	0	元	
		間	S		總金額	S	0	元	
		間	S		總金額	S	0	元	

合計總金額：$	113100	預付訂金：$	X	剩餘金額：$	113100

***恕不接受入住前四日~前七日取消間數達十間以上!!!

***恕不接受入住前三日內及當天變更間數或取消房間!!!

★為提供每位貴賓舒適的無菸空間，於客房吸菸者，依照菸害防治法第十五條第一項罰鍰新台幣10,000。

本人/同意人同意授權貴公司以所提供之信用卡資料支付所勾選之項目。信用卡付款資料如下：

姓名：　(必填)　持卡人簽名：　(必填)與信用卡相同

☐ 威士卡 VISA CARD　☐ 萬事達卡 MASTER CARD

☐ 美國運通卡AE CARD

☐ J.C.B. CARD　☐ 聯合信用卡　☐ 國民旅遊卡

卡號：________ - ________ - ________ - ________ 有效期限：___ / ___(共四碼)

聯絡電話(H)：　行動電話：

【發票開立資料】煩請務必填寫下列相關開立明細(如僅支付訂金不需填寫)

請勾選：☐ 二聯式　☐ 三聯式(可蓋發票章代替填寫，發票章請務必清楚)

公司名稱：　統一編號：

帳單地址：☐☐☐-☐☐

★請確認上述之日期、金額等訂房資料無誤後，於上方填妥您的信用卡資料於 7/15 12:00 前回傳至訂房組06-3373825，以完成您的訂房手續。

◆辦理住宿登記：下午三點後，退房時間：中午十二點前◆

承辦人：　郭馥慈　電話：(06) 289-6688　傳真：(06) 337-3825

2019/07/11　21:55:42

圖 7-3　信用卡付款同意書示意圖(作者提供)

（二）消費簽帳（Point of Sale）

又稱為延期付款交易（Deferred Payment Transaction）。是指住客在旅館內的各銷售點，例如餐廳、健身房、俱樂部、禮品店等消費，住客購買商品和服務時，消費當下並未支付費用，僅須出示房間鑰匙，銷售點確認住客身分無誤後，會開立消費簽帳憑證，並要求住客在收費憑證（Charge Voucher）或帳戶應收憑證（Account Receivable Voucher）上簽名，再將憑單送交客務部，櫃檯接待收到憑證後會在住客帳戶增列這筆餐飲消費帳，確認明細、金額無誤後，即以住客帳袋保管待住客退房結帳查核使用。

住客在旅館內的餐廳、俱樂部或洗衣房的消費，會由權責單部門或單位將簽帳憑證，於晚間送至櫃檯接待核對。櫃檯接待的處理步驟：

步驟 1　確認簽帳憑證上的房號、姓名與客務管理系統是否相符。

步驟 2　確認入帳的金額是否正確，或於旅客帳務系統完成入帳，並將簽帳憑證旅客聯放置在住客帳夾中。

步驟 3　列印一份帳單連同簽帳憑證及旅館留存聯交帳至財務部。

步驟 4　如遇簽帳金額有疑慮，應與權責單位聯繫確認是否入錯帳。

步驟 5　若有簽帳憑證但旅客帳務系統未入帳，應與權責單位確認是否入錯房號或是遺漏入帳，並請權責單位修正。

以住客於旅館內餐廳消費之簽帳流程為例做說明（圖 7-4）。

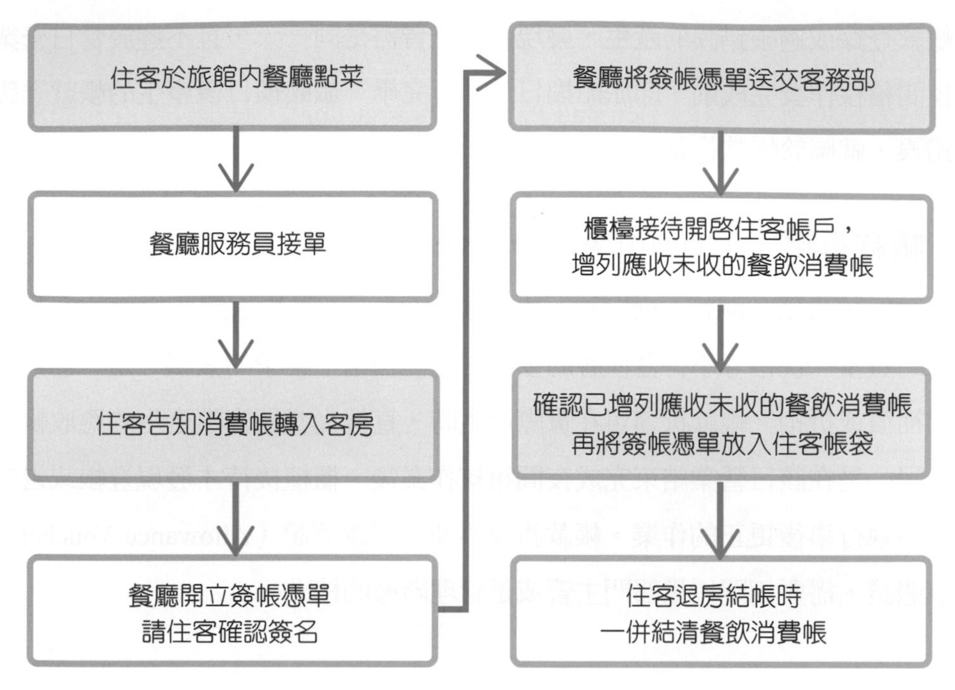

圖 7-4　住客消費簽帳流程圖

住客不需要立即付款，可以消費簽帳的項目還包括客房餐飲消費（Room Service）、客房迷你冰箱消費（Mini Bar）、洗衣服務（Laundry Service）、交通接送服務（Transportation Service）、傳真費用（Fax Fee）、影印費用（Copy Fee）等。住客仍需在消費簽帳憑證上簽名，責屬單位則須將憑證送交客務部，作為登錄住客帳戶的證據。

（三）帳款更正（Account Correction）

帳款更正又稱「調帳」，目的在於處理帳款登錄或過帳的錯誤。帳款更正的作業，最遲必須在該日營業結束前處理完畢，也就是在夜間稽核前將當日產生錯誤的帳目進行改正。此時，帳戶減少收取的應收帳款須開立帳款更正憑證（Correction Voucher），以證明該筆交易減收的合理性。例如：櫃檯接待一時疏忽將住客洗衣費用新臺幣 300 元誤植為 3,000 元；或是將房間價格 4,000 元誤植為 40,000 元，導致帳戶金額錯誤需要進行調整更正。

帳款登錄或過帳錯誤的產生、發現及更正皆需是同一天，且不遲於當日營業結束的夜間稽核作業完成前，即旅館換日前執行完畢。旅館換日後產生的帳款登錄或過帳錯誤，就屬於帳款折讓，而非帳款更正。

（四）帳款折讓（Account Allowance）

帳款折讓又稱「減帳」。帳款折讓有兩種類型，一是指旅館所提供的商品數量或服務的質量、規格等不符合住客的要求，而在價格上給予的減讓，是一種對品質問題的補償或折扣。帳款折讓可在實際發生時，直接從當期實際產生的應收帳款中抵減。另一是在該日營業結束完成夜間稽核作業後，櫃檯接待才發現登帳或過帳錯誤，因而執行事後更正的作業。帳款折讓需使用折讓憑證（Allowance Voucher）作為查核憑證，需要相關授權部門主管或是管理階層的核准。

帳款折讓（Account Allowance）作業

骨幹教師研修班預定於 108 年 7 月 16 日～7 月 19 日住宿台糖長榮酒店，並以信用卡預付住宿款項，旅館的處理步驟：

退房結帳時，住客反應帳款金額有誤，表示雖有要求加床，但實際上沒有提供加床服務，經查證後確實為旅館疏失。後續櫃檯接待的處理步驟：

步驟 1：確認旅客住宿登記卡上有無加床註記。

步驟 2：確認訂房單或向訂房部（組）了解預訂房的過程。

步驟 3：有加床註記，但住客仍表示客房內並無加床，須立刻向房務部核實確認。

步驟 4：與房務部確認確實無加床，須先向住客致意。

步驟 5：執行旅客帳務系統的帳款折讓作業，各權責單位須開立折讓憑單（Allowance Voucher），說明減收該筆交易的原由，由權責主管簽核。

步驟 6：列印帳單明細，連同折讓憑單一併送交財務部存查。

（五）帳款轉移（Account Transfer）

住客帳戶內金額相互間的移轉，是指一個帳戶裡的消費總額抵消為零，使得另外一個帳戶消費總額產生變動，所以帳款轉移會影響兩個帳戶。通常旅客辦理住宿登記時，會先聲明有特殊付款方式的要求，因此櫃檯接待會詢問付款方式為何，並在帳款轉移的雙方住客帳戶系統、住宿登記卡註記清楚。不過，付款人若不要求合併開立 1 張帳單，則不需要執行轉帳作業，僅須依據住客各別房號完成結帳後，將消費金額彙總由付款人以信用卡或現金支付即可。

例如同一間旅館的 A 客房住客，要為 B 客房住客支付在旅館內的全部或部分消費金額，且要求客務部合併開立 1 張帳單時，櫃檯接待須詢問 A 房客幫 B 房客付款內容為何？是支付全部的消費金額，還是只有房租？確認付款內容後，應在 A、B 兩位住客的住宿登記卡與帳戶系統註記清楚，A 住客還必須在 B 住客的住宿登記卡上簽名，以作為願意支付帳的憑證。此時，櫃檯接待就會依據旅客要求將 B 客房的相關帳款轉移至 A 客房。

此外，帳款轉移也可以應用在疑似跑帳的住客帳戶上，透過帳款轉移憑單將應收未收帳款移轉至非住客帳戶中（應收待收款）。

櫃檯接待處理帳款轉移的步驟流程：

步驟 1　確認是否為客房帳款轉移。

步驟 2　確認付款與被付款住客姓名、房號，確認誰是付款者，確認付款內容，如支付全部消費金額、只支付房租。

步驟 3　請付款住客在被付款住客的住宿登記卡上簽名，以作為付款意願憑證，並於付款與被付款住客的住客住宿登記卡上做註記。

步驟 4　完成旅客帳務系統的帳款轉移。

步驟 5　再一次確認兩方住客帳戶的帳款轉移是否正確，避免轉錯房號。

（六）預付結零（Acccount Presettlement）

住客帳戶結算時間可能是退房結帳時，或住宿期間的任何時間點，只要支付應收未收的帳戶餘額即可。預付結零是指退房時間未到，旅客住宿期間的任何時間點或辦理住宿登記時即結清所有可能的消費，使借貸雙方餘額為零。預付結零的步驟、操作標準說明如下。

1. 確認房客姓名及房號。

   操作標準：操作標準：查詢電腦並問旅客預定幾點離開旅館？

   經驗分享：若住客需於退房日一早結帳，為避免太早起床或結帳等候過久，可建議住客前一晚先辦理「預付結零」。

口述範例
請您的房號和姓名。

?動動腦
為何詢問客人離開旅館的時間？

2. 以一般 F.I.T. C/O 標準程序辦理結帳，以人工作業 Key in 當天房租至旅客帳務系統上。

   操作標準：帳務系統以人工作業 key in 當天房租，並依付款方式完成結帳付款。

   經驗分享：住客雖已完成結帳付款，但此刻仍未退房遷出。

?動動腦
以何種方式加入當日房租？

3. 結帳作業完成後，須向房客說明「預付結零」後的消費問題與確認是否還有其他消費需求。

   操作標準：向房客說明「預付結零」後的消費問題，並確認是否可能還會有其他消費的需求。

   經驗分享：「預付結零」的住客須告知有其他臨時消費，例如撥打外線電話要通知總機協助轉接，因電腦已關閉住客帳戶無法直接撥打外線電話，當住客要求再開啟帳戶，須提醒住客退房時要再到櫃檯接待辦理一次結帳。

口述範例
預付結零後客房電話線將會自動關閉，且在旅館各營業點無法簽帳消費，請問〇〇〇先生還可能會有其他的消費嗎？

?動動腦
如何向房客說明「預付結零」後的消費問題？

4. 因是否還有其他消費，而有兩種處理作業：

無其他消費：直接關閉住客帳戶，並交接明日何時可將房間辦理退房遷出。

有其他消費：須另開帳戶，將人工入帳的房租在新開的帳戶中相互扣減抵銷。

操作標準：依無其他消費有不同作業要求。

無其他消費：須交接接班人員知悉此事，並通知房務部及總機。

有其他消費：交接大夜班人員，執行夜間稽核時完成查核作業。

經驗分享：依無其他消費有不同作業要求。

無其他消費：須在帳務系統註記該房已預付結零，不會再有其他消費。

有其他消費：帳務系統須註記該房已預付結零，但仍可能有消費，退房時請注意。

? **動動腦**

帳務系統執行關閉旅客帳戶後要通知何單位？

5. 旅客住宿登記卡與帳務系統註記清楚，Log Book 須記錄，待次日早上辦理退房遷出作業。

操作標準：辦理退房遷出前應先請房務部確認旅客是否已離開旅館。

經驗分享：確認住客已離開旅館且無新增消費，則進入帳務系統辦理退房結帳遷出。若住客已離開旅館且有新增消費帳款尚未支付，則須聯繫住客說明原因。

? **動動腦**

如何確定旅客已離開旅館？

（七）暫時保留帳務（Hold Account）

常見狀況有二，一是住客已有數日後的下一次（Second Call）預訂房，本次退房時暫不辦理結清帳戶，於下一次住宿退房時一併結清兩次帳款，此類旅客通常為常客（Frequent Guest）或與旅館簽有合約的企業行號旅客或 VIP 旅客。另一是房客對帳款內容有疑義待釐清，或帳款需留待外客付款及其他狀況，以致現場無法及時處理時，櫃檯接待可透過暫時保留帳務作為因應處理策略。

暫時保留帳務的認定，必須由旅客在辦理住宿登記前或住宿期間先取得旅館的同意；退房時，住客僅須確認住宿期間的消費品項與金額，確認無誤再於旅客帳單上簽名註記即可。櫃檯接待透過暫時保留帳務憑證（Hold Account Voucher）將應收未收帳款移轉至下一次預訂房帳戶中。不過，即使旅館同意轉下一次訂房，仍會禮貌的要求旅客提供一張有效的信用卡，並需先取得預授權，再手刷空白信用卡單並請旅客簽名。然後將本次的訂房單、帳單、住宿登記卡及已簽名之空白信用卡單等資料，歸檔至旅客帳夾保存妥當最後，連同未結算之旅客帳目轉移至新的訂房中。整個處理過程及旅客下一次返回時間須完整記錄於 Log Book 上，並交接清楚。

櫃檯接待處理常客暫時保留帳款的步驟流程：

步驟 1　務必向當班幹部或主管報告，取得同意批准後，開立暫時保留帳務憑證。

步驟 2　確認已有下一次的訂房。

步驟 3　將欲暫時保留之帳務轉移至下一次的訂房中，並在下一次的訂房資料中清楚註明暫時保留帳務之訂房代號、住客姓名、房號、日期、授權主管名字、暫時保留帳務的原因、處理進度等。

步驟 4　將該次旅客住宿登記卡等相關資料妥善留存於暫時保留帳務資料夾內，以便日後查詢。

步驟 5　列入每日待辦事項進行交接與後續追蹤。

當房客對帳款內容有疑義時，執行暫時保留帳務作業的步驟流程：

步驟 1　務必向當班幹部或主管報告，取得同意批准後，開立暫時保留帳務憑證。

步驟 2　於帳務系統中開立新的帳戶（虛擬帳戶），以作為暫時保留帳務使用。

步驟 3　以帳款轉移作業將欲暫時保留之帳務轉移至新的帳戶中，並在新的帳戶中清楚註該次訂房代號、住客姓名、房號、日期、授權主管名字、暫時保留帳務的原因、處理進度等。

步驟 4　將旅客住宿登記卡等相關資料妥善，並留存於暫時保留帳務資料夾內，以便日後查詢。

步驟 5　列入每日待辦事項進行交接與後續追蹤。

（八）現金代支（Cash Paid Out）

又稱預借現金（Cash Advance），是指當住客身上可支付的現金不夠時，但是又需要一筆可以臨時使用的資金，或是需要旅館代為支付消費金額。例如住客向花店訂購鮮花，要求櫃檯接待代為接收鮮花並付款；或是外籍住客初抵臺灣，身上沒有新臺幣現金，需要向旅館預借新臺幣現金作為臨時使用。

現金代支和其他帳務作業的交易不同，以轉成現金並流出旅館。因此，客務部會開立現金代支憑證（Cash Paid Out Voucher）並假設住客會承擔該筆費用，將帳款登錄在住客帳戶。此外，有些旅館會制定嚴謹的現金代支政策，僅提供有限額度的現金代支服務，以降低住客跑帳的潛在風險。處理現金代支的步驟流程：

住客向櫃檯接待預借現金，旅館收取的還款金額，除本金外，通常會額外收取預借金額的 10%，以作為代辦服務費或手續費。因為預借現金屬於代支代付，毋須開立發票，但預借金額的 10% 是代辦服務費，所以需開立發票。不過，是否提供現金代支服務、現金代支對象的限制、現金代支金額與代辦服務費的多寡等，由各旅館自訂，並無一定標準。

步驟 1　向住客確認預代支現金的金額，開立現金代支憑證與雜項憑證，並確實填寫住客的房號、姓名。

步驟 2　現金代支憑證填寫借支金額「新臺幣○○○元」；並在雜項憑證填寫借支總金額 10% 的金額，作為代辦服務費或手續費。請住客確認現金代支憑證上的項目、金額，無誤後簽名，交由權責主管簽核。

步驟 3　於住客帳務系統完成現金代支憑證及雜項憑證兩筆金額的入帳，並以住客的信用卡結清兩筆金額的加總。

步驟 4　開立代辦服務費 10% 的發票與取出住客預借的金額，交付給住客。

（九）現金退款（Cash Refund）

旅客辦理入住登記時，因預付款大於退房結帳時應支付的實際消費，須現金退款給旅客。

櫃檯接待在退款前，須向住客收回預付款憑單旅客聯，若住客無法出示，則須請住客出示身分證件，櫃檯接待核實為住客本人後，再填寫退款憑單（Cash Refund Voucher），並註記住客房號、姓名、訂房代號、退款金額等資訊，櫃檯接待與旅客皆須在退款憑單上簽名，再將退款退給住客，退款金額需當面與住客清點確認。

（十）換房改價（Room and Rate Change）

旅客入住後可能有更換房型的要求，或是住宿期間跨假日的房價更動，或補差額住宿其他房型的要求，這些狀況均需填寫換房改價單（Room and Rate Change Voucher）。

換房改價單上須清楚註明住客姓名、房號、原客房價格及更改後的客房價格，並執行旅館客務管理系統之換房改價登錄。修正完成後，換房改價單交予櫃檯接待幹部再次檢查確認，並將留存聯歸檔。

若住客要求換房，並由低房價變更為高房價，櫃檯接待須請住客在換房改價單上簽名並確認；若是透過網路或旅行社訂房，住客自行補差額改住其他房型時，換房改價單上只須註明加價的價差即可，且透過旅行社訂房的底價切勿透露給住客，以免衍生困擾。若遇住宿期間橫跨假日，須改假日房價時，務必列入交接注意事項中，提醒須再改回平日房價。有些旅館為避免改價錯誤造成抱怨，會將此作業交由幹部執行。

櫃檯接待處理換房改價的步驟流程：

步驟 1　委婉詢問換房的原因，尋找住客欲更換之房型，且必須確認是已整理好乾淨（Vacant and Clean, VC）的客房。

步驟 2　先請旅客於原客房內稍候，並執行客務管理系統之換房操作。

步驟 3　取出旅客住宿登記卡，更新房號與房價並於備註欄位簡要說明換房改價原因。

步驟 4　填寫換房改價單，並請住客簽名確認。

步驟 5　製作新的鑰匙卡夾（Key Card Holder）與房卡（Room Key），連同換房單交付服務中心協助執行換房作業。

步驟 6　通知房務部更換水果，其他禮遇項目（Treatment）也須一併更換。

步驟 7　於客務管理系統的執行換房改價的操作，並於備註欄位註記來自幾號客房，並簡要說明換房改價原因。

但並不是所有的換房都會涉及更改房價，可能是旅館作業上的問題，例如櫃檯接待的疏忽給錯房間，或是提供的客房是故障的、清潔打掃不乾淨、客房狀況不佳等。此時櫃檯接待的換房作業流程：

步驟 1　委婉詢問換房的原因，尋找住客欲更換之房型，且必須確認是已整理好乾淨的客房。換房的原因：

- 住客不會操作客房設備：須先了解使用哪些設備的問題，婉轉告知將請專人至客房協助說明；如排除操作問題，則須立即安排換房，必要時可彈性給予客房升等。
- 住客抱怨客房打掃不乾淨、客房狀況不佳等：須立即備妥欲更換之客房，並請房務部現行檢查確認新客房房況，房況良好再行換房。
- 客房設備損壞無法及時修復或樓層施工維護等：須先詢問住客換房意願，委婉告知原因並確認是否願意換房。若因住客行李過多不願意換房，主管可視房況加開客房並保留原房間放置行李。若住客同意換房，必要時可彈性給予客房升等。

步驟 2　先請旅客於客房內稍候，並執行客務管理系統之換房操作。

步驟 3　取出旅客住宿登記卡，更新房號並於備註欄位簡要說明換房原因。

步驟 4　填寫換房單，客房升等須請權責主管簽名確認。

步驟 5　製作新的鑰匙卡夾與房卡，連同換房單交付服務中心協助執行換房作業。

步驟 6　通知房務部更換水果，其他禮遇項目也須一併更換。

步驟 7　於客務管理系統的執行換房操作，並於備註欄位註記來自幾號客房，並簡要說明換房原因。

步驟 8　於旅客歷史資料檔中備註換房原因，避免日後發生同樣問題。

（十一）外幣兌換（Foreign Currency Exchange）

旅宿業依《中央銀行法》第 35 條第 2 項規定，向臺灣銀行申請設置外幣收兌處以提供住客辦理外幣現鈔或外幣旅行支票兌換新臺幣之服務。外幣兌換的限制：

1. 外幣兌換金額：雖然依法每人每次收兌金額以等值 10,000 美元為限，但旅館為降低外幣兌換風險，兌換額度通常會低於法規許多，約每天每人每次 500 美元，最多的收兌金額以新臺幣 10,000 元為限。住客如需超額兌換，櫃檯接待須請示當班主管處理。
2. 住客身分：持有外國護照之外國旅客與來臺觀光之華僑，或持有入出境許可證之大陸地區與港澳地區住客。因旅館不提供非住客或外客兌換外幣的服務，可建議至銀行兌換。

櫃檯接待處理換外幣兌換的步驟流程：

步驟 1　詢問住客房號與姓名，確認要兌換的幣別及金額，依牌告匯率詢問是否接受。向住客說明兌換相關注意事項：

- 兌換幣別僅限牌告外幣，匯率依臺灣銀行每日公告匯率為主。
- 外幣現金與旅行支票兌換匯率不同；如為旅行支票需留意簽名欄位之初簽、復簽兩者是否相符。（請參閱第八章第二節客帳支付方式）
- 外幣有破損問題，須婉轉告知無法兌換。
- 僅接受紙鈔外幣，不收受銅板外幣的兌換。

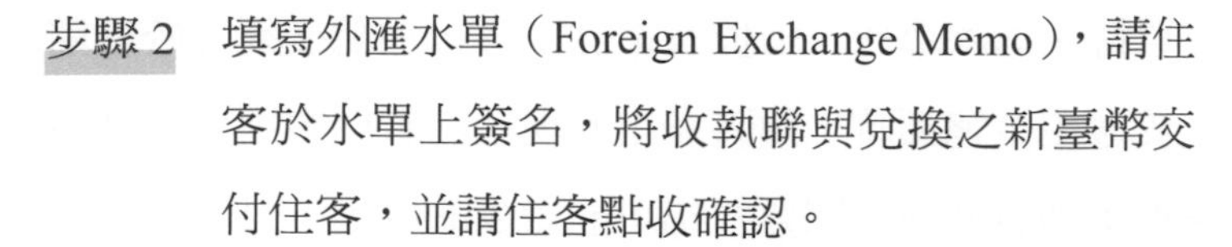

步驟 2　填寫外匯水單（Foreign Exchange Memo），請住客於水單上簽名，將收執聯與兌換之新臺幣交付住客，並請住客點收確認。

步驟 3　經手人須確認收取的外幣金額正確無誤，於外匯水單留存聯簽名，存放在櫃檯出納抽屜，交班時再連同收取的外幣繳交至財務部。

四　結帳與交班

客務部就好比便利商店「全年無休」地提供服務。

櫃檯接待的輪班工作制，通常會將 1 天 24 小時分成早、晚、大夜三時段，上午 7 時至下午 3 時為早班、下午 3 時至晚上 11 時為晚班、晚上 11 時至上午 7 時為大夜班，每個時段各 8 小時，亦可能因業者的排班規劃而調整為 8.5 或 9 小時，作為和前後一班工作交接。由於日常營運與帳務管理的需要，客務部須制定嚴謹的結帳交班作業，以確保在服務的過程中順暢無礙。客務部結帳交班作業包含零用金管理、班結帳作業、發票管理與作廢處理等，細述如下：

（一）零用金管理

零用金係櫃檯接待因應緊急與各項零星支付而設置，可以零用金支付的金額是有限制的，例如住客的外幣匯兌、電話卡的購置、簡易醫療用品的購買等。客務部會依據規模與需求向財務部申請一定金額的零用金備用，通常大夜班的需求較低，所以備用的零用金較少。

櫃檯接待每一個班的交接作業，必須由交接兩班中的專責人員負責對點零用金，包含現金、外幣與各項單

借據（I owe you, IOU）

表明債權債務關係的書面憑證，一般由債務人書寫並簽章，表明債務人已經欠下債權人借據上的金額。借據須註明借款金額，又稱「借條」，借據是具有法律效用的文件，屬於合同法等相關民事法規。例如櫃檯接待向財務部借用現金、財物時所寫的憑證。

據對應的現金總額，如代支單據、退款單據、借據及電話卡等，加總後須等於零用金總額。如點交後的數額大於零用金總額時，須將多出的現金記載於零用金明細表上，並交付當班幹部後續處理；若有短缺，則要找出可能短少的原因，且必須在該班下班前補足以符合零用金總額。

（二）班結帳作業

櫃檯接待各班交接前須先完成結帳，將該班別的帳目自旅館客務管理系統列印成紙本、進行核對，核對項目包括：各信用卡別金額明細與刷卡機刷卡金額是否相符；預付款或訂金收入別明細與金額，再連同各類帳款憑單放入現金袋待繳帳。

結帳作業須將相同的入帳與結帳帳單分門別類，例如：分 VISA Card、Master Card、AE Card、現金等，利用打單機將櫃檯接待實際收到的帳款打印並彙整各類的總帳，先與結帳報表相互核對且確認無誤。接著，從帳務系統分別列印出各信用卡別與現金的總帳，再次與打單機上各類總帳及住客帳單交叉比對，確認無誤後列印各類帳款明細，完成刷卡機的結帳清機。最後，依信用卡別將刷卡機上的帳款明細與結帳表單，連同各入帳科目統計後的結帳報表裝訂好，填寫櫃檯接待繳款單，將現金扣除後的總額與外幣一起裝入現金袋，由見證人簽名後投入櫃檯接待處金庫或專用保險櫃；見證人通常是當班同事或幹部。執行班結帳作業的步驟流程：

1. 核對房務部客房狀態報表（Room Status Report）與客務部住房報表（Room Occupancy Report）是否相符，如有不符，需查明原因並記錄在交班簿上。
2. 列印班別帳目目錄與各項交易明細表。
3. 稽核客房收益結帳表，包括複核與匯總各類帳單與交易明細表。
4. 檢查當班期間作廢發票的處理是否符合作業規定。
5. 檢查當班期間的旅客帳務作業是否符合規定。
6. 審核當班期間的旅客帳務和單據。
7. 統計當班期間的收益報告，編制營業收入日報表。
8. 核對現金與外幣。
9. 保管當班期間的收銀、各類憑單及稽核報告。

（三）發票管理與作廢處理

發票存根聯與副聯須分開管理及存放。存根聯按照發票號碼依序排列並裝釘整齊，發票副聯依據各付款方式分別歸類後加總裝訂。

作廢的發票須確認一式四聯的編號是否一致，並依發票號碼排序。發票上須寫明作廢原因，由經手人簽名後繳回財務部核銷。因設備問題無法列印的作廢發票，例如發票機卡紙或當機而未列印，須持空白發票 1 張，註明房號、發票號碼、作廢原因，由負責結帳的櫃檯接待簽名後繳回財務部。旅客未攜帶走的發票，須連同副聯裝訂繳回財務部。

你在一間五星級旅館客務部擔任櫃檯接待主任，住客住宿期間共累計有 20 筆消費。

退房結帳時，住客要求逐筆開立發票，你會如何因應？

！小提醒

1. 先釐清：發票開立的相關法規。
2. 請思考：當旅館的作業規範與政府法規衝突時，你會怎麼辦？

衍生思考

若住客的要求不符合法令的規定，或是因逐筆開立發票造成結帳費時，你會如何向住客說明？

住客是否可以要求逐筆消費分別開立統一發票

依據《統一發票使用辦法》第 15 條，營業人每筆銷售額與銷項稅額合計未滿新臺幣 50 元之交易，除買受人要求外，得免逐筆開立統一發票。但應於每日營業終了時，按其總金額彙開 1 張統一發票，註明「彙開」字樣，並應在當期統一發票明細表備考欄註明「按日彙開」字樣，以供查核。

第三節
夜間稽核作業

在學習本節後，您將會認識並了解：

1. 稽核的目的
2. 夜間稽核與換日
3. 夜間稽核須完成的工作
4. 夜間稽核報表

成功的稽核工作，必須檢查與確認住客和非住客的帳目平衡狀況、帳單準確性、帳戶的完整性與可靠性，並確實執行信用監督、正確結算帳戶，以確保住客帳務交易與旅館財務會計系統的交易一致，並於規範時間確實向管理階層提供營運報表。

一 稽核的目的

客房收入是旅館收入的重要組成部分，旅館每天都會發生幾百或上千筆房租收入，再加上可能發生的預付款、消費簽帳、帳款更正、帳款折讓、帳款轉移、預付結零、暫時保留帳務、現金代支、現金退款、換房改價、外幣兌換等各種旅客帳務，使得櫃檯接待的工作量相當繁重，既要登錄旅客帳務列印帳單，又要進行各種款項的應收應付。另外，因為負責人員對單位業務的熟悉度與工作態度，容易發生一些差錯。

為了及時、準確的掌握客房收入，提高旅館核算品質，保證旅館收入的安全，防範與杜絕貨幣資金的損失，旅宿業者必須對客房營運有一套合適的內部稽核制度。其中，客務部的稽核（Audit）是一套系統化、文件化及具獨立性的作業流程，目的在查核住客與非住客帳戶記錄的正確性與真實性，發覺弊端和文書之錯誤。

稽核作業著重帳戶內每一筆交易資訊和有關的消費憑單正確無誤，例如檢查計算的方法與結果是否錯誤，交易登錄是否確實入帳，憑證是否缺漏或正確等，以確保該查核與旅館要求的標準相符合，並將稽核結果傳達給管理階層，以作為營運報告使用。客務部的稽核作業，包括日間稽核、夜間稽核。櫃檯接待各班交接前，須先完成的結帳動作，以及財務部的例行查帳即屬於日間稽核。

二 夜間稽核與換日

夜間稽核（Night Audit）通常是在深夜至拂曉之間執行，此時旅館多數的營業單位已經打烊，所以是保證稽核工作順利進行的最佳時間，可以在不受打擾的情況下完成核實當天旅館與旅客間所進行的任何交易，並稽核審查所有部門的收入、糾正和平衡白天的交易錯誤。夜間稽核展開就是旅館當日最終營業活動停止的時間，因此每間旅館必須訂定一個當日最終營收結算時間點（End of Day）。例如全旅館最晚一間餐廳的打烊時間在凌晨 1：00，此時，凌晨 1：00 就是每日最終營收結算時間點，夜間稽核會設定關帳清理帳務的時間，以作為該營業日的結束，直到作業系統換日完成。

夜間稽核關帳清理帳務的時間到旅館展開新的一天，這段短暫期間夜間稽核須執行旅館換日（Day Close）作業。夜間稽核員完成換日作業，旅館就進入全新的營業日，住客和非住客帳務作業也將由新的一天開始計算。

設有 24 小時營業之客房餐飲服務、餐廳、酒吧或商店的旅館，每日最終營收結算的時間點，會設定在館內主要營業單位或大部分單位已經打烊之時。至於沒有單位打烊問題的旅館，例如賭場旅館，每日最終營收結算時間點則由管理階層訂定，但至遲須在拂曉前完成，以利旅館營運作業系統能展開新的一天，也方便一早上班的管理階層，能在第一時間了解過去一天的收益情況。

旅館的「換日」時間為什麼與電腦右下角的時間不一致。

！小提醒

1. 先釐清：旅館「換日」的概念。
2. 請思考：日常一天的運轉與旅館一天的結束，兩者有什麼差異？
3. 效益評估：旅館的「換日」與電腦右下角的時間一致時，會帶來哪些作業上的便利？會對客務部作業造成什麼影響？

夜間稽核工作告一段落，櫃檯接待仍需繼續迎接新的一天，除整理新的營業日預入住旅客的訂房資料，一一核實訂房細節與需求，使入住登記作業順暢外，還需辦理夜間抵達旅客的入住登記、夜間住客服務、一大清早的旅客退房結帳等，都是櫃檯接待的夜間例行工作。

對大多數旅館而言，換日開啟新的一天，必須是在夜間稽核作業完成後，才能在旅館客務管理系統上執行的動作。也就是說，旅館的「換日」是由夜間稽核控制，「換日」完成即表示「過帳」完成。如果旅館的「換日」時間與中原標準時間一致，此時夜間稽核作業尚未完成，例如旅客住宿登記資料未完整輸入至客務管理系統、換日前仍有旅客尚未辦理入住、住客帳務登錄錯誤等，旅館將承擔帳款錯誤衍生的極大風險，嚴重影響市場分析的正確性，甚至造成管理階層策略訂定的謬誤。

三 夜間稽核須完成的工作

夜間稽核是根據各類交易報表，驗證住客和非住客帳戶登錄的準確性和完整性，且是每天必須執行工作。

夜間稽核（Night Audit）的 FIT 查帳作業的處理步驟：

步驟 1　列印查帳報表兩份，一份交予夜間經理，一份由夜間稽核查帳。

步驟 2　依房號順序逐間核對。須注意旅客住宿登記卡上的房號、住客姓名、房價及退房日期，應與報表及旅館客務管理系統相符。

步驟 3　在查帳報表上註明 FIT 或 GIT 作為判別。若為團體房則於 GIT 查帳作業核實。

步驟 4　確認每間客房是否有旅客住宿登記卡及交易憑單；若無旅客住宿登記卡，則依以下要點判斷：

- 確認住客是否有餐飲消費以作為判別是否仍住宿旅館內。
- 比對房務部 Room Status Report 或是話務 Morning Call Report。
- 請房務部至客房門外查看室內有無亮燈或有無啟動請勿打擾燈。
- 以上皆沒有時，則當日房租暫不入帳，詳實記錄後交由早班再確認。

夜間稽核是根據各類交易報表，驗證住客和非住客帳戶登錄的準確性和完整性，且是每天必須執行工作。具體來說，執行夜間稽核時須完成的工作，包括：

（一）查核每一筆登帳記錄並糾正錯誤交易

登帳到住客和非住客帳戶的每一筆交易都須經過查核，稽核過程發現住客帳務登錄錯誤時，應查找原因與設法解決，並記錄到工作日誌。夜間稽核最重要的基本功能，是確保所有會影響住客和非住客的交易，都被記錄到相對應的帳戶與帳單。例如電話計費系統未將電話帳自動過帳至住客帳務系統時，夜間稽核須以人工入帳方式，將應收未收的電話帳登錄至客房。旅客帳務系統須準確且無缺漏的登錄，以免帳戶金額產生差異而影響旅客的結帳。解決錯帳是費時的，因為有爭議的帳款需要進一步的調查與解釋。

（二）完成待處理帳務憑證的登錄並確保帳目正確

住客在旅館銷售點的消費，例如餐廳用餐、游泳池畔消費等，須根據帳務憑證確實核查住客的消費是否已全部計入帳戶中。帳務登錄的錯誤小則造成旅客的抱怨，大則影響未來的業務的往來。

（三）根據住客信用額度查核交易限額

夜間稽核應熟悉各類信用卡的限額與住客的信用額度，並根據旅館訂定的交易限額，提列已達到或超過信用額度的住客清單。稽核的過程如果發現住客帳戶已達到交易限額時，應將該帳戶標記為具有潛在信用風險須特別注意，並記錄到工作日誌，以提報部門因應。

（四）解決客房狀態和房間價格的差異

客房狀態差異會造成過帳缺漏，導致客房營收損失。例如住客已經完成結帳，但櫃檯接待忘記關帳與辦理退房遷出，使得客務管理系統中的客房狀態顯示「出租使用中」，而實際上已是空房。因為沒有正確執行結帳程序的人為操作錯誤，將會中斷客房的租售，因此有賴夜間稽核發現差錯並解決。

為了減少客房狀態登錄差錯，夜間稽核最終的檢查審核機制，是必須核對房務部與客務部的記錄是否相符，如有不符須查明原因、記錄問題，以及即時更正、解決後再執行旅館帳務系統的換日作業，因為不平衡的帳務會造成客務部運轉的混亂。

（五）查核所有住客的帳務交易是否平衡

稽核過程發現住客帳務交易不平衡或異常時，應查找原因、設法解決，並記錄到工作日誌。當旅客帳務系統出現交易不平衡時，夜間稽核第一階段應先逐班次查核帳務狀態，再針對不平衡的班次尋找個別的過帳錯誤。其次，調閱當日客務部所收到的所有住客原始交易憑單，再與帳務登錄資料進行交叉比對，或逐項檢查每筆過帳。

值得注意的是查核人員的工作態度，因為有時帳務交易的平衡並不意味已選擇了正確的帳戶登錄與過帳，例如將同樣的金額登錄到不正確的住客帳戶中，即使交易總額達到平衡，但仍是過帳錯誤。而這類錯誤通常不易發現，容易造成顧客抱怨或是漏帳。

（六）審核客房價格及稅金與住客帳務登錄一致

夜間稽核須製作客房定價和實際售價的報表，將旅客入住登記卡和報表進行比對，以查核登錄的房價和稅金是否正確一致。稽核的標準，包括租售給團體或合約公司的旅客，提供的折扣是否正確？免費招待客房是否持有適當的授權憑單？房價與住宿人數、客房類型是否一致？房價折讓是否有授權？

稽核的過程發現客房價格和稅金存在差異，應查找原因、設法解決，並記錄至工作日誌。

（七）審核 No Show 旅客訂房資訊並進行適當處置

夜間稽核清查當日應到未到的訂房時，須仔細確認是否屬於保證類訂房，或是重複訂房。

1. 保證類訂房須在旅館換日作業前，以展延至新的一天抵達處置；
2. 旅客訂房名字拼寫錯誤，導致以未訂房辦理入住，須以重複訂房處置；
3. 聯絡旅客得到延期抵達或取消訂房的回覆，須以旅客回覆訊息作為處置依據；
4. 當日應到未到且又連繫不上的旅客，才能以 No Show 作業辦理（圖 7-5）。若旅客 No Show 並已收費，則需更加謹慎，以免導致收取不正確帳款的問題，特別是不正確的信用卡帳款收取，將可能影響信用卡公司重新評估旅館的狀況與調整法律協議。

FDSRO140
NO SHOW LIST
PRINR TIME：2019-06-28 14:22:05　USERID ： JOAN
PRINT CONDITION：DATE : 2019-06-24 - 2019-06-27　PAGE：　1 / 1

SEQ#	RSVNO	RMNO	NAME / CONTARCL COMPANY	CHINESE NAME	BOOKED BY / GROUP CODE	CLASS / GROUP NAME	SOURCE	QTY ROOMTYPE	ROOM CHARGE	FLIGHT NO.	DEPARTURE
1	RJ019387		HUANG MS YI FANG POO19.1　本國人士優惠價-含早餐	黃	self	FIT	PACKAGE	1 Superior Room			2019-06-26
2	RJ022394		KATAYAMA MS KOKORO I0021.5　EXPEDIA 現付-年度單日促銷專案30%OFF	片山 こころ	HOTELS.COM**	FIT	ONLINE TRAVEL	1 Deluxe Room			2019-06-28
3	RJ022394		YAMATSURA MR TOSHIMIKO I0021.5　EXPEDIA 現付-年度單日促銷專案30%OFF		HOTELS.COM**	FIT	ONLINE TRAVEL	1 Deluxe Room			2019-06-25
4	RJ022556		GAO MR YU QIU TAO579　國際旅行社-大陸人士		深圳市捷旅國際旅行社**	FIT	ONLINE TRAVEL	1 Superior Room			2019-06-25
5	RJ023376		TAI MR CHIN CHUNG C2212　股份有限公司	戴	蕭紫如Maruko(ABBY LINE)	FIT	SPL EXECUTIVE	1 Deluxe Suite			2019-06-25

***** STATISTIC *****

Deluxe Suite	:	1	ROOMS
Deluxe Room	:	2	ROOMS
Superior Room	:	1	ROOMS
TOTAL	:	5	ROOMS

圖 7-5　No Show 報表

（八）執行旅館「換日」（Day Close）作業

夜間稽核處理換日作業的步驟流程：（圖 7-6）

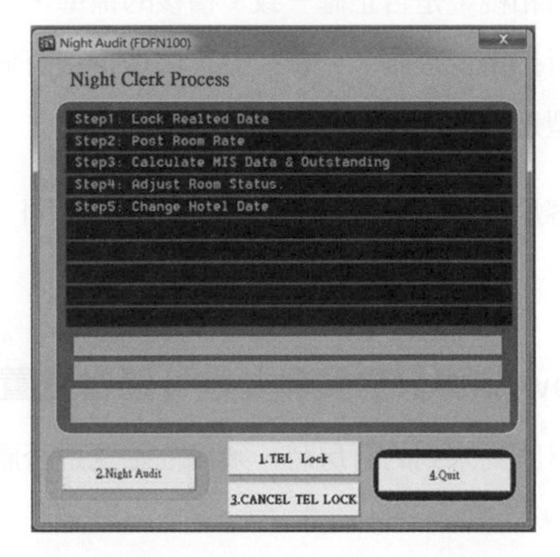

圖 7-6　執行 Day Close 作業之系統示意圖

步驟 1　確認上述（一）～（六）各項均已登錄，且查核完成、無遺漏，包括團體、散客與非住客。

步驟 2　確認 No Show 的旅客無重複訂房，且資料已審核完成，並進行適當處置。發生重複訂房的狀況時，則依據第四章第一節重複訂房的處理原則處理。

步驟 3　檢查與確認旅客帳務系統中的當日各項收入是否異常。

步驟 4　依旅館客務管理系統執行換日作業。

- 無法順利換日：檢查換日系統異常，將問題排除再執行換日作業。常見異常狀況，包括住房資料輸入不完整，例如性別、國籍欄位未登錄。
- 異常狀況無法排除時：須請旅館資訊部協助處理。

（九）檢查自動過帳之帳務記錄是否正確

執行「換日」作業時，旅客帳務管理系統會在極短的時間將房價和稅金自動過帳到相對應的住客帳單。系統登錄正確無誤，則自動過帳後仍應維持正確無誤。

換日後，前一天的旅館收益即告結束，之後發生旅館收益就只能記入下一個工作日中。在換日後，如果發現旅客帳務管理系統與過帳前存在差異，應請求資訊部門協助查找原因，並記錄到工作日誌上。

（十）編製營運報表提交管理階層審閱及彙報

一旦完成房價和稅金的自動過帳後，夜間稽核將編製營運報表，提交管理階層審閱。報表包括當日營收報表、同期營收比較報表、住客帳戶餘額報表、部門收入明細和彙總表、超出信用限額報表、團體銷售報表、未來預訂房預測報表、貴賓抵達報表、住客清單報表、客房狀態報表，以及旅館專用的其他報表等，視管理階層需求分別印製分派。

（十一）整理及備份帳務系統資料

帳務系統資料的整理，有助於客務部持續且平穩的運作，且更新與備分是客務部每日須進行工作。

雖然旅館客務管理系統與旅客帳務系統自動化後，為作業的效率帶來不少幫助，但仍可能有其的潛在風險。所以透過系統製成的營運資訊，仍需依據旅館規定完成備分，且相關營運報表亦需依規定予以保存。

此外，旅館客務系統也需要資訊部定期執行系統重整。系統重整期間，電腦將無法動作，故旅館多會選擇在夜間執行系統重整作業，而執行時間的長短，須視旅館規模與重整需求而定。

執行系統重整前，夜間稽核須備妥尚未入住的旅客資料，並列印一份當下仍為空房的空房表及各部門系統資料轉檔重整時，各種必需的報表。待系統重整完成後，重新啟動電腦，並接續執行客務部相關作業。

（十二）分發報表

客務部營運報表具有營業機密性質，所以執行夜間稽核報表的流程時，須迅速將相關報表交付授權人員。營運報表如能按時且準確完成，並確實執行分發，將有助於管理階層擬定決策。

四 夜間稽核報表

夜間稽核報表總結了旅館的日常業務，透過交叉比對確保帳務資料的正確與完整，並能呈現住客與非住客帳戶的交易活動，以及客房營運狀態稽核過程中發現錯誤須加以糾正，以使客務部帳務系統保持交易平衡。

夜間稽核報表的種類，通常會根據旅館的營運政策和管理階層的要求而有所不同。從營運報表的觀點來看，客務部與房務部經理可能特別需要未來預訂房預測、貴賓抵達、住客清單、客房狀態等報表；行銷業部經理比較在意團體銷售、當日營收、同期營收比較、本月迄今的累計等訊息摘要和報表；財務部經理則可能需要比其他主管更多的應收帳款、營運統計數據和現金交易等細節；每間旅宿業者就會依據實務上的需求，而制定合適的夜間稽核報表。所以，夜間稽核報表也可視為一項功能性工具，提供了對日常運營績效的反饋，有助於管理階層靈活調整運用，以擬定未來合適的行銷策略，實現績效最大化的財務目標。

結語

旅客帳務的準確性與否，直接影響旅館客房的盈益能力。簡言之，旅客的帳務愈準確和完整，就愈容易實現收益最大化、支出最小化。

旅客帳務系統能反映和監督住客、企業行號、旅行社和其他非住客使用旅館設施和服務的交易。要了解旅客帳務狀況，則須依賴記錄旅客停留旅館期間的所有財務交易憑證。所以，憑證須詳實記錄交易發生的地點、消費的品項及數量等，且正確無誤的登錄到旅客帳戶上，再透過夜間稽核準確比對查核憑單上的消費記錄與帳戶資料，以確保住客與旅宿業者雙方的交易無損失。

參考資料來源

1. Vallen, G. K. & Vallen, J. J.（2012）. ***Check-in Check-Out: Managing Hotel Operations.*** Pearson Education Ltd.
2. Bardi, J. A.（2010）. ***Hotel Front Office Management.*** Wiley India Pvt Ltd.
3. Jatashankar, Tewari.（2016）. ***Hotel Front Office: Operations and Management.*** Oxford University Press.
4. Kasavan, M. L. & Brooks, R. M.（2007）。林漢明、龐麗琴、郭欣易譯。**旅館客務部營運與管理**。台中市：鼎茂圖書出版股份有限公司。（原著出版於 2004）
5. 龔聖雄（2020）。**旅館客務實務（下）**。新北市：翰英文化事業有限公司。

CHAPTER 8

退房結帳與遷出

這一章，帶大家了解櫃檯接待在退房結帳時需要承擔的任務與遵守的程序、散客和團體退房遷出的作業標準和步驟、旅客結帳付款的類型與結帳服務方式、了解如何處理旅客未支付的帳款餘額，以及在旅客退房後，如何更新客房狀態、印製營收報表及更新旅客歷史資料的重要性。這些都是客務服務非常重要的程序，我們需要掌握好，才能確保旅客退房作業能順利進行。

學習重點

1. 退房結帳
2. 結帳付款與送客
3. 退房遷出的後續作業

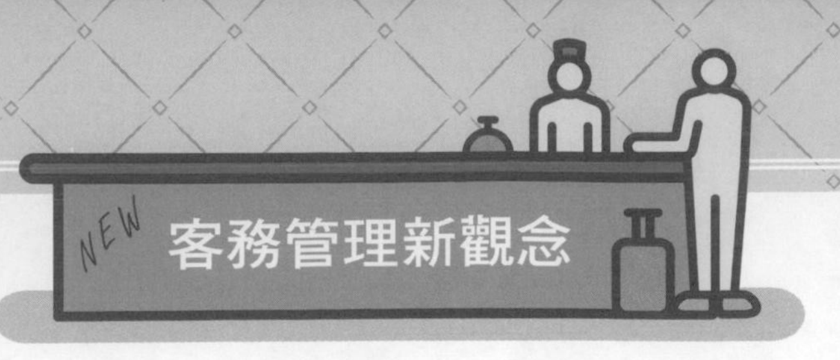

區塊鏈技術改變了什麼？

區塊鏈（Blockchain）是藉由密碼學與共識機制等技術，透過點對點的網路系統，建立與儲存龐大資料的區塊，且資料區塊是彼此是可以串鏈分享的。區塊鏈是一種進階資料庫機制，允許在業務網路分享透明的資訊，主要特徵與價值大致分為：去中心化、加密的安全性、開放且透明的制度與流程、可追溯性、匿名性，以及無法竄改等特性。區塊鏈 3.0 的應用能為旅館營運管理帶來的好處，包括：

取代線上旅行社（OTA）的中介角色

區塊鏈技術是一種不依賴第三方，通過使用者自身（如：消費者、旅館等）的分散式節點，進行網路資訊的儲存、驗證、傳遞及交易的技術方案，具有去中心化的特性，可促進消費者直接與旅宿業者互動，有助於降低支付給中介商的成本，例如：愈來愈多的消費者會透過 Booking.com、Expedia、Trivago、TripAdvisor、攜程旅行網等 OTA（Online Travel Agent）訂房。但透過 OTA 訂房，旅宿業者在該筆交易中實際收到的金額，僅約客房租售價格的 75 ～ 90%，約須將房價的 10 ～ 25% 用於支付 OTA 中介商的訂房服務費與信用卡處理費。旅宿業應用區塊鏈技術，可省下 10 ～ 25%中介費，取代 OTA 的角色。

優化客房預訂流程

在客房預訂方面，旅館可運用區塊鏈技術加強消費者的身分驗證，以增加安全性。透過區塊鏈上的消費者身分資訊與付款記錄（如：信用卡資訊）、信譽資訊（如：個人信用評等）、過往交易記錄與評價（如：過往的訂房、住宿評價）等，具開放且透明的制度與流程、加密的安全性、匿名性，以及無法竄改的特性。在確保資訊安全的條件下，能快速的驗證消費者身分，並縮短雙方溝通時間，優化客房預訂流程。

資訊共用與追蹤溯源

通過區塊鏈技術，可使旅館的物流與供應鏈各環節的原物料資訊透明化，也因此可以提升資訊交流的效率，實現從源頭、生產、運輸直至交付的全過程追溯。區塊鏈技術也同時將消費者納入監督體系，讓旅館物流、消費者及供應鏈三方的交易流程透明，充分掌握供應鏈與物流的每一細節，確保原物料的生產、品質及運送過程的安全，包括：碳足跡的追蹤，使消費者安心購買。

確保信任與安全付款

雖然區塊鏈具有開放且透明的制度與流程，但在消費者訂房時，最在乎交易安全與個人隱私等。為確保安全與隱私，區塊鏈技術透過驗證、加密的型態，將相關資訊儲存於區塊鏈中。交易前以一串「英文搭配數字」的亂碼作為代碼，待交易成立才會將資訊解密，旅館與消費者雙方才能看到資訊，確保消費者個資不會外流。例如訂房過程，旅宿業透過加密技術得到安全性、匿名性、可追溯性與無法竄改等好處，還可查看雙方的評價與真實性，也可強化旅宿業與消費者間的信任，提升消費者住宿的安全性。

區塊鏈技術從過去單純的加密貨幣應用，逐漸拓展到各個產業，雖然尚未達到全球普及的程度，且還有許多資訊系統的技術面，例如：軟體開發安全、存取控制管理、變更管理、金鑰管理等有待克服，但卻可視為引導世界變革的重要技術。

區塊鏈技術在旅客退房結帳有哪些應用價值？

Amazon 帶來的省思！

旅宿業主要是以收益管理（Yield Management）的方式，為各類型的客房制定租售價格，亦即統計有多少客房尚未租售出、決定可能可以收取的最高價位，使達到該日最高的營收。然而，單純只考慮未租售客房的數量，而未體認到客房附屬產品與服務獲利最大化，可能損失擴大收益的機會。

「專注在消費者身上」是 Amazon 最為人所熟知的行銷方式，即是根據顧客的屬性、產品供需的狀況、顧客過往的購買記錄、競爭者的價格及公司的策略目標，而訂出價格的定價系統。當顧客將一件商品放入購物車後，網站會再推薦其他商品給顧客，以提高顧客支付總額，甚至會將主要商品或是推薦商品的價格，進行不同的搭配組合，以創造最大的收益。例如：根據分析大數據的資料顯示，購買黃色標籤的顧客，同時也會考慮加購其他顏色標籤的商品。因此，Amazon 將定價比較便宜的商品標上黃色標籤，再搭配價格較高的其他顏色標籤商品，甚至利潤與成本的加成比率可以高達三分之一以上。Amazon 的即時定價系統，不僅使顧客首要搜尋商品的價格極具競爭力，也使得附加的商品有較高的獲利，充分發揮了組合定價的優勢。

課題回到旅宿業，旅館客房產品的定價策略也相當具有競爭力，若還可以努力嘗試將已經擁有的附屬產品與服務，搭配銷售給已經訂房或住宿的旅客，提供一條龍的全方位銷售服務，將可能額外增加旅館的營收。

因此，旅宿業必須擴大收益管理的範圍至客房以外，參考一般網路零售業的作法，善用組合定價、額外商品建議、差別定價及動態定價的技術，針對核心客房彈性提供旅客有競爭力的客房價格，而其他的附屬收入，例如：另外付費獲得升等、選房、更舒適的空間、額外的休閒娛樂與餐飲等，甚至延伸到旅客行程前、中、後等各個階段的需求。

第一節
退房結帳

在學習本節後，能進一步認識並了解：

1. 退房結帳的任務
2. 散客退房遷出的步驟、標準與問題
3. 退房結帳的程序
4. 團體退房遷出的步驟、標準與問題

退房結帳是獲得住客下一次預訂房的最佳機會。在客務管理系統未普及前，旅客入住登記由櫃檯接待辦理，退房結帳則由財務（會計）部出納負責。現在，因旅宿業者的客務作業多已智慧化，所以入住登記和退房結帳皆是由櫃檯接待執行，且工作內容變得更多元、更具挑戰。

櫃檯接待執行退房結帳作業時，可能是旅客住宿停留期間最後一次與旅宿業者直接面對面互動的機會，在旅客對整體住宿滿意度的體驗中扮演舉足輕重的角色，稍微疏忽犯錯就可能抹煞了先前的全部努力。因此，制定退房結帳的步驟與程序，提供及時、迅速、準確及親切有禮的退房結帳服務，就顯得格外重要。

一 退房結帳的任務

住客停留旅館期間最後的關鍵服務，就是為旅客辦理退房結帳。結帳的目的，是為了在旅客退房前執行應收未收帳款的結算，使借貸雙方的餘額為零，也就是將住客帳戶餘額歸零。住客消費帳款的結算，是透過旅客帳務系統完整精確地針對住宿旅客的旅宿消費活動進行記錄、監督及核算，並即時反映客帳最新狀況，確保退房結帳的客帳金額準確性。

住客退房前，櫃檯接待需根據旅客最終結帳方式辦理，帳單的金額須旅客確認，遇錯誤必須改正與確認。在退房結帳階段，櫃檯接待必須完成三項任務：

1. 執行應收未收的旅客帳款餘額。
2. 更新客房狀態資訊。
3. 建立旅客歷史記錄。

在退房結帳時，櫃檯接待必須依據帳務憑證與有效的付款方式，結清住客所有消費。雖然旅客入住時，櫃檯接待即已確認退房當下的付款方式，但在結帳時仍可能會面臨變數。例如：住客要求更換付款的信用卡；使用現金、信用卡或不同的國家貨幣混合結帳；要求開立多張發票等。不論變數為何，櫃檯接待只要可以正確解決應收未收的住客帳款餘額，就能減少旅館的損失。

在辦理退房的過程，住客會收到一份完整的消費帳單，住客確認無誤並完成付款後，交還客房鑰匙，方可離開旅館。櫃檯接待結清旅客帳款後，即可在客務管理系統中執行退房遷出作業。此時，系統上的客房狀態將從已租售出去，正在使用中的客房（Occupied, OCP）更新為房客已辦理結帳退房並離開旅館，但客房仍處於未清掃完畢可供租售的狀態（Vacant Dirty, VD），房務部可依據此狀態展開客房清潔工作。執行退房遷出作業後，客務管理系統除了更新客房狀態外，也同步將旅客此次停留期間的所有記錄，包括訂房資訊、住宿登記資料、住宿期間消費記錄、退房結帳方式等自動轉換建立成旅客歷史記錄（Guest History / Guest Profile）。旅客歷史記錄是住宿期間所有資料的彙總，提供的資料可以使旅館能更深入地了解自己的顧客群，以及在市場上的價值與競爭優勢，是旅館制定行銷策略及提供服務的有力根據。

二 退房結帳的程序與步驟

大多數旅館的退房結帳時間，通常定為中午 12 時或之前。為了避免住客離開旅館後仍發生帳單「出現差錯」的問題，因此退房結帳程序和入住登記同樣重要。退房結帳的效率能否提升，關鍵在於住宿登記階段是否妥善確認付款方式，以及旅客信用查核作業是否完善。退房當天還須備妥旅客住宿期間的消費彙總資訊，以及當日預定退房仍未退房的旅客名單（Due Out Report）。此外，制定退房結帳與遷出程序，也可以提升退房結帳的效率。

（一）散客退房結帳與遷出

制定退房結帳與遷出流程的目的，是希望儘可能快速且有效率地處理住客的帳款結算請求。櫃檯接待通常會在前一天晚上或當天清晨，檢查與整理所有要退房的住客文件。住客要求退房結帳時，透過眼神交流傳達重視之意，並禮貌迎接住客，打印出最終帳單後，須請住客確認所有消費明細。消費明細有誤時，須詢問住客對哪個項目有異議，並立即調查。因旅館導致消費明細錯誤，須道歉並改正。此外，須詢問住客如何支付帳單，並了解是否需要其他服務。與住客交流時，須感謝入住並詢問關於旅館住宿與服務品質的建議。

散客退房結帳與遷出的步驟、操作標準說明如下。

1. 禮貌向住客問侯並詢問房間號碼。

操作標準： 禮貌問候前來櫃檯的住客是最基本的服務，與辦理入住登記程序一樣，應向住客提供優質的服務。

經驗分享： 上午 10：30 ～ 12：00 為旅館退房結帳高峰期，住客較多時櫃檯接待應忙而不亂，優先服務第一位住旅客→詢問第二位旅客→招呼第三位旅客。

口述範例

早安，請問有需要服務嗎？

請問您的房號是？

動動腦

如何禮貌詢問住客的需求？

2. 取出客帳資料夾，核對住客資料，請住客歸還客房鑰匙，確認無誤。

操作標準： 複述住客姓名以防結錯房帳。注意資料夾上有無任何提醒事項。

經驗分享： 核對住客資料非常重要！

- 旅客姓名、房號，如有同名或姓名相近的住客，須格外注意，避免結錯房帳。
- 客房鑰匙是傳統的金屬鑰匙時，住客歸還時則須核對相應房號是否無誤。

口述範例

請問是〇〇〇先生嗎？

動動腦

取出客帳資料夾時應注意什麼？

3. 登錄應收而未收之帳款。

操作標準：講求結帳效率與優質服務的旅宿業，在相信住客的前提下，櫃檯接待會禮貌詢問退房前最近的額外消費資訊，例如冰箱飲料、電話、餐飲等，並據此檢查或登錄應收而未收之帳款。

經驗分享：住客退房結帳前，櫃檯接待有責任詢問住客是否有使用需收費的服務。例如客房迷你酒吧（Mini Bar）提供的小瓶酒精飲料、果汁、瓶裝水、汽水，甚至糖果、餅乾、巧克力及其他小點心等需付費服務。

另外，住客在旅館餐廳享用早餐後，立即前往櫃檯辦理退房結帳，但早餐時段屬於餐廳服務人員的工作尖峰時段，多無法及時將住客的早餐費用計入住客帳戶。

多數旅館皆訂有提早入住（Early Check-in）與延遲退房（Late Check-out）的服務政策，也屬於收費服務。

口述範例

○○○先生，請問有使用冰箱飲料或其他消費嗎？

是否有使用Mini Bar的飲品或食品？

?動動腦

詢問住客近期的額外消費時應注意什麼？

4. 核對住客帳戶記錄，確認是否有特殊結帳要求。

操作標準：確認旅客住宿登記卡及住客帳務系統上是否有註記特殊結帳要求事項。

經驗分享：詢問住客退房前最近的額外消費時，以相信住客陳述為原則，避免衍生不必要爭端。櫃檯接待須根據旅館的收費政策，核對是否應收取相關費用。常見的漏帳是Mini Bar的消費，須房務員協助於住客退房結帳時檢查Mini Bar的使用狀況。任何費用的短收都可能導致旅館收入蒙受不必要的收益損失。

?動動腦

如何核對住客帳戶的記錄？

5. 核對結帳付款方式，處理結帳付款作業。

操作標準：已事先取得信用卡預授權，結帳時更改其他付款方式，則預授權單須在旅客面前撕掉或退還旅客。

若使用其他信用卡付款，請住客出示新信用卡，以新卡刷卡完成結帳。

經驗分享：須再次確認結帳付款方式，因為商務旅客和旅行團體常會要求分帳單（Split Folios）。分帳單也就是將住宿期間的消費分別開立成總帳單（Master Folios）和住客帳單（Guest Folios）。總帳單一般僅包括房租與早餐費用，屬於企業為出差員工支付的必要費用，或旅行代理商已事先在團費收取的款項。其他個人開支，例如撥打電話、洗衣、收看客房內自選付費電影等，則屬於住旅客須自行負擔的住客帳單或是雜項費用帳單。

口述範例

請問您仍使用信用卡結帳嗎？

?動動腦

已取得信用卡預授權，結帳時更改付款方式要如何處理？

6. 列印帳單與發票，請住客核對並簽名確認。刷印信用卡單，請旅客簽名完成付款。

操作標準：將帳單取出交付住客確認簽名，再向住客借一次預授權信用卡，執行付款授權。

經驗分享：櫃檯接待須列印住客帳單正本，提供住客在付清帳款前核對。若是團體則出示總帳單，供導遊或領隊核對確認。帳款有問題，櫃檯接待有責任為其解釋，有誤予以更正。

口述範例

請問您發票需要統一編號嗎？

?動動腦

印製發票時，若為本國住客或公司，應注意什麼事項？

7. 檢查是否有郵件、留言和傳真待領，以及是否有使用貴重物品保管箱。

操作標準：確認住客登記卡或客房帳戶系統是否有註記待領或待歸還等注意事項。

經驗分享：為確保每一位住客住宿期間的安全與旅館客房管理上的需要，特別是傳統式鑰匙須歸還。有時，住客會攜帶一些貴重物品入住，並存放在旅館的貴重物品保管箱，以確保安全；或是向旅館借用一些物品，例如手機充電器、插座轉換頭、延長線、雨傘、燙衣板、藥品箱等，住客退房結帳前須歸還這些備品。

? 動動腦
如何確認住客有待領或待歸還物品？

8. 詢問住客對旅館的感受，提供離店相關協助。

操作標準：微笑禮貌地感謝住客，並找尋適當時機詢問入住期間的評價。完成結帳後，須向住客道別與提供離店相關協助，例如代客叫計程車、行李寄存、下一次住宿訂房等，以確保本次住宿的滿意度。

經驗分享：旅客建議的事項應確實記錄並向主管回報。

口述範例
○○先生，這一次住宿有沒有需要旅館改進或加強的地方。
請慢走，歡迎您再次光臨。

? 動動腦
如何詢問住客對旅館的感受？

9. 辦理退房遷出，更新客房狀態及旅客歷史檔案。

操作標準：住客結帳退房後，須在住客帳務系統辦理退房遷出，確保客房狀態從 OCP 更新為 VD，以便房務部盡快清潔客房，使客房可供租售。

住客退房遷出時，須更新旅客歷史檔案，例如基本資料、住客偏好及消費記錄等。

? 動動腦
如何更新客房狀態？

（二）團體退房結帳與遷出

團體住宿是指組織一定數量的群眾，他們有共同或相似目的，以集體方式進行的住宿活動。團體住宿一次住宿訂購的房間數量，一般在 15（含）間以上。

團體退房通常使用轉公司帳或掛帳（City Ledger）的方式結帳，獲准轉帳的團體，領團者（導遊或領隊）僅須核對、確認住宿期間的消費品項與金額，確認無誤後，於團體帳單上簽名註記即可，後續由旅館財務部承擔收款的責任。此外，財務部透過住客帳務系統取得準確、完整的帳單資訊，以利完成應收帳款作業。

團體退房結帳與遷出的步驟、操作標準說明如下。

1. 問候並詢問團體名稱。

操作標準：禮貌地問候導遊或領隊，詢問團體名稱。

經驗分享：可以依據團體預定的退房時間，先將團體總帳單列印出來。

口述範例

早安，請問您的團體名稱是？

?動動腦

如何向導遊或領隊詢問團體名稱？

2. 取出團體房帳資料夾，確認團體無誤。

操作標準：複述團體名稱以防結錯帳。注意團體房帳資料夾上有無任何提醒事項。

經驗分享：核對團體房帳資料夾須格外注意，避免結錯房帳。

口述範例

請問是〇〇〇導遊嗎？

?動動腦

取出團體房帳資料夾時應注意什麼？

3. 核對團體帳戶記錄，確認是否有特殊結帳要求。

操作標準：查詢住客帳務系統，找出當日要退房結帳的團體。

經驗分享：確認團體特殊結帳要求，例如住客私帳由誰支付、發票的統一編號。

?動動腦

如何取得團體帳戶的記錄？

4. 核對結帳付款方式，處理結帳付款作業。

? 動動腦
列印團體帳單需注意什麼？

操作標準： 核對客房數與房價無誤後，從住客帳務系統列印出團體帳單。

經驗分享： 此刻仍不需列印發票，發票列印時機在導遊或領隊確認帳單無誤後。

5. 遞交住宿期間的團體房帳彙總帳單，請導遊或領隊核對團體帳單並在帳單上簽名確認。

口述範例
這是本團的帳單，總共使用○○間房，房帳是○○元整，請您核對確認，無誤後在這簽名？

操作標準： 須向導遊或領隊明帳單內容，包括使用房間數、每房價格、彙總後金額等。

經驗分享： 列印帳單後，先請導遊或領隊確認帳單無誤後，再列印發票，可避免因帳款錯誤導致發票作廢須重新開立的困擾。

? 動動腦
列印團體帳單後有何後續動作？

6. 查詢團體個別房間有無私人消費未結清。

口述範例
本團○○房，仍有私人消費未結清，帳單明細請您轉交並提醒房客前來結帳。

操作標準： 查詢團體個別房間有無私人消費未結清，並將相關訊息告知導遊或領隊。

經驗分享： 可請房務部前往客房，掌握未結清房帳的旅客動向。

? 動動腦
團體退房遷出前要再做什麼動作？

7. 避免團體旅客跑帳。

? 動動腦

發現仍有個別房間未結清私人消費可和哪一個單位聯絡？

操作標準： 發現團體個別房間私人消費未結清，須通知服務中心協助追帳，避免團體旅客跑帳。另外，須確認是否有借用物品未歸還的狀況，須確認歸還與確實清點，才能讓團體離開旅館。

經驗分享： 服務中心須隨時注意團體的離店時間，掌握未結清房帳或未還物品的旅客動向。

8. 辦理退房遷出。

? 動動腦

為什麼要先辦理個別房間退房遷出後，才能辦理團體退房遷出。

操作標準： 先從住客帳務系統中辦理團體的個別房間退房遷出作業後，才能辦理團體退房遷出作業。

經驗分享： 由於個別房間附屬在團體中，所以退房遷出的順序是先完成團體內每一個房間退房遷出後，才能辦理團體退房遷出。

團體的退房需要有系統地規劃操作流程，且提前做好準備。在結帳的過程中，不應有任何的延誤或混亂與恐慌。

大多數領團者會在住宿期間結算團體的帳單，因此，櫃檯接待需要備妥團體名單與房號表，以利能隨時掌握未結清的費用，並能將最後一分鐘的消費入帳。提前準備好團體的帳單，將最終帳單交付領團者驗證和簽署。

完成團體結帳後，須將此次住宿相關文件，包括訂房單、預付款、住宿名單、帳單等一併提交財務部。

第二節
結帳付款與送客

在學習本節後，您將會認識並了解：

1. 結帳付款的方式
2. 結帳付款方式的選擇
3. 延遲退房結帳
4. 送客

旅客住宿期間，會經歷兩次被旅宿業者詢問「退房結帳的付款方式」。第一次詢問的時間，是在完成住宿登記，交付客房鑰匙前，櫃檯接待會與旅客確認結帳方式，這個詢問有其必要，因為客務部需要在此時取得旅客的信用授權，以確保旅客最終會支付住宿期間的所有消費。第二次詢問則是在退房遷出時，櫃檯接待會再一次確認旅客的結帳付款方式，將帳戶餘額結轉為零。

一 結帳付款的方式（Methods of Settlement）

退房結帳的效率，取決於旅客住宿登記階段付款方式的確認，以及旅客信用查核作業的完善。

住客可以透過各種方式完成結帳付款，包括現金、外幣、匯票、支票、旅行支票、信用卡、行動支付、住宿憑證、優惠券、轉公司帳（或掛帳）、外客或第三方付款、混合方式結帳、招待結帳與公務結帳等。

（一）現金支付（Pay by Cash）

有些旅客辦理住宿登記時，選擇以現金支付在旅館的所有消費，此時櫃檯接待會要求住客先預付一筆大於或等同於房租的現金，例如住宿一晚的房價是新臺幣 3,000 元，住客僅預付 3,000 元的現金時，櫃檯接待通常會在旅客帳務系統中記錄「客房內不可簽帳」，後續若住客在旅館其他營業點消費時，就必須於消費營業點現場支付該筆消費總額。一般來說，櫃檯接待會建議付現金的住客先刷信用卡，使旅館取得銀行的信用預授權，如此才能提供住宿期間的簽帳權利。

若住客先以信用卡預授權方式辦理住宿登記，最後退房付款使用現金結帳，此時，櫃檯接待應將信用卡預授權憑單於住客面前銷毀，以免遭人冒用。若以外幣或旅行支票支付時，櫃檯接待應依據旅館提供的貨幣兌換率，先將外幣或旅行支票轉換為本地貨幣後，再為旅客完成結帳付款。因此，現金、外幣、旅行支票等皆可等同為現金付款，有些旅館接受以個人支票付款，有些旅館可能對不同的支票種類制定不同政策，有些旅館則拒收個人支票。

（二）外幣（Foreign Currency）

指本國貨幣以外的其他國家或地區貨幣，包括各種紙幣和鑄幣等。住客以非本國貨幣支付旅館消費款項時，櫃檯接待須依據當日旅館外幣告示牌的匯率作兌換，應逐筆確認且由住客本人親自辦理，櫃檯接待須詳驗護照或入出境許可證正本，並將住客姓名、出生年月日、國別、地區別、護照或入出境許可證號碼、交易金額等，確實記錄於外匯水單（Foreign Exchange Memo），並經住客親簽後，始得辦理交易。外匯水單示意如圖 8-1。

臺灣銀行指定外幣收兌處 外匯水單(第一聯)
MONEY EXCHANGER FOREIGN EXCHANGE MEMO

MEMO NO: 0000066374
DATE: 2019-06-19

本行兌換 台端外國票據，如因寄送國外付款銀行收帳時遺失，仍請協同本行作必要之處理，如發生退票請於接獲本行通知後，即將票款照數退還本行。

購 自 BOUGHT FROM

房 號 ROOM No.	3528	姓名 Name		國籍 Nationality	JPN	護照號碼 Passport No.	TS0637900	生日 Data of borth	- -
旅行支票或現鈔號碼 Bill No.				外幣數目 Currency Amount		匯率 Rate	新台幣數目 N.T.$ Equivalent		
				JPY $2000		0.25	500.00		
				應扣費用 Charges					
				實付金額 Net Amount Payable			500.00		

一式三聯 第一聯交客戶 第二聯送本行 第三聯留存備查

收兌處簽章
Authorized Agent

圖8-1　外幣匯兌水單示意圖

櫃檯接待通常不接受外幣鑄幣（銅板）的兌換，也無權兌換當地貨幣以外的貨幣，也就是不接受兌換新臺幣以外的貨幣。

收受外幣紙鈔時，會使用檢測器檢查紙鈔的真偽。交付本地貨幣時，須與住客當面點交確認，然後將本地貨幣與兌換水單收執聯放入信封袋中，再交付住客。

（三）匯票（Bill of Exchange, Draft）

匯票（圖 8-2）是支付工具中最重要的一種。依中華民國《票據法》第 19 條規定，匯票是由出票人簽發，委託付款人在收到支票或在指定日期無條件支付確定的金額給收款人或持票人的票據。

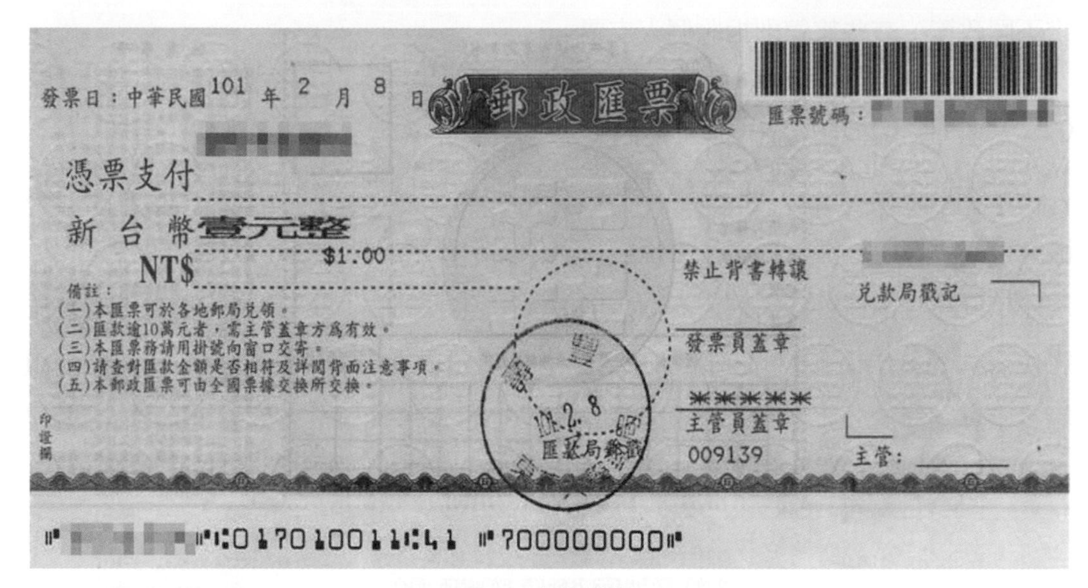
發票日：中華民國 101 年 2 月 8 日

郵政匯票

匯票號碼：

憑票支付

新台幣壹元整

NT$ $1.00

禁止背書轉讓

兌款局戳記

備註：

(一)本匯票可於各地郵局兌領。

(二)匯款逾10萬元者，需主管蓋章方為有效。

(三)本匯票務請用掛號向窗口交寄。

(四)請查對匯款金額是否相符及詳閱背面注意事項。

(五)本郵政匯票可由全國票據交換所交換。

發票員蓋章

主管員蓋章

009139

主管：

印鑑欄

101.2.8 匯款局郵戳

圖8-2　匯票樣張

匯票的特點包括：

1. 匯票是一種金錢證券，也是支付工具。為了保證使用可靠，在該票據上必須表明「匯票」的字樣，以利使用者和其他利害關係人確認使用匯票支付。
2. 匯票須有無條件支付一定金額的委託的字樣，使匯票支付在經濟活動中具有較高的信用。
3. 匯票是一種確定日期才履行支付義務的票據，匯票有見票即付和指定日期支付兩種。

（四）支票（Personal Checks）

支票（圖 8-3）是一種以以銀行業、保險業、信託業、證券業和租賃業等金融業為付款人的即期票據，是匯票的特例。有些旅館接受住客以個人支票付款，有些旅館可能對不同種類的支票，會制定不同的政策，有些旅館則訂定出拒收個人支票的嚴格規定。

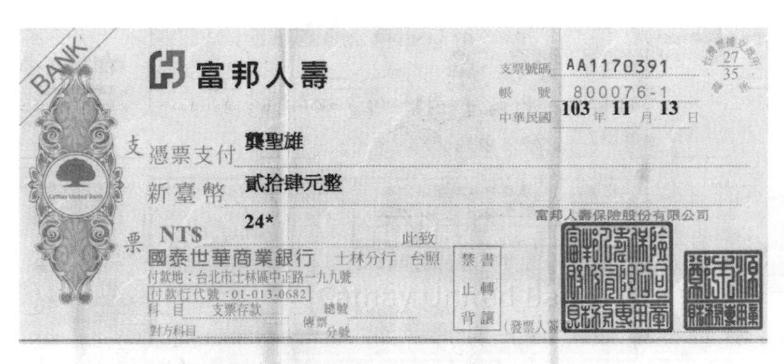

圖8-3　支票示意圖（作者提供）

支票的特點包括：

1. 由出票人簽發，委託辦理支票存款業務的銀行或者其他金融機構，在收到支票時無條件支付支票上註明的金額給收款人或者持票人。
2. 出票人在開立支票存款帳戶和領用支票前，必須有可靠的信用，並在帳戶內存入一定的資金。
3. 支票可分為現金支票和轉帳支票。
4. 支票一經背書即可流通轉讓，即可成為替代貨幣，可發揮流通和支付的功能。
5. 運用支票進行貨幣結算，可以減少現金的流通量，而節約貨幣流通費用。

支票背書

背書指支票執票人轉讓票據權利於他人時，在票據背後簽名作為轉讓憑證之行為。當票據兌現遭拒絕時，票據債權人可以向背書人請求付款，即債權人行使合法的「追索權」。有些支票會註明「禁止背書轉讓」的字句，表示發票人需指定收款人，而不能透過背書行為將支票轉讓給第三者。

（五）旅行支票（Traveler's Cheque）

支票的一種，是銀行或旅行社為旅遊者發行的支付工具，可支付的金額是固定。購買旅行支票（圖 8-4）的旅遊者，從辦理支票存款業務的銀行或其他金融機構以現金購買旅行支票，以旅行支票代替現金付款給接受此付款方式的業者。

圖 8-4　旅行支票使用示意圖（圖片來源：維基百科）

旅行支票的特點包括：

1. 金額比較小。
2. 沒有指定的付款人和付款地點。
3. 比較安全。旅行者在購買旅行支票和取款時，須履行初簽、複簽手續，兩者相符才能取款。
4. 匯款人同時也是收款人。其他支票只有先在銀行存款才能開出支票，而旅行支票是用現金購買的，類似銀行匯票，只不過旅行支票的匯款人同時也是收款人。
5. 不規定流通期限。由於發行旅行支票要收取手續費，占用購買旅行支票者的資金且不用支付息，有利可圖，所以，各銀行競相發行旅行支票。

假設你是櫃檯接待員，當 A 旅客至櫃檯接待辦理入住登記且以「外幣」或「旅行支票」作為住宿預付款或押金，你會如何處理？

！小提醒

1. 先釐清：「外幣」與「旅行支票」的概念。旅館的哪個單位負責外幣與旅行支票的兌換。
2. 請思考：兌換「外幣」與「旅行支票」的流程。如何驗證外幣與旅行支票的真偽？櫃檯接待可以接受「外幣」或「旅行支票」作為住宿預付款或押金嗎？為什麼？
3. 效益評估：收受「外幣」與「旅行支票」會對旅館帶來哪些影響？

衍生思考

為什麼檢查「旅行支票」與「信用卡」上的簽名很重要？

（六）信用卡付款（Credit Card Payment）

是一種非現金交易付款的方式。由銀行或信用卡發卡機構根據用戶的信用度與財力核發信用卡給持卡人，持卡人消費時無須支付現金，待帳單到期日（Billing Due Date）時再進行還款。信用卡（圖 8-5）與借記卡、提款卡不同，借記卡、提款卡在消費者使用的當下，即由帳戶直接扣除資金。

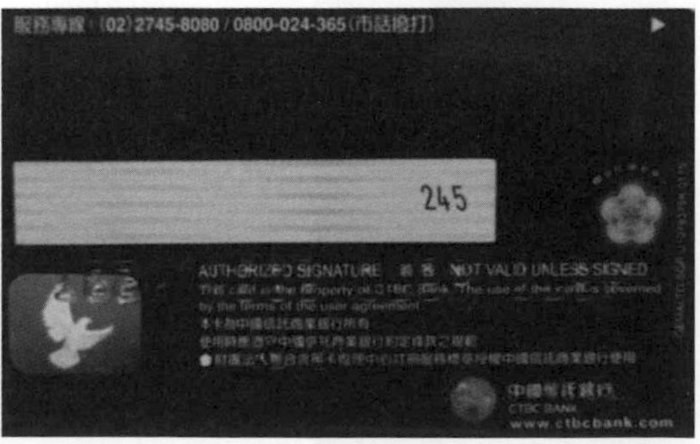

圖 8-5　信用卡（作者提供）

借記卡

借記卡又稱簽帳金融卡（Debit Card），是一種金融卡，也是連結銀行帳戶的支付卡片。

使用借記卡消費前，需先匯款入與該借記卡配合的帳戶，如此，消費時便會直接從連結的帳戶內扣款，可避免超刷、透支或動用循環利息的狀況。

借記卡使用上與信用卡相同，也可以通過 ATM 轉帳和提款，帳戶內的金額按活期存款計付利息。而與信用卡最大的差別，在於信用卡可以在發卡銀行授予的信用額度範圍內消費，即使存款帳戶裡沒錢的情況下，仍可先消費，然後於一定時間內把錢還給銀行即可。但使用借記卡則要先確認借記卡連結的活期存款帳戶裡有足夠支付的錢，才能持卡消費，確保銀行能即時從帳戶內扣款。

資料來源：維基百科

旅客辦理住宿登記時，選擇以信用卡結帳付款，須提供一張有效的信用卡給櫃檯接待員，以取得線上預授權並列印憑單。列印好的信用卡預授權憑單須附在旅客住宿登記卡上，與旅客帳務資料放在一起。退房結帳時，櫃檯接待員會列印出所有消費清單，根據預授權憑單上的授權號碼，以磁條卡讀取機或刷卡機（Electronic Data Capture, EDC）刷印出信用卡支付單，交付旅客確認簽名，即完成付款。

不過，即使住客使用信用卡結帳並將帳戶餘額結清歸零，旅館仍須持續追蹤該筆交易，直到從信用卡公司收到款項。當外國旅客使用信用卡結帳付款時，信用卡公司會以當地的貨幣與當天的匯率進行結算，不會發生因貨幣匯率與手續費所產生的帳目問題。取得旅客信用卡辦理退房結帳時，需注意且謹慎處理的問題包括：

1. 信用卡的辨識：要辨識信用卡，首先要先確認信用卡（圖 8-6）卡面有什麼重要資訊與其作用：

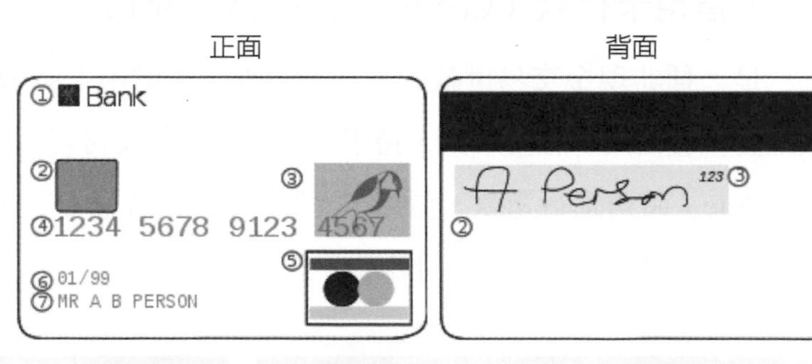

正面	背面
① 發卡機構（銀行）	① 信用卡磁條
② EMV 晶片	② 持卡人簽名欄
③ 防偽雷射標記	③ 信用卡安全碼
④ 卡號	
⑤ 信用卡別	
⑥ 有效期限	
⑦ 持卡人名	

圖 8-6　信用上介面內容

（1）EMV：三個字母分別代表 Europay、Master Card 與 Visa，是制定該標準最初的三家公司。

（2）正面：發卡行名稱及標識、信用卡別及防偽標記、卡號、英文拼音姓名、啟用年月、有效日期（一般計算到月）、晶片。

（3）背面：磁條、持卡人簽名欄（啟用後必須簽名）、服務熱線電話、全部卡號（防止被冒用）、信用卡安全碼（緊跟在簽名欄後面的 3 位阿拉伯數字，用於電視、電話及網絡交易等）。

（4）有效日期（Expiration Date）：每張信用卡都是有期限的。當旅客出示信用卡時，櫃檯接待員應立即檢視信用卡有效日期，如果信用卡效期已過，應向旅客說明要求更換其他付款方式。

（5）無效信用卡（Invalid Card）：旅館若收受失效的信用卡，就可能無法取回旅客的消費款。一旦發現無效信用卡，櫃檯接待員應按照客務部和信用卡公司的程序處理。信用卡無效的原因，包括：不良交易記錄、未授權交易、信用卡餘額不足或有效期已過、風險地區支付、偽卡等。通常櫃檯接待員的應對方法，是禮貌地請旅客更換另一種付款方式，且不應讓旅客感到難堪。

（6）線上授權（On Authorization）：許多旅館透過電腦線上裝置，確認旅客信用卡的有效性。信用卡核實機構會根據旅客信用資料，提供該筆交易一個授權編碼或一個拒絕編碼。

（7）列印信用卡憑單（Imprinting the Voucher）：以有效的信用卡取得線上預授權後，應列印信用卡預授權憑單，附在旅客住宿登記卡上，與旅客帳務資料放在一起。在退房結帳前，旅館不會要求旅客在憑單上簽名。

2. 信用卡刷錯金額之處理：櫃檯接待的處理步驟

步驟 1　重刷一次正確金額，再將刷錯金額的刷卡紀錄執行交易取消。不可先取消刷錯金額的交易，避免因取消交易而造成信用卡額度不足，後續可能就無法再重新刷卡。

步驟 2　確認取消交易後，金額為負數無誤，且必須與取消的金額一致，例如取消金額 $333，取消後的金額須為 $–333。亦可在刷卡機執行「退

刷卡
Electronic Data Capture, EDC

「刷卡機」泛指信用卡、門禁卡等讀取卡片的裝置，而非接觸式讀卡機也有人叫做刷卡機。

刷卡是指磁條卡讀取的動作，磁條卡讀取必須刷過卡槽，才可以將卡片中的資料讀出。可以刷卡機讀取的卡片，有條碼卡、磁條卡、晶片卡等三大類，現在的信用卡為了防止偽卡，已發展出兼具磁條卡功能的晶片卡，卡片不只具有銀行帳號的資料，本身還具有運算能力，使得偽卡盜刷的困難度增加數倍。實際上，無論是收單銀行、刷卡機或卡片，只要在某項檢核上發現有問題，都可以讓交易失敗，使得持卡者的損失風險降低許多。

貨」，但此操作僅開放取得授權之幹部或主管。通常國外信用卡操作「退貨」會產生匯差，易造成爭議，所以儘量勿用此功能。

步驟 3　住客退房結帳離開旅館才發現金額刷錯。

（1）多刷：直接在刷卡機上調整回正確金額。

（2）少刷：先聯絡住客，告知金額有誤後，才能調整金額，以免住客誤認信用卡遭盜刷而產生顧客抱怨。

3. 信用卡託收之處理：住客未至櫃檯接待辦理退房結帳手續，且已離開旅館，經連繫後委託代收時。櫃檯接待的處理步驟：

步驟 1　櫃檯接待發現住客未辦理退房結帳且已離開旅館，立即告知當班幹部或主管。

步驟 2　聯絡住客，告知應付未付帳款金額，徵詢住客以信用卡託收的意願。

步驟 3　取得住客同意後，傳真信用卡付款同意書，請住客確認簽名並回傳。

步驟 4　使用住客提供的預授權信用卡執行交易。

4. 信用卡額度不足之處理：住客預授權之額度與退房結帳之帳款需求不符，且不足以支付退房結帳之帳款。櫃檯接待的處理步驟：

步驟 1　詢問住客是否介意以信用卡刷兩筆金額，以完成結帳。

步驟 2　依據旅館與信用卡發卡機構之協議，為可付款結帳之授權最高限額，餘額再以住客信用卡執行一般交易完成結帳。例如預授權金額 2 萬元，結帳最高限額為 2 萬元 ×1.15%，即為 2 萬 3 仟元。

步驟 3　如無法成功結帳，須委婉告知住客「因信用卡餘額不足」，詢問住客是否改換別張信用卡或現金結帳，如住客仍要求以該信用卡結帳時，可協助住客聯絡發卡機構，再由住客與發卡機構洽詢是否可提高額度。

刷卡訊息

刷卡可能顯示的訊息，除了能正常刷卡的消費資訊，還可能發生不正常的刷卡狀況，例如「沒收此卡」與「拒絕使用」。假設你是櫃檯接待主任，你為旅客提供刷卡服務時，發生「沒收此卡」與「拒絕使用」的情況，你覺得可能原因有哪些？處理步驟又該為何？

！小提醒

1. 先釐清：「沒收此卡」與「拒絕使用」兩者的差異。
2. 請思考：「沒收此卡」與「拒絕使用」的處理步驟有何不同？
3. 效益評估：「沒收此卡」會對旅館帶來哪些衝擊或影響？

衍生思考

若 EDC 一直無法連上線，使得無法完成刷卡時，又該如何處理。

補充說明

EDC 顯示「沒收此卡」，須依旅館與信用卡發卡機構的協議，沒收該信用卡並通知當班主管或安全部。EDC 顯示顯示「拒絕使用」或「額度不足」，則須委婉請住客改用其他信用卡或現金結帳或請住客與發卡機構聯絡了解原因。EDC 無法連上線須判斷使否為忙線中。若是，則先以手動刷卡處理或是填寫信用卡付款同意書請住客簽名，稍後可以連線時再重新操作 EDC 完成結帳。若非 EDC 忙線，則聯絡發卡機構，告知消費金額、商店代號後取得發卡機構提供之授權碼，以交易補登方式完成刷卡結帳。

（七）行動支付（Mobile Payment）

行動支付是指旅客在不需使用傳統貨幣（現金、旅行支票）或信用卡的情況下，以行動裝置（通常是智慧型手機或平板電腦）便可完成付款。例如旅客使用智慧型手機連線網際網路，選取要內建於通訊軟體的行動支付服務功能，透過儲存於帳戶內的支付資訊與櫃檯接待讀卡機，進行非接觸式付款，便可支付住宿期間各項服務或實體商品的費用。Apple Pay、Line Pay、微信支付等，就是目前市面常見的行動支付裝置。

行動支付的特點，在於具有移動性、即時性與快捷性，也就是具有攜帶便利與容易操作的特質，可使消費者擺脫地域、時間的限制；此外，在消費當下，付款也同步完成，消費者無需兌付零錢，且消費記錄一目了然。

但行動支付也容易發生個人資料外洩、程式漏洞、駭客入侵，以及裝置遺失等風險，因此，強化資安風險管理，將是行動支付普及化前的當務之急。

（八）住宿憑證（Voucher）

住宿憑證（圖 8-7）等同現金，具有一定的貨幣價值，可用來兌換指定旅館的客房產品，所以是收據的同義詞，也可作為證明已支付完成的聲明。憑證通常是由旅行社開立，主要是作為旅客在特定時間和指定旅館接受服務的權利證明，旅館收集憑證後，交付給發送該旅客的旅行社，作為請款收費的依據與證明已提供服務。

櫃檯接待收取憑證後，須留意使用期限與相關規範，例如住宿憑證的價值、可住宿的房型、是否需要補差額、是否需要開立發票等。此外，以住宿憑證付款須建立 2 張帳單收費憑證，一張憑證交付給發行的旅行社，作為旅館請款收費的依據與證明；一張憑證交付給旅客個人作為消費憑證。

（九）優惠券（Coupon）

意義相同或近似的詞彙，還有「折扣券」，是給持券人在旅館住宿的優待券。Coupon 與 Voucher 最大的差別，在於 Voucher 可以直接換取旅館客房產品或服務，而 Coupon 則必須先消費才能取得旅館客房折扣或贈品。

優惠券（圖 8-8）是以促銷為目的而發放，因此旅館通常不允許將優惠券兌換成一般貨幣，只能針對某些地方或於特定期間內使用，使用解釋權由發券者（旅宿業者）負責。

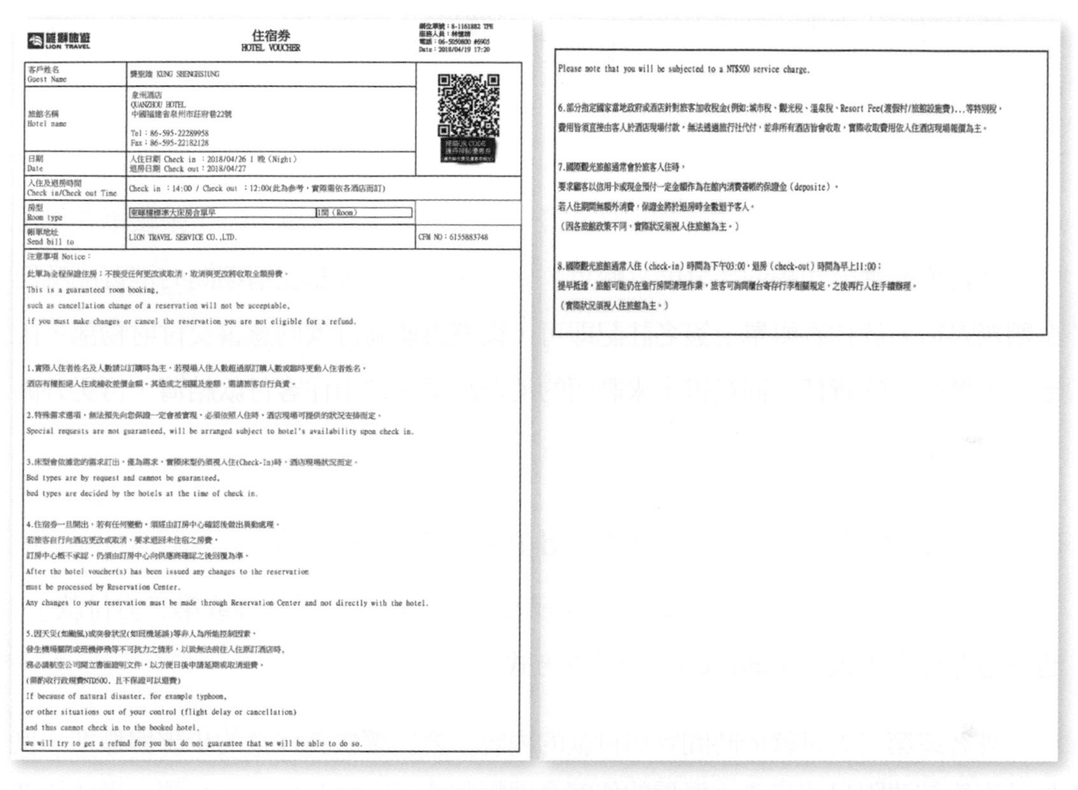

雄獅旅遊 LION TRAVEL

住宿券
HOTEL VOUCHER

網位單號：8-1161882 TPE
服務人員：林憶婷
電話：06-5050800 #6905
Date：2018/04/19 17:20

客戶姓名 Guest Name	龔聖雄 KUNG SHENGHSIUNG	
旅館名稱 Hotel name	泉州酒店 QUANZHOU HOTEL 中國福建省泉州市莊府巷22號 Tel：86-595-22289958 Fax：86-595-22182128	
日期 Date	入住日期 Check in ：2018/04/26 1 晚（Night） 退房日期 Check out：2018/04/27	
入住及退房時間 Check in/Check out Time	Check in ：14:00 / Check out ：12:00(此為參考，實際需依各酒店而訂)	
房型 Room type	[illegible]標準大床房含單早 1間（Room）	
帳單地址 Send bill to	LION TRAVEL SERVICE CO.,LTD.	CFM NO：6155883748

注意事項 Notice：

此單為全程保證住房：不接受任何更改或取消，取消與更改將收取全額房費。
This is a guaranteed room booking,
such as cancellation change of a reservation will not be acceptable,
if you must make changes or cancel the reservation you are not eligible for a refund.

1.實際入住者姓名及人數請以訂購時為主，若現場入住人數超過原訂購人數或臨時更動入住者姓名，
酒店有權拒絕入住或補收差價金額，其造成之相關及差額，需請旅客自行負責。

2.特殊需求選項，無法預先向您保證一定會被實現，必須依照入住時，酒店現場可提供的狀況安排而定。
Special requests are not guaranteed, will be arranged subject to hotel's availability upon check in.

3.床型會依據您的需求訂出，僅為需求，實際床型仍須視入住(Check-In)時，酒店現場狀況而定。
Bed types are by request and cannot be guaranteed,
bed types are decided by the hotels at the time of check in.

4.住宿券一旦開出，若有任何變動，須經由訂房中心確認後做出異動處理。
若旅客自行向酒店更改或取消，要求退回未住宿之房費，
訂房中心概不承認，仍須由訂房中心向供應商確認之後回覆為準。
After the hotel voucher(s) has been issued any changes to the reservation
must be processed by Reservation Center.
Any changes to your reservation must be made through Reservation Center and not directly with the hotel.

5.因天災(如颱風)或突發狀況(如班機延誤)等非人為所能控制因素，
發生機場關閉或班機停飛等不可抗力之情形，以致無法前往入住原訂酒店時，
務必請航空公司開立書面證明文件，以方便日後申請延期或取消退費。
(需酌收行政規費NTD500，且不保證可以退費)
If because of natural disaster, for example typhoon,
or other situations out of your control (flight delay or cancellation)
and thus cannot check in to the booked hotel,
we will try to get a refund for you but do not guarantee that we will be able to do so.

Please note that you will be subjected to a NT$500 service charge.

6.部分指定國家當地政府或酒店針對旅客加收稅金(例如:城市稅、觀光稅、溫泉稅、Resort Fee(渡假村/旅館設施費)...等特別稅，
費用皆須直接由客人於酒店現場付款，無法透過旅行社代付，並非所有酒店皆會收取，實際收取費用依入住酒店現場報價為主。

7.國際觀光旅館通常會於旅客入住時，
要求顧客以信用卡或現金預付一定金額作為在館內消費簽帳的保證金（deposite）。
若入住期間無額外消費，保證金將於退房時全數退予客人。
（因各旅館政策不同，實際狀況須視入住旅館為主。）

8.國際觀光旅館通常入住（check-in）時間為下午03:00，退房（check-out）時間為早上11:00；
提早抵達，旅館可能仍在進行房間清理作業，旅客可詢問櫃台寄存行李相關規定，之後再行入住手續辦理。
（實際狀況須視入住旅館為主。）

圖 8-7 住宿憑證示意圖（作者提供）

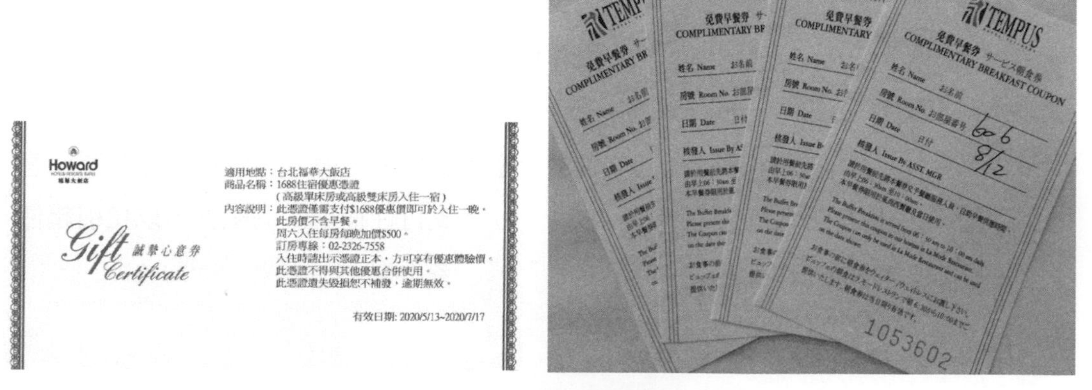

Howard
福華大飯店

Gift Certificate 誠摯心意券

適用地點：台北福華大飯店
商品名稱：1688住宿優惠憑證
（高級單床房或高級雙床房入住一宿）
內容說明：此憑證僅需支付$1688優惠價即可於入住一晚，
此房價不含早餐。
周六入住每房每晚加價$500。
訂房專線：02-2326-7558
入住時請出示憑證正本，方可享有優惠體驗價。
此憑證不得與其他優惠合併使用。
此憑證遺失毀損恕不補發，逾期無效。

有效日期: 2020/5/13~2020/7/17

圖 8-8 Coupon 示意圖

（十）轉公司帳（City Ledger）

又稱掛帳，是旅館業的會計用語，與帳款轉移的概念不同。有些旅館會針對特定的企業行號，同意給予房客或其訂房公司在事後以轉帳或月結的方式付款，通常不接受現場臨時提出轉公司帳的要求。

轉公司帳的安排，必須由旅客在抵達旅館辦理住宿登記前，取得旅館的批准。取得同意批准的訂房公司或個人也必須簽署代客付款同意書，並於同意書上載明雙方的權利義務。

櫃檯接待在轉公司帳住客辦理住宿登記後，須建立 2 張帳單，1 張帳單在退房時，針對獲准轉公司帳的部分開立帳單，住客僅須核對確認住宿期間的消費品項與金額無誤後，於住客帳單上簽名註記即可，後續再連同付款同意書交付財物部，由旅館承擔收款的責任。同意書上未載明的消費品項，則由住客付款結清，再另外開立一張帳單。

（十一）外客或第三方付款（Third Party Payment）

指旅客住宿旅館期間的消費由至親好友付款，統稱為「外客或第三方付款」，也就是非住客本人（Non-guest）的付款方式。

外客或第三方付款的時間點與付款的內容，會影響帳務作業的步驟與標準，例如外客欲結清隔日或未來才退房的住客全部帳款費用時，其付款的步驟、操作標準說明如下。

1. 確認住客房號、名字。

操作標準：使用客務管理系統確認外客要幫房客付帳的房號及姓名。

經驗分享：請外客先與住客聯絡告知將幫助客支付住宿期間的帳款，以免引起住客不悅。

口述範例

請問您是幫房客〇〇〇先生／女士付款嗎？

?動動腦

為何要確認房客名字？

2. 確認外客的付款內容與付款方式。

操作標準： 在旅客住宿登記卡及客務管理系統上註明付款內容。

經驗分享： 若外客欲結清隔日或未來才退房的住客房租帳款時，付款步驟、標準與住客帳務系統的操作略有不同。

口述範例

請問您是要為房客支付全部的消費帳款，或只支付房帳？

請問您是要使用現金還是信用卡付款？

動動腦

為何要確認付款內容？

3. 現金支付，須開立預付款憑單。

操作標準： 開立預付款憑證（Advance Payment Voucher），比照預付款作業處理。

經驗分享： 收取預付款金額的多寡，比照預付款作業處理。

口述範例

這是您的預付款憑證。

動動腦

支付現金時要開立什麼單據？

4. 採信用卡付款：

（1）EDC 取得線上預授權並列印憑單。

（2）手刷空白信用卡單請外客簽名。

（3）將空白信用卡單釘在旅客住宿登記卡上。

操作標準： 信用卡預授權的額度要足夠。用手刷卡機刷印空白信用卡單，請外客在卡單上簽名。

口述範例

請在信用卡單上簽名

動動腦

信用卡付款時該如何處理？為什麼需要手刷空白信用卡單並請外客簽名？

5. 告知外客，手刷空白信用卡單的用途及作法。

操作標準： 清楚向外客說明消費金額會在住客退房結帳時當面在住客面前填入手刷空白信用卡單上。

經驗分享： 若外客不願意留手刷空白信用卡單，則須以預付結零作業處理。

口述範例

手刷空白信用卡單是因為結帳退房時間未到，且住客實際消費總額仍不確定。

消費金額會在住客退房結帳時當面在住客面前填入手刷空白信用卡單上。

?動動腦

為何需要手刷空白信用卡單？

6. 詢問帳單發票開立方式，並將外客聯絡資料註明在旅客登記卡上。

操作標準： 向外客確認帳單發票開立與處理方式，確實外客聯絡資料註明在旅客登記卡上。

經驗分享： 寄給外客的帳單及發票須以掛號處理，並登記在郵寄本上，由早班交付責屬部門寄出。

口述範例

請問帳單發票開立方式？帳單發票要如何處理？

請問您的聯絡住址是？

旅客退房遷出後我們會立刻郵寄給您。

?動動腦

如何詢問帳單發票開立與處理方式？

外客在退房當下陪同住客向櫃檯接待表明負責支付住客的房租時，櫃檯接待應如何登錄住客帳務系統的資訊？

！小提醒

1. 先釐清：「帳戶」的概念。
2. 請思考：「外客欲結清隔日或未來才退房的住客全部帳款」、「外客欲結清隔日或未來才退房的住客房租帳款」與「外客在退房當下陪同住客向櫃檯接待表明負責支付住客全部費用」三者的差異。

（十二）混合結帳方式（Mixed Payment）

由於旅館提供的結帳付款方式多元，也就衍生出混合結帳方式。是指旅客可以使用超過一種以上的結帳方式將帳戶餘額結算為零，例如：一半以現金支付，一半以信用卡支付；外客使用住宿憑證幫住客支付房租，其他消費住客支付外幣；住宿費用轉公司帳，私人消費由 A 房客幫忙以信用卡支付等。

櫃檯接待必須準確執行每一筆混合結帳的要求，並做適當的書面記錄、確實交接，避免造成客務部夜間稽核作業問題，也能提升查核效率。

（十三）招待（Complementary, COMP）

招待是指住客使用客房，但不需支付任何費用。招待通常是為了感謝長期支持旅館的企業、一定期間經常住宿或累積消費金額大等經常消費的好顧客，所提供的優惠。招待須由總經理或授權主管批准，是不需支付租金的客房，例如在旅館舉辦喜宴，旅宿業者贈送之客房。但招待須確認招待的品項為何，若僅是房租招待，則提醒住客個人消費需在退房時結清。

（十四）因公使用（House Use, H / U）

因公使用是指旅館員工因工作上的需要，而需住宿在旅館客房內，且退房不需支付房租，例如高階主管值班、颱風天留守、季盤點或年度盤點等。

招待與因公使用兩者的帳戶房租收入都是零，最大的差別在於使用的對象與目的。但兩者使用時，都需由申請部門將授權批准的申請表單送交客務部辦理。

雖然招待與因公使用的帳戶房租收入都是零，但多數旅館為清楚揭示營運管理上的每一筆金流，仍會分別制定相關的作業標準。例如招待須確認招待品項、因公使用的品項通常僅限於房租部分。兩者退房後，櫃檯接待須將訂房資料、旅客登記卡、帳單及申請表單等，一併繳交至財務部備查。

二 結帳服務的方式（Methods of Payment Service）

由於旅館的規模、所提供的服務和電腦自動化的程度不同，櫃檯接待執行退房遷出的程序也有所差異。有些旅館運用先進科技與特殊旅客服務過程，以降低住客結帳等候的時間，加快退房遷出的速度。常見的結帳服務方式：

（一）延遲退房結帳（Late Check-out）

旅館客房的使用時間並不是以 1 天 24 小時計算，須視旅館的營運需求而定，一般下午 1 ～ 3 點後入住，上午 10 ～ 12 點前退房，如果旅客要求在旅宿業者規定的退房時間以後退房，通常旅宿業者可延遲 1 個小時或更晚的時間退房，取得旅宿業者同意後，退房結帳時就會再加收延遲退房費（Late Check-out fee）。

因為旅客的延遲退房將影響房務部的客房清潔工作，以及為即將入住旅客帶來不便，甚至造成顧客抱怨，因而可能增加旅館營運的成本。因此，多數旅館皆訂定有延遲退房的服務政策，是一項收費服務。

（二）客房內結帳（In Room Check-out）

允許住客從客房內結算帳戶餘額的旅客帳務系統。具有客房內結帳功能的客務管理系統中，住客可以在退房遷出的前一晚，按照旅館客房內電視機上的說明啟動旅客帳務系統。住客可以在退房當天上午從電視螢幕查看客房帳戶的最終餘額，並通過螢幕選項確認客房帳款的支付方式、提醒櫃檯接待備妥帳單資料，以加快退房結帳流程。如果住客表明願意通過信用卡直接結算付款，則住客無需再至櫃檯接待辦理結帳。

此外，有些旅館也已開發出行動結帳（Mobile Check-out）的應用程式。如果住客因忙碌或其他因素而無法及時在旅館內辦理結帳，住客只需以個人行動裝置（通常是智慧型手機）連結旅館的行動結帳應用程式，即可啟動旅客帳務系統，查看客房帳戶的最終餘額，並通過個人行動裝置完成客房帳款的支付。住客亦可透過行動結帳應用程式要求旅宿業者，將帳單或發票通過電子郵件發送給住客留存審核。

（三）快速退房結帳（Express Check-out）

大多數的旅宿業者為了降低住客退房結帳時，排隊等候櫃檯接待的作業時間，會提供快速退房結帳服務。

快速退房服務強調退房時無需在櫃檯接待排隊等候結帳，旅館會在住客的授權同意下，於退房當日清晨5：00～6：00間或依據住客要求更早的時間，將消費帳單與發票用信封裝好，由服務中心送房，且為避免打擾住客，只會將信封塞入房門下。住客離開旅館前，只需將簽名確認後的帳單與客房鑰匙交付櫃檯接待即可離開，住客如無其他消費，旅宿業者只會收取帳單上的實際消費金額。因為提供快速退房服務，使得住客和櫃檯接待的接觸次數減少許多，也正因為住客無需至櫃檯結帳，非面對面交易，旅館可自行將原取得的空白信用卡簽單填寫金額，因此容易產生消費與交易金額不符之糾紛，所以櫃檯接待處理相關作業時，務必注意結帳細節。

快速退房結帳服務的步驟、操作標準說明如下。

1. 請住客填寫快速退房結帳服務表格。

操作標準：請住客以正楷填寫。

經驗分享：若日常辦理退房結帳作業時，遭遇停電或電腦當機，為節省住客時間，也可請住客留下資料，以 Express Check-out 程序辦理。

口述範例

這是快速退房結帳表，請您依序填寫。

?動動腦

如何填寫快速退房結帳表？

2. 快速退房結帳表格須填寫的資料包括：姓名、房號、退房日期、信用卡上的姓名、電子郵件地址、與信用卡一致的簽名、日期等。

操作標準：當面核對各項資料，遇有不清楚的地方要立刻確認。向住客說明，帳單明細處理後會傳送至旅客預留的電子郵件地址。

經驗分享：帳單明細傳送時間以夜間稽核完成後，退房當天清晨為宜。

口述範例

帳單明細我們會在退房前退房前傳送到您的 e-maill 信箱。

?動動腦

與住客核對資料時，應注意事項為何？

3. 使用住宿登記時的信用卡預授權辦理退房結帳。

操作標準：取出旅客辦理住宿登記時的信用卡預授權核准單。提醒住客辦理 Express Check-out，帳單將於 1 個月內寄達。

經驗分享：需更換張信用卡，應取得新信用卡預授權，並將住宿登記的信用卡預授權核准單作廢。

口述範例

請問您還是使用這一張信用卡結帳嗎？

?動動腦

如何向住客確認付款方式？

4. 依住客退房結帳日期登錄於 Express Check-out 記錄本。

操作標準：正確地將住客退房結帳日記錄於 Express Check-out 記錄本，並於客務管理系統註記。

?動動腦

Express Check-out 登錄時，有哪些應注意的事項？

5. 退房結帳當日 5：00 a.m.，列印尚未結清的帳戶餘額帳單，由服務中心送房。

操作標準： 若無法掌握住客離開的時間，可於退房時間後，再將旅客帳戶完成結算，辦理退房遷出作業，並通知房務部查房。

經驗分享： 房務部可機動查核申辦 Express Check-out 的住客是否已離開旅館，若確認離開，客務部即可在客務管理系統上執行退房遷出作業。

? **動動腦**
什麼時間該列印尚未結清的帳戶餘額帳單？帳單該請何單位送房？

6. 住客帳戶仍有餘額未結清，將以雙方約定好的信用卡結算，帳單上註記「Express Check-out」。

操作標準： 確認完成住客帳戶結算後至旅客實際退房離開期間，是否有新增帳款未結清。

經驗分享： 新增帳款須仔細確認，例如電話是該房間撥出、餐廳掛帳的簽名是住客本人等，帳單上各項消費細目與金額正確無誤。

? **動動腦**
住客帳戶餘額結算後為什麼要註記 Express Check-out ？

7. 。將住客帳單資料交給財務部寄發。

操作標準： 彙整旅客住宿期間所有消費與交易資料，包括：帳單、發票等，再交給財務部寄發。

? **動動腦**
整理好的帳單資料交付哪個部門處理？

雖然快速退房結帳服務可能有交易上的疑慮，但還是有其優點，包括：

1. 如果櫃檯接待忙碌中，住客只需將簽名確認後的帳單與客房鑰匙交付櫃檯接待，即可退房離開，無需等待結帳。
2. 如果住客急於趕火車或飛機，快速退房結帳有助於避免因櫃檯接待塞車而造成的延誤。

3. 櫃檯接待可以在最方便的時間為住客處理帳單，而不是一大群旅客等著辦理入住登記或退房結帳時，也可降低住客等待退房結帳冗時的抱怨。

（四）自助退房結帳（Self Check-out）

是一部讓旅客在旅館退房結帳時，無需經由櫃檯接待服務的自助終端系統，具有智慧化、資訊化、節能化、個性化等易於管理的特性，可替代或並存於櫃檯接待作業系統與旅客帳務系統。自助終端電腦可與客務管理系統連結並同步運作，當住客完成自助退房結帳時，自助終端電腦會自動更新客房狀態並建立旅客歷史檔案。

自助終端系統通常設置在旅館大廳，是一組包括可以讓旅客自助辦理選房、查詢、入住、掃描證件、付款、取房卡、退房等功能的機器。旅客只需透過簡單的操作步驟，就可以自己迅速完成住房與退房流程，減少排隊等候的時間浪費。

由於自助終端系統需求空間小、能給予旅客更多隱私保護，是追求自在、安全的自助旅行者或商務客挑選旅宿產品的首選，也是另類的住宿產業經營的手法。

四 送客（Farewell Guest）

道別的話術要讓住客感受到更多發自內心的真誠與人情味，需要思考和計畫。送客與迎賓同樣重要，送客如果草率就會毀了整體顧客滿意度。即使住客已經完成退房結帳，客務部仍應無微不至的悉心照顧，直到住客離開旅館為止。

送客是旅客離開旅館門廳時，所進行的一項面對面的服務，可以串聯起整個旅客的住宿體驗。送客不只是單純地於住客辦理退房結帳時，詢問入住期間的評價，或是提供離店相關協助，提供將旅客的用車召喚至大門口，協助行李上車與請旅客核對行李數量；當旅客的車輛發動後，在旅館門廳對旅客致意送別與歡迎再次光臨；向遠去的旅客揮手送行，直到車輛消失在道路盡頭，再深深地鞠躬致意，透過鞠躬致意表達客務部非常重視服務的精神，並且代表旅館感謝旅客的支持。

完美的送客服務，表達了對於每一位住宿停留的旅客，客務部都是抱持著感恩的心態看待，誠摯地感謝顧客。

第三節
退房遷出的後續作業

在學習本節後，您將會認識並了解：

1. 未支付帳款餘額的類型與處理
2. 營收報表印製與客帳移轉至財務部
3. 應收帳款的管理
4. 旅客歷史資料的建立與運用
5. 客房狀態的溝通與更新

過去，顧客服務的循環過程強調旅客抵達前、抵達時、停留期間及退房結帳時的服務，但即使旅客退房遷出，客務服務並未因此直接進入下一次的循環，客務服務仍可能延續一段時間。例如旅客退房遷出後，尚有未支付的帳款餘額待處理；查房整房時，發現住客遺留物待處理；旅客意見的回覆；帳款更正等。此外，住客退房遷出後，客務部對這間客房的作業仍未結束，還需針對客房狀態進行溝通與更新、營收報表印製與客帳移轉至財務部、旅客歷史資料的建立與運用等。

一 未支付帳款餘額（Unpaid Account Balance）

若已退房結帳離開的住客還因為某些原因，發生借貸雙方的帳戶餘額未歸零，仍留有帳款未結清，稱為未支付帳款餘額。旅館常見的未支付帳款餘額包括：

（一）有爭議性的帳款（Account in Dispute）

常見有爭議性的帳款，包括：

1. 入住期間有額外花費，造成住客對帳單有疑慮，拒絕支付全部或部分款項。
2. 住客跑帳。
3. 旅客已做訂房保證卻 No-Show，且不願意支付房租。
4. 轉公司帳但公司遲未付款，經催收帳款亦無效。

針對爭議性的帳款，客務部會先將應收未收帳款移轉至非住客帳戶中，即設定為應收待收款，以暫時保留帳務（Hold Account）的方式作業，並持續與旅客或企業行號聯繫，進行溝通、協調，尋求最佳解決途徑。

（二）跑帳（Skipper / Premeditators'）

針對跑帳的住客，客務部會先將應收未收帳款移轉至非住客帳戶中，以暫時保留帳務的方式作業，並持續與旅客聯繫，倘若跑帳的住客有提供信用卡預授權，經多次聯繫又無法聯繫上時，櫃檯接待可以依據信用卡預授權完成結帳，但須附上相關的佐證記錄，以避免爭議。

若跑帳只是單純住客忘記結帳，因退房離開太匆忙而忘記到櫃檯接待辦理退房結帳，通常只是忘記結清房租以外的其他消費，例如使用迷你吧或餐飲等費用，登錄這一類的住客帳戶系統時，應以「Walk-outs」或「Runners」表示，不宜歸類為跑帳。

（三）漏帳（Late Charge）

住客已退房結帳離開旅館或住客帳戶關閉，但應登錄到住客帳戶的簽帳交易憑單仍沒有送達客務部，而未能完成登帳的帳款，例如住客退房後，Mini Bar、餐廳或洗衣的消費憑證才送到客務部。若因憑證晚到產生而導致帳款的漏收，客務部需負責追帳，在追帳之前，必須將應收未收帳款登錄在非住客帳戶中，以暫時保留帳務的方式作業。此外，客務部需要持續與旅客保持聯繫，尋求最佳解決方案。

與未結清帳戶餘額的旅客聯繫至關重要，櫃檯接待要特別注意用字遣詞與應對技巧，建議客務部應訂定標準作業流程因應，必要時應由大廳副理或主管負責相關聯繫應對事宜，因為未經旅客授權，侵犯旅客權益的催收款作業有時可能會付出更高的代價。例如有些費用未及時登錄在住客帳戶內，而產生「漏帳」時，回頭向住客追款，一般旅客普遍不願意接受，也會抱怨旅宿業者當時為何不提出、找他們麻煩等意見，而拒絕支付，所以旅宿業者應極力避免發生。

假設你是櫃檯接待主任，當退房時間已到，A 旅客未辦理結帳手續便離開旅館，經房務部查房確認房內已無行李，你接續會如何處理？

！小提醒

1. 先釐清：「跑帳」與「忘記結帳」的差別。
2. 請思考：當住客疑似「跑帳」時，你認為該如何聯繫住客與登錄該筆帳戶資訊比較適當且爭議較少。
3. 效益評估：「跑帳」與「忘記結帳」會對旅館帶來哪些衝擊或影響？旅館可能必須負擔的額外營運成本有哪些？

衍生思考

你有什麼因應對策可以避免「跑帳」與「漏帳」的情形發生。

二 應收帳款管理（Accounts Receivable Management）

「應收帳款」在定義上，是指旅客或企業行號應該支付卻還沒有支付的錢，也就是旅客或企業行號的「欠款」，和旅宿業者有「債權債務」的關係。

既然是債權債務的關係，旅館通常會參考銀行或是金融機構的做法。旅客或企業行號購買旅館商品或住宿消費前，必須先衡量旅客或企業行號「信用」到底如何；如果可能產生欠款不還，要有相對應的催收程序，甚至是扣押資產或者凍結使用資產的權利等。為確保各類應收帳款能如期全數收回，應強化帳務處理的正確性與有效性，旅館財務（會計）部通常會訂定授信作業與處理逾期帳款催收的作業要點。客務部、業務部、營業銷售點出納、會計等，皆須依此要點執行帳務處理。

（一）應收帳款的帳齡訂定

帳齡（Account Aging）是指應收帳款帳面上未收回的這段時間，也就是是指從旅館完成銷售、產生應收帳款之日起，至編製資產負債表的日期止，所經歷的時間間隔，通常指會計年度末和會計中期期末。簡言之，就是負債人（信用卡公司、企業、旅客等）欠款的時間。例如轉公司帳的支付，是根據旅館與企業訂立合約協議進行，從旅館寄出帳單到完成收到帳款的時間間隔，從立即支付到 30 ～ 60 天不等，有時可能會更長。影響應收帳款管理的因素，包括旅館授予企業的信用標準、信用條件和收款政策。

帳齡期程長短的訂定，取決於旅館實際執行的信用授權條件，沒有一定的準則，都是旅宿業者、旅客或企業行號買賣雙方談判和選擇的結果。中型規模以上的旅館，主要由財務（會計）部監督帳齡；小型規模的旅館則可由夜間稽核負責。一般而言，財務（會計）部會將帳齡分類為 30 天、90 天、180 天以內及 180 天以上。帳齡愈長，發生壞帳（呆帳）損失的可能性就愈大。

應收帳款的平均帳齡，是用以反映旅館在某一會計期間收回賒銷帳款的能力。應收帳款的平均帳齡愈大，說明旅館收回賒銷帳款的能力愈差；反之，說明旅館能有效地收回應收帳款。

（二）應收帳款的作業要點

行銷業務部承接企業訂單，同意旅客或企業行號信用簽帳，須依旅館授信作業要點填寫轉公司帳（掛帳）授權契約書或單次簽帳申請書，於財務（會計）部徵信與總經理核准後，交由客務部依規定配合辦理。客務部、財務（會計）部工作互為獨立，以落實帳務與財務相互稽核之功效。

客務部審核旅客或企業行號信用簽帳之結帳作業時，應確認是否為合約中簽帳客戶之授權簽帳人，且依申請之信用額度授權簽帳。旅客或企業行號簽帳時，應進入客務管理系統查核資料是否相符。確認為可簽帳客戶後，亦需現場結算當次旅客消費總額，並由授權簽署人簽認「應收帳款簽認單」，再連同交易憑證、發票送交財務（會計）部。

財務（會計）部應依據核准後之簽帳授權申請書進行核對，確認簽帳旅客或企業行號之額度是否超過申請之授權信用額度，審核應收帳款簽認單、交易憑證及發票等簽帳憑證齊全後，寄出請款帳單。

帳款若採月結，須定期與簽帳旅客或企業行號對帳，確認應收帳款的正確性，以適時防止弊端發生。財務（會計）部應每月編製「應收款項帳齡分析表」，將已屆清償期而未受清償之應收帳款與應收票據，依不同帳齡分類，並列清冊送交業務部追討欠款，將逾期欠款之旅客或企業行號名單送陳總經理簽核，核准後再通知相關部門停止該旅客或企業行號之簽帳資格，並列入記錄。

已屆清償期而未清償之應收帳款或應收票據，若逾期 90 天者，應再行填寫「逾期欠款債權處理情形明細表」；逾期欠款債權應於清償期屆滿 180 天內轉入「催收款項」，填寫「催收款項帳齡分析表」與「催收款項處理情形明細表」；逾清償期 2 年，經催收未能收回且符旅館「逾期欠款債權催收款及呆帳處理」者，於取得適切之證明，扣除估計可收回部分後，即轉銷為壞帳。

旅館所有逾期欠款債權與催收款，行銷業務部應逐案詳列、登記、備查，以及註明追償情形，並妥慎保管債權憑證。應收帳款作業流程示意，如圖 8-9。

（三）應收帳款的控制重點

應收帳款是旅宿業者運營調度時，僅次於資金的重要資產。事前的預防、事中的追蹤反饋、事後的補救，三者環環相扣才能避免呆帳的風險。應收帳款的控制重點，應包括：

1. 旅館須根據旅客的信譽或企業的實際經營情況，制定合理的信用授權政策。
2. 客務部須確定旅客或企業行號未逾信用授權的簽帳額度，且均應依照旅館信用授權作業要點執行。

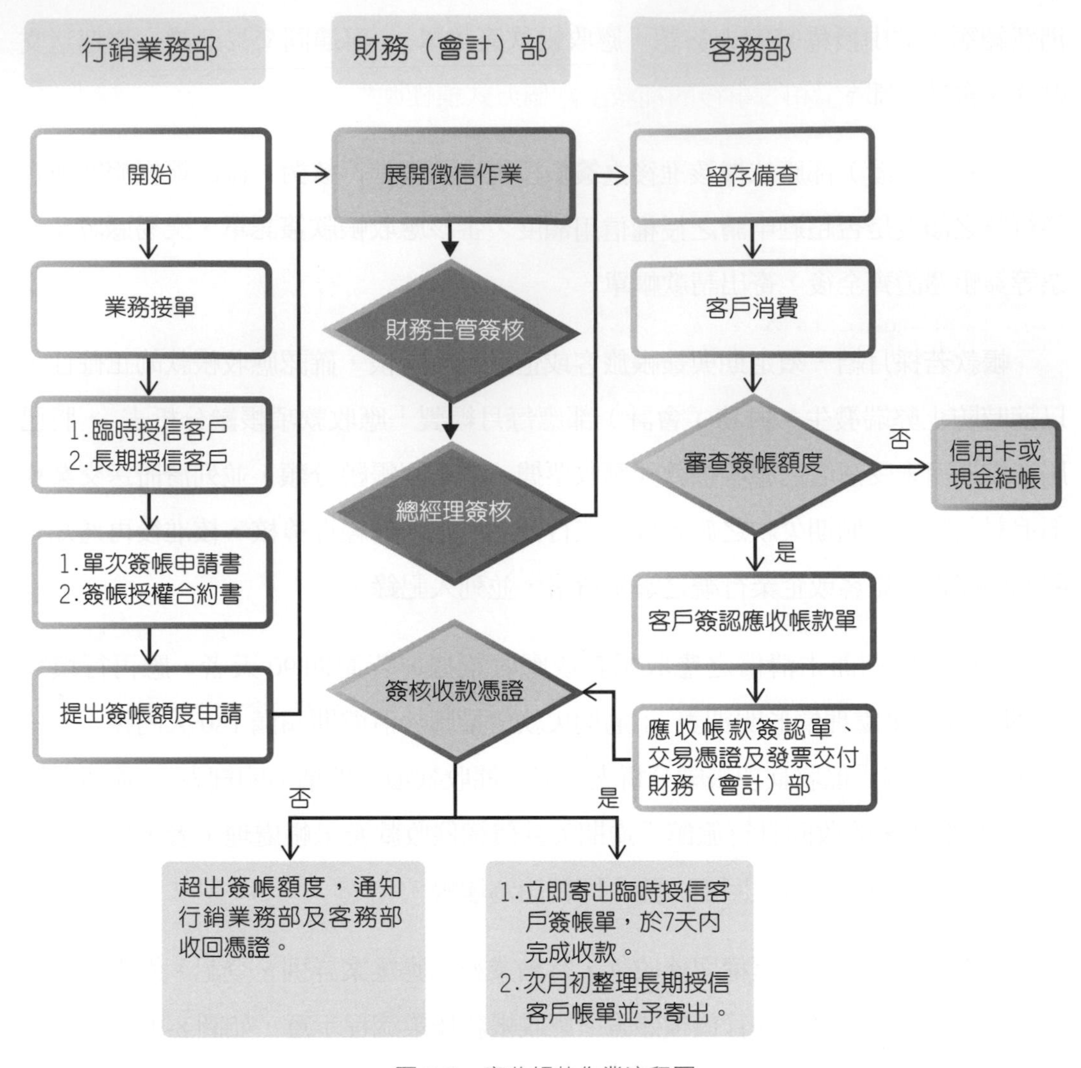

圖 8-9　應收帳款作業流程圖

3. 客務部接受旅客或企業行號簽帳前，應先透過客務管理系統確認其為旅館核准簽帳客戶無誤，且確定所有應受帳款均已入帳，並正確記載。
4. 客務部與財務（會計）部工作相互獨立，對應收帳款之成立、定期對帳及應收帳款之收回相互勾稽，並追蹤差異原因。
5. 財務（會計）部須每月定期出具「帳齡分析表」，以供主管檢討並查明帳款逾齡之原因，以利釐清責任歸屬、加速帳款之回收。
6. 應收帳款之折讓或確定提列呆帳沖銷時，須經總經理核准。

歸納起來，旅館為避免旅客或企業行號欠錢不還，或者是愈欠愈多，通常必須透過「事前的預防」和「事後的補救」兩個方式積極應對。

事前預防即是訂定信用政策，例如第一次合作且名不見經傳的企業行號，很多旅館是不允許企業行號有任何欠款，也就是一定要在退房結帳的當下，須具有能支付所有費用的能力。即使是通過信用授權可以轉公司帳的旅客或企業行號，也制定欠款的額度與帳齡。事後的補救，則是制定明確的帳款催收方案，例如事前通知、中斷服務、寄發存證信函等。

A 旅客辦理入住登記時，預定每晚花費新臺幣 5,000 元，入住經典客房 4 天 3 夜。櫃檯接待依規定，持旅客信用卡完成新臺幣 20,000 元的信用授權。

第三天，A 旅客在旅館內累積的消費金額已達新臺幣 56,000 元，早已超出信用授權的額度。但直到退房時，A 旅客並未與櫃檯接待辦理結帳，經房務部查房確認房內已無行李，電話也一直無法聯繫上。

假設你是客務部經理，你會如何制定應收帳款的「事前的預防」和「事後的補救」政策，以杜絕上述情況的發生。

！小提醒

1. 先釐清：「應收帳款」與「信用授權」的概念、「應收帳款管理」對旅館營運的影響。
2. 請思考：「事前的預防」和「事後的補救」政策的合理性。
3. 效益評估：信用授權不足而導致的欠款，會對旅館帶來哪些衝擊或影響？

衍生思考

對於消失的 A 旅客，你會如何處理？

三 客房狀態的溝通與更新

旅客（散客，非旅行社或團體訂房的旅客）第一次預訂客房時，客務部即展開資料的建檔，直到確認辦理入住登記後，便給予一個旅客歷史資料號碼，以記錄旅客每一次住宿期間的每一筆消費。當旅客辦理結帳後櫃檯接待員須將本次住宿資料移除，也就是將退房遷出的資訊輸入客務管理系統，或電話通知房務部住客已退房離開，房務部取得客房需要打掃的訊息後，便能安排人員前往檢查和清潔整理，以迎接即將抵達的旅客。每天深夜或凌晨，櫃檯接待會從客務管理系統中製作客房使用報告，報告會列出前一晚已租售的客房及當天即將退房的客房等狀況。當天早晨房務部主管則依據客房租售報表及電腦系統中旅客退房遷出的現況，計畫安排客房清潔的優先順序。

房務部則會在每個班期工作結束前，根據實地檢查每間客房的結果，制定一份目前實際的客房狀態報告提交給客務部，並與客房使用報告進行相互查核，以確保客房狀態的準確性，例如租售房、即將退房、空房、待整理房、整修中客房等。客務部也會依據客房使用報告與客房狀態報告執行交叉比對，以確保客房租售時的零失誤，例如重覆租售、將待整理房或整修中客房租售給旅客等。任何不一致的地方將提交由客務部當班的主管或幹部處理。房務部將客房即時檢查狀態通知櫃檯接待，對安排提前抵達的旅客辦理入住登記有很大的幫助，特別是在旅遊旺季或是客滿的時期。

即時且正確地更新客房狀態，主要是為了有效地租售客房並使客房租售最大化。由於櫃檯接待的工作量大，且客房狀態經常處於變化之中，雖然多數旅館透過客務管理系統查詢了解目前的客房狀態，但員工在工作上仍難免出現差錯，從而造成客務部的客房使用報告與房務部的客房狀態報告相互比對後彼此不一致的情況，導致客房銷售與客房服務混亂的狀況。要做到客房狀態資訊的準確與及時，需要櫃檯接待和房務部之間的密切合作與協調，因此，客務部與房務部的員工愈是熟悉彼此的工作流程，客房營運就愈順暢。

假設你是櫃檯接待主任，當 A 旅客退房結帳離開後，櫃檯接待未能及時自客務管理系統辦理退房遷出，你認為將會帶來哪些衝擊或影響？

！小提醒

1. 先釐清：在退房結帳階段，櫃檯接待必須完成哪三項任務？
2. 請思考：為什麼完成上述三項任務對櫃檯接待而言那麼重要？
3. 效益評估：未完成上述三項任務，對櫃檯接待與對旅館帶來哪些衝擊或影響？

衍生思考

客房使用報告（Occupancy Report）與客房狀態報告（Room Status Report）兩者有什麼差異？兩者不一致時會帶來哪些影響？

四 客帳移轉至財務部與營運報表印製

透過解讀營運報表，可較為客觀的衡量旅館體質與經營績效。營運報表指的是以多樣的表格或圖表，再加上動態的資料以反映旅館過去一個時間段（主要是天、月、季或年度）的營運表現，以及了解產業目前的體質。此外，營運報表也可以幫助行銷業務部和管理階層掌握旅館經營情況，進一步提供旅館經營決策參考方向。

由於櫃檯接待在住客退房遷出後，須依住客結帳時的付款方式，例如現金、外幣、信用卡（VISA、Master、American Express、Union Pay）、住宿憑證、轉公司帳等，進行分類並登錄在該類別的總帳報表內。再連同旅客訂房單、住宿登記卡、帳單、發票、信用卡刷卡單等留存聯或帳務憑證裝訂，移交至財務部。

客務部是一年 365 天，一天 24 小時全年無休的滾動式營運，客務部經理要時時掌握營運的變化，審核相關的營運報表就是非常重要的工作。因此，除了夜間稽核透過客務管理系統編製營運報表，提交管理階層審閱外，櫃檯接待在住客退房遷出後應整理和統計各類營業收入，詳實記錄當班期間的營業額，填妥現金收入支出表繳納至財務部。在每一個班期下班結束前須印製當班期間的營運收支報表，包括當班期間客帳總表、各類結帳付款方式的明細報表、未支付帳款餘額報表、超出信用限額報表、發票明細報表等，提交財務部審閱查核。

下表是 2021 年 1 ～ 12 月高雄地區的觀光旅館營運月報彙整表，假設你是寒軒國際大飯店的客務部經理，從下表你看到了哪些現象?

旅館名稱	住用及營收概況							各部門職工概況				
	客房數	客房住用數	住用率%	平均房價	房租收入	餐飲收入	總營業收入	客房部	餐飲部	管理部	其他部門	員工人數
國賓	5,435	75,282	45.54	2,198	165,494,882	285,282,315	464,646,937	86	118	9	41	254
漢來	6,420	73,674	37.73	2,844	209,533,120	585,623,829	1,043,668,101	144	442	8	180	774
福華	3,252	50,292	50.84	2,124	106,824,403	186,842,288	317,005,678	70	156	23	37	286
寒軒	4,510	43,845	31.96	1,955	85,736,906	99,351,253	190,573,091	70	78	20	17	185
義大皇家	7,872	73,547	30.72	2,916	214,428,408	159,126,990	415,124,168	84	159	102	44	389
萬豪	8,400	48,327	18.91	4,176	201,805,551	374,447,096	643,406,049	122	371	77	52	622
福容	3,000	31,139	34.12	1,976	61,541,525	29,791,307	91,494,769	27	23	11	4	65
總計	47,314	469,193	32.60	2,717	1,274,886,185	2,088,221,351	3,814,340,232	772	1,602	328	410	3,112

！小提醒

1. 先釐清：營運月報彙整表的用途與分析重點有哪些？
2. 請思考：各旅館「客房員工」、「餐飲員工」、「每一位員工」的產值。寒軒國際大飯店員工的產值相較於其他旅館是高還是低？是什麼原因造成的？
3. 效益評估：員工產值高低會對旅館帶來哪些衝擊或影響？

衍生思考

員工產值的標準該如何訂定？產值多高才是合理？

五 賓客檔案、旅客歷史資料（Guest Profile / Guest History）的建立與應用

旅宿業者建立旅客歷史資料（圖 8-10），對制訂與實施適當的顧客關係管理策略至關重要，是一個具有價值的服務行銷工具。

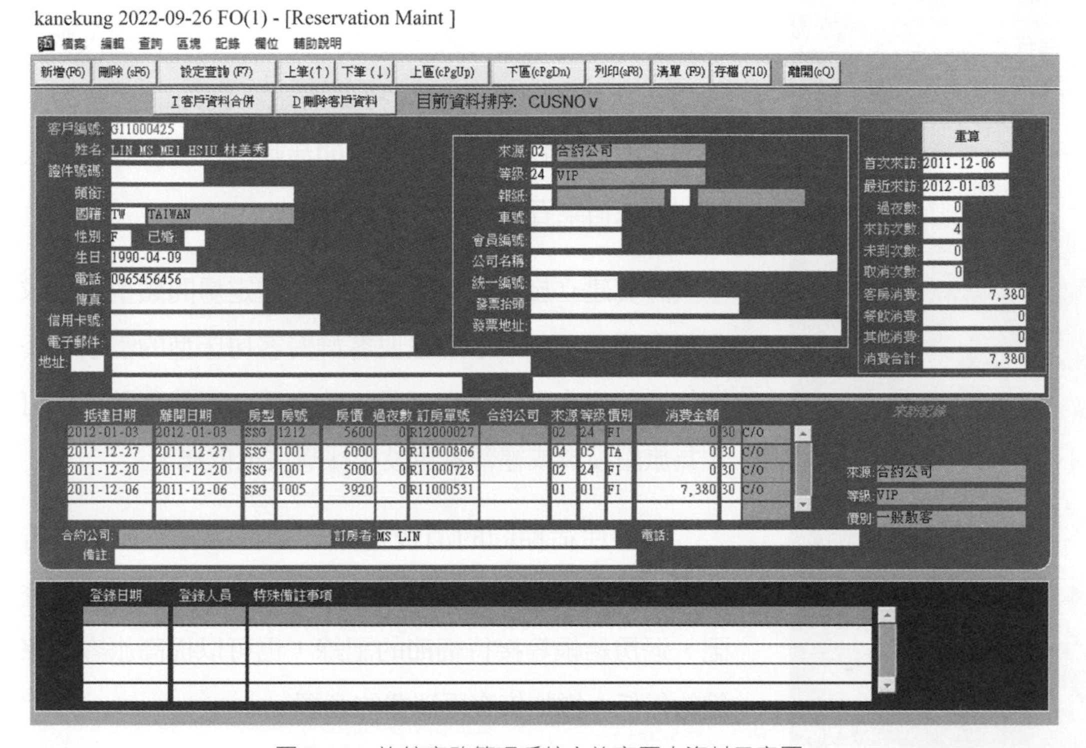

圖 8-10　旅館客務管理系統之旅客歷史資料示意圖

由於客務部在旅客入住期間與其互動最為緊密，是建立賓客檔案的最佳人選。例如櫃檯接待辦理住宿登記，通常須根據旅客訂房單，請求旅客出示身分證或護照登錄個人資料，包括姓名、出生年月日、身分證或護照字號、地址、退房日期、房間型態、房間價格、所屬公司名稱、退房結帳的付款方式等。待旅客結帳退房遷出後，住宿登記資料和住宿期間的各項消費資訊，會經由旅館客務管理系統轉製成旅客歷史資料檔案。也就是說，旅客歷史資料整合了訂房單、住宿登記卡、住宿期間消費資訊、退房結帳資料四大部分。

常客或熟客

常客或熟客（Frequent Guest / Regular Customer）指經常光顧的客人。旅館通常定義為每月或每年停留住宿天數超過一定次數的旅客。常客個人習性及其公司相關資訊應建置在旅客歷史記錄中，以作為後續促銷活動的首要推廣對象。

旅客歷史資料主要有3個功能，包括：作為未來行銷策略訂定的依據；為旅客提供更優質服務的參考；可以提高旅客的品牌忠誠度。

櫃檯接待歡迎熟客或回頭客（Return Guest）時，可根據旅客歷史資料檔案檢索號碼，查詢熟客每一次住宿的詳細信息，包括房號、房價、住宿期間、住宿人數、電話、地址、消費金額與特殊需求，例如最喜歡的客房、過敏的食物、最喜歡的休閒活動等，使住客感受入住期間旅宿業者提供的貼心服務。

詳實建立旅客歷史資料，對於確定房間類型的需求也很有用。例如：了解主要客群對客房床型的需求？長期住宿的旅客偏好附烹飪設施的套房？可量化數據便可作為旅館投資或經營者建設和採購決策依據。

旅客住宿期間的消費資訊，亦有助於客務部與行銷業部營運參考與調整策略。另外，客房預訂、入住登記、退房結帳等接待細節的記錄，也可以提高旅客對旅館的信任，增加旅客再消費的意願。

透過分析企業訂房的旅客歷史資料，行銷業務部也可以擬定對策，以保持穩固的合作關係，甚至與該企業的其他企業夥伴建立關係。

旅館也可以根據旅客歷史資料中重複住宿頻率的數據，將旅客或企業客戶劃分為不同等級，針對經常往來之住客與大客戶，制定「常客住宿」或「熟客限定」計畫，並依此設定不同的條件以滿足顧客的需求。當然，對不同等級的顧客，他們能得到的客房優惠與優先權也會不同。

旅客歷史資料記載旅客居住地、人口統計、旅客來源屬性、旅客住宿習性等，行銷業務部可以透過相互匹配的指標進行配適分析，擬定行銷策略，例如旅客居住的訊息與該地區通信媒體（如網站，廣播，電視和報紙）相匹配；人口統計訊息（年齡，性別，收入，職業，婚姻狀況等）和生活方式相匹配，以配適出首要與潛在客源市場，以及相對應的通信媒體，作為行銷宣傳的依據。雖然旅館廣泛使用旅客歷史資料，但目前運用的程度仍有限。

結語

退房結帳服務是旅館櫃檯接待提供給住客的重要服務之一，其高效率和良好品質直接關係到住客對整個旅館的評價，因此是住客離店前的重要工作。當旅客到達櫃檯接待時，應禮貌詢問是否有任何新的消費，並確認帳單上的應收帳款是否已經記錄。同時，櫃檯接待還應確認旅客登記卡或客務管理系統中是否有任何特殊結帳要求、留言、傳真或郵件，以及使用貴重物品保管箱等，以確保旅客帳單的準確性和完整性，並降低留下貴重物品在旅館的可能性。

辦理退房結帳時，櫃檯接待應主動詢問旅客住宿期間是否滿意，以留下正面印象離，並促使旅客再次光臨或選擇同一連鎖集團的旅館。

由於不同旅館的服務水平和資訊科技應用程度不同，各旅館的退房政策、付款方式與罰款政策也有所不同，例如大多數旅館會在客房內的旅館指南或櫃檯接待提供 Key Holder，向房客揭露一般退房信息、收取提早或延遲退房的費用等。住客可以通過一種或多種付款方式結算帳單，例如使用住宿憑證支付房租帳款，其他帳款使用現金支付的混合結帳付款。

退房結帳的最後一步，是為旅客建立歷史資料檔案。一旦完成退房遷出，客務管理系統會自動將客房更新為可租售狀態。所以，在退房遷出階段，旅館客務管理統會將旅客住宿期間所有的記錄，彙整轉製成旅客歷史檔案。旅客歷史檔案是旅客入住資料的總彙，是旅宿業者寶貴的顧客資料庫，所涵蓋的資訊有助於旅宿業者更深入地了解顧客群，也是制定行銷策略的基礎，能對旅客的服務能發揮巨大作用。

參考資料來源

1. Vallen, G. K. & Vallen, J. J.（2012）. ***Check-in Check-Out: Managing Hotel Operations.*** Pearson Education Ltd.
2. Bardi, J. A.（2010）. ***Hotel Front Office Management.*** Wiley India Pvt Ltd.
3. Jatashankar, Tewari.（2016）. ***Hotel Front Office: Operations and Management.*** Oxford University Press.
4. Kasavan, M. L. & Brooks, R. M.（2007）。林漢明、龐麗琴、郭欣易譯。**旅館客務部營運與管理**。台中市：鼎茂圖書出版股份有限公司。（原著出版於 2004）
5. 龔聖雄（2020）。**旅館客務實務（下）**。新北市：翰英文化事業有限公司。

CHAPTER 9

客房預算與收益管理

這一章，我們一起探討客務部主管肩負的客房預算與收益管理責任，主管們如何制定客房營業預算、預測營業收入、估算客房成本，以及編列營業費用。此外，更深入探討客房毛利與毛利率、客房營業利益率、客房稅前淨利與稅前淨利率、客房稅後淨利與稅後淨利率等概念。最後，學習收益管理的概念與應用，以及如何創造最大化的客房營收。準備好一起開始學習了嗎？

學習重點

1. 預算管理
2. 客房營業利益
3. 收益管理

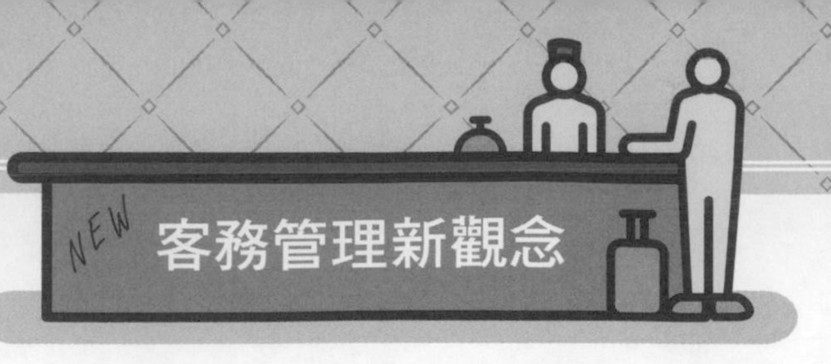

智慧科技是噱頭，還是能有實際效益？

智慧科技（Intelligent Technology）是運用感測與蒐集數據、辨識與分析，以及預測與回饋等元素，輔助旅館產業對於事物判斷和即時決策的科技。現階段智慧科技的討論與應用， 涵蓋人工智慧（Artificial Intelligence, AI）、物聯網（Internet of Things, IoT）、大數據（Big Data）、微定位裝置（Beacon Technology）、元宇宙（Metaverse）、人臉辨識（Facial Recognition）、區塊鏈（Blockchain）等領域。旅宿產業評估智慧科技的引用時，除了上述智慧科技可「彰顯於外」的亮點外，更必須從旅館的整體營運效益思考。旅館整體營運效益思考重點，不外乎：降低營運成本、提升管理與服務效率，以及增進旅客體驗。

有效降低營運成本

旅宿業者必須思考哪些營運環節可以導入智慧科技，以達到降低營運成本與增進旅客的體驗。

由於智慧科技的投入是一筆很大的資本支出，且在未來攤提資本支出的限期內，將可能影響到旅館的毛利、淨利，以及營收的成長。因此智慧科技的運用，必須是以投資取代原先的投入；又或者，導入某項智慧科技且原先的投入亦未減少，但卻能提升住房率或平均房價。因此，在評估過程，必須在降低營運成本與提升旅客體驗或營收間取得平衡。

提升管理與服務效率

旅宿業者投入智慧科技的目的，是為了提升服務效率，並能在同樣的人力水準與單位時間內，服務更多的旅客人次；或者是在同樣的服務顧客人次下，能降低人力的運用與費用的支出。也就是說，達成服務目標的速率變快，可以省下更多時間、人力或費用，轉而投入到其他的業務上。

但是，旅館服務最主要是展現人的溫度，「人的執行」影響最終呈現在旅客面前的樣貌與實際的體驗。所以，當旅館導入智慧科技時，必須重新審視服務流程與規範，避免讓顧客覺得冷冰冰。

增進旅客的體驗價值

要能有效地增進旅客的體驗價值，必須考量目標客源和旅館的品牌定位，以及目標客源需要的智慧科技項目。例如：年輕人或千禧世代較能接受無人或自助Check-in，這類零接觸、零打擾的支付場域，但當旅館的主要客源並非以年輕人時，是否還要投入自助 Check-in 或人臉辨識技術與設備，或者投入的程度多深，就必須要縝密思考。

總結而論，當旅館業投入智慧科技時，必須以使用者（利害關係人）為智慧科技應用的核心，形塑簡易舒適、輕鬆愉快的情境，為使用者創造出幸福感受，不能單純以智慧科技是一個亮點為考量；也不能單純的認為智慧科技的投入，勢必能降低營運成本。畢竟，智慧科技的建置和長期維護的成本較可觀，可能會是壓垮營運的最後一根稻草。因此，在評估時一定要審慎思考正面與負面的效益，以及兩者之間的關係。此外，智慧科技的進展雖能為旅館業及使用者帶來極大好處，但仍有許多風險及安全性必須考量，拿捏不好，就會是一場長期的災難！

智慧科技在旅館客房預算與收益管理的應用價值？

收益管理思維下的困境

客務部經理最近正因為兩位主管相互鬥嘴而苦惱。櫃檯接待主管抱怨說，自從實施超額訂房政策後，訂房組的超額訂房率總是偏高，但為了客房的租售業績拼命拉高超額訂房，超爆的後續問題總是由櫃檯接待收拾局面，需安排旅客轉店，遭客人投訴，工作量還大大增加，因此導致整個櫃檯接待有很大的意見。

客務部經理向訂房主管了解情況，得到「適度拉高超額訂房是合理的，這才能最大限度保證住房率，保證客房營業利益，出現超爆也是可以理解的，而且總經理最近也因為連續滿房表揚訂房組做得好，而櫃檯接待之所以抱怨，是因為領的是固定薪資，不思進取，巴不得超額訂房率愈低愈好。」的回覆。

面對兩個單位在超額訂房問題上的衝突，客務部經理陷入了沉思，該怎麼辦？

案例解析

1. 櫃檯接待與訂房兩個單位矛盾的根源

   如果訂房組隸屬行銷業務部直接管理，為確保訂房最大化，就容易產生「超額訂房」與「善後處理」的執行方案權責混淆，換言之，行銷業務部只關注訂單的最大化，而隸屬該部的訂房組僅須依據訂單完成記錄，不須理會是否已經超額預訂，有訂單就接。同時，櫃檯接待辦理入住登記、客房分配及客滿後的善後處理，將導致客務部要額外承擔更多的協調、旅客安撫等工作。所以，兩個單位矛盾的根源，來自訂房組的隸屬與客房配置的管理能力，在權責混淆的情況下，只為實現訂房最大化，忽視了超額訂房善後工作的困難。

2. 客務部經理應該怎樣解決兩單位的矛盾

   客務部經理須經由部門協商或越權處理，承擔起訂房組客房控制與配置的職責，針對不同房型的訂房與超額訂房情況進行處理，並進行前期控制。對於不同訂房通路來源，如來自旅行社、OTA、合約公司、散客等預訂同一客房類型時，應分別制定不同的價格，且宜優先吸納高房價的訂房，從訂房源頭提高每日平均房價。此外，對於低房價的客房租用合約，應在合約中註明排除旅館必須保證每日保留客房數量等議定的要求，且還需視情況拒絕訂房。

關於超額訂房必須特別注意的一點，超額訂房是臨時的應對策略，不易作為每日常態，且超額訂房須制定一個比率，不能過度超額，否則就成了競爭對手的幫手；若超額訂房是客務部的常態，就應和競爭對手達成合作協議，並收取一定的轉介佣金。

結語

旅館沒有展開收益管理前，訂房組扮演的只是「訂房單記錄人員」的角色，僅為了實現訂房最大化而已，所以訂房組人員對於市場區隔、訂房總量控制、價格管理等的意識不強。如果旅館已經展開收益管理，超額訂房策略從規則制定到最終的執行，就需要盡可能達到完善。

我們都知道，不同客房類型的市場需求量是不一樣的，一般而言，高價客房的市場需求相對較低，而性價比高的客房則有較高的需求量。在沒有任何限制條件的情況下，接受訂房必然導致低價房的訂房量增多，倘若以房型升等處理，即以支付標準客房的價格，升等住進豪華客房，就會使得較大量的低價客房占用當天的客房總容量，進而拉低平均房價，甚至也可能因此而拒絕了有高房價需求的旅客。當然，這並不足以說明一定會拉低平均客房收益，因為除了會受平均房價影響，也會受到住房率影響。但，正因為客房收益可能會被拉低，所以一定要制定超預訂房的策略。

第一節
預算管理

在學習本節後，能進一步認識並了解：

1. 客房營業預算
2. 客房成本與費用
3. 客房營業收入
4. 預算控制和修訂

客房預算管理（Room Budget Management）係針對旅館客房的預算，而展開的一系列管理活動，從預算規劃、預算編列、預算執行、預算控制，到預算考核與激勵，都屬於預算管理的範疇。透過客房預算管理，可以協助經理針對未來客房的經營預先做規劃，並從中找到問題與整合資源，進而提前做好具體的因應準備，使旅館客房更具競爭力，經營決策更有依據，是目標管理的有效工具。

一 客房營業預算（Room Operating Budget）

制定客房營業預算的目的是為了預測和規劃客房營運的財務狀況，有助於優化客房的成本控制，提高營運效率與評估旅館的競爭力。預算考量的重點，包含：客房的生產（客房的準備、清潔保養與維護）和租售活動所產生的相關預算，是客房具有實質性基本活動的預算。因此，準確的規劃與編列客房營業預算，對於旅館的整體預算至關重要，就像消費者在出國旅行之前，一定會將可能用到的衣物放進行李箱裡，也會去兌換適當額度的外幣，或是調查適合自己且划算的住宿、支付費用方式。客務部經理在規畫好邁向客房營收最大化的策略目標後，必須透過「預算」，確認有足夠的資源到達目的地，並據此擬出行動計畫。

客房營業預算的規劃、客房收入的預測，以及相關費用支出的估算與編列，是經理最重要的管理職能之一，也是管理階層評估客房實際營運結果的標準，涉及客房所有收入來源和支出項目的費用（表 9-1）。

表 9-1 客房營業預算一覽表

會計科目名稱 Item	預算金額													
	合計	百分比	1月	2月	3月	4月	5月	6月	7月	8月	9月	10月	11月	12月
一、營業收入	126,450,359	100.00%	12,051,638	10,401,458	10,937,168	10,564,299	10,577,007	9,618,773	11,418,738	10,432,916	8,536,528	10,891,396	11,525,460	9,494,978
1. 客房收入	118,505,243	93.72%	11,257,400	9,749,580	10,241,960	9,899,250	9,910,930	9,030,200	10,684,580	9,778,493	8,035,490	10,199,890	10,782,670	8,934,800
2. 餐飲收入	0	0.00%	0	0	0	0	0	0	0	0	0	0	0	0
3. 其他營業收入	7,945,116	6.28%	794,238	651,878	695,208	665,049	666,077	588,573	734,158	654,423	501,038	691,506	742,790	560,178
(1)服務費收入	5,428,461	4.29%	575,651	442,963	486,292	456,134	457,162	379,658	525,243	445,507	292,123	482,590	533,875	351,262
(2)其他營業收入	2,214,888	1.75%	193,440	183,768	183,768	183,768	183,768	183,768	183,768	183,768	183,768	183,768	183,768	183,768
(3)內部其他收入	301,766	0.24%	25,147	25,147	25,147	25,147	25,147	25,147	25,147	25,147	25,147	25,147	25,147	25,147
二、銷貨成本	0	0.00%	0	0	0	0	0	0	0	0	0	0	0	0
1. 餐食成本	0	0.00%	0	0	0	0	0	0	0	0	0	0	0	0
2. 飲料成本	0	0.00%	0	0	0	0	0	0	0	0	0	0	0	0
三、營業費用	57,401,178	45.39%	5,029,442	4,710,900	4,823,353	4,758,357	4,782,749	4,909,002	4,952,732	4,748,341	4,375,614	4,818,336	4,934,905	4,557,446
1. 人事費用	28,703,317	22.70%	2,419,803	2,389,439	2,399,296	2,392,436	2,392,669	2,375,038	2,408,157	2,390,018	2,355,125	2,398,454	2,410,121	2,372,760
(1)主管及幹部	3,030,138	2.40%	252,512	252,512	252,512	252,512	252,512	252,512	252,512	252,512	252,512	252,512	252,512	252,512
(2)正職員工	23,142,492	18.30%	1,928,541	1,928,541	1,928,541	1,928,541	1,928,541	1,928,541	1,928,541	1,928,541	1,928,541	1,928,541	1,928,541	1,928,541
(3)臨時工資	2,530,687	2.00%	238,750	208,387	218,244	211,383	211,617	193,985	227,105	208,966	174,072	217,402	229,068	191,708
2. 營業用品費用	436,800	0.35%	36,400	36,400	36,400	36,400	36,400	36,400	36,400	36,400	36,400	36,400	36,400	36,400
(1)布巾類	360,000	0.28%	30,000	30,000	30,000	30,000	30,000	30,000	30,000	30,000	30,000	30,000	30,000	30,000
(2)瓷器類	60,000	0.05%	5,000	5,000	5,000	5,000	5,000	5,000	5,000	5,000	5,000	5,000	5,000	5,000
(3)玻璃類	7,200	0.01%	600	600	600	600	600	600	600	600	600	600	600	600
(4)銀器類	9,600	0.01%	800	800	800	800	800	800	800	800	800	800	800	800
3. 其他營業費用	28,261,061	22.35%	2,573,240	2,285,061	2,387,657	2,329,521	2,353,680	2,497,564	2,508,174	2,321,922	1,984,089	2,383,482	2,488,384	2,148,286
(1)工作場所水費	27,000	0.02%	2,200	2,000	2,000	2,000	2,200	2,200	2,600	2,600	2,200	2,400	2,400	2,200

表 9-1 （續）

會計科目名稱 Item	預算金額													
	合計	百分比	1 月	2 月	3 月	4 月	5 月	6 月	7 月	8 月	9 月	10 月	11 月	12 月
（2）郵費	21,600	0.02%	1,700	1,700	1,700	1,900	1,700	1,700	1,700	1,900	2,100	1,700	1,900	1,900
（3）電話費	258,400	0.20%	18,200	16,200	22,200	20,200	20,200	24,200	28,200	22,200	22,200	20,200	22,200	22,200
（4）國內外旅費	54,000	0.04%	2,000	7,000	2,000	7,000	2,000	7,000	2,000	7,000	2,000	7,000	2,000	7,000
（5）印刷費用	258,000	0.20%	21,000	19,000	21,000	21,000	21,000	23,000	25,000	25,000	19,000	21,000	21,000	21,000
（6）公共關係費	31,200	0.02%	3,600	2,600	2,400	2,400	2,400	2,400	2,600	2,600	2,400	2,600	2,600	2,600
（7）車輛燃料費	41,400	0.03%	3,000	3,000	3,600	3,600	3,600	3,600	3,600	3,600	3,000	3,600	3,600	3,600
（8）辦公用品	137,200	0.11%	10,600	10,600	10,600	10,600	10,600	12,600	14,600	14,600	10,600	10,600	10,600	10,600
（9）裝飾盆栽費	396,000	0.31%	33,000	33,000	33,000	33,000	33,000	33,000	33,000	33,000	33,000	33,000	33,000	33,000
（10）制服－固定	318,650	0.25%	0	0	0	0	0	318,650	0	0	0	0	0	0
（11）其他用品消耗	27,800	0.02%	2,300	2,100	2,300	2,300	2,300	2,300	2,500	2,500	2,300	2,300	2,300	2,300
（12）什項設備租金	96,000	0.08%	8,000	8,000	8,000	8,000	8,000	8,000	8,000	8,000	8,000	8,000	8,000	8,000
（13）稅捐	41,000	0.03%	0	0	0	0	25,000	0	16,000	0	0	0	0	0
（14）修繕費	972,000	0.77%	81,000	81,000	81,000	81,000	81,000	81,000	81,000	81,000	81,000	81,000	81,000	81,000
（15）檢驗試驗費	3,600	0.00%	300	300	300	300	300	300	300	300	300	300	300	300
（16）責任保險	48,000	0.04%	4,000	4,000	4,000	4,000	4,000	4,000	4,000	4,000	4,000	4,000	4,000	4,000
（17）公共區域清潔費	1,015,896	0.80%	84,658	84,658	84,658	84,658	84,658	84,658	84,658	84,658	84,658	84,658	84,658	84,658
（18）外包消毒費	28,800	0.02%	2,400	2,400	2,400	2,400	2,400	2,400	2,400	2,400	2,400	2,400	2,400	2,400
（19）垃圾清運費	60,000	0.05%	5,000	5,000	5,000	5,000	5,000	5,000	5,000	5,000	5,000	5,000	5,000	5,000
（20）制服洗衣費	406,000	0.32%	34,000	32,000	32,000	34,000	34,000	34,000	36,000	36,000	32,000	34,000	34,000	34,000
（21）電視頻道費	924,485	0.73%	76,190	76,190	76,190	76,190	76,190	76,190	76,190	76,190	86,395	76,190	76,190	76,190
（22）呆帳損失	0	0.00%	0	0	0	0	0	0	0	0	0	0	0	0
（23）匯費及手續費	24,000	0.02%	2,000	2,000	2,000	2,000	2,000	2,000	2,000	2,000	2,000	2,000	2,000	2,000
（24）信用卡手續費	3,061,162	2.42%	292,276	251,756	264,988	255,778	256,092	232,423	276,883	252,533	205,692	263,857	279,519	229,366
（25）樣品贈送費	36,000	0.03%	3,000	3,000	3,000	3,000	3,000	3,000	3,000	3,000	3,000	3,000	3,000	3,000

表 9-1 （續）

會計科目名稱 Item	預算金額													
	合計	百分比	1 月	2 月	3 月	4 月	5 月	6 月	7 月	8 月	9 月	10 月	11 月	12 月
（26）布巾洗衣費	3,163,659	2.50%	301,491	260,236	273,629	264,307	264,625	240,669	285,668	261,023	213,613	272,485	288,337	237,574
（27）煤氣燃料費	2,051,151	1.62%	195,490	168,722	177,412	171,363	171,570	156,026	185,223	169,232	138,471	176,669	186,954	154,018
（28）園藝盆栽費	192,000	0.15%	16,000	16,000	16,000	16,000	16,000	16,000	16,000	16,000	16,000	16,000	16,000	16,000
（29）用品消耗	34,800	0.03%	2,900	2,900	2,900	2,900	2,900	2,900	2,900	2,900	2,900	2,900	2,900	2,900
（30）電費	3,883,543	3.07%	370,130	319,450	335,902	324,451	324,841	295,412	350,692	320,416	262,174	334,497	353,970	291,610
（31）水費	440,538	0.35%	38,000	36,282	36,282	36,282	36,282	36,282	38,000	38,000	36,282	36,282	36,282	36,282
（32）佣金及手續費	456,000	0.36%	38,000	38,000	38,000	38,000	38,000	38,000	38,000	38,000	38,000	38,000	38,000	38,000
（33）資訊費用	12,000	0.01%	1,000	1,000	1,000	1,000	1,000	1,000	1,000	1,000	1,000	1,000	1,000	1,000
（34）印刷費用	242,127	0.19%	23,076	19,917	20,942	20,229	20,253	18,418	21,865	19,977	16,346	20,855	22,069	18,181
（35）電話費	478,400	0.38%	37,200	33,200	41,200	41,200	43,200	43,200	43,200	41,200	37,200	39,200	39,200	39,200
（36）清潔用品費用	218,404	0.17%	20,801	17,967	18,887	18,246	18,268	16,622	19,714	18,021	14,763	18,808	19,897	16,410
（37）客用用品費用	5,459,198	4.32%	520,301	449,059	472,187	456,089	456,638	415,268	492,977	450,417	368,545	470,210	497,585	409,923
（38）其他用品費用	3,341,046	2.64%	318,426	274,825	288,980	279,128	279,464	254,145	301,704	275,656	225,550	287,770	304,523	250,874
四、部門毛利（損）	69,049,181	54.61%	7,022,196	5,690,558	6,113,815	5,805,942	5,794,258	4,709,770	6,466,007	5,684,575	4,160,915	6,073,060	6,590,555	4,937,531
1. 管理諮詢服務費	5,350,085	4.23%	508,760	440,186	462,579	446,993	447,524	407,470	482,709	441,501	362,232	460,666	487,170	402,295
五、營業毛利	63,699,096	50.37%	6,513,436	5,250,372	5,651,236	5,358,949	5,346,734	4,302,300	5,983,298	5,243,074	3,798,682	5,612,394	6,103,386	4,535,236
1. 固定費用	0	0.00%	0	0	0	0	0	0	0	0	0	0	0	0
（1）房屋折舊	0	0.00%	0	0	0	0	0	0	0	0	0	0	0	0
（2）設備折舊	0	0.00%	0	0	0	0	0	0	0	0	0	0	0	0
（3）一般房屋保險費	0	0.00%	0	0	0	0	0	0	0	0	0	0	0	0
（4）地價稅	0	0.00%	0	0	0	0	0	0	0	0	0	0	0	0
（5）房屋稅	0	0.00%	0	0	0	0	0	0	0	0	0	0	0	0
六、營業淨利	63,699,096	50.37%	6,513,436	5,250,372	5,651,236	5,358,949	5,346,734	4,302,300	5,983,298	5,243,074	3,798,682	5,612,394	6,103,386	4,535,236

有時，客房預算規劃的過程需要客務部、房務部及行銷業務部等管理階層密切協調。客務部經理規劃營業預算時，通常須依循以下 4 個步驟逐步編列部門預算：

步驟 1　估算預期的客房營業收入

採用累計式預算，以前一年實際的客房營業額（客房營業收入），作為預測新的一年客房租售金額的基礎；或是根據零基期預算，參考客房營運數據、訂房趨勢及其他有用的訊息等，針對客房租售從頭開始做預測。

步驟 2　估算預期的客房成本（直接成本）

建立好預期客房營業收入後，接著可估算客房成本擬定預算。

步驟 3　估算預期的客房營運費用（間接成本）

計算客房成本以外的其他客房營運費用。

步驟 4　估算預期的客房營業利益

客房預期營業收入和預期成本之間的差異，會產生預期的客房營業利益，包括：客房的毛利和淨利。客務部經理彙報以上數據後，總經理會據此調整各部門預算和旅館的總體預算策略。

在執行預算編列時，通常是由旅館提出總體營運目標，各預算部門根據旅館的總體目標和自身的責任目標，編制部門為實現前述目標的預算方案，在方案中必須詳細說明並提出項目的目的、性質、作用，以及需要開支的費用數額。常見的預算編列，包括「累計式預算」和「零基期預算」兩種方式。

（一）累計式預算（Incremental Budgeting）

主要是從歷史的客房營運數據，例如：住房率、每日平均房價、客房營收、訂房趨勢和其他有用的訊息等關鍵指標，推算未來客房租售的表現。客務部經理須先檢視前一段時期的預算、實際數值，再決定下個時期的預算。例如：將過去的客房營收、客房成本與營運費用的趨勢，延伸至新的年度；或是將預算數額酌情予以增加，以適應薪資提高和物價上漲所引起的成本增加。但採用此方式的決策者常會毫不猶豫地將前期的數字當作基礎，並於成本增加一定比例後，就當成下期預算，但這樣的做法是錯誤的。正確的做法應是，先評估目前和未來客房租售市場的實際情況，再依據過去的數字做相對應的增減。

（二）零基期預算（Zero-based Budgeting）

零基期預算是以零為基礎編製計畫和預算的方法，編制預算時，對於所有的預算支出，均以零為基底，不考慮以往情況如何，從根本研究分析每一項預算的編列，是否有支出的必要和支出數額的大小。即要求客務部經理將每一次的預算編列都當作第一次準備，仔細審視客房的每一項收入和支出等相關數據，考量客房營收最大化目標、探討替代方案，並將旅館要求合理化。零基期預算比起累計式預算更耗時費工，但預算編列更完整、合理。

假設你是客務部經理，你對「客房營業收入一定要超過營業預算」或是「客房成本與客房營運費用的支出一定要低於營業預算」有什麼看法。

！小提醒

1. 先釐清：「客房營業收入」、「客房成本」、「客房營運費用」與「營業預算」的關係。
2. 請思考：什麼是「客房營業收入一定要超過營業預算」、「客房成本與客房營運費用的支出一定要低於營業預算」。
3. 效益評估：「客房營業收入一定要超過營業預算」、「客房成本與客房營運費用的支出一定要低於營業預算」會對旅館帶來哪些影響？

衍生思考

如若「客房營業收入低於營業預算」或是「客房成本與客房營運費用的支出超過營業預算」時，你會如何因應？

二 客房營業收入（RoomRevenue）

無法預測客房營業收入，客務部經理就不會知道部門是否朝向旅館的總體營運目標前進。

客房營業收入簡稱「客房營收」或「客房營業額」，是指旅館在某段時間內，因租售客房的產品或提供勞務，而取得的各項收入，但不包括成本、費用、稅金，即尚未扣除任何成本、費用及稅金前的收入。因此，租售出愈多的客房，或是客房租售價格愈高，就能創造出更高的客房營收。

另外，因客房營收有淡旺季的特性，因此觀察月、季增率沒有什麼意義，客務部經理應將重點放在年增率的趨勢。

（一）預測客房營業收入（Forecasting Room Revenue）

分析過去的客房營運數據、住房率、每日平均房價、客房營收、訂房趨勢，及其他有用的訊息等關鍵指標，是客務部經理建立客房營收預測的基礎。以表 9-2 臺北萬豪酒店（Taipei Marriott Hotel）的客房營收狀況做說明，從 2017 年～ 2019 年，客房營收增加約 11%，約多達 6,000 萬。如果未來的訂房趨勢和其他外在情勢與過去相似，那麼可以預測 2020 年的客房營收，相較於 2019 年也應再增加約 6,000 萬的水準。

表 9-2　客房營收成長的「%」之營收預測表－臺北萬豪酒店 2017 年～ 2019 年客房營收

年度 Year	客房數 No. of Rooms	客房營收 Room Revenue	客房營收增加 % Room Revenue Increase %
2017 年	318	454,582,104	－
2018 年	318	516,708,355	約 11%
2019 年	318	566,266,007	約 11%
2020 年	318	628,555,268	約 11%

資料來源：交通部觀光局觀光業務統計／旅宿業相關統計／觀光旅館營運月報（作者彙整）

另一種預測客房營收的方法，是根據過去的客房租售數和平均每日房價預測客房營收。以表 9-3 臺北萬豪酒店 2017 年～ 2019 年客房的住用數（No. of Rooms Occupied）、住房率（Occupancy Rate）、平均房價（Average Room Rate）、客房營收（Room Revenue）等統計數據做說明。

表 9-3　基於住房率微增與房價持平的客房營收預測表－臺北萬豪酒店 2017 年～ 2019 年客房營收

年度 Year	客房數 No. of Rooms	客房住用數 No. of Rooms Occupied	住房率 Occupancy Rate	平均房價 Average Room Rate	客房營收 Room Revenue
2017 年	318	77,116	66.44%	5,895	454,582,104
2018 年	318	86,946	74.91%	5,943	516,708,355
2019 年	318	95,862	82.59%	5,907	566,266,007
2020 年	318	?	86%	5,900	?

資料來源：旅宿行政資訊網 - 觀光旅館營運統計月報（作者彙整）

從統計數據分析可以發現，住房率從 2017 年～ 2018 年增加約 8.44％，從 2018 年～ 2019 年增加約 7.68％。平均房價分別增加 48 元和減少 36 元。

假設 2020 年的條件與 2019 年相似，則 2020 年的客房營收預測，可能基於住房率微幅增加 3%，而至 86％，平均房價維持 5,900 元。

所以，基於前述預測，臺北萬豪酒店 2020 年的客房住用數和客房營收：

臺北萬豪酒店的可供租售客房總數＝客房數 ×2020 年（閏年）的營業天數
＝ 318 間客房 ×366 天

預測 2020 年客房營收＝年度可供租售客房總數 × 住房率 × 平均房價
＝ 318（間）×366（天）×86％ ×5,900 元
＝ 100,093（間）×5,900 元＝ 590,948,700 元

此計算的基本假設，所有客房在一年中的每一天都可供租售，但實務上可能並非如此。此外，在某些情況下住房率將可能無法持續維持一定的成長，可能會下降，例如：有新的競爭對手進入市場、COVID-19 影響，而稀釋旅館的住房率。

表 9-4　客房營收對應會計科目一覽表

科目編碼	會計科目 Item	科目編碼	會計科目 Item
01	**客房收入** Rooms Revenue	406	**商務中心收入** Business Center Revenue
40101	房租收入 Rooms Revenue	40601	傳真收入 Fax Income
40103	客房服務費收入 Service Charge–Rooms	40602	電報收入 Telex & Telephone Income
40105	外幣兌換收入 Foreign Exchange Gain	40603	快遞收入 Courier Svc. Income
40106	備品銷售收入 Logo Shop Revenue	40604	影印收入 Photocopy Income
40107	付費電視收入 Pay TV Revenue	40605	秘書服務收入 Secretary Service Income
40108	付費電視網路收入 Internet Revenue	40606	場地租賃收入 Rental Income
40109	房客使用收入 Guest Use Income	40699	其他收入 Sundry Income
40199	其他客房收入 Sundry Income Rooms	440	**Mini Bar 收入** Mini Bar Revenue
404	**總機話務收入** Telephone Revenue	44001	Mini Bar －食品收入 Mini Bar － Food Revenue
40401	國內電話收入 Domestic Call Revenue	44002	Mini Bar －飲料收入 Mini Bar － Beverage Revenue
40402	國際長途電話收入 Oversea Call Revenue	463	**洗衣收入** Guest Laundry / Valet Income
405	**房客運送收入** Transportation Revenue	46301	客房洗衣收入 Guest Laundry / Valet Income
40501	房客運送收入 Transportation Revenue	465	**花坊收入** Flower Sales
40502	房客運送收入－外租 Transportation Revenue	46501	插花收入 Flower Sales
收入合計 Total Revenue			

三 客房成本與費用（Room Cost and Expense）

區分成本與費用的目的，在於使客房損益表的呈現具有分析意義，而旅宿業者並沒有一定的標準規範，僅須依照各旅館的型態與管理階層的需求大致分類即可。

表 9-5　客房成本對應會計科目一覽表

科目編碼	會計科目 Item
5	客房成本 Cost of Sales
50101	食品成本 Food Cost
50201	飲料成本 Beverage Cost
50301	香煙成本 Cigarettes Cost
50401	國內電話成本 Cost － Domestic Call
50402	國際長途電話成本 Cost － Oversea Call
50601	傳真成本 Fax Cost
50602	電報成本 Telex & Telephone Cost
50603	快遞成本 Courier Cost
50604	影印成本 Telex & Telephone Cost
50701	備品銷售成本 Merchandises Cost
50801	付費電視成本 Pay TV Cost
50802	付費電視網路成本 Internet Cost
54001	Mini Bar －食品成本 Mini Bar － Food Cost
54002	Mini Bar －飲料成本 Mini Bar － Beverage Cost
55003	商品銷售成本 Business Sales Cost
56301	洗衣成本 Guest Laundry Cost
客房成本合計 Total Room Cost	

銷貨成本

銷貨成本（Cost of Goods Sold, COGS）指的是與商品製造販售或服務相關的直接成本，包括生產、購買或提供商品或服務所需的所有成本，例如：原物料、人力、設備、運輸、包裝等。在旅館業中，銷貨成本即是指提供客房服務所需的直接成本，如洗衣、清潔、修繕、設備更新等直接成本。

營業成本

營業成本（Cost of Revenue）是指旅館營運所需的各項費用，例如：員工薪資、租金、水電費、保險費、行銷費用等。營業成本不僅包含銷貨成本，還包含了管理和行政費用等。

（一）客房成本（Room Cost of Sales）

有時，客房營收愈高不代表旅館一定能取得更高的獲利，這是因為在準備一間可租售客房的過程中一定會產生成本，即客房成本，或稱銷貨成本（Cost of Goods Sold，COGS）。客房成本是與客房租售或服務相關支出的直接成本，就是當客房營收發生時必然伴隨發生的成本（表 9-5），例如每多租售一間客房，勢必需要多耗費一些客房盥洗備品，以及布巾用品的清洗成本等。其他與客房營收相關的營運支出，就是屬於客房營運費用（Operating Expenses）或營業成本（Cost of Revenue），例如人事費用、重置費用、車輛費用等。

（二）費用估算（Estimating Expenses）

客務部的費用（Expense）大多能夠估算，例如：客務部日常營運活動導致旅宿業者權益減少的支出費用，或是與旅宿業者分配利潤無關的經濟利益總支出；這些費用須計入當期損益的日常支出。

簡言之，客務部費用就是與客房營收相關的營運支出，例如：人事費用（Payroll and Related Expenses）、銷售費用（Selling and Distribution Expenses）、管理費用（Administrative Expenses）及研發費用（Research and Development Expenses）等。費用估算也包括不受住房率直接影響的固定成本，例如租金、人力資源成本、員工勞健保費、委外成本（公共區域清潔服務）、軟體維護費用，以及根據住房率高低而有所波動的變動成本。變動成本包括客房備品與清潔用品、訂房網站佣金、工讀生薪資等，住房率愈高，變動成本愈多，反之亦然。

常見的客房營運費用，包括薪資與人事相關費用、事務用品費用、重置費用、客房營運費用、車輛費用、電腦維護費用、公關與宣傳費用、修繕費用、洗衣費用、花坊費用、公共區域清潔費用、一般費用等（表 9-6）。

表 9-6　客房營運費用對應的會計科目一覽表

科目編碼	會計科目 Item	科目編碼	會計科目 Item
601	**薪資及人事相關費用** Payroll & Related Expenses		
60101	薪資 Salary － Regular	60113	員工勤務津貼 Duty Allowance
60102	加班費 Salary － Overtime	60114	員工遷移費 Relocation Fee
60103	春節獎金 Lunar Year Bonus	60115	人才培訓費 H/R Development & Training
60105	伙食費 Employees' Meals	60116	員工生活津貼 Living Allowance
60106	臨時工資 Casual Wages	60117	績效獎金及節金 Incentive & Festival Bonuses
60107	退休金 Pension Expenses	60118	員工雜誌費 Employee Magazine
60108	員工住宿費 Employee Housing	60119	員工徵募費 Employee Recruitment
60109	員工勞保費 Labor Insurance	60120	員工交誼費 Employee Social & Sport Activities
60110	員工醫療費 Medical Expenses	60121	員工福利金 Employee Welfare Expenses
60111	員工人事費 Employee － Misc.	60122	董監事車馬費 Transportation Allowance － Director
60112	外籍員工生活費 Living Allowance － Expatriate	60123	員工健保費 Health Insurance

表 9-6 （續）

科目編碼	會計科目 Item	科目編碼	會計科目 Item
602	**事務用品費用** Supplies	611	**客房營運費用** Room Dept. Expenses
60201	清潔用品 Supplies — Cleaning	61101	旅行社佣金 Commission — T/A
60202	顧客用品 Supplies — Guests	61102	房客使用費 Dishonored RSV. Expenses
60203	酒吧用品 Supplies — Bar	61103	訂房費 RSV. Expenses
60204	紙張用品 Supplies — Paper	61104	訂房佣金 Res. Expense
60205	電腦用品 Supplies — Computer	61105	影片放映系統費 Video System
60299	其他用品 Supplies — Others	61106	房客運送費 Guest Trans.
603	**重置費用** Provision For Replacement	61107	市場行銷費 RIH Marketing Expenses
60301	重置費用－瓷器 Provision — Chinaware	615	**車輛費用** Cars Expenses
60302	重置費用－玻璃器皿 Provision — Glassware	61501	車輛維護費 Car Maintenance
60303	重置費用－銀器 Provision — Silverware	61502	稅捐 Tax
60304	重置費用－布巾 Provision — Linen	61503	保險費－汽車 Insurance–Cars
60305	重置費用－制服 Provision — Uniforms	61504	租車費 Car Operation Contract Fee
60306	重置費用－廚具 Provision — Utensils	61505	租車費－外租 Outside Cars Rental
60307	重置費用－圖畫 Provision — Picture	61506	過路及過橋費 Toll Fees
6030Z	重置費用－其他 Provision — Others	—	—

表 9-6 （續）

科目編碼	會計科目 Item	科目編碼	會計科目 Item
631	**電腦維護費用** Data Processing Expenses	65004	修繕費－燈泡 R&M － Bulbs
63101	硬體維護費 Maintenance–Hardware	65005	修繕費－傢俱及木工 R&M － Furniture & Carpentry
63102	軟體維護費 Maintenance–Software	65006	修繕費－電氣設備 R&M － Electrical
642	**公關及宣傳費用** Market-P/R & Publicity	65007	修繕費－電梯 R&M － Elevator
64201	廣告手冊及說明書 Brochures & Literature	65008	修繕費－工程用品 R&M － Engineering Supplies
64202	直接郵寄廣告費 Direct Mail	65009	修繕費－地板 R&M － Floor Covering
64203	市場調查研究費 Market Investigation Exp.	65010	修繕費－庭園佈置 R&M － Grounds & Landscaping
64204	業務推廣費 Sales Promotion	65011	修繕費－廚房設備 R&M － Kitchen Equipment
64205	參展費用 Trade Show / Exhibition	65012	修繕費－洗衣設備 R&M － Laundry Equipment
64206	社團及公關費 Civil & Community Projects	65013	修繕費－油漆及裝潢 R&M － Painting & Decoration
64207	照像費 Photography	65014	修繕費－水管及熱水設備 R&M － Plumbing & Heating
650	**修繕費用** Repair & Maintenance	65015	修繕費－廢物搬運費 R&M － Removal Of Waste
65001	修繕費－空調 R&M － Air Condition	65016	修繕費－視聽設備 R&M － Video & Audio
65002	修繕費－建築物 R&M － Building	65017	修繕費－窗簾 R&M － Curtains & Draperies
65003	修繕費－鍋爐 R&M － Boilers	65018	修繕費－營業設備 R&M － Equipment

表 9-6 （續）

科目編碼	會計科目 Item	科目編碼	會計科目 Item
65019	修繕費－辦公室設備 R&M － Office Furniture & Equipment	677	**一般費用** General Supplies
65023	修繕費－消防設備 R&M － Fire Equipment	67701	裝飾費 Decorations
65099	修繕費－五金什項 R&M － Sundry	67702	交際費－館內－其他 Ent. － In House － Other
663	**洗衣費用** House Laundry Expenses	67703	交際費－館外 Ent. － Outside
66301	洗衣原料 Laundry Material	67704	消毒費 Extermination & Disinfecting
66302	洗衣用品 Laundry Supplies	67705	運費 Freight
66303	外包洗衣費 Outside Contractual Laundry	67706	什項購置費 Misc. Purchases
665	花坊費用 Flower Shop Expenses	67707	書報雜誌費 Newspapers & Magazines
66501	花材 Flowers	67708	郵費 Postage
66502	插花用品 Flowers Supplies	67709	文具印刷 Printing & Stationery
66503	插花器具 Flowers Tools	67710	交通費 Taxicab & Carfare
666	**公共區域清潔費用** Public Area Cleaning	67711	電話及電報費 Tel. & Telex
66601	外包清潔費 Outside Contract Cleaning	67712	國內差旅費 Travel Exp. － Domestic
66603	清潔用品 Cleaning Supplies	67713	國外差旅費 Travel Exp. － Oversea

表 9-6 （續）

科目編碼	會計科目 Item	科目編碼	會計科目 Item
67714	研究發展費 R&D	67723	報廢 Spillage
67716	捐贈 Donation	67724	會員會費 Association Dues
67717	顧客賠償 Loss & Damage to Guest Property	67725	顧問費 Consultant Fee
67718	設備租金 Equipment Rental	67726	執照及檢驗費 Licenses & Inspections
67719	跑帳 Walk-Out	67727	罰款 Penalty
67720	保全費 Security Svc. － Outside Contract	67728	美容費用 Beauty Exp.
67721	停車費－客用 Parking － Guests	67799	什費 Misc. Expenses
67722	停車費－自用 Parking － In House	**客房營運費用合計** Total Operating Expenses	

客房成本和營運費用有密切的關係，在一定程度上影響旅宿業的經營成果。例如旅館管理不當，客房成本較高，則可能導致旅館利潤受到影響。反之，如果管理得當，客房成本較低，旅館就有可能獲得更多的利潤。因此，客務部主管需要密切關注客房成本和營運費用，進行有效的管理和控制，以提高旅館的經營效益。

客務部的營運費用與客房營收成正比。過去的預算編列與營運數據，可用於估算每個營運項目的費用支出占客房營收百分比，從而得出本年度預算中每項費用的估算值。

四 預算控制和修訂（Budget Control and Budget Revisions）

客房預算控制是根據預算編列的客房營收、客房成本與費用支出標準，檢查和監督客務部活動，以保證客房營收最大化目標的實現，並使費用支出受到嚴格有效約束的過程。

預算控制的目的包括：

1. 落實客房營業預算計畫，明確客房營收最大化目標的順利實現。
2. 及早發現問題，找出偏差原因，提出修訂和補救辦法，保證預算任務的完成。
3. 定期考核、檢查，並形成反饋，作為管理階層決策時的重要參考依據。

預算修訂是指旅宿業者一般會對客房投入的成本、營運的費用及客房的營收等做出預測，但這些預測有時並不一定準確，當客房當前計畫的收入與支出，和旅館管理階層核准的原始或近期預算不同時，則可能需要對之前的預算進行修訂。

預算修訂通常需要管理階層批准，預算修訂的方向可從預算修改和預算重新分配著手，預算修訂方法包括增加營業收入或減少成本與費用的支出，或在項目類別之間重新分配預算數額。

第二節
客房營業利益

在學習本節後，您將會認識並了解：

1. 客房毛利及毛利率
2. 客房稅前淨利及稅前淨利率
3. 客房營業利益率
4. 客房稅後淨利及稅後淨利率

客房營業利益是用來衡量旅館客房賺取的利潤，代表客房的獲利能力及客房經營能力。營業利益並非一次性的高標就越好，而應是長期穩定、與客房過去營運相比成長、與同業相比較高的。

一 客房毛利（Room Gross Profit）

客房租售後所獲得的營收或營業額，並非表示賺了那麼多錢。客房總營收減去客房成本後，即可得到客房營業毛利，再將客房營業毛利除以客房總營收，就可以得到客房毛利率（Room Gross Margin）；而客房毛利率越高，代表旅館客房與服務的利潤越高。

一般來說，擁有高毛利率的旅館，代表擁有較高的競爭優勢，可能具有關鍵技術或服務、獨特的產品，或具備良好的成本管控能力；而低毛利率的旅館代表客房競爭力較差。若對手採取削價競爭，在毛利率已經很低的情況下，客房在經營上會面臨極大的挑戰。

因此，毛利率可說是旅宿業者營運的護城河，可在客房營運活動的源頭發揮功效，幫助旅館抵禦外部環境

可比性

即是指可比性原則，又稱統一性原則。可比性是指會計核算依現定會計處理方法進行時，會計指標元素口徑一致，提供相互可做對比的會計信息。

可比性應用於同一行業的不同企業之間，要求不同企業都要按照國家統一規定的會計核算方法與程式進行比對，以便於會計信息使用者進行企業間的比較。

可比性也要求比較的對象必須在某些方面有相似或一致的特徵，使其可以進行有意義的比較，例如在比較兩家公司的財務績效時，必須確保他們的產品組合、市場定位、資產結構等相似或相近。如果比較對象存在重大差異，則無法進行有意義的比較，因為彼此的差異可能會對結果產生極大的影響。

與競爭者的威脅。但是，對於不同規模的旅館與不同類別的企業，毛利率的可比性不強，例如：客房的毛利與餐飲的毛利無法對比；旅館業的毛利與電子業的毛利無法對比。

$$客房毛利=客房總營收-客房成本$$

$$客房毛利率(\%)=\frac{客房毛利}{客房總營收}\times 100\%$$

每日客房毛利率與客房毛利

某五星級國際觀光旅館 2021 年一整年的客房營收為 166,000,000 元，營業成本為 62,000,000 元，每天平均有 180 間客房可供租售。

請問，該五星級國際觀光旅館的客房毛利率與每天每間客房毛利各為多少？

$$客房毛利=客房總營收-客房成本$$

$$=166{,}000{,}000\text{ 元}-62{,}000{,}000\text{ 元}=104{,}000{,}000\text{ 元}$$

$$客房的毛利率(\%)=\frac{客房毛利}{客房總營收}\times 100\%$$

$$=\frac{104{,}000{,}000\text{ 元}}{166{,}000{,}000\text{ 元}}\times 100\%=62.65\%$$

$$每天每間客房的毛利=\frac{客房總營收-客房成本}{整年可供租售的總客房數}$$

$$=\frac{166{,}000{,}000\text{ 元}-62{,}000{,}000\text{ 元}}{180\text{ 間}\times 365\text{ 天}}\fallingdotseq 1583\text{ 元}$$

範例中每天每間客房的毛利能反映出客房日常營運的獲利能力。若一間客房銷售通路能提高每筆訂房的價格，客房毛利就會馬上反應出來。此外，在不考慮客房整體收入來源的結構下，是無法精確地計算出實際純客房收入分配到每間客房的毛利。

低毛利率一定不好嗎？

由於旅館業競爭激烈，時常透過壓低價格的方式獲取客房訂單。因此，旅館對於客房產品定價較無決定權，易造成毛利率低、成長性低的狀況。此時，若無獨特的優勢，很可能受到同業的競爭排擠、大環境的變化影響，而使營運出現問題。

假設你是五星級旅館的客務部經理，你的因應對策有哪些？

！小提醒

1. 先釐清：什麼是「毛利」與「毛利率」？「旅館客房毛利率」的合理值是多少？
2. 請思考：五星級旅館的客房在低毛利率的情況下，可採用的因應對策有哪些？
3. 效益評估：「低毛利率」會對旅館帶來哪些衝擊或影響？

衍生思考

可能造成五星級旅館客房毛利率變化的各種因素有哪些？

低毛利率的市場因應

臺灣代工龍頭鴻海，屬於低毛利率的企業，但鴻海擁有其他代工廠無可取代的優勢，包括低成本的營運模式、交貨速度快、產品品質優異、擁有多項可維持技術領先的專利權等，使其在各方面的表現明顯優於同業，造就了無可取代的代工龍頭地位，並保有一定的成長幅度，而廣受市場投資人的青睞。

雖說如此，由於鴻海的毛利率較低，比起高毛利的企業，若要創造良好的獲利表現，則需要更大量的訂單以提高淨利，而當其代工之產品市場銷售不理想時，很可能面臨獲利大幅下降的情況。

二 客房營業利益率（Room Operating Margin）

營業利益是指旅館收入扣除掉客房成本與所有營運費用後，能由本業所帶來的利益。客房營業利益率又稱客房營益率，指的是在客房營收中，有多少比例是依賴客房租售本身所賺取的，也可反映客房的經營能力。簡單來說，客房營業利益率就是旅館客房每創造 1 元營業收入（Revenue），可以獲得多少的盈利（Profit）。

客房營益率的計算方式，是由「客房營業利益（Room Operating Income）」除以「客房營業總收入（Room Revenue）」所得到的結果。數值越高，代表客房管理和客房租售能力越好，獲利比率也越高。客房營益率的計算公式：

$$\text{每天每間客房的毛利} = \frac{\text{客房營業利益}}{\text{客房總營收}} \times 100\%$$

$$= \frac{\text{客房總營收} - \text{客房成本} - \text{客房營運費用}}{\text{客房總營收}} \times 100\%$$

客房營益率的計算，須排除客房以外的獲利，且須考量在租售客房時所需要的直接成本與客房營運的所有費用。

因此，計算出來的客房營益率數值，更貼近客房本身的獲利能力，可以使管理階層與業主直接了解旅館透過核心業務（客房租售）的賺錢能力。

三 稅前淨利（Pre-Tax Income）

淨利有時也稱為盈餘，例如：稅前盈餘、稅後盈餘。一般而言，淨利指的都是稅後淨利，稅後淨利反映了客房實際賺多少錢。但由於不同服務等級與規模，旅館間的稅率也不同，有時會因遞延稅務，而造成利潤產生較大幅度增減的狀況。因此，有些旅館會使用稅前淨利衡量客房的獲利能力，排除掉稅金的影響。一般單看稅前淨利與稅後淨利的絕對數值意義不大，普遍會觀察淨利和客房總營收的比值，也就是稅前淨利率（Pre-Tax Income Margin）、稅後淨利率。而透過計算稅前淨利率，可以看出客房租售後在未扣稅前的獲利狀況，表示客房賺的每一塊錢，在繳稅之前實際上能賺到多少利益。

客房稅前淨利＝客房總營收－客房成本－客房營運費用
＋業外損益（業外收入－業外支出）

$$客房稅前淨利率（\%）＝\frac{客房稅前淨利}{客房總營收}\times 100\%$$

強調「稅前」能把一些稅率因素去除，呈現稅前獲利狀況，一般用來衡量客房的獲利能力，但並非實際的獲利。當稅前淨利率較高，代表客房運用資源的獲利能力較強，但要排除一次性獲利和業外損益很高的旅館。如果旅館客房長期維持高稅前淨利率，就是客房善於控制成本，賺取最終報酬的能力也越佳。

四 稅後淨利（Net Income）

稅前淨利不是客房最終的獲利，因為政府還會課稅，所以將稅前淨利扣除稅額後，就能算出客房的稅後淨利。

稅後淨利就是客房總營收減去各種支出，包括客房成本、客房營運費用，再扣掉業外損益、利息支出及稅金，最後的盈餘就稱為淨利，是客房的真實淨利，反映了客房實際獲利成果。將稅後淨利除以客房總營收的百分比，就是稅後淨利率（Net Profit Margin），也稱為淨利率、純益率。

客房稅後淨利＝客房總營收－客房成本－客房營運費用
＋業外損益（業外收入－業外支出）

$$客房稅後淨利率（\%）＝\frac{客房稅後淨利}{客房總營收}\times 100\%$$

當稅後淨利增加，或者稅後淨利率提升，表示客房營運良好，有更多盈餘能回饋給旅館或投資人，或是再投資旅館其他的發展。

稅後淨利率可以看出客房收益在扣除稅額後的獲利狀況，如果稅後淨利率是負數，代表客房正處於虧損的狀態。通常客房的稅後淨利率應保持穩定成長，短期內不要有太大的變化，因為如果有大幅變化，代表客房的產品、價格、成本、費用等正在發生改變。

業外損益
Non-operating Income

業外損益泛指非旅館營運所帶來的收入和費用。一般來說，業外損益可分為一次性與持續性損益，舉凡不動產與設備、資產重估損益、短期投資損益、政府補助或開罰、匯兌損益等，都屬於一次性業外損益，也就是非常態性事件造成的損益。而利息收入與支出、股利收入、租金收入、投資損益等，則屬於持續性的業外損益。

客房的稅前淨利率與稅後淨利率，一般都是愈高愈好，但不同服務等級與規模的旅館，會有不同的淨利率水準，並沒有特定數值作為衡量高或低的標準。旅宿業者倘若是以客房收入為主要營業收入來源，淨利率低於10%時，就屬於偏低的水準，而淨利率愈低，代表旅館客房未來的盈餘愈不穩定。不論是稅前或稅後的淨利率低，都表示旅館在賺取營收的過程中，需要付出昂貴的成本與費用。

對於淨利率低的旅館而言，倘若客房成本與營運費用產生波動，例如：匯率波動、原物料漲跌，即可能造成最終盈餘劇烈的變動，甚至是吃掉僅存的利潤。此外，稅前淨利與稅後淨利，都包含本業以外的收入與支出，也就是旅館本業以外盈虧。因此，當稅前淨利率成長，有可能是因為旅館本業賺錢，也可能是因為旅館出售資產，或執行其他一次性的事件而產生的收入，一次性的收入也會列入稅前淨利中，而導致稅前淨利比較高的結果。

下表是臺北市某五星級國際觀光旅館 2019 ～ 2021 年的損益表，請依序試算出每一季別的成本、毛利率、營業利益率、稅前淨利率及稅後淨利率。

年度／季別	營收	毛利	營業利益	稅前淨利	稅後淨利
2021Q4	1,351,739	531,263	306,070	351,510	316,627
2021Q3	1,006,499	137,995	-51,085	1,612,054	1,514,859
2021Q2	1,026,330	164,794	-18,683	80,244	113,002
2021Q1	1,546,126	499,704	301,887	357,727	295,291
2020Q4	1,558,046	484,083	263,328	299,007	246,667
2020Q3	1,493,015	462,438	259,586	276,709	224,770
2020Q2	1,011,047	220,882	40,549	115,248	103,750
2020Q1	1,360,802	363,037	170,610	190,171	157,681
2019Q4	1,703,705	565,955	343,031	405,391	337,733
2019Q3	1,612,806	530,173	321,090	355,086	294,213
2019Q2	1,538,795	522,935	294,665	507,540	448,244
2019Q1	1,680,303	569,560	304,317	362,979	304,675

！小提醒

1. 先釐清：「成本」、「毛利率」、「營業利益率」、「稅前與稅後淨利率」的計算公式。
2. 請思考：2019Q4 的營收、毛利率及營業利益率為近三年中最高，但稅前淨利率與稅後淨利率卻低於 2019Q2 與 2021Q3 的可能原因為何？ 2021Q2 與 2021Q3 的營業利益率為負值的可能因素為何？
3. 效益評估：「營業利益率低」會對旅館帶來哪些衝擊或影響？

衍生思考

2021Q3「營業利益率低」但造成「高稅前淨利率」與「高稅後淨利率」的可能原因有哪些？

第三節
收益管理

在學習本節後，您將會認識並了解：

1. 收益管理的概念
2. 客房收益管理的應用
3. 客房適用收益管理的原因
4. 客房營收最大化

收益管理（Yield Management）又稱營收管理（Revenue Management）。起源於 1970 年代，最先應用在航空業，當時為了提升整體的營收，開始針對不同的時段，制定不同的機票價格，當時的決策考量是因為機票屬於時效性商品，過了一定的時間點或銷售期後，商品在市場上的價值就會瞬間歸零。也就是說，今天沒有賣出去的機票，無法留在明天再出售，也不能以更高的價格獲取更大的利潤，強調在有限的機位最大使用率下，在適當的時間將適當的座位賣給適當之旅客，以增加航空公司的收入，達成營收最大化的目標。

現今，收益管理的知識與技術已經廣泛應用在航空、鐵路、運輸郵輪、旅館、租車等產業。應用在旅宿業的客務部與行銷業務部，要將合適的房間以正確的價格、適當的時機，透過對的訂房通路，租售給適合的旅客（Right Product / Right Price / Right Time / Right Channel / Right Customer），達成客房營收最大化的目標。

一 旅宿業的收益管理概念

旅宿業的收益管理是需經過一個系統性的過程，也需要精確地預測市場需求、評估不同銷售渠道的貢獻、控制銷售成本等。所以，旅宿業的收益管理必須考慮房型定價、庫存控制、客房升等、市場推廣、行銷策略等多個層面，在不損害客戶利益的情況下，通過數據搜集、分析應用與科學方法等制定管理策略，以最大化收益，提高客房經營效益和競爭力。因此，旅宿業的收益管理也可以定義為通過理解、預測消費者行為，並與之互動的過程，再藉由客房的重新分配、預定控制和定價決策，得到最佳營收。

旅宿業的收益管理中，定價策略是一種可變動的策略，是基於對消費者行為的理解、預測及互動影響，以便從固定的、有時間限制的資源，例如：旅館客房預訂或庫存中，實現營收或利潤最大化。客房租售價格是可以依據市場環境與消費者的需求，而產生動態變化，所以執行動態定價的旅館整體營收，會比維持固定客房租售價格的旅館還要好。但在此過程可能會導致價格歧視，亦即住宿相同客房的顧客將被收取不同的價格。

價格歧視

價格歧視又稱為差別定價（Price Discrimination），是獨占者販售同一種物品時，向某些消費者收取的價格高於另一群消費者；或者針對少量購買的消費者，收取價格高於大量購買的消費者。

通常以銷售的對象、地區等特性作為區分，但並非所有的價格差別都是差別定價。

你是五星級旅館的客務部經理，旅館總共有150間豪華客房，每間平均租售價格為4,000元，每月平均住房率為70%。下表是依據市場環境與消費者的需求，執行動態定價。請問，平均住房率提高10%，一年可以增加多少客房營收？

維持固定房價時	執行動態定價時（住房率提高10%，為80%）		
豪華客房總房間數：150間 平均房價：4,000元 平均住房率：70%	依據市場環境與消費者的需求動態調整房價		豪華客房總房間數：150間 房價：動態調整價格 平均住房率：80%
每日客房營收：	房價	剩餘客房數	每日客房營收：
4,000元×（50間×70%）	$3000元	125	（3,000元×25間）
＝ 4,000元×35間	$3400元	100	＋（34,00元×25間）
＝ 420,000元	$4000元	80	＋（4,000元×20間）
	$4600元	55	＋（4,600元×25間）
	$5000元	30	＋（5,000元×25間）
	需求高，調高房價 需求低，調降房價		＝ 75,000元＋85,000元 ＋80,000元＋115,000元 ＋125,000元 ＝ 48,000元

！小提醒

1. 先釐清：「平均房價」、「平均住房率」、「客房收益管理」及「動態定價」的概念。
2. 請思考：「動態定價」該如何執行較為適當？
3. 效益評估：「固定房價」與「動態定價」會對旅館客房帶來哪些衝擊或影響？

衍生思考

執行「動態定價」時，若平均住房率不增反減，又該怎麼辦？

二 客房適用收益管理的原因

由於飛機座艙屬於時效性資產，具有不可儲存性、固定的數量、市場區隔的能力、不確定的需求等特性，因此，航空公司便以機位庫存為中心，有策略地控制機位的庫存，利用不同時間段的價格差異化和折扣配置，以將合適的機位以正確的價格，在適當的時機透過對的訂位通路，租售給適合的旅客，也就是將同一種機位對不同的顧客採用不同的價格，例如：在同屬經濟艙中不同排的座位價格是有差異的，以此實現飛機座艙收益管理的最大化。而旅館的客房營運與飛機的座艙管理概念一樣，所以，旅館的客房營運完全適用收益管理，包括：客房的不可儲存性；客房的房間數量固定；旅宿業者應具市場區隔的能力；旅客不確定的住房需求；旅館具有價值的旅客歷史資料。分別說明如下：

（一）客房的不可儲存性

客房具有生命週期，租售不具彈性，也不可儲存及再轉換至下一時期繼續租售。簡言之，客房僅在租售出去的當下具有價值，若未能及時租售予消費者，則會形成浪費。因為時效性產品無法保存其價值，在租售過程中應特別留意，避免庫存不足或過剩的情況。

（二）客房的房間數量固定

新增設 1 間客房會有時間差或是較高的邊際成本，使旅館在成本和時間的考量下，無法及時提供更多的客房，例如：旅館新增建 1 間客房必須耗費時間與成本進行裝修，短期而言提供的客房數量有限。在固定的客房數量下，如何配置有限數量的服務便成為一大考量。

TIPS

邊際成本

邊際成本（Marginal Cost），亦作增量成本（Incremental Cost），在經濟學和金融學領域，是指每增產 1 單位的產品或多購買 1 單位的產品時，所增加的成本。比如：修繕客房時，僅增設 1 間客房的成本是極其巨大的，而 1 次增設 100 間客房時，1 間客房的修繕成本就低得多，稱之為規模經濟。

願付價格
Willingness to Pay, WTP

願付價格是指消費者為了購買一件商品，所願意支付的最高價格。
消費者對於某商品的願付價格，取決於具體的決策背景。舉例來說，消費者在預訂旅館客房時，若預訂的是國際等級旅館，則願付價格通常會比預訂民宿或是一般等級旅館高。

消費者剩餘
Consumer's Surplus

消費者剩餘是英國古典學派經濟學家馬歇爾（A. Marshall）的觀念，用來衡量消費者從購買行為所獲得的價值。以旅宿業為例，消費者購買住宿產品，感到住宿品質、設施、服務等方面的價值超過他們支付的價格，就會產生消費者剩餘。換句話說，消費者認為他們得到的價值超過為此付出的成本。當消費者剩餘愈高，消費者愈有可能重複消費或推薦產品給其他人，從而提高旅館的口碑與收益。此外，旅宿業者也可通過了解消費者需求和評價，改進和調整旅館的產品與服務，提高消費者的滿意度。

（三）旅宿業者應具市場區隔的之能力

顧客具有異質性，通常不同的消費族群基於不同的考量，對於同樣的客房會有不同的願付價格，旅館可以透過不同條件，例如：訂房者身分、訂房時間等限制，依據消費者的需求與偏好，提供不同的服務，透過市場區隔、差別定價的手段推升營收。

（四）旅客不確定的住房需求

旅館落成代表營運總客房數已確定，不論每天訂房多寡，最大可供租售過夜住宿的客房數就不會超過總客房數，但消費者完成客房預訂是否入住卻不確定。因此，旅館須高度重視旅客住房需求不確定性帶來的高風險，並設法降低、控制或管理，力爭將損失減到最小。

（五）旅館具有價值的旅客歷史資料

旅客歷史資料是具有價值的服務行銷工具，對旅館實施有效的顧客關係管理策略至關重要，例如：透過旅客人口統計訊息，了解客群的年齡、性別、收入、職業、婚姻狀況及生活方式等，旅宿業者便可以因應配適出首要與潛在客源市場，以及選擇合適相對應的通訊媒體，以作為行銷宣傳的依據。

三 客房收益管理的應用

面對市場上劇烈的變化，不論規模多大的旅館，面對的問題都是一樣，再加上每天固定支出的營運成本與多元住宿型態的崛起，如何以更聰明的方式和更高的價格將客房租售出去，是現今旅館需要面臨的一大挑戰。

客房收益管理是以客房庫存為中心，通過理解、與消費者互動的過程，預測消費者行為，再藉由客房的重新分配，透過客房定價（Pricing）與訂房控制（Reservation Control）兩部分的交互應用，以因應旅宿市場的變化。其中，客房定價的考量重點，包括差別定價與住宿需求預測；訂房控制的考量重點，包括客房配置與超額訂房。分別說明如下：

（一）差別定價（Price Discrimination）

又稱「價格歧視」，在旅宿業的應用是指具有客房租售價格控制能力的旅館，對相同裝修成本的相同客房，按不同消費者、不同訂房量、不同市場區隔，以不同價格租售予不同的消費者，從而使旅館獲得更大的收益。也就是說：只要客務部或行銷業務部能夠了解不同層次的消費者，及其預訂客房的願望和能力（即知道消費者各自的需求彈性），即能確實掌握高價消費的對象，則可據以制定出消費者願意支付的較高價格。經濟學通常將差別定價分為三級：

1. 第一級差別定價（First-degree Price Discrimination）

   又稱為完全差別定價（Perfert Price Discrimination），是指旅宿業者對於相同成本的客房，在完全掌握到消費者訂房需求的情況下，使消費者付出其願意支付的最高租售價格，也就是消費者對定價已產生消費者剩餘的認定。通常以拍賣、討價還價等方式完成，例如：網路競拍客房、拍賣特定節日的特定套房等。

2. 第二級差別定價（Second-degree Price Discrimination）

   又稱為區間定價或數量定價，是指旅宿業者針對相同成本的客房，訂定相同的客房租售價格，由消費者自主選擇客房的類別與數量，以剝削部分消費者剩餘的訂價方式，例如：同一間旅館有「豪華客房」與「商務套房」的價格；又或是訂 1 ～ 10 間豪華客房的價格和訂 11 ～ 20 間豪華客房的價格不同，買得愈多愈便宜。

   「區間定價」與「完全差別定價」正好相反，是極其常見的定價策略，像是平日連續住宿商務套房二晚，第二晚半價優惠就屬於區間定價的類型。

剝削消費者剩餘的定價方式

假設一間豪華客房成本為 1,000 元，可是 A 消費者最多只願意支付 4,000 元（消費者心理價位），結果以租售價格 3,000 元成交，那麼租售價格與 A 消費者的心理價位之價差 1,000 元，就是消費者剩餘。但同樣的豪華客房，B 消費者的心理價位是 3,500 元，最後也以 3,000 元成交，B 的消費者剩餘就是 500 元。差別定價研究的就是如何盡量吃掉消費者剩餘（剝削全部的消費者剩餘），比如同樣的豪華客房，如何使 A 消費者付出 4,000 元，讓 B 消費者付出 3,500 元。

剝削消費者剩餘的核心問題，在於如何判斷消費者的心理價位與剩餘是多少，也就是如何有效的區隔消費者的剩餘定價。例如：折扣較大的客房需要提前預訂，並且不能取消訂房、更改住宿期間。因為旅館知道，商務旅行常常是突發的，無法提前確定，而且有可能會變動，針對商務旅若不能取消訂房與更改住宿期間，一旦交易有易動便會很麻煩。因此，旅宿業者多會將折扣較大的客房租售給個別旅客，而把折扣較少的客房賣給商務旅客；運用的就是了解消費者的需求與其心理價位以區隔消費者，進而再剝削消費者剩餘。旅館實施差別定價雖對部分消費者不利，但卻有助於客房資源的有效配置，惟仍須依循法理的規範。

此外，除了高價客房以外，也可以推出有條件限制的低價客房，常用的限制條件，包括：提早預訂、平日與假日住宿、最短停留時間、最長停留期間、取消訂房及更改住宿限制等；或是搭配優惠策略的高房價客房，例如：住宿累積、專屬貴賓室享快速登記與退房及休息等候服務、優先選房等權益。價格愈高的客房限制條件愈少，能夠享有的權益較多；反之限制則較多，亦無優惠權益可享。

雖然線上旅行社（OTA）的影響力大增，客房租售價格資訊漸趨透明，且低成本的旅館如雨後春筍般出現，加上簡化的客房租售價格結構，已掀起一波不小的衝擊。所以，旅宿業者須意識既有的客房等級限制條件已無法有效區隔旅客，更應有效運用差別定價的策略，甚至取而代之。

3. 第三級差別定價（Third-degree Price Discrimination）

   又名市場區隔，是指旅館對具有不同特徵的消費族群，制定不同的客房租售價格，消費者一但被區分後，便無法自由選擇其類別，且不同的租售價格無法相互轉售。例如：針對不同的年齡層制定不同的客房租售價格，像是學生價、敬老價等；又或是以時間成本做區隔，分為早鳥優惠（Early Bird Discount）、不過夜住宿（Day Use）價等。

客房實施差別定價的條件，包括旅宿業者必須能夠區隔市場、完全了解消費者的偏好、防止低價客房在高價市場中轉售。

現時，著重收益管理的旅宿業者在客房行銷的操作上，除了運用不同的客房類型進行市場區隔，藉以達成差別定價的目的外，即使在同樣的客房等級，也能劃分出不同的費率級別，而租售予不同類型的旅客。

舉例來說：如果消費者是公務住宿可以報帳，那麼客房租售價格就不是主要的考量。但如果是消費者自己掏錢住旅館，客房租售價格就是問題了，消費者總是希望愈優惠愈好，要是客房折扣不高或優惠不大，改變心意換住其他旅館的可能性就愈高。也就是說，同一客房、同一時刻、同一個人，因為不同原因住宿，願意支付的價格是不一樣的。因此，客務部須思考一個問題：如何才能知道消費者選擇住宿旅館的原因？怎麼樣才能以優惠的折扣將客房租售給個別旅客，而以高價租售給公務旅客？

（二）住宿需求預測（Demand Forecasting）

住宿需求預測是指通過對消費者的訂房動機、消費習慣、收入水準與收入分配的分析研究，進而推斷出消費者對住宿旅館的總消費水準。

住宿需求預測的內容，包括：對旅館各類客房產品潛在需求的預測、對潛在客房供應的估算、對旅館客房在市場中滲透程度的估計，以及在某一段時間內潛在需求的定量與定性的特徵分析。住宿需求預測的基本步驟為：

步驟 1　蒐集並分析當前住房量與訂房率，以及一段時期的變化率；

步驟 2　按市場區隔的概念，例如：依據客源的屬性、訂房通路來源、旅客等級、國籍、性別、住宿期間、房型偏好、消費金額等資訊，將其訂房量資料加以分類；

步驟 3　分析並確定過往住宿或訂房的決定因素，以及其對日後需求的影響；

步驟 4　預測上述決定因素的可能發展與其對住宿需求的影響；

步驟 5　以一種或幾種方法的組合，對上述決定因素進行判斷，並預測住宿需求。

1. 影響住宿需求預測的關鍵資料

（1） 過往的營運數據

歷史營運數據是未來住宿需求預測的有力指標。雖然歷史營運數據無法給予任何保證，但旅館客房營收的趨勢是確定的，例如：旅客住宿需求的高峰和低谷。

（2） 當前的訂房數據

依據當前已完成的訂房數據，例如：客源的屬性、訂房通路來源、住宿期間、房型偏好等比率，可以作為預訂房的貢獻分析。

（3） 準確的未來住宿需求數據

必須遵循正確的訂房流程，以確保數據的品質，例如：訂房通路來源的績效和旅客住宿習性、旅客國籍和旅行類型（商務或休閒）等訂房資料。

（4） 最高等級旅客的期望

掌握頂級旅客的產值，包括：散客、公司行號或企業集團、旅行代理商和線上旅行社等。行銷業務部或客務部可以將預期的產值結果，與旅館的預期進行比較，確認是否符合趨勢或找出差異，從而採取行動以彌補不足。

（5） 市場趨勢

市場趨勢的資訊來源非常廣泛也非常重要，必須加以考慮。例如：旅館所在區域的訪客增加或減少；旅館所在區域的競爭對手增加或減少；地方、區域、國家及國際經濟的變化。

（6） 年節假日與活動

一年中的某些時期，例如：寒暑假、元旦，以及美國的感恩節與聖誕節、中國的五一長假等，假期與假期時間長短，皆會影響旅館的住宿需求。行銷業務部或客務部可以透過對年節假日、活動的了解，預測年節假日與活動可能帶來的住宿需求高峰。

（7） 競爭對手的影響

掌握競爭對手的營運數據與記錄，並定期更新。包括：房價、空房情況、訂房客滿的日期、低需求期和高需求期、客房租售策略的轉變、管理的變革等。

（8）重複訂房和重新預訂

行銷業務部或客務部應注意可能影響住宿需求預測準確性的事件，例如：回頭客或常客是否被錯誤記錄為新顧客，以及旅客取消訂房後再以優惠價格重新預訂的情況。

（9）其他趨勢

僅逐年比較是不夠的，還應評估前幾週相似日期之間的趨勢，例如：上個月同期、上一季同期等，對實現準確的住宿需求預測非常重要。相同的評估原則也適用於年節假日與活動，例如：針對國定假日或特殊慶典活動期間的住宿需求做預測時，當比較的樣本數據愈大或使用的數據愈豐富，愈可能會產生更明智與精確的住宿需求預測結果。

2. 常見住宿需求預測的方法

（1）定性預測法

非量化的預測方法，常用於預測未來的市場趨勢，主要是依據專家意見或經驗，將問題或事件的可能結果分成不同的類別或等級，進行評估與分析，以評估最可能發生的結果。基於住宿需求預測的需要，參與預測人員應包括相關部門主管、行銷業務部人員、客務部幹部等，他們多會根據直覺、經驗及掌握的資訊，通過交流和共識達成對未來住宿需求的趨勢，做出一致性的判斷，本質上是較主觀的預測。常見的定性預測法，包括：德爾菲法、部門主管意見法、消費者住宿意願調查法、行銷人員意見法等。

① 德爾菲法

德爾菲法屬於專家諮詢法，是指一群專家會根據自己的經驗和知識，經過一系列結構化的問題，透過回答、意見交流、討論、匯總、反饋等方式，逐漸達成一致的意見或共識。

執行過程通常由一位主持人引導，將專家們的意見匿名收集、統計、分析，再反覆迭代進行，直到達成一致意見為止。

② 部門主管意見法

以部門主管為代表的意見收集方法，通常會選擇相關部門的主管，利用訪談、問卷調查等方式，進行資料收集和分析，並根據主管的意見和看法，得出綜合性的結論、做出決策。此方法的優點，是可以充分利用各部門主管的專業知識和經驗，多角度和多方面的分析與評估問題，有利於制定更為全面和實用的方案。

③ 消費者住宿意願調查法

是一種市場調查方法，用於了解消費者對不同住宿選擇的喜好和態度。

通過對樣本群體進行調查問卷，蒐集並分析消費者對於不同住宿方案的需求、期望、偏好等資訊，以此作為制定旅館住宿需求方案和價格策略的參考。

調查方法可以選擇線上或線下方式進行，例如：網路問卷、電話訪問、郵寄問卷或面對面訪談等。調查問卷的設計需要涵蓋消費者對住宿地點、房間設施、價格、餐飲服務、交通便捷性、安全性等方面的評價，並根據調查結果進行分析和統計，作為旅館制定符合市場需求的住宿需求方案和價格策略之參考。

④ 行銷人員意見法

透過行銷人員的經驗和專業知識，收集並整理市場上的信息，分析市場趨勢、探索產品或服務的推廣策略和銷售機會，進而制定行銷策略。

行銷人員意見法的主要優點是收集資訊成本較低，可快速了解市場情況，並且可以提供有價值的市場資訊。然而，也有一定的限制，因為收集到的資訊可能不夠客觀和全面，所以需要結合其他市場調查方法做綜合分析，以提高其準確性和可靠性。

（2） 定量預測法

是根據已經掌握且比較完善的歷史營運數據，再運用一定的數學方法進行科學加工整理，藉以揭示有關變數之間的規律性聯繫，用於推測未來住宿需求的發展變化與最終的預測結果。可分為時間序列模型和因果關係模型兩大類。

① 時間序列模型

是指將旅客住宿需求指標的數值，按時間先後順序排序，再將此序列數值的變化加以延伸，進行推算，以預測未來的發展趨勢。時間序列通常由4種要素組成：趨勢、季節變動、循環波動和不規則波動，主要是將歷史數據的變動，看成長期趨勢、季節變動及隨機變動共同作用的結果，以用於分析旅客住宿需求的問題。應用時間序列模型預測住宿需求的步驟，說明如下：

步驟1　數據收集：收集一定時間內的旅客住宿資料，包括住宿日期、住宿房型、住宿 天數、房價等資訊。

步驟2　數據處理：對收集到的數據進行整理和分析，檢查數據是否存在缺失值、離群值等問題，並進行相關性分析。

步驟3　選擇模型：根據數據的特點，選擇適合的時間序列模型，如ARIMA模型、指數平滑模型等。

步驟4　模型建立：將選擇的模型結合數據，得出模型的參數和統計指標。

步驟5　驗證模型：利用既有的歷史數據，檢驗模型的預測能力，比較實際值和預測值的誤差，確定模型的可靠性。

步驟6　預測需求：根據模型的預測結果，得出未來一段時間旅客住宿的需求量和趨勢，作為擬定旅館行銷策略的參考。

在實際應用中，時間序列模型的預測精準度，會受到多種因素的影響，例如節假日、天氣、經濟形勢等。因此，需要不斷地更新模型，不斷調整參數，以提高預測精準度。

② 因果關係模型

時間序列只將時間作為唯一獨立變數，而將需求作為因變數。因果關係則是指一個事件（即「因」）和第二個事件（即「果」）之間的作用關係，其中，後一事件被認為是前一事件的結果。且當兩個變數之間具有某種規則和共變性，即具有相關性。比如說，當夏天氣溫變高，澎湖的住房率會提升；冬天氣溫降低，住房率也會下滑，就表示，「氣溫」和「住房率」相關。如果要得出確定性的因果關係（Deterministic Causality），也就是X導致Y的結論，則下列3個條件都要成立：

缺失值

缺失值（Missing Data）是指問卷表單收集到的資料中，有某些欄位沒有被填寫或紀錄的情況。

缺失值可能是因為受訪者對問卷的填答有遺漏、拒絕、忘記填寫、資料輸入錯誤等狀況，或是調查員與調查問卷本身的一些疏忽，或其他原因而無法取得正確資料。

離群值

離群值（Outlier）是指在資料集中極端的觀測值，其數值明顯地與其他觀測值有很大的差距，可能是由於測量錯誤、資料輸入錯誤、極端事件等原因所導致。這些極端的觀測值可能會對資料分析的結果產生影響，因此須進行特別處理。

總之，在進行資料分析之前，需要先了解資料中缺失值的情況，以及是否存在離群值，並根據分析目的和資料特性選擇合適的處理方式，以確保分析結果的準確性和可信度。

條件一：X 發生在 Y 之前；

條件二：若 X 不發生，則 Y 也不發生；

條件三：若 X 發生，則 Y 一定發生。

但很多的因果關係其實並不是確定性因果關係，X 可能只會增加 Y 的機會，而不一定會引起 Y，所以屬於機率性因果關係（Probabilistic Causality）。

常見的因果模型有：回歸模型、經濟計量模型、投入產出模型等。

一般來說，一個事件是很多原因綜合產生的結果，而且原因都發生在較早時間點，而該事件又可以成為其他事件的原因。

在因果關係中須了解哪些變數是因？哪些變數是果？

假設：旅館客房的整體營收偏低，想要調高客房租售價格，透過初步的描述和探索，可能發現旅行社的團體住宿在過去 3 年都穩定增加。此時，行銷業務部或客務部不應自動認定旅行社團體住宿的增加，是造成整體營收偏低的原因，反而必須評量此看法會不會是倒果為因。也或許如同古老的格言所說：「相關不代表因果」，旅行社團體住宿的穩定增加，或是客房整體營收偏低，這兩件事可能都是由其他因素所引起，例如：客房的定價缺乏彈性、旅館的設備設施逐漸老舊，或是商務出差的旅客大幅減少等。所以，還要判斷因和果之間的關係，若旅館證明了旅行社團體住宿的穩定增加，確實會降低客房的整體營收，那麼因果關係還可用來探討兩件事情：

一是評量影響的顯著程度，像是旅行社團體住宿增加造成整體營收降低的比率；一是觀察變數之間的關係運作方式，舉例來說，旅行社團體住宿增加是因為客房配置與租售價格運用失衡，或旅行社團體住宿增加，進而導致商務旅客或散客大幅減少。

因果關係模型通常是建立在大量數據分析的基礎上，需要考慮多種變數與注意變數之間的相互作用，須著重於尋找主要因素與結果之間的因果關係，以便正確地描述多種變數與注意變數之間的因果關係，使預測未來趨勢、制定決策及評估策略時更具有效性。

舉例來說，研究旅館的客房租售率，可以建立一個因果關係模型，探討影響客房租售率的因素，例如：行銷活動、旅遊季節、競爭對手等，並評估這些因素對客房租售率的影響程度，進而制定相應的行銷策略。

（三）客房配置（Room Allocation）

客房收益管理即為有效管理與控制客房的庫存，使增加營收至最大化。收益管理說明旅館客房資源因時間與市場變動，具有不同的價值。例如：客房需求提高，交易買賣時便會有一定數量的折扣；反過來說，當客房需求缺乏時，折扣便會有一定的彈性。

1. 收益管理在客房配置的運用方式

（1） 超額訂房的運用

由於季節性與客房類型的需求，客務部或行銷業務部應根據歷史訂位資料制定訂房上限。訂

ARIMA 模型

ARIMA 模型全名 Autoregressive Integrated Moving Average Model，中譯為差分整合移動平均自迴歸模型，為時間序列預測分析的方法之一。

ARIMA 模型通過分析歷史數據的特徵，建立出一個數學模型，並以此來預測未來的趨勢和變化，因此廣泛應用於股票、貨幣匯率、天氣和及旅遊等方面的預測。

指數平滑法 Exponential Smoothing, ES

指數平滑法是時間序列預測方法之一，通常用於短期預測，尤其適用於具有季節性和趨勢性的時間序列數據。指數平滑法是將過去觀察到的數據加權平均，以得到未來預測值。所以，指數平滑模型的重點，是針對問卷題項設立不同的權重，其中愈近期的數據須賦予較高的權重，而過去的數據權重則可隨時間遞減。

房上限通常大於客房實際的總客房數，以預防旅客臨時取消訂房或不按既定行程入住。藉此，每天約可減少發生 6 ～ 12％空房的狀況，也可控制各類型客房的租售量，使總營收最大化。

（2） 各類型客房租售價格的運用

針對不同類型的客房，制定不同的訂房限制條件，以區隔高低不同價位的客房市場，以及將相同類型客房依不同的商品與市場定位做區分。如此一來，旅館可彈性運用不同折扣的差別定價，達到營收最大化。

（3） 訂房中心的運用

連鎖體系的旅館可以運用旅客不同的住宿需求，管理多間旅館與控制客房的運用。利用訂房中心的概念，將所有旅客集中並有效分發到各旅館，可以增加客房的使用率。

2. 運用客房配置會遭遇的主要問題

（1） 各類型客房之訂房數控制

客房配置問題的產生，係由於在相同的一間客房可以有不同費率等級的訂房價格。因此如何將同一間客房再細分為不同租售價格，且制定可以接受的最高訂房數，成為客房配置的主要問題。由於客房配置的不適當，可能會造成營收不符成本的情況，當最低租售價格的客房配置過多時，往往會產生接受過多的最低房價訂房，使得客房的營收不符營運成本。反之，當高價客房配置過多時，由於最高價之需求通常低於低費率的客房，再加上客房配置的限制，使得低房價不可與高房價競爭，而造成客房閒置之現象，亦會造成客房營收不符營運成本。

（2） 客房配置的控管

採用差別定價的客房配置，是將各類型客房依照等級的不同與租售價格的高低，設置不同的最低預留房數。各類型的預留房數不是只有一個租售價格，而是一個價格區間，以彈性提供給各類的出價旅客，但各類型客房的不同租售價格，最低預留房數的總合須等於旅館總客房數。如何將每一種租售價格的最低預留房數配置妥當，並在租售過程中加以控管，使得客房總營收最大化，這也是收益管理的重要議題。

旅館需要保留特定數量的客房，以滿足對高價客房的可能需求。控制保留客房數量的方法，可以通過客房庫存或差別定價掌控，假設你是五星級旅館的客務部經理，旅館總共有 300 間豪華客房，每間平均租售價格為 5,000 元，每日平均住房率為 70%，每日客房營收為 350,000 元。若依差別定價與客房配置的概念，每日住房率微增 5%，每日客房營收至少可增加 100,000 元下，你會如何設定客房租售的最高價與最低價？

！小提醒

1. 先釐清：「差別定價」與「客房配置」的概念。
2. 請思考：如何將「早鳥優惠」的概念應用於差別定價與客房配置。
3. 效益評估：如何實施「差別定價」以設定客房租售的最高價與最低價，使得「住房率微增 5%」與「營收大幅增加 100,000 元」？

衍生思考

若實施「差別定價」後，會使「住房率微降 3%」，但「營收大幅增加 100,000 元」又該如何調整？

（四）超額訂房（Overbooking）

超額訂房是把雙面刃，既可最大限度地保證客滿以提高當日客房營收，也可能因為超額訂房造成旅館信譽、善後處理成本支出，以及法律糾紛等負面影響。

超額訂房的本意是降低旅客訂房後，卻 No-show 而帶來的損失，但因為客房產品無法儲存，今天晚上賣不出去，就會閒置，只會產生成本，而無任何營收上的貢獻。所以，為了實現最佳超額訂房的目的，就應做好預測和控制，即超額訂房量減去 No-show 量，須等於當天可租售的總客房數。而不是將旅客吸引來後，再耗費人力與財力轉移給競爭對手。

此外，超額訂房正好說明旅館的客房產品和客房價格具有市場影響力，市場占有率也較大，但從市場區隔的角度來看，有些旅客對客房價格的敏感度較高，有些旅客對價格不敏感，對價格敏感的旅客一般會較早開始選擇旅館，對比客房的類型與價格，也會較早展開訂房；對價格不敏感的旅客，一般訂房比較晚。若過早將暢銷的客房類型租售出去，後續要提高或創造該房型的收益就較困難。因此，從收益管理的角度，應擬定旅館的超額訂房策略，以適度地確保收益最大化。考量客房收益管理的目的，超額訂房的執行策略著重要點包括：

1. 提高房價

   既然市場需求較旺盛，首先應考慮將部分客房類型提高房價，比如，逐步上調訂房需求量最大的客房類型房價，但不宜一次調價過高。調高房價時，應參考競爭旅館同一房型的當前房價，避免因提價過高，造成旅客的流失。

   例如：若旅館每日供應 30 間豪華客房給 OTA，今天是 6 月 4 日，OTA 顯示 6 月 7 日已預訂 16 間。比較當月、周同期的訂房數據，得知每天的訂房進度大約會增加 5 間，亦即在 6 月 7 日，預測該客房類型的預訂會達 31 間，即表示已出現超額訂房的狀況。此時觀測競爭對手，發現豪華客房價格在公開的訂房通路標價為 3,800 元，與兩家競爭對手的標價 4,000 元與 4,200 元，分別低了 200 元與 400 元。以此為參考，建議旅館可適度提高房價到 4,200 元或以上。

2. 總量控制

   實施訂房總量控制的目的在於控制旅客入住人數，以維護住宿品質和提高營運效益。透過設定熱銷與次熱銷客房類型的最大入住房間數量限制，可以確保旅館在高峰時段或重要節慶期間有足夠的高價客房供應，提高旅館的營收，避免因超額訂房導致高價客房供應不足而錯失經濟效益。續上例，豪華客房預計 6 月 7 日將超額訂房 1 間，故停止於低價市場通路供應此類房型，例如停止供應給旅行社、小型團體，而優先提供給願意支付較高價格的散客或合約公司。

3. 房價管理

   通過適當地設定各類房型的價格限制，可以最大化收益和維持高市場佔有率，還可以在淡季時期吸引更多的旅客訂房，同時避免在旺季時期因高價格而影響預訂率。續上例，預期豪華客房 6 月 7 日將超額訂房 1 間，自 6 月 4 日起只接受保證類訂房；或將豪華客房設定為 5 個訂房比率與價格區間，當訂房率達到某個比率時，即需調整優惠策略。

4. 訂房確認

訂房組每日查核訂房情況，並與已訂房的旅客或行銷業務部溝通，確定旅客抵達旅館的時間有無變化，以降低 No-show 的可能性。

誠然，超額訂房的策略有很多，不同旅館因其市場區隔、競爭環境等不同，也會有不同的做法。其他關於超額訂房論述的相關章節，請參閱本書第三章的第三節超額訂房與住宿期管理、第四章的第三節超額訂房與客房庫存管理。

四 客房營收最大化

學習旅宿產業應用收益管理知識的目的，是為了達成客房營收最大化的目標，達成客房營收最大化的具體作法，即是客務部及行銷業務部要將合適的房間以正確的價格，在適當時機透過對的訂房通路，租售給適合的旅客（圖 9-1）。

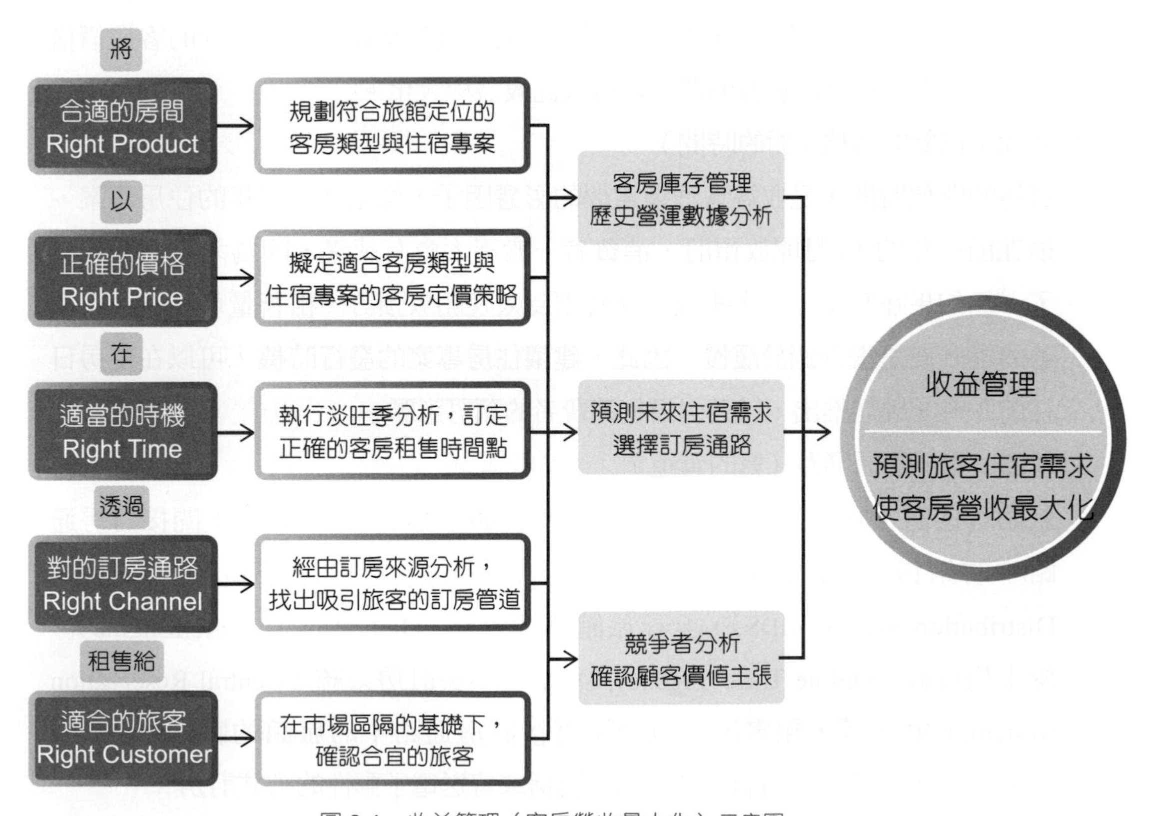

圖 9-1 收益管理（客房營收最大化）示意圖

（一）收益管理達成客房營收最大化的方法

考量產品、價格、時間、管道、客群等變動因素，以達成收益管理的客房營收最大化。以下針對各變動因素做說明：

1. 產品：合適的房間（對的產品）

   不論是各類房型或各種住房專案所提供的房型、客房內設施設備、餐飲服務等，都需要掌握相對應的客群，並針對不同客群的需求進行，例如：親子客群可能在乎旅館是否提供嬰兒床、嬰兒座椅、嬰兒澡盆、兒童遊戲室、兒童游泳池等服務與設施；但對於商務客而言，會比較重視是否鄰近商業辦公區、是否有商務中心、客房內是否有商務設備、免費寬頻網路、多孔電源插頭，以及是否提供快捷地 Check in 或 Check out 服務等。

2. 價格：正確的價格（對的價格）

   正確的價格是指旅客願意支付且旅館願意以此價格租售的客房。旅客希望花最少的錢，而旅館希望賺最多的錢，當雙方期望的價格沒有交集，就不會產生訂房單。因此，客務部或行銷業務部需以差別定價為基礎，制定不同的客房價格階層，以吸引適合的旅客消費，取得彼此收益極大化。

3. 時間：適當的時機（對的時間）

   訂房的開放時間，是收益管理最重要的影響因子，像是 2 月過年的住房專案，須在前一年的 10 月開放預訂，消費者一般不太會有感覺，因為太早開放預訂了；但如果在當年 1 月才開放，又會因為太晚開放預訂，租售量可能不會有顯著的提升或是提升過於緩慢。因此，建議住房專案的發行時機，可以在住房日往前 3 ～ 8 周前推出，以吸引潛在消費者的預訂意願。

4. 管道：對的訂房通路（對的管道）

   旅館可透過不同的訂房通路，分別租售不同的住房方案，例如：間接訂房通路中的銷售代理商或旅行社（Sales Representative）、全球分銷系統（Global Distribution System, GDS）、全球旅館搜尋引擎（GlobalHotels SearchEngine）、線上旅行社（Online Travel Agency, OTA）、中央訂房系統（Central Reservation System, CRS）等，旅客也可以透過直接訂房通路中的旅館的官網（Official Website）或直接撥打電話、發傳真、寫信或傳送電子郵件的方式訂房。

每一個訂房通路可以觸及到的旅客不同，所花費的成本也不盡相同。以收益管理的角度來說，如何透過對的訂房通路觸及到適合的旅客，就顯得相當重要。

5. 客群：適合的旅客（對的旅客）

其實並不是所有的旅客都能為旅館帶來相同的收益，有些消費族群的要求多，可能導致服務成本過高而無法接待；有些消費族群願意支付的房價過低，使得旅館無利可圖。因此，旅館須透過市場區隔的方式，定義不同消費族群，給予不同的服務內容，並執行不同的差別定價策略。

由於不同的客房類型、不同的客房租銷期間、不同的訂房通路、不同的住房專案內容，都會影響旅客對於價格的敏感程度，且不同消費者的訂房模式也不太一樣。因此，在執行差別定價或動態定價之前，應遵循收益管理的邏輯架構，審慎的思考每個變動因子是否都考慮周詳。

（二）收益管理的關鍵績效指標

客房營業利益評量指標，包括：客房毛利（Room Gross Profit）、客房營業利益率（Room Operating Margin）、稅前淨利（Pre-Tax Income）及稅後淨利（Net Income）等，可衡量旅館客房賺取的利潤，代表客房的獲利能力與客房經營能力。

旅館業用來衡量客房收益管理成效，也就是客房營收最大化的關鍵績效指標（Key Performance Indicator）則有：住房率（Occupancy Rate）、平均房價（Average Daily Rate, ADR）、平均客房收益（Revenue Per Available, RevPAR）及每間租售客房的總收益（Total Revenue Per Available Room, TRevPAR）等。其中又以「住房率」與「平均房價」為主要決定因素，這兩個因素沒有誰比較重要，端看在甚麼時機執行什麼樣的客房租售策略。

1. 住房率（Occupancy Rate）

指客房租售量，計算標準是於固定時段，計算已租售出去的客房數占全部可供租售客房總數比率，維修房或故障客房通常不列入計算。

旅館的每日住房率愈高，意味著出租的客房數量愈多，也代表客房銷售能獲得更多的收益，客房營運也就愈好。相反地，若每日住房率低，出租的客房數量就會減少，營運收益也會受到影響。因此，管理者通常會利用不同的行銷策略和收益管理技術，以提高每日住房率和客房營運表現。

但有時即使 100%的住房率，其客房收益不一定高過只有 80%的住房率收益，因為還需要考慮客房租售價格，所以需結合平均房價（Average Daily Rate, ADR）與平均客房收益（Revenue Per Available, RevPAR）進行綜合評估後，才能知道客房收益的成效。

客房維修與住房率

假設臺北老爺大酒店共有客房總數 202 間，2022 年 5 月 24 日當天有 6 間客房維修中無法租售，旅客入住的房間數為 138 間，則當日住房率（Occupancy Rate）為：

$$\text{住房率（\%）} = \frac{\text{當日已租售客房數（Room Sold）}}{\text{當日可供租售的總客房數（Room Available）}} \times 100\%$$

$$= \frac{138}{(202-6)} \times 100\% \fallingdotseq 70.4\%$$

2. 平均房價（Average Daily Rate, ADR）

計算標準是在固定期間內旅館客房總收益與實際入住客房數的比值。客房總收益不包括房租以外的衍生收入，例如：迷你冰箱、洗衣、客房電話收入、服務費與稅金等，也不包含旅客在旅館的餐廳或參加旅館其他娛樂活動等消費產生的收入。簡單來說，也就是每一間客房租金的平均收益，是「單純的客房租售產值」的概念。

當每日平均房價上升時，表示每間客房的租金收益提高，也代表旅館的營收增加。而當每日平均房價下降時，旅館的營收也會相應降低。因此，維持良好的每日平均房價水平，對於旅館的營運非常重要。此外，平均房價可以作為與過往同期或是與競爭對手的相互比較，對旅宿業者而言，可以掌握旅客能接受客房租售價格，並進一步做成規劃客房租售價格的參考曲線；對外，可以了解自己在市場上與競爭對手的價格差異。

旅宿業者了解平均房價的最終目標，是透過差別定價策略與產品包裝提升平均房價。同樣的，只有平均房價高並不代表旅館整體的客房收益好，還需考慮期間的住房率狀況，才能得到進行有效的綜合評估。

客房總收益與當日平均房價

假設臺北老爺大酒店在 2022 年 5 月 24 日當天的客房總收益為 800,000 元，總共租售出 138 間客房，則當日平均房價（Average Daily Rate, ADR）為：

$$平均房價=\frac{當日客房總收益（Room\ Revenue）}{當日已租售客房數（Room\ Sold）}=\frac{800,000}{138}≒5797\ 元$$

3. 平均客房收益（Revenue Per Available, RevPAR）

是指旅館在一定時期內，通常是以一天、一個月、一季或一年，所獲得的客房總收益，即客房銷售額，除以該時期可供租售的總客房數，包含已租售與未租售的客房數，但不包含維修或故障的客房數，所得到的平均每間客房的收益。

相較於平均房價 ADR 是與「已售客房數」做比較，平均客房收益 RevPAR 則是與「可供租售的總客房數」做比較，如此更能公正且真實地反映每間客房的平均獲利水平，也可以用來比較不同旅館的整體客房經營績效，因為旅館不是每天都客滿，當天沒有租售出去的客房也會產生隱性的成本。因此，若要更合理地評估客房收益，RevPAR 是必須要衡量的指標。

了解平均客房收益是評估客房營運績效的重要指標之一。當平均客房收益增加時，表示客房營運效益提高，每間客房的平均收益也相對提高。進一步來說，管理者也可以透過了解旅館的平均客房收益，制定相應的營運策略，以提高旅館的經營績效。

客房平均收益

假設臺北老爺大酒店共有客房總數 202 間，2022 年 5 月 24 日當天有 6 間客房在維修中無法租售，當天的客房總收益為 800,000 元，則當日的客房平均收益（Revenue Per Available, RevPAR）為：

$$客房平均收益=\frac{當日客房總收益（Room\ Revenue）}{當日可供租售的總客房數（Room\ Available）}=\frac{800,000}{（202-6）}≒4082\ 元$$

4. 每間租售客房的總收益（Total Revenue Per Available Room, TRevPAR）

每間租售客房總收益是將旅客住宿旅館期間，除了房租以外的其他衍生收入皆計算進來，包括：客房、客房餐飲、電話、洗衣、會議、商務中心與雜項等收入。在與競爭對手分析比較時，計算與分析 TRevPAR，有助於釐清除了客房收入外，還有哪些地方或機會可以提高營利，例如：旅館的客房餐飲收入明顯較競爭對手低，考量獲利情況下，如何規劃住宿搭配餐飲的專案，可以增加客房餐飲收入。

了解每間租售客房的總收益，對於客房營運是相當重要的。因為客房營運的目的，就是要讓旅館獲得最大化的收益。客房營運需要考慮旅館每間客房的租售成本、住房率、平均房價等因素，以便最大化總收益。因此，知道旅館每間租售客房的總收益，可以協助旅館管理者了解客房營運的現況，並進一步制定相應的營運策略，以達到最大化收益的目標。

客房收益

依據交通部觀光局《觀光旅館營運統計月報表》2019 年 1 ～ 12 月統計資料顯示，假設臺北老爺大酒店共有客房總數 202 間，當年總租售出 68,491 間客房，客房總收益為 332,989,404 元，在全年沒有維修與故障房的情況下，則每間客房的總收益（Total Revenue Per Available Room, TRevPAR）、住房率、平均房價各為多少？

$$\text{每間客房總收益} = \frac{\text{年客房總收益（Room Revenue）}}{\text{年可供租售的總客房數（Room Available）}}$$

$$= \frac{332{,}989{,}404}{(202 \times 365)} \fallingdotseq 4516 \text{ 元}$$

$$\text{住房率（\%）} = \frac{\text{年已租售客房數}}{\text{年可供租售的總客房數}} \times 100\% = \frac{68{,}491}{(202 \times 365)} \times 100\% \fallingdotseq 92.89\%$$

$$\text{平均房價} = \frac{\text{年客房總收益}}{\text{年已租售客房數}} = \frac{332{,}989{,}404}{68{,}491} \fallingdotseq 4862 \text{ 元}$$

平價客房係指將客房的經營成本控制得比豪華客房低的經營型態。

由於客房服務與商品買賣一樣，邁入成熟期後客房收益開始趨緩或下降，因為競爭對手增加、市場開始飽和，以及消費者的需求正在改變，使客房租售價格大幅降低。尤以客房總數多的大型旅館更為明顯，由於標準客房是消費者最常訂購的房型，一些規模不大的旅館為圖在競爭激烈之客房市場占有一席之地，便逐漸以平價客房作為賣點。假設你是五星級旅館的客務部經理，你會如何設定平價、標準與豪華三種等級的客房差異化，以能有效「降低客房成本」與「增加額外營收」，以提升旅館的營運績效。

！小提醒

1. 先釐清：五星級旅館中的「平價客房」、「標準客房」及「豪華客房」的概念。
2. 請思考：如何制定三種等級的客房差異化？例如：減少或增加服務與設備設施。
3. 效益評估：當減少客房服務與設備設施時，房價預估可以調降的比率？當增加客房服務與設備設施時，房價預估可以調高的比率？

衍生思考

假設五星級旅館有 300 間客房，你會如何配置各種類型的客房占比？如何規劃客房服務與設備設施及參考定價？為什麼會這樣思考，原因為何？

結語

影響收益管理成效的因素複雜多樣，可分為宏觀的外部因素和微觀的內部因素。外部因素通常泛指影響旅宿業生存和發展的社會經濟狀況與國家經濟政策，包括：國家、社會、市場及文化等多個領域，也涉及到消費者的購買能力和支出模式等層面。

相對於多元複雜的外部因素，內部影響因素則圍繞旅館的運營管理過程，也較為明確易測，顯著的影響要素，例如：旅客市場區隔、客房需求預測、客房庫存管理與超額訂房、差別訂價或動態定價、績效評估、資訊技術、資料統計與分析等；

次要因素則有：旅館地理位置、旅館星級評等、客房數量、旅館重視程度、教育培訓等。

從經營管理的角度來看，客房收益管理是對客房需求進行預測，並針對客房價格和客房租售率實行控制的一系列程序，是運用經濟學理論對客房價格與客房庫存管理的一系列管理應用，即通過市場區隔與合理的客房配置，將合適的房間以正確的價格，在適當的時機透過對的訂房通路，租售給適合的旅客的一種工具，以實現客房營收最大化的過程。

但也有另類的批判意見，認為收益管理是一種不正當的競爭手段，存在價格不公平問題，甚至認為收益管理是在引誘或脅迫顧客或消費者支付更高的價格。

總之，收益管理是一個高度數據化的管理方法，需要掌握大量的資料，包括旅客過去的預訂紀錄、市場趨勢、競爭對手的策略等，通過系統性的分析，幫助管理者在營運過程中做出明智的決策，也可以用來預測旅客未來的住宿需求，以便在旺季調高價格，在淡季調低價格，以提高市場佔有率和最大化收益，現代旅宿業成功經營的重要保障。

參考資料來源

1. Vallen, G. K. & Vallen, J. J.（2012）. ***Check-in Check-Out: Managing Hotel Operations.*** Pearson Education Ltd.
2. Bardi, J. A.（2010）. ***Hotel Front Office Management***. Wiley India Pvt Ltd.
3. Jatashankar, Tewari.（2016）. ***Hotel Front Office: Operations and Management.*** Oxford University Press.
4. 脊盟總編輯團隊（2020 年 6 月 20 日）。**Revenue Management 101：一次看懂 5 大飯店營收相關財務指標。** 脊盟資訊開發股份有限公司。https://www.lemon.cx/zh_TW/blog/article/article6-hotel-revenue-metrics。

中英文索引
INDEX

D

E

F

G

O

P

Q

R

S

T

U

V

W

Y

Z

國家圖書館出版品預行編目（CIP）資料

旅館客務管理與實務：客務經理養成計畫 =
Front office management : operation and practice/龔聖雄編著. -- 初版. -- 新北市：全華圖書股份有限公司, 2023.05

面； 公分

ISBN 978-626-328-426-5(平裝)

1.CST: 旅館業管理 489.2 112004045

旅館客務管理與實務

— 客務經理養成計畫

作　　者　龔聖雄
發 行 人　陳本源
執行編輯　余孟玟
封面設計　張珮嘉
出 版 者　全華圖書股份有限公司
郵政帳號　0100836-1 號
印 刷 者　宏懋打字印刷股份有限公司
圖書編號　08310
初版一刷　2023 年 5 月
定　　價　新臺幣 500 元
ISBN　978-626-328-426-5
全華圖書　www.chwa.com.tw
全華網路書店　Open Tech / www.opentech.com.tw
若您對書籍內容、排版印刷有任何問題，歡迎來信指導book@chwa.com.tw

臺北總公司（北區營業處）
地址：23671新北市土城區忠義路21號
電話：（02）2262-5666
傳真：（02）6637-3695、6637-3696

中區營業處
地址：40256臺中市南區樹義一巷26 號
電話：（04）2261-8485
傳真：（04）3600-9806（高中職）
（04）3600-8600（大專）

南區營業處
地址：80769高雄市三民區應安街12 號
電話：（07）381-1377
傳真：（07）862-5562

（請由此線剪下）

讀者回函卡

掃 QRcode 線上填寫 ▶▶▶

姓名：＿＿＿＿＿＿ 生日：西元＿＿＿年＿＿＿月＿＿＿日 性別：□男 □女

電話：（ ）＿＿＿＿＿ 手機：＿＿＿＿＿＿

e-mail：（必填）＿＿＿＿＿＿

註：數字零，請用 Φ 表示，數字 1 與英文 L 請另註明並書寫端正，謝謝。

通訊處：□□□□□

學歷：□高中・職 □專科 □大學 □碩士 □博士

職業：□工程師 □教師 □學生 □軍・公 □其他

學校／公司：＿＿＿＿＿＿ 科系／部門：＿＿＿＿＿＿

・需求書類：

□ A. 電子 □ B. 電機 □ C. 資訊 □ D. 機械 □ E. 汽車 □ F. 工管 □ G. 土木 □ H. 化工 □ I. 設計

□ J. 商管 □ K. 日文 □ L. 美容 □ M. 休閒 □ N. 餐飲 □ O. 其他

・本次購買圖書為：＿＿＿＿＿＿ 書號：＿＿＿＿＿＿

・您對本書的評價：

封面設計：□非常滿意 □滿意 □尚可 □需改善，請說明＿＿＿＿＿＿

內容表達：□非常滿意 □滿意 □尚可 □需改善，請說明＿＿＿＿＿＿

版面編排：□非常滿意 □滿意 □尚可 □需改善，請說明＿＿＿＿＿＿

印刷品質：□非常滿意 □滿意 □尚可 □需改善，請說明＿＿＿＿＿＿

書籍定價：□非常滿意 □滿意 □尚可 □需改善，請說明＿＿＿＿＿＿

整體評價：請說明＿＿＿＿＿＿

・您在何處購買本書？

□書局 □網路書店 □書展 □團購 □其他＿＿＿＿＿＿

・您購買本書的原因？（可複選）

□個人需要 □公司採購 □親友推薦 □老師指定用書 □其他＿＿＿＿＿＿

・您希望全華以何種方式提供出版訊息及特惠活動？

□電子報 □ DM □廣告（媒體名稱＿＿＿＿＿＿）

・您是否上過全華網路書店？（www.opentech.com.tw）

□是 □否 您的建議＿＿＿＿＿＿

・您希望全華出版哪方面書籍？＿＿＿＿＿＿

・您希望全華加強哪些服務？＿＿＿＿＿＿

感謝您提供寶貴意見，全華將秉持服務的熱忱，出版更多好書，以饗讀者。

填寫日期：　/　/

2020.09 修訂

親愛的讀者：

感謝您對全華圖書的支持與愛護，雖然我們很慎重的處理每一本書，但恐仍有疏漏之處，若您發現本書有任何錯誤，請填寫於勘誤表內寄回，我們將於再版時修正，您的批評與指教是我們進步的原動力，謝謝！

全華圖書　敬上

勘誤表

書號		書名		作者	
頁數	行數	錯誤或不當之詞句		建議修改之詞句	

我有話要說：（其它之批評與建議，如封面、編排、內容、印刷品質等・・・）

得分

學後評量—旅館客務管理與實務—客務經理養成計畫　班級：＿＿＿＿　學號：＿＿＿＿

姓名：＿＿＿＿

第一章　客務部組織與功能

（選擇題每題2分，問答題每題14分，共100分）

一、選擇題

（　　）1. 關於「Mission Statement」的敘述，下列何者正確？（A）是旅館對未來的美好想像（B）實現願景必須依循的行為準則（C）提供旅客住宿期間的事務性服務（D）實現願景必須要執行的工作任務。

（　　）2. 關於「Core Value」的敘述下列何者正確？（A）實現願景必須依循的行為準則（B）描述崗位職責的關鍵文件（C）實現願景必須要執行的工作任務（D）是旅館對未來的美好想像。

（　　）3. 綜理旅客入住登記、結帳退房，提供旅客住宿期間秘書與事務性服務的人員，是：（A）Receptionist（B）Telephone Agent（C）Reservationist（D）Bell Attendants。

（　　）4. 「平時是旅客的電話秘書，緊急時則是通信指揮中心。」指的是：（A）Reservation（B）Reception（C）Switchboard（D）Concierge。

（　　）5. 旅館從業人員中，負責旅客行李運送、客房介紹、書信／報紙／物品及留言的傳遞等業務，的是：（A）Operator（B）Bell Attendants（C）Reservationist（D）Night Manager。

（　　）6. 專責在旅館大廳接待重要貴賓、處理顧客抱怨及解決旅客各類問題等業務，是：（A）Lobby Manager（B）Night Auditor（C）Switchboard Supervisor（D）Bell Captain。

（　　）7. 現行觀光旅館業適用的工時制為：（A）4 週彈性工時（B）6 週彈性工時（C）8 週彈性工時（D）12 週彈性工時。

（　　）8. 指導旅館管理者進行招募、甄選、評估績效和分析培訓需求的關鍵文件，指的是：（A）標準作業流程（B）職務描述（C）職務說明書（D）任職規範。

（　　）9. 以下哪一個不是客務部經理的職務範疇？（A）確保訂房資料正確與編製客房租售相關報表（B）調整部門的組織架構與規章制度（C）參加年度經營預算及決算會議（D）最大限度提高客房收入和客房出租率。

（　　）10. 以下哪一個是客務部跨部門溝通的障礙來源？（A）旅館氣氛和諧（B）權責劃分明確（C）個人的認知偏誤（D）旅館信息系統完善。

（　　）11. 「是團隊建立基礎，目的在激勵旅館成員產生未來情景的意象描繪。」指的是：（A）組織（B）願景（C）核心價值（D）使命宣言。

（　　）12. 「客務部為了達成目標而制定的一系列行動方案。」稱為：（A）目標（B）願景（C）戰術（D）策略。

（　　）13. 以下哪一項不是客務部櫃檯接待員的具體職責？（A）處理房客續住或換房事項（B）與當日預計抵達之團體領隊確認抵達時間與相關內容（C）印製迎賓卡及準備貴賓資料夾（D）製作旅館各部門電話支出之帳務表。

【背面尚有試題，請翻面繼續作答】

(　　)14. 以下哪一項屬於客務部與行銷業務部的溝通協作？(A)團體旅客用餐時間的協調(B)客房使用狀況提報(C)應收帳款檢核(D)客房促銷專案推廣。

(　　)15. 以下哪一項作爲不是提高跨部門溝通效率的必要作爲？(A)減少不合理層級(B)具備文稿撰寫的技巧(C)優化流程管理(D)瞭解各部門運作。

二、問答題

1. 請分別解釋何謂「願景（Vision）」、「使命宣言（Mission Statement）」與「核心價值（Core Value）」。

答

2. 請說明「策略（Strategies）」和「戰術（Tactics）」的概念。

答

（請沿虛線撕下）

3. 請說明客務部的重要性。

答

4. 請解釋何謂「跨部門溝通」。

答

5. 請寫出客務部跨部門溝通的障礙來源。

答

得分 班級：＿＿＿＿ 學號：＿＿＿＿

姓名：＿＿＿＿

第二章　客務部的營運

（選擇題每題2分，問答題每題14分，共100分）

一、選擇題

（　　）1. 過去，客務部顧客服務循環的過程中，未曾討論哪一個階段：(A)抵達旅館前(B)退房結帳時(C)退房後一段時間內(D)住宿停留期間。

（　　）2. 客務部顧客服務循環的過程中，「住宿停留期間」的顧客服務不包括：(A)客房引導和介紹(B)關注旅客住宿安全(C)協調顧客服務(D)監控住客信用額度。

（　　）3. 以下哪一個是 Moments of Truth 強調的面向？(A) Attitude (B) Behavior (C) Competition (D) Ethics。

（　　）4. 以下哪一項是「客房預訂模組」的應用？(A)旅客留言(B)客房營業結算(C)編製客房預測報表(D)房況狀態維護。

（　　）5. 下列哪一個功能模組，是用來維護與彙整即時的客房狀態，便於旅客入住時的客房安排，以及旅客服務協調？(A)客房預訂(B)房務管理(C)旅客帳務(D)客務接待。

（　　）6. 建置與維護合約客戶等級是屬於哪一個功能模組？(A)財務會計(B)旅客帳務(C)行銷業務(D)客務接待。

（　　）7. 關於客務管理系統「權限設定」的敘述，哪一項是正確的？(A)在未經適當授權前，客務部員工無法查詢和處理非職權範圍的工作(B)客務管理系統權限設計的越細緻，旅館面臨的資訊風險越高(C)客務部人員即使未被授權，仍可以查詢供應廠商的信用狀況(D)客務服務工作風險較低，不需要依職務設定不同的權責。

（　　）8. 關於「櫃檯接待」功能介面的敘述，下列哪一項正確？(A)須涵蓋客房異動維護與記錄查詢(B)須涵蓋銷項發票轉媒體申報作業(C)須涵蓋外幣匯率維護與匯兌作業(D)須涵蓋房型設定的起訖時間。

（　　）9. 旅館客房名稱中，「Deluxe Room」指的是：(A)行政客房(B)標準客房(C)豪華客房(D)家庭房。

（　　）10. 房間與房間相鄰且彼此之間有門，但需兩邊同時開啓才能互通，適合多人旅行使用的房型是？(A) Connecting Rooms (B) Duplex e (C) Presidential Suit (D) Standard Room。

（　　）11. 專為行動不便者設計的客房，行動不便者可獨立到達、進出及使用的房型，是：(A) Accessible Room (B) Adjoining Room (C) Corner Room (D) Lady's Floor。

（　　）12. 位於旅館樓層的角落或轉角，且有一面以上的牆透光的客房，是：(A) Adjoining Room (B) Adjacent Room (C) Connecting Rooms (D) Corner Room。

（　　）13. 針對不過夜住宿，白天使用或短暫停留的客房所制定的價格，稱為：(A) Day Rate (B) Day Use Rate (C) Weekend Rate (D) Wholesale Rate。

【背面尚有試題，請翻面繼續作答】

(　)14. 以下哪一房價是指旅客一經訂房、完成確認後，即無法免費取消預訂房，且以網路訂房運用最爲普遍，但並非每位預訂者都對此價格感興趣，因爲取消預訂會存在損失的風險？（A）Early Booking Rate（B）Group Rate（C）Non-refundable Rate（D）Wholesale Rate。

(　)15. 旅館爲感謝一定期間經常住宿的旅客，由總經理或授權主管批准不需支付租金的客房價格，稱爲：（A）Complimentary（B）Familiarization Tour（C）Free of Charge（D）House Use。

二、問答題

1. 請定義何謂「關鍵時刻（Moments of Truth）」，並寫出應用在旅館業的概念。

答＿＿＿＿＿＿＿＿＿＿＿＿＿＿＿＿＿＿＿＿＿＿＿＿＿＿＿＿＿＿

2. 請說明連通房（Connecting Room）、連接房（Adjoining Room）及鄰近房（Adjacent Room）三者的差異。

答＿＿＿＿＿＿＿＿＿＿＿＿＿＿＿＿＿＿＿＿＿＿＿＿＿＿＿＿＿＿

3. 請寫出客務部顧客服務循環過程的5個階段，並各舉出2個顧客服務的項目。

答

4. 請說明客務管理系統的重要性，並寫出四大功能模組介面。

答

5. 請分別說明免費（Free of Charge, FOC）、招待（Complimentary, COMP），以及因公使用（House Use）的用途。

答

姓名：＿＿＿＿＿＿

第三章　訂房作業

（選擇題每題2分，問答題每題14分，共100分）

一、選擇題

(　　) 1. 訂房部（組）對旅客館的重要性，不包括以下哪一項？(A)節省住宿高峰期搜尋旅館的時間(B)定期檢查旅客帳務記錄資料的準確性和完整性(C)確認訂房後可規劃其他的觀光旅遊行程(D)商務旅客可以即早安排會議與旅館間的接送。

(　　) 2. 關於「Backpacker」的敘述，下列何者正確？(A)通常是情侶、夫妻，或由少數人陪同，一起住宿旅館(B)以成群結隊方式進行旅遊活動(C)自由獨立的旅行者(D)在有限的預算下，背著背包進行長途旅行活動的人。

(　　) 3. 關於「Global Hotels Search Engine」的敘述，下列何者正確：？(A)主要收益來自於和訂房平臺間的串連合作，以廣告、點擊付費，或訂房成交的代銷佣金為主(B)將開團、收單、旅客支付、出團操作等核心業務，透過線上化擴大產品線與通路(C)銷售代理商可以從航空公司、旅館、租車公司等，獲取大量旅遊的產品訊息(D)旅客瀏覽旅館官網後，能直接於線上訂房。

(　　) 4. 關於「Official Website」訂房的敘述，下列何者正確？(A)最直接的線上訂房系統，無需向第三方支付佣金(B)以傳送電子郵件或發傳真的方式訂房(C)是全球旅遊行業主要使用的訂房系統(D)旅客只要輸入想去的地點和想要的住宿日期，就可得到該區域旅館住宿價格的比較資訊。

(　　) 5. 關於「Sales Representative」的敘述，下列何者錯誤？(A)通常由大型連鎖旅館集團建立和擁有，以便能夠及時管理旅客的預訂房(B)受旅館委託租售客房的代理商，以旅行社為主(C)代表旅館為最終旅客，提供旅行諮詢服務(D)只是中間商，主要功能是提供旅館客房的租售機會。

(　　) 6. 接受旅客訂房前最重要的步驟，是：(A)接受或拒絕訂房請求(B)再次確認訂房需求(C)確定客房的可用性(D)確認訂房旅客的來源。

(　　) 7. 拒絕旅客訂房的潛在原因，不包括以下哪一項？(A)訂房者訂房時未滿18歲(B)旅館客滿(C)已無訂房需求的客房型態可提供(D)旅館黑名單。

(　　) 8. 散客的訂房單上，「合約號碼」的功能是：(A)可查詢旅客每一次住宿的完整資訊(B)辨識同行者的位階以利排房(C)標示保留客房的最後截止期限(D)訂房公司與旅館簽署協議的代碼，有助於房型與房價的提供。

(　　) 9. 關於「Group Bookings」的敘述，下列何者錯誤？(A)能使旅館在淡季期間，獲得最大限度的住房率與客房收益(B)通常會透過線上旅行社訂房(C)折扣高低取決於一年當中，使用的客房數量與客房類型(D)有利於使房務部的採購成本下降。

（請沿虛線撕下）

【背面尚有試題，請翻面繼續作答】

(　)10. 在高訂房期間，接受團體訂房時須考慮的要點，不包括以下哪一項？(A)團體訂房的住客需求(B)團體訂房的保留期限(C)團體訂房的履約率(D)團體訂房的補償比率。

(　)11. 訂房訂金支付型態，不包括以下哪一項？(A) Traveler's Cheque (B) Bank Draft (C) Credit Card (D) Personal Checks。

(　)12. 以下哪一項是造成的客房閒置的因素？(A) Early Check-in (B) No-show (C) Stayovers (D) Overstays。

(　)13. 以下哪一項是執行超額訂房帶來的好處？(A)增加閒置客房的收益(B)提升旅客正面的住宿體驗(C)降低旅客的負面口碑(D)減少可供租售的客房數。

(　)14. 以下哪一項不是超額訂房後的建議處理原則？(A)在旅客的同意下，可安排到附近同等級旅館(B)外送的客房價格超出原預訂房價，差額部分由旅客承擔(C)徵求旅行社同意，將同一團體的訂房以加床方式處理(D)無保證訂房的旅客，於18：00仍未抵達，則旅館不保留客房。

(　)15. 以下哪一項不是訂房控制須考慮的要點？(A)散客與團體旅客的比率(B)淡旺季間價格的調整(C)與鄰近旅館簽署合作協議(D)折扣配置的妥善運用。

二、問答題

1. 請以圖示呈現住宿旅館的方式、事先訂房的類型與保證類訂房的擔保方式。

答 ____

【背面尚有試題，請翻面繼續作答】

2. 請以圖示呈現訂房旅客的來源。

答

3. 請以圖示呈現常見的訂房通路。

答

4. 請以圖示呈現訂房的流程。

答

5. 請寫出執行超額訂房前須考慮的關鍵因素。

答 ____

得分　學後評量─旅館客務管理與實務─客務經理養成計畫　班級：________ 學號：________

姓名：________

第四章　訂房需求預測與房價制定

（選擇題每題2分，問答題每題14分，共100分）

一、選擇題

(　　) 1. 客房預測的類型，不包括以下哪一項？(A)訂房需求預測(B)客房營收預測(C)客房預算預測(D)住房率預測。

(　　) 2. 按照旅館的慣例，旅客最遲可在入住當天幾點前取消訂房，不需支付任何取消訂房的費用：(A)15：00前(B)18：00前(C)21：00前(D)24：00前。

(　　) 3. 旅客預訂了客房，但住宿當天卻爽約沒辦理入住手續，也未通知取消訂房，且旅館也無法與訂房旅客取得聯繫，稱爲：(A) No-show (B) Overstay (C) Stayover (D) Understay。

(　　) 4. 「Postpone」指的是：(A)提早退房(B)延期抵達(C)提早入住(D)延長住宿。

(　　) 5. 房客未事先訂房，臨時起意或正好有需要，就直接前往旅館洽詢住宿的旅客，稱爲：(A) Double Book (B) Cancellation (C) Overstay (D) Walk in。

(　　) 6. 以下哪一項會使可租售的客房減少，導致最終的住房率與客房營收降低？(A)延期抵達(B)未訂房直接入住(C)延長住宿(D)提早入住。

(　　) 7. 以下哪一項會增加可租售的客房，提高最終住房率與客房營收？(A) Cancellation (B) No-show (C) Overstay (D) Double Book。

(　　) 8. 旅客已抵達旅館、辦理入住，目前仍持續在住宿中，且未更改退房日期，稱爲：(A) Postpone (B) Stayover (C) Overstay (D) Understay。

(　　) 9. 根據客房庫存量的概念，假設客房總數200間的旅館，其中有30間客房正在重新裝修，昨天有119間客房住宿，意味著：(A)昨天的住房率59.5%(B)昨天的住房率70%(C)昨天可供租售的客房庫存量，佔旅館總客房數的59.5%(D)昨天可供租售的客房庫存量，佔旅館總客房數的70%。

(　　)10. 客務部執行客房庫存管理時，最常運用的策略是：(A)超額訂房(B)訂房履約率(C)訂房保證(D)訂房補償率。

(　　)11. 近期No-show比率的預測值多次超出預測範圍，此時旅館可能會接受比平時更多的：(A) Postpone (B) Cancellation (C) Double Book (D) Walk-in　，以彌補No-show帶來的損失。

(　　)12. 「Follow-the Leader Pricing」指的是：(A)競爭者定價(B)跟隨領導者定價(C)威望定價(D)現行水準定價。

(　　)13. 以競爭者的客房平均價格，作爲標準的定價方法，稱爲：(A) Competitive Pricing (B) Prestige Pricing (C) Discount Pricing (D) Going Rate Pricing。

（請沿虛線撕下）

【背面尚有試題，請翻面繼續作答】

(　)14. 將客房的定價制定為該區域最高價，並以更好的產品與服務水準證明客房定價的合理性，稱為：(A)跟隨領導者定價(B)折扣定價(C)現行水準定價(D)威望定價。

(　)15. 將同一間客房以不同的價格，租售給不同類型的旅客之定價策略，是：(A)以市場區隔為基礎的定價(B)以市場需求為基礎的定價(C)以可租售房預測為基礎的定價(D)以住房率為基礎的動態定價。

二、問答題

1. 請寫出影響預測品質和準確性的因素。

答

2. 請簡述對可租售客房預測有幫助的訊息。

答

(請沿虛線撕下)

【背面尚有試題，請翻面繼續作答】

3. 請說明有效的客房庫存管理須考量的因素。

答

4. 請寫出客房定價常見的參考準則。

答

5. 請寫出制定動態房價應考慮的因素。

答

（請沿虛線撕下）

得分

學後評量—旅館客務管理與實務—客務經理養成計畫　班級：＿＿＿＿　學號：＿＿＿＿

姓名：＿＿＿＿＿＿＿＿

第五章　總機話務與服務中心

（選擇題每題2分，問答題每題14分，共100分）

一、選擇題

(　) 1. 以下哪一個單位平時扮演旅客的電話秘書，緊急時是通信指揮中心，也是旅館電話通信的中樞？(A) Switch Board (B) Concierge (C) Airport Representative (D) Reservation。

(　) 2. 以下哪一項不是旅館話務服務的範疇？(A)處理房客電話帳單 (B)緊急廣播系統操作 (C)館內的音樂播放 (D)住房率預測。

(　) 3.「Attendant Console」是指：(A)旅館內部、旅館與公眾電信網路的電話交換設備 (B)旅館內部通訊調度平臺，屬於交換機系統的一部分 (C)在旅館大廳、客房樓層或餐廳附近設置的電話話機 (D)是一套可以記錄旅館每一通外線電話的通話時間、撥號號碼及資費的軟體。

(　) 4. 設置在旅館大廳、客房樓層或餐廳附近的電話話機，方便住客或訪客與客房聯繫的免費通話服務，是：(A) Domestic Long Distance Call (B) Local Call (C) House Phone (D) Collect Call。

(　) 5. 指在一個長途編號區內，電話使用者撥打具有相同區號，相互通話的電信業務，是：(A) City Call (B) Person to Person Call (C) Overseas Call (D) Toll Free。

(　) 6. 屬於技術支援、銷售宣傳或免費售後服務的熱線電話，稱爲：(A) Station to Station Call (B) Toll Free (C) House Phone (D) International Long Distance Call。

(　) 7. 下列關於「Reject the Call」的敘述何者正確？(A)須找到發話者指名的電話接聽者，才算開始通話 (B)可以將來電者錄製的音頻傳達給住客 (C)也稱爲電話過濾，旅館一般不主動提供此項服務 (D)是由受話方支付的一種特別電話號碼。

(　) 8. 可以將來電者錄製的音頻傳達給住客的系統，允許來電者和住客之間的對話和信息傳遞，是：(A) Message (B) Electronic Mail (C) Voice Mail (D) Broadcast Services。

(　) 9. 專責在旅館大廳迎賓送客、維持門外車道暢通、管制異常旅客出入、過濾夜間訪客的客務人員，是：(A) Door Attendants (B) Bell Attendants (C) Airport Representative (D) Transportation Personal。

(　) 10. 專責提供旅客行李、信件、傳眞、包裹、送洗衣物等物品遞送服務，是：(A) Porter (B) Operator (C) Door Man (D) Receptionist。

(　) 11. 專責代表旅館在機場歡迎搭機抵達或歡送準備離境的貴賓，協助處理與航班安排相關事宜，是：(A) Valet Parking Attendants (B) Airport Representative (C) Receptionist (D) Bell Attendants。

(　)12. 專責停放旅客和訪客汽車，以為旅客安全、及時地停車和取回車輛，是：(A) Door Man (B) Receptionist (C) Valet Parking Attendants (D) Airport Representative。

(　)13. 關於調度室職責的敘述，下列何者錯誤？(A) 與旅客進行有效的溝通，提供客製化的交通運輸服務 (B) 清楚記錄交通運輸的需求，掌控交通運輸成本 (C) 協助旅客辦理登機手續與行李托運通關事宜 (D) 協調旅客交通運輸工具的安排，並適當調配駕駛。

(　)14. 關於散客遷出之行李運送服務標準，下列敘述何者錯誤？(A) 將房號填寫在退房行李標籤上並登記於退房記錄表 (B) 搭乘旅客專用電梯，迅速前往客房 (C) 行李應由重而輕，由硬而軟，由下而上疊放 (D) 易碎品可建議房客自行攜帶。

(　)15. 關於運送與寄存服務的敘述，下列何者錯誤？(A) 行李超過一件時，須使用行李推車 (B) 寄存的行李發還時，須確保旅客收到正確的行李件數 (C) 領取寄存行李時，只要告知房號和姓名即可 (D) 寄存的行李切勿無人看管。

二、問答題

1. 請簡述禮賓員（Concierges）的主要任務。

答

【背面尚有試題，請翻面繼續作答】

（請沿虛線撕下）

2. 請簡述旅館話務服務的範疇。

答

3. 請簡要說明旅館裝設電話交換機（Private Branch Exchange, PBX）的目的。

答

4. 請寫出話務員接獲住客拒接電話要求時，須記錄與詢問的事項。

答

5. 請簡要說明機場接待（Airport Representative）的功能與職責。

答

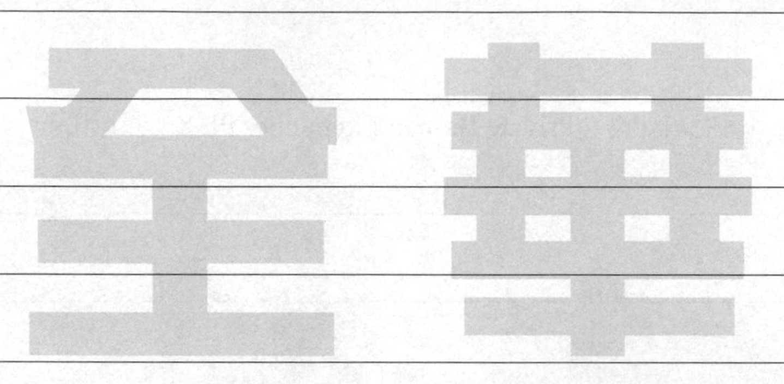

（請沿虛線撕下）

得分

學後評量─旅館客務管理與實務─客務經理養成計畫 班級：＿＿＿＿ 學號：＿＿＿＿

姓名：＿＿＿＿

第六章 櫃檯接待作業與客務服務

（選擇題每題2分，問答題每題14分，共100分）

一、選擇題

( ) 1. 以下哪一項不是旅館櫃檯接待的服務範疇？(A)與旅客簽訂住宿合約(B)錢幣兌換(C)館內的音樂播放(D)保險櫃租用。

( ) 2. 以下哪一項敘述不是櫃檯接待的職掌？(A)負責旅客遷出時的退房結帳作業(B)餐飲部下班後延續餐飲服務的提供(C)將訂房時的要求完整呈現(D)提供旅客住宿期間所有事務性的服務。

( ) 3. 關於「Room Block」的敘述，下列敘述何者正確？(A)指某間客房已在某時段保留給某位旅客，不可以再租售給其他人(B)旅館會爲旅客保留客房至18：00止(C)旅館已接受訂房的客房數，超出實際可以租售的總客房數(D)旅館已無旅客要求的客房型態可提供。

( ) 4. 依據《觀光旅館業管理規則》第19條，觀光旅館業應登記每日住宿旅客資料，其保存期間爲：(A)1個月(B)半年(C)1年(D)3年。

( ) 5. 房客應在當天12：00以前退房，但到已超過12：00還未辦理退房的客房狀態，是指：(A) Vacant Dirty (B) Lock Out (C) Due Out (D) Sleep Out。

( ) 6. 客房已在租用中，但住客昨夜未歸的客房狀態，稱爲：(A) Vacant Dirty (B) Sleep Out (C) Lock Out (D) Make Up Room。

( ) 7. 關於「Do Not Disturb」客房狀態的敘述，下列敘述何者正確？(A)房客不願被旅館服務人員打擾，而啓動房門旁「請勿打擾」燈號(B)房客已辦理退房結帳並離開客房，房務清潔員可以按作業規定進房整理(C)表示住客無任何行李或行李數量很少(D)旅客未至櫃檯接待辦理退房結帳手續便離開旅館。

( ) 8. 退房時間已過，房客忘記至櫃檯接待辦理退房結帳手續便離開旅館，此客房狀態稱爲：(A) Sleeper (B) Sleep Out (C) Skipper (D) Out Of Service。

( ) 9. 房務員整理乾淨的客房，再經幹部檢查與確保後可重新租售，是旅館唯一可以租售的客房狀態，是指：(A) Vacant and Ready (B) Vacant and Dirty (C) Vacant and Clean (D) Occupied and Clean。

( ) 10. 客房已租售出去，正在使用中的客房狀態，是指：(A) Occupied (B) Occupied and Clean (C) Occupied and Dirty (D) Vacant and Dirty。

( ) 11. 辦理住宿登記和退房結帳，屬於客務服務的哪一個層面？(A)核心服務(B)支持服務(C)服務的可及性(D)員工與賓客之間的互動關係。

【背面尚有試題，請翻面繼續作答】

(　)12. 小孩照看與殘疾人士服務，屬於客務服務的哪一個層面？(A)員工與賓客之間的互動關係(B)支持服務(C)延伸服務(D)服務的可及性。

(　)13. 客務部的個性化服務中，哪一項是付費服務？(A)代客郵寄和快遞(B)醫療協助(C)物品出借(D)保險箱借用。

(　)14. 爲避免住宿期間外來訪客的叨擾，不希望「任何人知道他住在旅館裡」，住客可以要求旅館提供哪一項服務？(A) Safety Box Borrowing (B) Medical Assistance (C) Breakfast Takeaway (D) Accommodation Confidentiality。

(　)15. 爲提供從未入住過的企業行號參觀旅館，而準備專用於展示的客房，以帶領到訪者前往參觀，稱爲：(A) Weather Forecast (B) Show Room (C) Medical Assistance (D) Celebrate the Day。

二、問答題

1. 請簡述櫃檯接待的服務範疇。

答＿＿＿＿＿＿＿＿＿＿＿＿＿＿＿＿＿＿＿＿＿＿＿＿＿＿＿＿＿＿

2. 請說明住宿登記的目的。

答＿＿＿＿＿＿＿＿＿＿＿＿＿＿＿＿＿＿＿＿＿＿＿＿＿＿＿＿＿＿

【背面尚有試題，請翻面繼續作答】

3. 請簡要說明臨時抵達且未事先訂房旅客（Walk-in）的住宿接待注意事項。

答 ______

4. 請簡述客房狀態控管的目的。

答 ______

5. 請簡要說明客務服務的類型。

答 ______

得分

學後評量—旅館客務管理與實務—客務經理養成計畫　班級：　　　學號：

姓名：

第七章　旅客帳務作業與夜間稽核

（選擇題每題2分，問答題每題14分，共100分）

一、選擇題

（　）1. 下列何者是指專為事先保證訂房的旅客或是已經辦理住宿登記的旅客所創建的帳戶，用於記錄旅客和旅館之間發生的所有財務交易？(A) City Ledger Account (B) Guest Account (C) Management Account (D) Virtual Account。

（　）2. 使用於預訂多間客房或一組以上住客的帳單是下列何者？(A) Guest Folios (B) Employee Folios (C) Master Folios (D) Split Folios。

（　）3. 在超額度帳戶的問題未獲得解決前，客務部可能會採取的措施，不包括以下哪一項？(A)要求旅客支付部分帳款以降低應收未收款的餘額(B)拒絕新的消費記入客房帳單中(C)向信用卡公司申請提高旅客的信用額度(D)凍結住客的信用卡餘額。

（　）4. 下列哪一項不是旅客帳務系統的主要功能？(A)確保客務部內部控制可涵蓋所有現金和非現金交易(B)退房結帳時，可追蹤每一筆財務交易記錄(C)記錄所有消費，包含商品和服務的結算狀況(D)為每位住客和非住客創建帳戶，並維護準確的交易記錄。

（　）5. 處理帳單登帳或過帳錯誤的憑單，是：(A) Allowance Voucher (B) Cash Paid Out Voucher (C) Correction Voucher (D) Hold Account Voucher。

（　）6. 旅館所提供的商品數量或服務的質量、規格等不符合住客的要求，經由相關授權部門主管同意後，在價格上給予的減讓，稱為：(A) Account Allowance (B) Account Correction (C) Acccount Presettlement (D) Account Transfer。

（　）7. 退房時間未到，旅客在住宿期間的任何時間或在辦理住宿登記時，即結清所有可能的消費，使借貸雙方的餘額為零，稱為：(A) Acccount Presettlement (B) Cash Refund (C) Foreign Currency Exchange (D) Hold Account。

（　）8. 房客對帳款內容有疑義，櫃檯接待現場無法及時處理時，會採取以下哪一種作業步驟？(A) Account Transfer (B) Cash Paid Out (C) Day Close (D) Hold Account。

（　）9. 當住客身上的現金不夠，需要向旅館預借新臺幣做為臨時使用，稱為：(A) Cash Paid Out (B) Cash Refund (C) Foreign Currency Exchange (D) Hold Account。

（　）10. 旅客帳務作業中「Cash Paid Out」的服務，不包括：(A)代客支付計程車費(B)代客支付旅館餐廳的小費(C)代客支付住宿費(D)代客支付相片沖洗費。

（　）11. 關於「Room and Rate Change」的敘述，下列何者錯誤？(A)低房價變更為高房價，換房改價單須有住客的簽名確認(B)住宿期間跨假日的房價更動，需填寫換房改價單(C)網路訂房的住客，自行補差額改住其他房型時，換房改價單上只須註明加價的價差即可(D)旅行社的訂房，旅客入住後無法要求更換房型。

【背面尚有試題，請翻面繼續作答】

(　)12. 關於「Foreign Currency Exchange」的敘述，下列何者錯誤？(A)旅館僅接受紙鈔外幣，不收受銅板外幣的兌換 (B)旅館兌換外幣的服務對象，包括住客與非住客 (C)旅館兌換幣別僅限牌告外幣，匯率依臺灣銀行每日公告匯率爲主 (D)外幣旅行支票須留意簽名欄位之初簽、複簽兩者是否相符。

(　)13. 關於「稽核（Audit）」的敘述，下列何者錯誤？(A)是一套系統化、文件化及具獨立性的作業流程 (B)客房收入的稽核，包括日間稽核、夜間稽核 (C)目的在查核住客帳戶記錄的正確性與眞實性，發覺弊端和文書之錯誤 (D)稽核結果可以傳達給管理階層，以作爲營運報告使用。

(　)14. 夜間稽核發現當日有應到未旅客的訂房資訊時，該進行哪一項處置較爲適當？(A)發現旅客重複訂房時，須以 No Show 作業辦理 (B)經聯絡旅客得到延期抵達的回覆，須以 No Show 作業處置 (C)保證類訂房須在旅館換日前，完成展延至新的一天抵達 (D)無保證類訂房須在旅館換日前，完成展延至新的一天抵達。

(　)15. 夜間稽核發現住客的帳務交易不平衡時，該進行哪一項處置較爲適當？(A)查核大夜班住客的原始交易憑單即可 (B)發現住客帳務交易不平衡時，應查找原因並記錄於工作日誌 (C)調閱前一日的住客帳務並進行比對 (D)無法判斷該房是否有住客時，當日房租仍需依規定入帳。

二、問答題

1. 請簡要說明帳戶（Accounts）的功能。

答 ________________

2. 請簡要說明預授權（Preauthorization）的目的。

答 ________________

【背面尚有試題，請翻面繼續作答】

3. 請簡要說明帳款折讓（Account Allowance）的類型。

答

4. 請簡要說明客務部稽核的目的。

答

5. 請簡要說明旅館「換日」（Day Close）作業的概念。

答

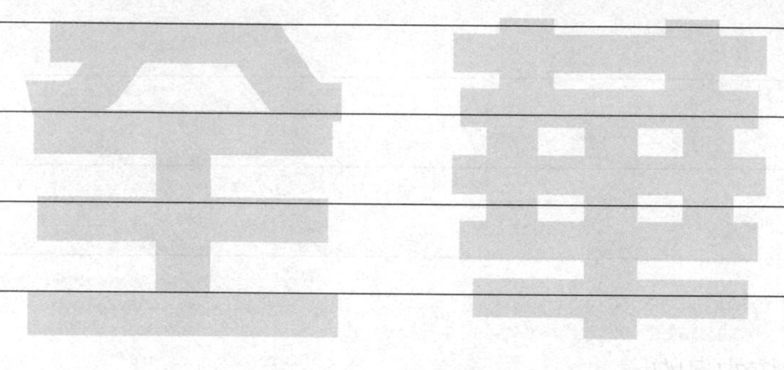

（請沿虛線撕下）

得分

學後評量─旅館客務管理與實務─客務經理養成計畫 班級：__________ 學號：__________

姓名：__________

第八章　退房結帳與遷出

（選擇題每題2分，問答題每題14分，共100分）

一、選擇題

(　　) 1. 以下哪一項不是退房結帳階段櫃檯接待須完成的任務？(A)執行應收未收的旅客帳款餘額 (B)編製營收報表並提交管理階層審閱 (C)更新客房狀態資訊 (D)建立旅客歷史資料記錄。

(　　) 2. 關於住客結帳付款方式的敘述，下列何者錯誤？(A)旅客以信用卡預授權方式辦理住宿登記，最後退房付款卻要求改使用現金結帳，因此櫃檯接待可自行將信用卡預授權憑單銷毀 (B)住宿憑證通常是由旅行社開立，具有一定的貨幣價值，可用來作爲證明已經支付完成的聲明 (C)以外幣結帳時，櫃檯接待應依據旅館提供的貨幣兌換率，先將外幣轉換爲本地貨幣後，再爲住客完成結帳付款 (D)住宿登記時，選擇以現金全額支付在旅館的所有消費，櫃檯接待會要求旅客先預付一筆大於或等同於房租的現金。

(　　) 3. 關於住客以「Foreign Currency」支付旅館消費款項的敘述，下列何者錯誤？(A)櫃檯接待須依據當日旅館外幣告示牌的匯率，提供兌換服務 (B)外幣兌換須由住客本人親自辦理，櫃檯接待須詳驗護照或入出境許可證正本 (C)櫃檯接待通常會提供兌換當地貨幣以外的貨幣，就是接受兌換新臺幣以外的貨幣 (D)櫃檯接待收受外幣紙鈔時，會使用檢測器檢查紙鈔的眞僞，且交付本地貨幣時，須與住客當面點交確認。

(　　) 4. 關於「Personal Checks」特點的敘述，下列何者錯誤？(A)支票一經背書即無法流通轉讓，無法成爲替代貨幣發揮流通和支付的功能 (B)由出票人簽發，委託辦理支票存款業務的金融機構，在收到支票時須無條件支付確定的金額給持票人 (C)開立支票存款帳戶必須有可靠的信用，並存入一定的資金 (D)運用支票進行貨幣結算，可以減少現金的流通量，節約貨幣流通費用。

(　　) 5. 關於「Credit Card Payment」的敘述，下列何者正確？(A)具有攜帶便利與容易操作的特質，可使消費者擺脫地域、時間的限制 (B)由信用卡發卡機構根據持卡人的學經歷核發 (C)與借記卡、提款卡相同，在消費者使用的當下，即由帳戶直接扣除資金 (D)持卡人消費時無需支付現金，待帳單到期日再進行還款。

(　　) 6. 關於「Mobile Payment」的敘述，下列何者正確？(A)旅客以智慧型手機或平板電腦便可完成付款 (B)是一種現金交易付款方式 (C)不易發生個人資料外洩與駭客入侵問題 (D)消費當下無需付款，也無需兌付零錢。

(　　) 7. 關於住宿憑證（Voucher）的敘述，下列何者正確？(A)通常是由旅行社開立，主要是作爲旅客在特定時間和指定旅館接受服務的權利的證明 (B)是以促銷爲目的而發放 (C)是給持證人在旅館住宿的優待券 (D)只能在特定期間之內使用，使用解釋權由負責。

【背面尙有試題，請翻面繼續作答】

（請沿虛線撕下）

(　)8. 關於優惠券（Coupon）的敘述，下列何者正確？（A）等同現金，具有一定的貨幣價值（B）是收據的同義詞，可作爲證明已經支付完成的聲明（C）旅館收集後，交付給發送該旅客的旅行社，作爲請款收費的依據與已提供服務的證明（D）是以促銷爲目的而發放，通常不允許兌換成一般貨幣。

(　)9. 關於「City Ledger」的敘述，下列何者錯誤？（A）統稱爲「外客或第三方付款」（B）通常不接受退房當下才提出轉公司帳的要求（C）必須由旅客在抵達旅館辦理住宿登記前，先取得旅館的同意批准，取得同意批准的訂房公司或個人也必須簽署代客付款同意書，同意書上須載明雙方的權利義務（D）付款同意書上未載明的消費品項，須由旅客付款結清，且要另外開立一張帳單。

(　)10. 關於住客結帳服務方式的敘述，下列何者錯誤？（A）Late Check-out 的服務政策是一項收費服務（B）旅客無需經由櫃檯接待服務，只要透過旅館的自助終端系統，就可以自己迅速完成退房服務，稱爲 Express Check-out（C）住客以個人智慧型手機連結旅館的行動結帳應用程式，查看客房帳戶的最終餘額，完成客房帳款支付的服務，稱爲 Mobile Check-out（D）住客可以通過客房電視機螢幕，查看客房帳戶最終餘額，並點選確認客房帳款支付方式的服務，稱爲 In Room Check-out。

(　)11. 關於「Late Charge」的敘述，下列何者正確？（A）旅客已做訂房保證，卻 No-Show 且不願意支付房租（B）產生 Late Charge，就可能成爲有爭議的帳款，因而導致拒絕支付（C）住客有預謀且是惡意的未結帳行爲（D）住客未至櫃檯接待辦理結帳手續便離開旅館，經房務部查房房內已無行李，且多次聯繫又無法聯繫上。

(　)12. 關於應收帳款控制重點的敘述，下列何者正確？（A）應收帳款之折讓或確定提列呆帳沖銷時，須經客務部經理核准（B）行銷業務部須確定旅客的簽帳額度是否適信用授權額度，且均應依照旅館信用授權作業要點執行（C）財務部須每月定期出具「帳齡分析表」，以供主管檢討並查明逾齡帳款之原因，釐清責任歸屬，以加速帳款之回收（D）行銷業務接受企業行號簽帳前，應先透過客務管理系統確認爲旅館核准簽帳客戶無誤，且確定所有應受帳款均已入帳，並正確記載。

(　)13. 以下敘述，下列何者錯誤？（A）Bad Debts 是指應收帳款中無法收回的部分（B）Frequent Guest 是指每月或每年停留住宿天數超過一定次數的旅客（C）Guest History 運用得宜，可以提高旅客的品牌忠誠度（D）Late Charge 是指退房時間已到，旅客未與櫃檯接待辦理結帳手續便離開旅館，經房務部查房房內已無行李，且多次聯繫都無法取得聯繫。

(　)14. 關於住客退房結帳作業的敘述，下列何者錯誤？（A）目的在查核住客與非住客帳戶記錄的正確性與眞實性，發覺弊端和文書之錯誤（B）退房結帳時，櫃檯接待有責任詢問住客有否使用需收費服務（C）是爲了在住客退房前執行應收未收的帳款，使借貸雙方的餘額爲零（D）完成退房結帳後，即可在旅館客務管理系統中執行退房遷出作業。

（請沿虛線撕下）

【背面尚有試題，請翻面繼續作答】

(　　)15. 關於「Guest Profile」的敘述，下列何者錯誤？(A)對旅館實施有效的顧客關係管理策略至關重要，是一個具有價值的服務行銷工具 (B)整合了訂房單、住宿登記卡、住宿期間消費資訊、退房結帳資料四大部分 (C)行銷業務部在旅客入住期間，與旅客互動最爲緊密，是建立 Guest Profile 的最佳人選 (D)可以作爲未來行銷策略訂定的依據，以爲旅客提供更優質服務的參考。

二、問答題

1. 請簡要說明退房結帳階段，櫃檯接待必須完成的3項任務。

答 ______________________________

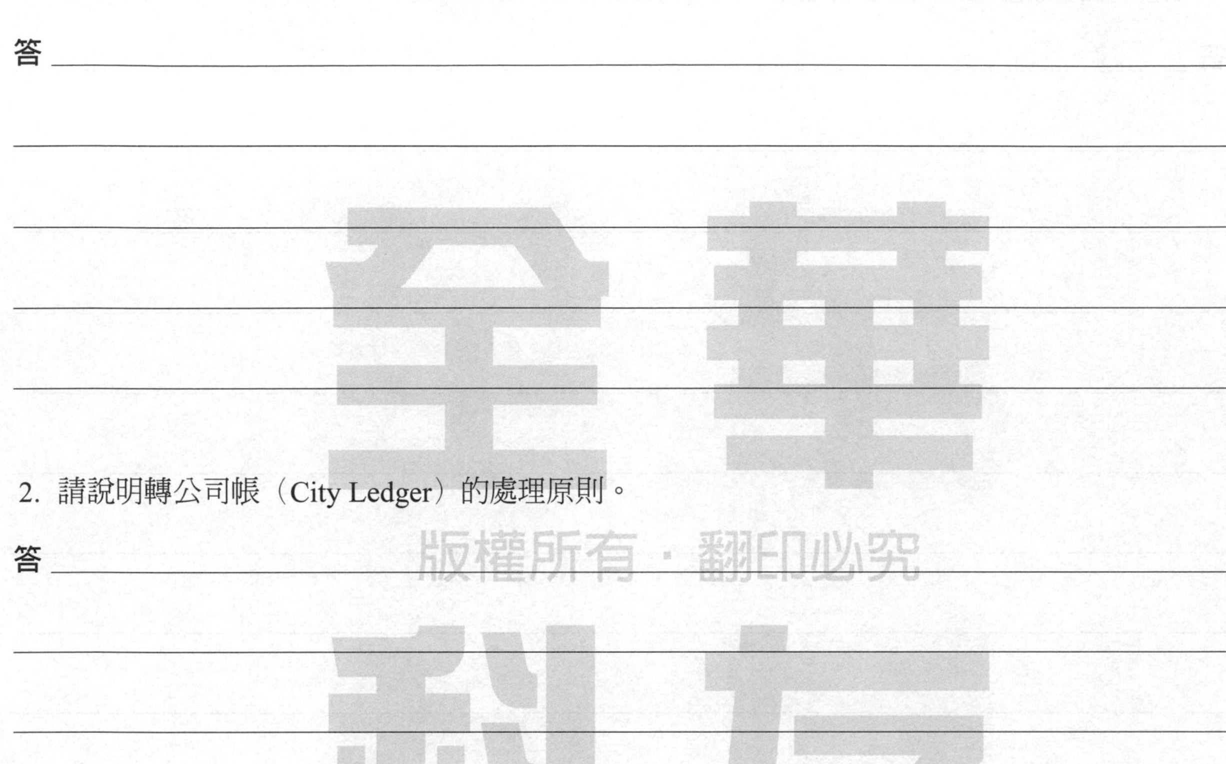

2. 請說明轉公司帳（City Ledger）的處理原則。

答 ______________________________

（請沿虛線撕下）

3. 請簡要說明旅館常見的未支付帳款餘額類型。

答

4. 請簡要說明應收帳款的控制重點。

答

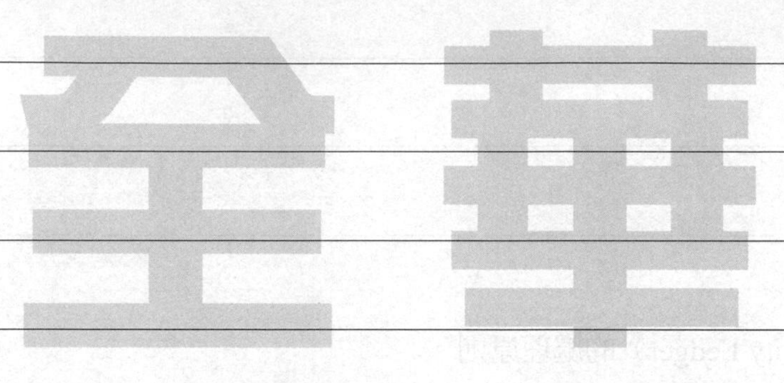

5. 請說明編製旅客歷史資料的3個主要功能。

答

（請沿虛線撕下）

姓名：＿＿＿＿＿＿

第九章　客房預算與收益管理

（選擇題每題2分，問答題每題14分，共100分）

一、選擇題

(　) 1. 以前期的營運數據作為基礎，增加一定比例後，就當成下期預算的編列方式，稱為：(A)權威式預算(B)零基期預算(C)開明式預算(D)累計式預算。

(　) 2. 將旅館客房每一次的預算編列都當作第一次準備，仔細審視客房的每一項收入和支出等相關數據，考量客房營收最大化目標、探討替代方案，並將旅館要求合理化的預算編列方式，稱為：(A)權威式預算(B)零基期預算(C)開明式預算(D)累計式預算。

(　) 3. 關於「客房營收」的計算式，下列何者正確？(A)當日已租售客房數／當日可供租售的總客房數(B)客房稅後淨利／客房總營收 ×100%(C)可供租售總客房數 × 住房率 × 平均房價(D)客房總營收－客房成本。

(　) 4. 以下哪一項非旅館客房「預算控制」的目的？(A)增加營業收入，或減少成本與費用的支出，或在項目類別間重新分配預算數額(B)及早發現問題，找出偏差原因，提出修訂和補救辦法，保證預算任務的完成(C)定期考核、檢查並形成反饋，作為管理階層決策的重要參考依據(D)落實客房營業預算計畫，使客房營收最大化目標能順利實現。

(　) 5. 關於旅館客房「Room Gross Margin」的計算式，下列何者正確？(A)當日已租售客房數／當日可供租售的總客房數 ×100%(B)客房營業利益／客房總營收 ×100%(C)客房毛利／客房總營收 ×100%(D)客房稅後淨利／客房總營收 ×100%。

(　) 6. 關於旅館客房「Room Operating Margin」的計算式，下列何者正確？(A)當日已租售客房數／當日可供租售的總客房數 ×100%(B)客房營業利益／客房總營收 ×100%(C)客房毛利／客房總營收 ×100%(D)客房稅後淨利／客房總營收 ×100%。

(　) 7. 關於旅館客房「Pre-Tax Income Margin」的計算式，下列何者正確？(A)客房稅前淨利／客房總營收 ×100%(B)客房營業利益／客房總營收 ×100%(C)客房毛利／客房總營收 ×100%(D)客房稅後淨利／客房總營收 ×100%。

(　) 8. 關於旅館客房「Net Income」與「Net Profit Margin」的敘述，下列何者錯誤？(A)稅後淨利率是負數，代表客房正處於虧損的狀態(B)表示客房賺的每一塊錢，在繳稅之前實際上能賺到多少利益(C)是客房的眞實淨利，反映了客房實際獲利成果(D)客房總營收減去各種支出，包括客房成本、客房營運費用，再扣掉業外損益、利息支出及稅金，就是最後的盈餘。

(　) 9. 關於旅館客房「Yield Management」的敘述，下列何者錯誤？(A)可能會導致價格歧視，亦即住宿相同客房的顧客，將被收取不同價格(B)客房租售價格是可以依據市場環境與消費者的需求動態變化(C)是一種不可變動的客房定價策略(D)通過理解、預測消

（請沿虛線撕下）

【背面尚有試題，請翻面繼續作答】

費者行爲，並與之互動的過程，再藉由客房的重新分配、預定控制和定價決策，得到最佳營收。

(　)10. 旅館對於相同成本的客房，在完全掌握到消費者訂房需求的情況下，使消費者付出其願意支付的最高租售價格，並剝削全部消費者剩餘的定價方式。稱爲：(A) 完全差別定價 (B) 數量定價 (C) 區間定價 (D) 市場區隔。

(　)11. 旅館對具有不同特徵的消費族群，制定不同的客房租售價格，消費者一旦被區分後，便無法自由選擇其類別，且不同的租售價格是無法相互轉售的定價方式，稱爲：(A) 完全差別定價 (B) 數量定價 (C) 區間定價 (D) 市場區隔。

(　)12. 以下哪一項非用來衡量旅館客房賺取的利潤，代表客房獲利能力與經營能力的評量指標？(A) Average Daily Rate (B) Pre-Tax Income (C) Net Income (D) Room Gross Profit。

(　)13. 以下哪一項不是用來衡量客房收益管理成效，也就是客房營收最大化的關鍵績效指標？(A) Room Operating Margin (B) Total Revenue Per Available Room (C) Revenue Per Available (D) Occupancy Rate。

(　)14. 關於旅館客房「Occupancy Rate」的計算式，下列何者正確？(A) 當日已租售客房數 / 當日可供租售的總客房數 ×100% (B) 客房營業利益 / 客房總營收 ×100% (C) 當日客房總收益 / 當日可供租售的總客房數 (D) 客房稅後淨利 / 客房總營收 ×100%。

(　)15. 關於旅館客房「Revenue Per Available, RevPAR」計算式，下列何者正確？(A) 當日客房總收益 / 當日可供租售總客房數 (B) 客房營業利益 / 客房總營收 ×100% (C) 當日已租售客房數 / 當日可供租售總客房數 ×100% (D) 當日客房總收益 / 當日已租售客房數 。

二、問答題

1. 請簡述客房預算管理（Room Budget Management）的概念。

答 ______

（請沿虛線撕下）

【背面尚有試題，請翻面繼續作答】

2. 請說明預算控制的目的。

答

3. 請簡要說明旅館客房收益管理（Yield Management）的概念。

答

4. 請簡要說明住宿需求預測的關鍵資料有哪些？

答

【背面尚有試題，請翻面繼續作答】

5. 請繪製收益管理（客房營收最大化）示意圖。

答

（請沿虛線撕下）